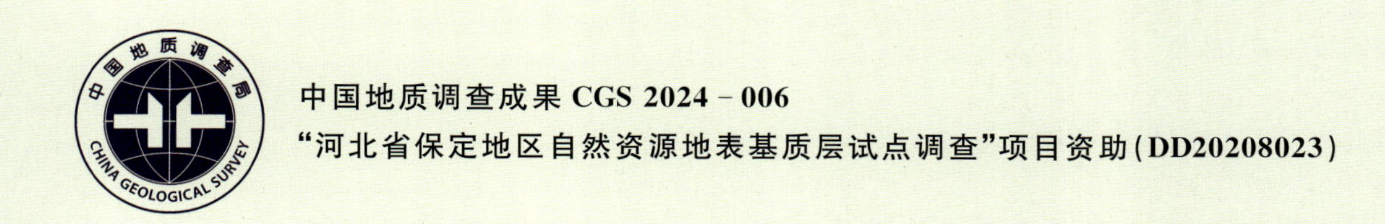

中国地质调查成果 CGS 2024－006
“河北省保定地区自然资源地表基质层试点调查”项目资助（DD20208023）

地表基质调查工作方法

DIBIAO JIZHI DIAOCHA GONGZUO FANGFA

侯红星　鲁　敏　秦　天
张蜀冀　孔繁鹏　王　伟　等编著

图书在版编目(CIP)数据

地表基质调查工作方法/侯红星等编著.—武汉:中国地质大学出版社,2024.4
ISBN 978-7-5625-5831-6

Ⅰ.①地…　Ⅱ.①侯…　Ⅲ.①地理要素-中国　Ⅳ.①P94

中国国家版本馆 CIP 数据核字(2024)第 073419 号

地表基质调查工作方法

侯红星　鲁　敏　秦　天　张蜀冀　孔繁鹏　王　伟　**等编著**

责任编辑:唐然坤　选题策划:唐然坤　责任校对:宋巧娥

出版发行:中国地质大学出版社(武汉市洪山区鲁磨路 388 号)　邮编:430074
电　话:(027)67883511　传　真:(027)67883580　E-mail:cbb@cug.edu.cn
经　销:全国新华书店　http://cugp.cug.edu.cn

开本:880 毫米×1230 毫米　1/16　字数:444 千字　印张:14
版次:2024 年 4 月第 1 版　印次:2024 年 4 月第 1 次印刷
印刷:湖北新华印务有限公司

ISBN 978-7-5625-5831-6　定价:158.00 元

《地表基质调查工作方法》
编写组成员

侯红星　鲁　敏　秦　天　张蜀冀　孔繁鹏　王　伟
李瑞红　王　献　张思源　裴　阳　乔衍溢　任柄璋
霍润斌　苏煜雯　李　明　刘洪博　邵兴坤　陈　彭
刘　勇　王浩浩　李俊华　张中跃　孙　肖　张金龙
胡新茁　赵　建

序

党的十九届三中、四中、五中全会明确要求“加快建立自然资源统一调查、评价、监测制度，健全自然资源监管体制”，党的二十大明确了中国式现代化，提出要大力“推动人与自然和谐共生”。

自然资源部2020年初发布了《自然资源调查监测体系构建总体方案》，对自然资源调查监测评价做出了顶层设计，建立了“自然资源分层分类模型”，首次提出了地表基质、地表基质层概念，这是在整合水文地质、工程地质、第四纪地质等相关专业术语和广泛论证的基础上提出的创新性概念，具有开创性和引领性。

地表基质作为地球表层孕育和支撑森林、草原、水、湿地等各类自然资源的基础物质，直接控制着地表农业生产和植被生态的空间展布格局，是地球多圈层交互作用最为频密的载负带，也是耕地与自然生态系统整体保护、系统修复和综合治理的物质基础。

习近平总书记指出，“人的命脉在田，田的命脉在水，水的命脉在山，山的命脉在土，土的命脉在树”。各类自然资源生长变化表明，不同类型自然资源之间的影响是密切关联的，如果不从地表基质调查入手，有关各类自然资源的相互作用、互馈机理及综合效应研究就难以深化，对其孕育、支撑的自然资源进行整体评估和趋势预测的工作就无法开展。

调查实践证明，只有全面查清地表基质层的基本状态、物质组成、理化性质等属性，才能满足自然资源科学统一管理，推动区域高质量发展，因地制宜、分类施策和精准管制，实现高水平国土空间规划和综合利用。因此，将地表基质(层)作为一个重要的对象进行全国性、基础性调查势在必行且意义重大。

在自然资源部、中国地质调查局的反复论证和精心部署指导下，“地表基质调查工程”于2020年正式启动，由中国地质调查局廊坊自然资源综合调查中心组织实施。该工程的目标是：聚焦国家生态安全、粮食安全重大需求，以地球系统科学为指导，以多学科融合为基础，探索构建地表基质调查技术方法体系，拓展我国地表基质调查新领域；按照需求导向、目标导向，针对不同类型地表基质的基本特征，围绕国家重要粮食主产区、生态屏障区、重要经济带等重大战略，进行工程化、业务化、常态化地表基质调查，统筹部署地表基质调查工作；融合多学科、多手段，探索不同类型地表基质调查技术方法，逐渐形成不同区域地表基质调查工作方法与技术标准，指导我国地表基质调查工作部署与开展，创新地表基质成果表达方式。

本书内容涵盖了地表基质调查的基本概念、调查流程、技术手段、应用实践等多方面内容，对于推动地表基质调查工作的规范化、科学化和高效化具有重要意义。

本书是由中国地质调查局廊坊自然资源综合调查中心组织编写，中国地质调查局有关直属单位、高等院校、地方地质调查机构等专业人员花费几年艰苦努力、探索总结完成的。毋庸置疑，这本书将成为地表基质调查领域的一部重要著作，为相关领域的研究和实践提供有力的支持与指导。

在此，我向所有为这本书付出心血的人员表示衷心的感谢。同时，也期待广大读者能够认真阅读本书，从中汲取知识和智慧，特别是聚焦新质生产力的形成和发展，充分发挥地表基质不可或缺的作用，共同为生态安全、粮食安全及自然资源统一管理贡献力量。

原自然资源部自然资源调查监测司司长

苗前军

2024 年 3 月 20 日

前 言

当前，随着“创新、协调、绿色、开放、共享”新发展理念的进行，生态文明建设对地质调查和自然资源管理工作提出了更高更新的要求。21 世纪以来，地质调查工作由传统的供给驱动型转变为需求驱动型，服务方向由过去以支撑服务矿产资源管理为主转变为支撑服务整个自然资源管理。新一轮的党和国家机构改革将土地、矿产、海洋、森林、草原、湿地、水资源调查职责整合到自然资源部，党的十九届四中全会明确提出“加快建立自然资源统一调查、评价、监测制度”，为基础地质调查服务“山水林田湖草沙冰”系统治理、土地资源管理使用和生态保护修复、黑土地保护、粮食安全等领域提供了新的调查研究方向与内容。为适应生态文明建设和自然资源管理的需求，统筹“山水林田湖草沙冰”系统治理，自然资源部 2020 年发布了《自然资源调查监测体系构建总体方案》(以下简称“《总体方案》”)，明确了新形势下自然资源调查监测工作的目标任务，为加快建立自然资源统一调查、评价、监测制度，健全自然资源监管体制，切实履行自然资源统一调查监测职责提供了重要规范和行动指南。

为实现自然资源的精细化描述和综合性管理，建立起基础地质与自然资源之间的关系和联系，《总体方案》首次提出了地表基质层的概念。《总体方案》以立体空间位置作为组织和联系所有自然资源体的基本纽带，对各类自然资源要素进行了分层，建立了地下资源层、地表基质层、地表覆盖层和管理层分层，形成了完整的支撑生态、生产、生活的自然资源立体时空模型。地表基质层是各类自然资源的承载体，是支撑孕育自然资源的基础和本底。地表基质层将地质作用过程、自然资源和生态环境系统以及人类活动影响等有机地组合在一起，为服务生态文明建设和自然资源管理工作提供了有效的解决途径。

目前，我国已基本完成陆域可测地区不同比例尺的基础地质、专项地质及土地质量地球化学调查工作，全面完成第三次全国国土调查，并实时开展一年一度的国土变更核查，正在开展第三次全国土壤普查，正按要求定期开展全国森林、草原、湿地、水资源调查工作。以上调查工作分别形成了一套行之有效的技术标准规范，为推进地质调查和自然资源中心工作做出了历史性贡献，也为开展包括地表基质调查工作在内的自然资源调查监测提供了基础支撑。地表基质层是地球关键带的一部分，也是地球关键带中的重要层位。

地表基质调查包含地质、地理、生态、农学、土壤等多学科，借鉴国际国内第四纪地质调查、覆盖区地质调查以及土壤、生态、环境地质调查的成功经验，以地球系统科学和自然资源理论为指导，以已有地质调查和自然资源调查工作成果为基础，以第三次全国国土调查和最新年度变更调查成果为底板，选择东北黑土地区等典型区域，开展多尺度、多层次和多目标的地表基质调查试点示范，从而探索适合我国地理地貌、地质单元和自然生态空间格局特点的地表基质调查方法。

《地表基质调查工作方法》由自然资源部中国地质调查局“地表基质调查工程”及所属子项目的调查成果

汇编而成。工程与所属子项目由中国地质调查局自然资源综合调查指挥中心、廊坊自然资源综合调查中心、哈尔滨自然资源综合调查中心、呼和浩特自然资源综合调查中心、牡丹江自然资源综合调查中心组织实施。本书旨在为地表基质调查人员以及相关科研人员提供一本具有可操作性的自然资源地表基质调查工作工具书，也可供其他相关专业的人员参考。全书的编写结构和思路由侯红星提出，鲁敏、王伟、秦天负责统稿。本书共分为5章：第一章绪论，简要介绍了地表基质调查工作的研究背景及科学内涵与意义，由侯红星、张蜀冀、鲁敏、李瑞红等执笔；第二章地表基质概述，系统阐述了地表基质基本概念、分类与命名、调查研究对象与范围及调查目的和任务，由李瑞红、侯红星、秦天、任柄璋等执笔；第三章地表基质调查技术方法，全面介绍了地表基质工作开展流程，包括资料收集与分析整理、野外踏勘和设计编审、调查工作部署、野外调查、采样及测试分析、地表基质三维模型构建、地表基质图编制原则与方法、报告编写和验收由鲁敏、王伟、秦天、孔繁鹏、李瑞红、裴阳、乔衍溢、霍润斌、邵兴坤、刘洪博、赵建等执笔；第四章地表基质调查初步实践，基于已开展的地表基质调查工作，分区介绍了地表基质调查工作的实践进展，由侯红星、王伟、王献、裴阳、张思源、秦天、鲁敏、李瑞红等执笔；第五章结束语，由侯红星、鲁敏执笔。全文图片编辑及文字校对等工作由王浩浩、苏煜雯负责。

本书在编写过程中得到中国地质调查局自然资源综合调查指挥中心、廊坊自然资源综合调查中心、呼和浩特自然资源综合调查中心、哈尔滨自然资源综合调查中心、牡丹江自然资源综合调查中心、中国农业大学、中国地质大学（北京）、中国地质大学（武汉）、吉林农业大学、沈阳农业大学、中国地质环境监测院、河北省地质矿产勘查开发局国土资源勘查中心等多个单位领导与专家的大力支持和帮助。中国地质调查局自然资源综合调查指挥中心葛良胜研究员，廊坊自然资源综合调查中心伍光英研究员、李铁锋研究员、张蜀冀正高级工程师，中国农业大学孔祥斌教授、张凤荣教授，中国地质大学（北京）袁国礼教授，中国地质大学（武汉）李长安教授，吉林农业大学窦森教授，沈阳农业大学汪景宽教授，中国地质环境监测院殷志强正高级工程师，河北省地质矿产勘查开发局地质勘查技术中心部洪强正高级工程师全程指导项目实施，并为本书的编写提出了许多宝贵的意见和建议。笔者在此一并表示衷心感谢！

由于地表基质调查研究工作探索性极强且刚刚起步，加上笔者水平有限，本书仍然存在诸多不足和遗漏之处，敬请读者批评指正。

笔　者

2024年4月

目　录

第一章 绪 论

人类文明的发展史是一部人与自然关系的演变史。从最初的原始文明到农业文明、工业文明，再到现今的生态文明，人类经历了认识自然、依附自然、改造自然、征服自然和重新认识并顺应自然的发展过程。随着地球上人口及其生存和生活需求的增长，以往人类消费、利用自然资源欲望的扩张和膨胀，以及人们对自然资源的管理混乱、野蛮占有、无序开发等，引发了大量的资源环境和生态问题。特别是进入工业文明以来，人类在创造巨大物质财富的同时，也加速了对自然资源的攫取，打破了地球原有自然生态系统的平衡，人与自然的矛盾日益显现。

20 世纪 60 年代，科学界提出了“地球系统科学”的概念，为人类系统全面认识地球、科学利用自然、保护生态环境提供了新的思路。21 世纪以来，人类开始日益重视自然生态系统保护与治理。2001 年，美国国家研究委员会(National Research Council，简称 NRC)首次从科学的角度提出了地球关键带概念，即地球浅层岩石、土壤、水、空气和生物及人类活动相互作用，为生命系统提供支撑资源的异质的地球表层系统(National Research Council，2001)。为了人与自然和谐共生及中华民族永续发展大计，我国 2005 年率先提出了“生态文明”概念，并不断丰富其内涵，提出了“绿水青山就是金山银山”“尊重自然、顺应自然、保护自然”“绿色发展、循环发展、低碳发展”三大基本理念。

生态文明是工业文明发展到一定阶段的必然产物，是工业化进程中人类文明和社会发展共同提出的一种新形态，其核心要义是“人与自然和谐共生”。生态文明建设的内容和要求与自然资源管理息息相关。生态文明背景下如何以地球系统科学理论为指导，科学完整地划分自然资源分类体系，正确认识不同类型自然资源之间的相互关系和互馈机制、资源开发利用与生态环境保护相互影响的基本表现和内在规律，从而服务自然资源管理与利用，需要重新认识理解自然资源系统，特别是要全面深刻地认识支撑孕育各类自然资源的基础地质本底。为此，自然资源部组织国内专家学者于 2020 年首次提出地表基质层的概念。这一概念的提出，将地质作用、自然作用以及人类活动过程和人与自然和谐共生有机结合，使地质工作转型升级发展，更好地服务生态文明和自然资源管理利用，成为基础地质调查工作新的领域和发展方向。

地表基质是自然资源调查监测体系构建中最有突破性的一个创新概念，它所描述的对象在地球系统科学的不同领域均有相关的概念和学科基础，如基础地质学中的地表基岩、松散堆积物(或第四纪沉积物)等，林草学中的立地或立地条件，农业中的土壤母质，水文学中江河湖海的底质，工程地质学中的岩土层或地基层等。按照“连续、稳定、转换、创新”的原则，地表基质综合上述各领域的概念模型，根据地球系统科学和地质作用服务生态文明及自然资源管理工作的重大需求，聚焦人地作用过程中产生的系列重大资源、环境、生态问题，服务人与自然和谐共生，将由地质作用或自然作用形成的，无缝覆盖在地球表层空间的、具有一定深度范围的，由岩石、砾石、砂、土等地质物质与水、生物、气等附属物质共同组成的层状地质体叫作“地表基质层”。这个层位本身属于自然资源，同时可以支撑孕育形成农田、森林、草原、湿地等不同类型的自然资源，从而成为多门类自然资源之间相互作用和密切联系的纽带。地表基质对自然资源整体保护、系统修复及综合治理都至关重要。例如要合理开发利用土地资源，做到宜耕则耕、宜林则林、宜草则草，就需要准确掌握地表基质类型，特别是地表基质理化性质，以支撑“山水林田湖草沙冰”的系统治理。地表基质调查成为地质调查领域一项基础性、公益性、战略性调查工作，对整个自然资源管理、国土空间规划以及生态环境系统保护和统一修复治理意义重大。

第一节　研究背景

地表基质层虽然是一个新概念，但国内外目前已开展的与地表基质层相关或相似的调查研究工作有很多。例如地球表层系统、地球关键带、地表土壤层等，它们有相似之处，但又在调查研究对象、研究方法、研究内容、服务方向各有所侧重。相同之处是：上述各类概念都是以地球系统科学为指导，从地球多圈层系统相互作用出发，研究不同圈层之间、不同物质成分之间、不同自然资源类型之间、不同生态系统之间的相互关系、相互作用、物质与能量及其效应。不同之处是：地表基质层调查研究的是特定的对象、特定深度范围的地表物质层位，其他则更多的是针对不同界面上的物质与能量交换观测和研究。地表基质层包括地表土壤层，还包括土壤的母质、母质下的基岩层。在垂直空间上，地表基质层属于地球关键带的一部分，但不包含地面覆被物；在平面空间上，地表基质层比地球关键带研究更系统、更广泛、更全面。国内开展的地表基质层调查开创了地球表层系统调查的先河，以系统的工程手段对地球表层系统物质或地球关键带的关键部位开展调查、监测、观测、评价，在此基础上基于地球表层系统物质理化性质开展对地表自然资源支撑孕育能力与潜力的研究，对不符合地球表层系统孕育支撑规律的地表自然资源的利用方式进行优化布局调整和系统修复治理。

一、国外研究现状

针对地球表层系统调查研究，国外主要是针对地球关键带开展研究，地球关键带研究与发展离不开地球系统科学理论基础。美国国家航空航天局地球系统科学委员会于 1988 年出版了《地球系统科学》，书中强调了地球岩石圈、水圈、大气圈和生物圈之间的相互作用，进而从整体地球系统的视野，对地球各圈层的相互作用过程和机理进行了研究。进入 21 世纪以来，随着地球观测、探测技术的发展，地球系统的概念增强，促进了多学科交叉与融合，地球系统科学发展与演变也催生了一系列新概念，在空间尺度形成了地球关键带的概念（施俊法，2020）。

“地球关键带（Earth Critical Zone）”由美国国家研究委员会 2001 年提出（Thomas et al.，2001），之后大量学者关注并开展研究工作，对地球关键带的定义、研究对象、研究范围、工作方法等开展了一系列研究讨论。目前形成的统一认识是，地球关键带的空间界线范围为植被冠顶到地下水蓄水层底部，包含了近地表的生物圈、大气圈、整个土壤圈，以及水圈和岩石圈地表/近地表的部分（图 1－1），厚度范围在 0.7～223.5m 之间，平均厚度为 36.8m（Lin，2010；安培浚等，2016）。

地球关键带更加注重局部关键区域观测研究，在全球范围内初步建立了一系列观测台站网络体系，基于台站观测数据形成了大量的关于局部关键带结构、过程、演化和模拟等方面的研究成果。关于地球表层系统或地球关键带工作，国外除开展了一些典型地区的地球关键带（点上）观测与研究外，目前还没有系统地开展地球关键带面积性的调查工作。2005 年，美国国家科学基金会启动了“地球关键带观测计划”，设立了一系列观测项目，重点研究发生在岩石、土壤、水、空气以及生物之间复杂的相互作用。2006 年7 月，美国国家科学基金会建立了首批 3 个地球关键带观测站；10 月特拉华大学宣布成立一个地球关键带研究中心。2009 年 10 月，美国国家科学基金会又新建了 3 个地球关键带观测站。2014 年 1

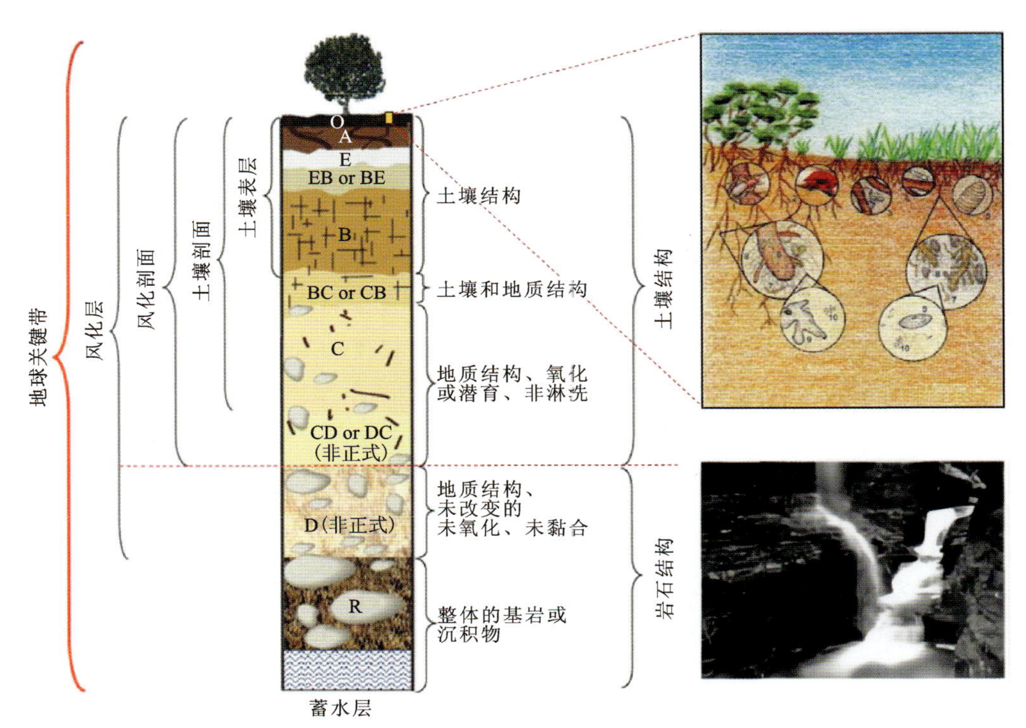

图 1-1 地球关键带、风化层、风化剖面、土壤剖面、土壤表层的概念(据安培浚等,2016)

月,美国国家科学基金会公布了新的地球关键带研究计划,资助新建了 4 个地球关键带观测站,开展了地表过程研究(安培浚等,2016)。

同期,欧盟委员会也资助开展了 SoilTrEC 项目,结合欧盟、美国和中国的观测网络,研究岩性、气候和土地利用变化及土壤渗透率变化。法国国家科研署、科学研究中心、研究与发展研究所、农业科学研究院以及一些大学,联合建立了法国河流流域网络,来监测地球表面的永久环境,研究地表水以及化学物质循环。德国也建立了地球关键带观测网络平台,并通过集成模型系统分析预测了全球变化引发的结果。澳大利亚工业、创新、科学、研究与高等教育部,澳大利亚昆士兰州政府和澳大利亚政府教育投资基金会联合资助建设了澳大利亚生态系统研究网络,建立了协作机制解决未来生态系统科学中的问题,解决了当下和未来澳大利亚生态科学与环境管理的关键问题。

二、国内研究现状

我国科学家也开展了大量的针对地球关键带的研究观测工作。中国科学院牵头在我国北方黄土高原、南方山地丘陵、华北平原地下水沉降带、陆海过渡区域、城市地下空间等典型特殊地区建立了一系列地球关键带研究台站,取得了一系列的研究成果。中国地质大学(武汉)在汉江流域开展了地球关键带调查研究工作。另外,中国地质调查局和地方行业勘查单位针对第四系覆盖区开展了专项地质调查工作,但目前尚未系统推广。

2018 年 3 月,中共中央印发了《深化党和国家机构改革方案》,明确将土地、矿产、海洋、森林、草原、湿地、水资源调查职责整合到自然资源部。党的十九届四中全会明确提出了"加快建立自然资源统一调查、评价、监测制度"。为适应生态文明建设和自然资源管理的需要、统筹"山水林田湖草沙冰"系统治理,2020 年,自然资源部发布了《自然资源调查监测体系构建总体方案》(以下简称《总体方案》),按照科学、简明、可操作要求，明确了新形势下自然资源调查监测工作的路线图、任务书、时间表，为加快建立自然资源统一调查、监测、评价制度，健全自然资源监管体系，切实履行自然资源统一调查监测职责提供了重要规范和行动指南。

自然资源本身就是分层分布的，在空间位置上是重叠的，调查要忠实于这种自然状态，要考虑到这种真实性，按照分层的要求进行调查，实事求是地把这种重叠关系描述清楚。为实现自然资源的精细化描述和综合性管理，《总体方案》以服务生态文明建设和支撑自然资源管理为指导，以地球系统科学、自然资源、人地系统理论和可持续发展目标为基础，以立体空间位置作为组织和联系所有自然资源体的基本纽带，对各类自然资源要素进行分层。《总体方案》从坚持目标导向、强化问题导向和突出成果导向3个方面考虑，从科学性和系统性入手，遵循自然资源的演替规律和生态系统的内在机理，系统组建统一自然资源调查监测体系，对原有各项调查进行改革创新和系统重构，对地下、地表和地上的各类自然资源进行科学组织，分层分类进行管理，形成自然资源分层分类三维立体模型，首次提出了地表基质层、地表覆盖层和管理层概念，同时对自然资源基础调查、专项调查等进行了安排部署。第一层为地表基质层，是孕育和支撑森林、草原、水、湿地等各类自然资源的基础。第二层是地表覆盖层，客观反映自然资源在地表的实际覆盖状况，如作物、林木、草、水等。第三层是管理层，是各类日常管理、实际利用等界线数据，反映自然资源的利用管理情况。此外，还设置了地下资源层，来描述地表之下的矿产资源和地下空间资源。这4层有机联系，形成了完整支撑生产、生活、生态的自然资源立体时空模型。

地表基质层本身属于自然资源，同时又是承载耕地、森林、草原、湿地、水等自然资源的基础本底，在支撑孕育自然资源的同时，它本身也是重要的自然资源。地表基质的利用方式构成了地表不同的土地资源(图1-2)。

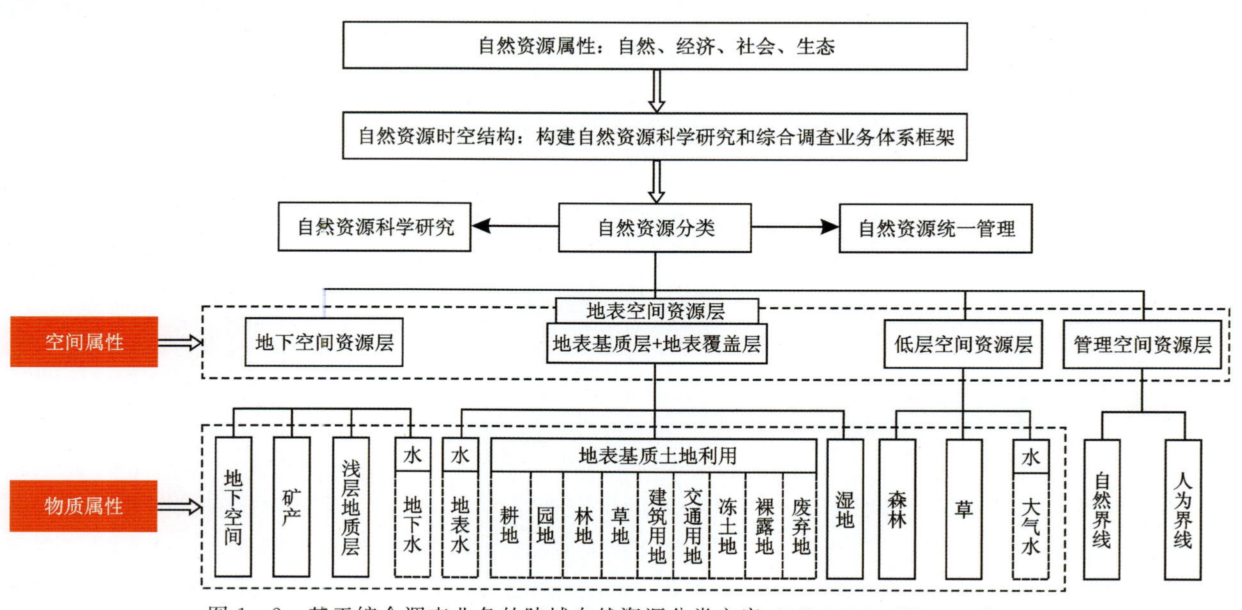

图1-2 基于综合调查业务的陆域自然资源分类方案(据葛良胜和夏锐，2020修改)

与地球关键带不同的是，在平面空间，地表基质层无缝覆盖地球陆域表层和水体底部的全部区域；在垂向空间，上部为陆域地球表面或水体底部，不包括植被冠顶及所支撑的水体(河流、湖泊、海洋等)，下部为植物根系所能够达到的最深区域(通常不超过50m)。从研究内容看，地表基质更关注其自身本底属性特征、支撑孕育自然资源生态功能特征以及互馈耦合关系，以能够更好地服务生态可持续发展与自然资源管理的社会需求。

“地表基质”的提出是自然资源调查监测体系中的最具创新特色的重要内容。地表基质范围覆盖固体地球表面，包括陆域和海域全部国土空间。地表基质本身既是自然资源的一部分，也是多门类自然资源之间相互作用和密切联系的纽带，对自然资源整体保护、系统修复以及综合治理都至关重要。《总体方案》下发后，自然资源部又先后下发了《地表基质分类方案（试行）》《自然资源调查监测标准体系（试行）》《自然资源三维立体时空数据库建设总体方案》《关于促进地质勘查行业高质量发展的指导意见》《自然资源调查监测质量管理导则（试行）》《自然资源三维立体时空数据库主数据库设计方案（2021版）》等系列文件通知，对地表基质分类命名、技术标准、数据库建设、质量控制等提出了明确要求，为开展地表基质调查工作提供了政策依据。2022 年以来，自然资源部、中国地质调查局自然资源综合调查指挥中心、各省（自治区、直辖市）自然资源主管部门和地质调查行业单位先后开展了地表基质调查工作探索实践。地表基质调查工作目前已成为地质调查工作支撑服务生态文明建设和自然资源管理中心工作的新发展方向与工作领域。

第二节 科学内涵与意义

地表基质是由不同类型的地质作用（内力地质作用和外力地质作用）形成的地质物质，通过自然作用和人类活动影响改造，形成了目前分布在地球表层的支撑孕育自然资源的层状地质体。作为分布在地球表层能够和正在孕育支撑耕地、森林、草原、水、湿地等各类自然资源的基础物质，地表基质（岩、砾、砂、土、泥）不仅是自然资源的承载体，又是各类生态系统的承载体，还是资源环境生态效应的承载体，维持着地表不同类型生态系统的正常运转，为人类和大自然提供物质与能量。根据地表基质层的分布特征和关键作用，又可以将地表基质看作地球的“皮肤”。因此，地表基质层是岩石圈、土壤圈、水圈、大气圈、生物圈等多圈层相互作用且物质和能量交换最频繁、最强烈的部位。地表基质作为联系生态系统、自然资源和土地资源、耕地资源等的纽带（图 1－3），其空间结构、理化性质、生态特征、景观属性等支撑形成了长期平衡的、分配合理的、相互依存的自然资源生态系统。

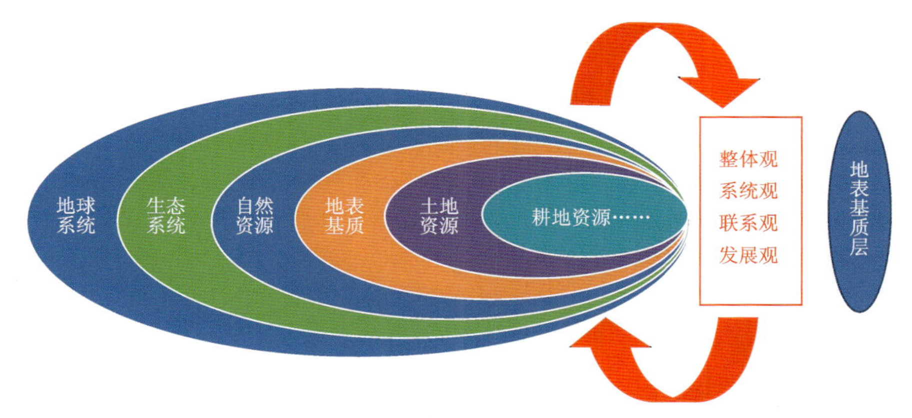

图 1－3　地表基质与自然生态系统关系示意图

地表基质层是自然资源三维立体分层分类模型的基础关键层位，开展地表基质调查是一项基础性、公益性、战略性、综合性的调查工作。地表基质时空分布和本底属性特征，对自然资源整体保护、系统修复及综合治理都至关重要。通过系统调查，掌握地表基质的自然状态和理化性质，对自然资源保护利用、生态环境保护修复治理等意义重大。

一、科学内涵

首先，地表基质是地质作用形成的天然物质。不同的地质作用形成的地表基质的理化性质、时空结构、分布特征等不尽相同。岩、砾、砂、土、泥等地表基质的形成先后经历了不同地质历史时期复杂的内力地质作用（岩浆、变质、成岩等）和外力地质作用（风化、剥蚀、搬运、沉积等）过程。各类地表基质形成的时间长短不同，有的为漫长的地质历史时期，有的为近代很短的时间。例如岩石基质是某一地质历史时期成岩作用的产物，形成的时间漫长，并经历了复杂的地质作用过程；砾质、土质和泥质以及上述地表基质形成的现代松散沉积物，其形成的时间相对要短，主要依靠第四纪以来的风化、剥蚀、搬运、沉积等外力地质作用形成，其经历的时间也不过数万年或数十万年；此外，灾变地质作用如地震、滑坡、火山喷发等，可以在瞬间或短时间内快速堆积形成厚50m或更厚的松散堆积物。内生地质作用形成的岩石基质类型相对单一。除沉积作用形成的沉积岩上下空间叠置关系相对复杂外，其他岩石基质空间结构简单；而外生地质作用形成的松散堆积层，即由砾、砂、土等地表基质形成的地表基质层时空分布和理化性质比较复杂，其平面分布、空间展布上下叠置关系等多种多样，决定了其利用状况也多种多样。不同成因地表基质层的垂向空间结构特征不同。裸岩区地表基质层只是单纯的岩石层，而残坡积区地表基质层垂向结构则是现代风化壳的结构样式，从上往下多为土质、含砾土质、强风化岩石和弱风化岩石。坡洪积、冲洪积、风积、湖积、冰川沉积等区域地表基质层特征则更加复杂，其垂向结构特征则是砾、砂、土等不同类型地表基质层在空间上相互叠置。这些不同成因的地表基质层位于地球表层或浅表层，在空间上呈一定形态分布，从地表向地下具有一定深度。作为自然资源调查的客观对象之一，目前初步将这一深度确定为自地表或水体底面向下延深不超过50m的范围。这是一个基于调查工作需要而划定的调查边界，而非该层的自然物理边界，它可能是上述各单门类自然资源相关层的部分、全部或超越其范围。之所以确定厚为50m，是因为它作为孕育和支撑其他自然资源的基础物质层，已经足够（极少有植物的根系能达到地下50m的深度），以此可有效区别覆盖于地表的作物、森林、草原、水等物质层，即《总体方案》中所称的第二层——地表覆盖层。另外，如果确定得过深（超过50m），则可能与《总体方案》中的另一层——地下资源层形成过多重叠。

其次，地质作用形成的地表基质或地表基质层在不同的自然地理环境条件下具有不同的服务功能。不同的地表基质层具有不同的时空分布和理化性质特征，但地形地貌、自然地理等自然作用条件同样不可忽视。地形地貌、气候、温度湿度、降雨蒸发量、生物微生物活动等外界自然条件，决定了地表基质层的利用特征。同样的地表基质在不同的地理环境中利用状况完全不同，如我国东南地区花岗岩与西北地区花岗岩的风化程度不一样，形成的地表基质层特征也不一样，其利用状况也不相同，东南地区地表基质可作为耕地，西北地区可能只能作为草地或荒地。同样是在东北地区，从东部向西部由于年积温、降水量等自然条件不一样，同一类型的地表基质层其利用特征也千差万别，东部地区可以开垦为大面积的耕地，但西部地区则多为天然草地或人工草地。

再次，人类活动的干扰强度对地表基质层的利用状况也起到至关重要的作用。地表基质层的表现形式、存在状态、内部结构和物质组成并非一成不变，会随着内外其他因素的变化或对其施加影响而发生改变。在自然过程中，除非发生灾变性地质作用影响，这种改变通常是缓慢的。尽管地表基质层的定义中将其表述为天然物质经自然作用而形成，但在局部地区人类活动会对其产生明显影响，这种影响叠加在自然状态之上，使其呈现出比自然状态更加复杂的状态或发生更为显著的变化。人类的改造和影响可实现对其孕育和支撑自然资源的有效控制。人类耕作文化的出现使大面积的土地由原来的林地、草地、湿地等变成耕地；通过人工造林、绿化、人类活动改造等，使一部分荒地、沙地、未利用地等变成林地、草地等；通过水利工程建设等，使一部分其他类型土地变成湿地、水利设施用地等。上述人类活动的影响与改造在地表基质调查工作中同样不可忽视。虽然通过人类活动可以改变土地利用方式，但并不是所有的改变都是科学合理的。如何确定科学合理性，就需要对其地表基质本底特征进行调查了解，掌握其空间结构和理化性质，特别是其地质成因特征。近现代以来，特别是工业建设以来，人类活动的加剧和掠夺式开发利用，在不掌握其地表基质本底的情况下，大面积改变了原有的土地利用方式，对生态环境造成不可估量的影响。例如东北黑土地区在没有全面系统掌握黑土地资源地表基质本底（即其成土母质特征）的情况下，大面积的区域被开发为耕地，不合理的利用方式和简单粗放的耕作模式造成部分区域黑土成土母质（母岩）为砂、砾、岩石的地区表层黑土退化，其生态恢复能力和生产可持续供给能力下降，导致不可挽回的黑土地生态退化问题。因此，地表基质层与地表覆盖层的支撑孕育特征是地表基质调查研究的重要内容。在开展地表基质调查研究的基础上，对地表基质层与地表覆盖层的支撑孕育关系进行研究，可以评价地表基质层的适宜性，对不符合自然地理格局的土地利用方式进行人工干预或通过基于自然的方式进行生态修复等，可以服务自然资源生态系统的系统保护和治理修复。

综上所述，地表基质调查以地球系统科学特别是地质学、地理学等为基础，在过去已开展的区域地质调查、第四纪地质调查及其他专项地质调查的基础上，以第三次全国国土调查成果为基础，以地表基质层为研究内容，在查清地表基质的类型、分布、面积、地质成因、理化性质、垂向空间结构及土地利用方式的基础上，研究分析地表基质层、地表覆盖层的支撑孕育关系和互馈特征，评价地表基质层的空间利用适宜性，从而为自然资源管理、国土空间规划及土地利用等，从管理和利用两个方面提供数据支撑。

二、主要特点

地表基质层是自然资源调查监测体系中具有突破性的创新概念，为国内外首次提出，地表基质调查具有创新性、基础性、战略性、综合性、多元化等特点，在自然资源分层分类模型中处于基础支撑的重要位置，也是整个体系中最具创新特色的内容。

山水林田湖草沙冰是一个生命共同体，也是人类文明发展的重要载体，地表基质则是支撑孕育山水林田湖草沙冰等各类自然资源的重要载体。各种自然资源如何科学合理布局，如何按照“宜林则林、宜草则草、宜耕则耕、宜荒则荒”的原则对不符合自然地理空间格局的土地利用方式进行科学合理的调整，需要全面摸清地球表层系统（即地表基质层）的本底性状。

地表基质层是地表覆盖层的基础与支撑，地表基质中的岩石是形成其他类型地表基质的基础与物源。不同类型岩石（如岩浆岩、沉积岩、变质岩）经过风化、剥蚀、搬运、沉积等地质作用过程，形成了如今地表松散堆积分布的砾质、砂质、土质和泥质地表基质，成为支撑孕育各类自然资源的基础本底。作为基础物质层，地表基质层具有相对稳定性。它本身是自然资源，同时又支撑孕育着自然资源，是“基础的基础、资源的资源”。

地表基质所涵盖的领域和地表基质调查工作是一项综合性内容。地表基质以基础地质为基础，其形成离不开地质作用过程。自地球诞生之时起，在地球内部和外部营力的共同作用下，地球上的环境就处在持续的变化过程之中，形成了现代地球的基本环境格局。覆盖地表的岩、砾、砂、土、泥等地表基质的现状是地质作用与人类活动共同作用在某一特定阶段的产物。因此，地表基质调查研究涉及地质学、生态学、地理学、农学、土壤学、生物学、人文科学等多门类学科领域，包括不同自然资源类型及支撑自然资源的水、土、气、生、岩等多要素。地表基质调查研究工作要树立“大地质、大生态”的理念和“多学科、多维度”的思维方式，工作方法和技术手段也多种多样，包括航空、航天、地面调查、现代网络技术以及不同类型的工程揭露手段等，研究领域涉及地质、地理、生态、农业、环境、健康、规划、绿化等行业。

地表基质调查获取的数据、图件、文字、报告和实物资料成果可提供多元化服务。地表基质调查评价指标按照地表基质空间结构层的多功能服务方向，涉及资源、生产、生态、环境等方方面面，通过调查结果反映的地表基质数量、质量(理化性质)、结构、生态现状数据等特征，与已有土地利用、水资源、生物资源、气象资源、环境污染、健康指标等调查成果一起，可以为自然资源统一管理、国土空间规划、生态保护修复、农业生产、"双碳"目标等提供多元化的数据信息服务。通过系统查清地球表层5m以浅(特别是1～5m)地表基质及其附属物(生物、水、气等)的时空分布、空间结构、本底性状、利用方式及变化情况，可全面、准确、系统获取其资源本底的历史和现状数据，选取能够表征不同周期地表基质数量、质量、生态状况变化趋势的监测指标，开展周期性地表基质长期定位监测，进行地表基质适宜性评价，从管理和利用两个方面提出了具体的3条地表基质保护利用建议。一是解决自然资源管理过程中资源本底性状不明、家底不清的问题(地表基质如土质本身就是潜在的自然资源)；二是解决耕地等土地资源保护、全域国土整治、国土绿化、人工造林、后备耕地资源开发利用等过程中土地(土壤)成土母质类型、厚度、质地、清洁程度、营养指标等不清楚，深部母质资源不明和成土潜力不清的问题；三是解决三生空间和三条红线划定、国土空间规划、土地利用适宜性评价(宜则论)过程中地表基质层性状不明的问题。

三、重要意义

地表基质层本底属性及其在自然资源分层分类模型中的关键位置和其他自然资源的孕育、支撑作用，在自然资源统一管理和深化研究自然资源产生、发育、演化与利用等工作中发挥的作用密切联系，决定了地表基质调查在自然资源调查监测体系中具有重要的意义。

1. 地表基质层的自然资源属性及其在自然资源分层分类模型中的位置，决定了地表基质调查是自然资源调查监测体系中不可或缺的重要内容

地表基质本身就是一种自然资源。例如岩石、黏土、砂石本身就是重要的建材资源、陶瓷原料、装饰材料等，高质量的砂矿还是不可多得的重要非金属原料等，如不对其开展调查，掌握其基本情况，必将影响和制约这种资源的管理、开发、利用和保护。冰川、冻土则是世界关注的重要自然生态资源。《总体方案》给出的自然资源分层分类模型，是以地球系统为空间参考系，基于所有自然资源均是在地球系统中占有一定空间的自然实体而提出的。在地表基质层之下设置有地下资源层，在其上则设有地表覆盖层，由此形成了一个完整的支撑生产、生活、生态的自然资源立体空间模型。从空间上看，地球基质层是连接地下和地上资源(物质)的纽带，如不对其开展系统调查，自然资源立体调查监测体系将不完整。

2. 地表基质层作为其他相关资源的孕育和支撑层，决定了地表基层调查对于全面和系统研究、控制、改善、调整其他自然资源结构及状态至关重要

地表基质层作为耕地、森林、草、湿地等资源的支撑层，可以看成是"资源的资源"，也就是说该层在地表表现的景观特征和其本身的物理化学状态和变化决定了相应资源的生息状态。众所周知，在林学中，立地是影响和控制森林生长、发育、演替情况最重要的因子。立地质量从根本上控制了森林或其他植被类型的生产潜力。理清了森林的立地条件，可以辅助选择适地树种，制订配套的育林措施和分类经营方案；通过立地质量进行评价，可以对森林生产力及最终的木材产量和所发挥的效益进行科学预测与评估等。地表基质层对于森林资源而言，就相当于立地(条件)或立地层；对于农作物而言，相当于土壤层。进一步衍生，作为地表水体的支撑层和地下水体或气的孕育层，地表基质层的内部结构和构造等物理特征决定了地表水体稳定性和地下水体饱和度；作为地下生物体或微生物、细菌等的生活层或活动层，地表基质层决定了相应生物的生境状态；作为地球关键带的重要组成部分，地表基质层与人类活动

关系最密切，相互作用最频繁，是“关键的关键”。由此可以看出，地表基质层在自然资源状态和禀赋中占有“根”“源”“储”“汇”地位。

3. 地表基质层在自然资源学中的关键地位，决定了地表基质调查是自然资源科学管理和衍生规律研究、国土空间规划和综合利用以及实现生态文明建设高质量发展的重要支撑

自然资源领域很多现实问题，形在地上，根在地下；标在地上，本在地下；果在地上，因在地下。正如习近平总书记 2013 年在《关于〈中共中央关于全面深化改革若干重大问题的决定〉的说明》中所指出的，“人的命脉在田，田的命脉在水，水的命脉在山，山的命脉在土，土的命脉在树”。自然资源本身是一个由地上地下直接关联、有机无机密切相关的多要素组成的复杂系统，其根源储汇在地表基质层。

从学科理论上看，该层情况不清、数据不准，就难以保障不同类型自然资源相互作用、互馈机理及综合效应的深化研究，无法满足对其孕育和支撑的自然资源进行整体评估与趋势预测的需要。一个现实的例子，“三北防护林”工程经过 40 多年建设，取得了令人瞩目的生态经济效益，但有段时间监测发现某些局部地区的杨树林有大面积死亡或退化现象（郑春雅等，2018）。关于原因专家众说纷纭，如树种问题、干旱问题、地下水问题、土质问题还是养分问题或者各种因素都有，这些问题都与地表基质层密切相关。因此，从根本上说是地表基质层问题。从决策管理上看，以往开展的调查工作不能满足自然资源科学统一管理和推动区域高质量发展的因地制宜、分类施策和精准管制需求，难以实现宜耕则耕、宜林则林、宜湿则湿、宜草则草、宜山则山、宜城则城、宜养则养、宜粮则粮、宜牧则牧、宜渔则渔、宜建则建、宜农则农等高水平的国土空间规划和综合利用，以及高质量生态文明建设局面。雄安新区建设规划的调整和完善提供了一个生动的实例。雄安新区的地质调查工作虽然不是专门的地表基质层调查，但深度融合了地表基质层调查的相关要素、内容，其成果和数据有力支撑了国土空间规划工作。因此，地表基质调查的数据与成果，在自然资源统一管理和科学研究、国土空间综合利用和科学规划、生态环境保护修复和综合治理等方面的支撑服务领域十分宽广，作用明显，意义重大。

4. 地表基质层作为新时代自然资源调查的新生事物，过去对其关注不足，工作部署不够，数据分散短缺，决定了对地表基质层系统调查必须引起高度重视并加快推进

长期以来，我国不同类型自然资源分属不同部门管理，调查工作也由相应的部门组织实施，或多或少涉及地表基质层。例如林业部门已开展了 9 次森林资源连续清查，但仅在 20 世纪 50 年代开展过全国性以土壤养分和水分因子为主的立地条件调查，此后虽然针对立体类型和质量评价等展开了系统研究，但调查工作则局限于某些特定区域。此外，林业部门还开展了两次全国湿地资源调查。农业部门在 20 世纪 50 年代末和 80 年代初开展过两次全国性的土壤普查，但仅针对当时确定的耕地。地质矿产部门目前已经基本完成覆盖全国的 1∶100 万～1∶25 万（或 1∶20 万）区域地质调查和地球化学调查，但 1∶5 万区域地质调查不足陆地国土面积的 50%。这些调查工作主要服务于矿产资源勘查、开发及支撑地质科学研究，多部署在主要成矿区带（岩石出露区），而对大面积第四系覆盖的平原、盆地、城乡、村镇地区没有开展工作，同时对其他资源也关注不够。地质矿产（国土资源）部门同步开展了部分地区的 1∶25万（1∶20 万）甚至更大比例尺的水文地质和工程地质调查及专门的第四纪地质调查。进入 21 世纪以来，依托国土资源大调查计划，我国组织部署了部分地区的 1∶25 万多目标区域地球化学调查，其服务领域拓展到农业、旅游、水资源、城市地下空间、生态、灾害与环境等领域，但覆盖范围有限，精度也不够，动态监测也没有到位。在土地调查方面，我国于 20 世纪末和 21 世纪初先后组织开展了两次全国范围内的土地调查，主要服务于基本农田面积统计和规划。第三次全国土地调查于 2017 年开始，至 2019 年 11 月县级调查完成。为贯彻“山水林田湖草（沙冰）是一个生命共同体”理念和服务新时代生态文明建设，2018 年国务院办公厅发布《关于调整成立国务院第三次全国国土调查领导小组的通知》，特别将第三次全国土地调查改为“第三次全国国土调查”，要求在开展土地调查的同时，同步开展森林、草原、建筑用地、湿地等数据获取工作，但主要是资源类型、面积等共性指标的调查，地表基质层并未完全涵盖在内(仅考虑了功能性土地类型及面积)。相对于陆域，海域或海洋资源调查工作程度更低，相当于地表基质层的海洋底质调查仅在局部完成，且精度远远不够。总体来看，这些涉及地表基质层的调查工作，缺乏系统性，不够深入.调查范围各自部署，由此造成权属边界不清晰、空间交叉重叠多、数据标准不统一、要素属性不系统、综合研究层次低、成果集成应用难等现实问题，这种局面亟待改变。

第二章　地表基质概述

当前生态文明建设对自然资源综合管理提出了新要求。地表基质涵盖了自然资源产生、发育、演化和利用的全过程，是自然资源综合体在立体空间的基本纽带。因此，地表基质在自然资源综合调查体系中具有综合性、基础性、公益性的地位，可以为自然资源统一管理、开发利用、国土空间规划和用途管制、生态环境综合治理与保护修复等提供理论支撑和信息服务。因此，以地球系统科学理论为指导，遵循山水林田湖草沙冰是一个生命共同体的理念，运用现代技术方法手段组合，实施地表基质调查是服务生态文明建设的重要举措。

第一节　地表基质基本概念

地表基质是基于自然资源综合管理需求，从单门类自然资源的学科体系向地球系统科学相关的研究领域多学科交叉融合转变。由不同类型的地表基质通过复杂的地质和自然作用过程，与水、空气、生物等通过有机组合形成分布在地球陆域地表浅部或水体底部具有一定厚度的（通常不超过地表以下50m）、能够支撑地球表层生态系统正常运转的自然层状体，被称为地表基质层。

一、地表基质与自然资源

《总体方案》指出自然资源是指天然存在、有使用价值、可提高人类当前和未来福利的自然环境因素的总和。人类在自然环境中发现的天然赋存物，并且在一定时间条件下，能够产生经济价值以提高人类当前和未来福利的自然环境因素都属于自然资源，是人类生存的物质基础和社会发展的动力源泉（李文华，2016）。自然资源有广义和狭义之分，广义上，自然资源应包括宇宙空间内所有可为人类利用的自然环境要素，主要指依附于时间和空间而存在的物质和能量，甚至时间和空间本身也可以看成是自然资源的组成部分；狭义上，自然资源主要指客观存在于地球系统中并能为人类利用的空间、物质和能量等自然环境要素及其组合（葛良胜和夏锐，2020）。

我国宪法和物权法等规定了所有自然资源由国家或集体所有并由政府统一管理。自然资源部履行“两统一”职责，必须获取自然资源资产清晰的地理空间边界、法律权属边界和技术市场边界（沈镭等，2020）。自然资源部履行的“两统一”职责涉及土地、矿产、森林、草原、水、湿地、海域海岛等自然资源空间、权属和技术边界的划分，涵盖陆地和海洋、地上和地下。目前，已有的学术术语都无法准确反映或全面涵盖多门类自然资源管理和统一调查监测业务体系。因此，应遵循山水林田湖草沙冰是一个生命共同体的理念下，按照“连续、稳定、转换、创新”的要求，提出以地表基质立体空间位置作为组织和联系所有自然资源体（即由单一自然资源分布所围成的地上和地下立体空间）的基本纽带，重构现有分类体系，着力解决概念不统一、内容有交叉、指标相矛盾等问题，既体现科学性和系统性，又能满足当前自然资源一体化管理需要。

地表基质涉及自然资源产生、发育、演化和利用的全过程，以基础测绘成果为框架，以数字高程模型为基底，以高分辨率遥感影像为背景，按照三维空间位置，对各类自然资源信息进行分层分类，地表基质层下部为地下自然资源层，上部为地表覆盖层。科学组织各个自然资源体有序分布在地球表面（如岩石、砾质、土质、砂质和泥质等）、地表以上（如森林、草原、湿地、耕地等）及地表以下（如矿产等），形成一个完整的支撑生产、生活、生态的自然资源立体时空模型（图2-1）。

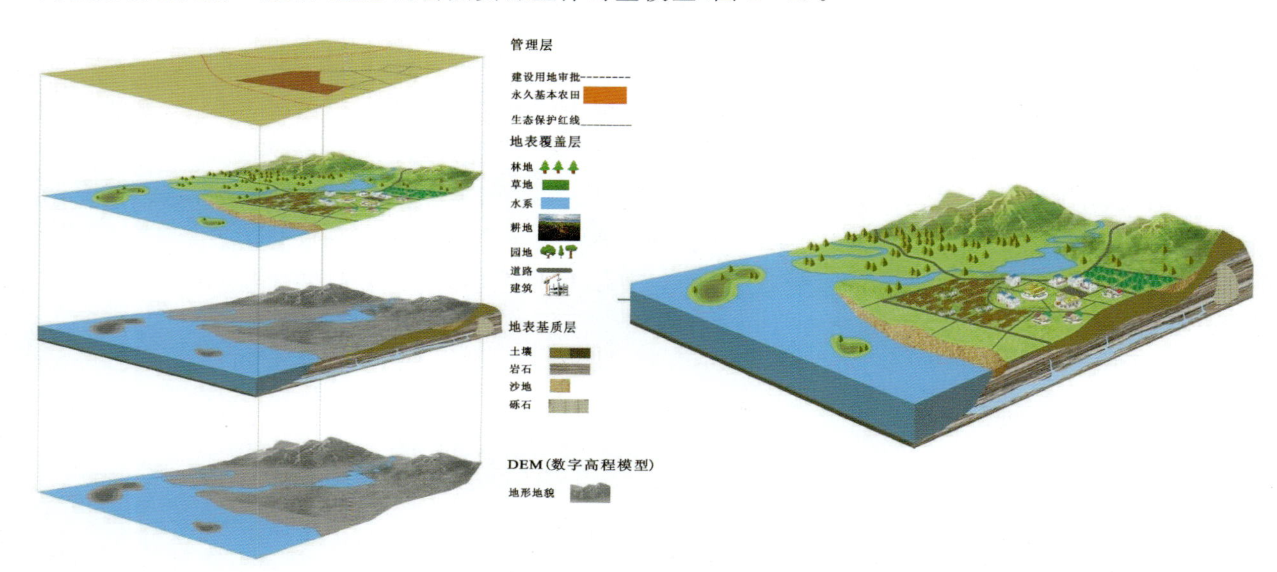

图2-1　自然资源空间结构模型图（据自然资源部，2020b）

地表基质本身属于自然资源，同时又是自然资源的承载体。由地质作用形成的一些特殊类型的岩石，如金伯利岩、花岗岩、碳酸盐岩、泥岩、矽卡岩、磁铁石英岩、大理岩等，既是地表基质中的岩石，又可作为金属矿产、非金属建筑材料矿等，属于自然资源。地表基质中的砾质和砂质，经过处理也可以作为建筑材料，土质经过成土作用可以形成土壤，土壤本身就是自然资源。泥质中的深海软泥、河湖相的黑色淤泥、泥炭等也是重要的自然资源。不同类型的地表基质与水、气、生物等附属物质组合在一起，分布在地球表层，可以形成一个相对稳定的支撑层，孕育了森林、草原、耕地、湿地、海洋等自然资源系统。因此，地表基质是自然资源的承载体。从另一个角度讲，地表基质与土地利用一起构成了土地资源。不同的地表基质如岩、砾、砂、土、泥等，支撑形成了山水林田湖草沙冰等多样化的土地利用类型，共同构成自然生态系统。

二、地表基质定义

（一）地表基质概念的产生过程

美国国家研究委员会于2001年提出了地球关键带的概念，指出地球表层系统中土壤圈与大气圈、生物圈、水圈、岩石圈物质迁移和能量交换的交汇区是维系地球生态系统功能与人类生存的关键区域，将是21世纪基础科学研究的重点区域（李小雁和马育军，2016）。随后，在国际上美国、英国、德国和中国等先后发起并建立了多个关键带观测站，以探究表层地球系统演化规律与人类可持续利用自然资源

和环境之间的关系。从空间位置看，地表基质层属于“地球关键带”的物质组成部分。地球关键带空间界线范围从上到下为植被冠顶到地下水蓄水层底部，厚度为0.7～223.5m，平均厚度为36.8m，包含近地表的生物圈、大气圈、整个土壤圈，以及水圈和岩石圈地表/近地表的部分(Lin，2010)。

在我国，《总体方案》最早提出了地表基质的概念，《地表基质分类方案(试行)》对地表基质的概念进行了进一步完善。地表基质与关键带不同的是，地表基质层在平面空间上无缝覆盖地球陆域表层和水体底部的全部区域，垂向空间范围上部为陆域地球表面或水体底部，不包括植被冠顶以及地表基质所支撑的水体(河流、湖泊、海洋等)，下部为植物根系所能够达到的最深区域(通常不超过50m)。地表基质概念的提出是自然资源综合调查领域继承与创新的融合。不同的自然资源专项调查对地表基质概念均有侧重，如林草学中的“立地”或“立地条件”，农学中的“土壤”，江河湖海中的“底质”，基础地质学中的地表基岩、松散沉积物(或第四纪沉积物)以及“风化壳”或“古风化壳”，水文地质学中的包气带及部分饱和含水层(视厚度不同)，工程地质学中的岩土层或地基层，地理学中的“土地”等。自然资源综合调查和山水林田湖草沙冰系统评价，按照系统、联系、发展的观点，本着“科学、简明、可操作”的原则，自然资源生态系统作为一个整体进行研究，提出自然资源分层分类模型和地表基质的概念，既体现多学科的交叉性和系统性，又能满足当前自然资源一体化管理的需要。

(二)地表基质和地表基质层的定义

《总体方案》首次将地表基质描述为“是地球表层孕育和支撑森林、草原、水、湿地等各类自然资源的基础物质。海岸线向陆一侧(包括各类海岛)分为岩石、砾石、沙和土壤等，海岸线向海一侧按照海底基质进行细分”。《地表基质分类方案(试行)》明确把地表基质定义为“当前出露于地球陆域地表浅部或水域水体底部，主要由天然物质经自然作用形成，正在或可以孕育和支撑森林、草原、水等各类自然资源的基础物质”。同时，按照地表基质发生发育发展全过程，综合地质学等学科中的岩石、第四纪沉积物、土壤及水体底质等科学理论和概念，统筹考虑陆域岩石、砾石、砂、土壤等和包括海洋在内的各类水体的底质，从形态上进行整体性区分，将地表基质划分为岩石、砾质、土质、泥质4种不同类型。

不同类型的地表基质通过复杂的自然作用过程，与水、气、生等通过有机组合分布在地球陆域地表或水体底部，形成的具有一定厚度，能够支撑地球表层生态系统运转的层状体就叫地表基质层(ground substrate layer)。地表基质是组成地表基质层的主要物质，是各类自然资源(水、土、气、生、矿产、能源等)生成和存贮的基础。地表基质层无缝覆盖了地球浅表，是地质作用和自然环境演化共同作用的产物，也是地球多圈层交互作用最为频密的空间，是维系地球生态系统功能和人类生存的物质基础。

三、地表基质成因

地表基质由地质作用形成，同时受地理特征、地形地貌、气候环境、生物作用等影响。根据地表分布位置可以将地表基质层分为陆域地表基质层和海域地表基质层两大类(图2-2)。根据地质学特征，按照地表基质层的垂向空间分布层次和地质作用过程，将其分为基岩层和松散堆积层两大类。基岩层由岩浆作用、沉积成岩作用以及变质作用形成，松散堆积层由风化、剥蚀、搬运、沉积等表生地质作用形成。根据地质成因和平面分布特征，可将地表基质层分为原地风化堆积型和异地搬运沉积型，原地风化堆积型可进一步划分为残积、坡积和残坡积，异地搬运沉积型可进一步划分为冲积、洪积、冲洪积、湖积、风积、冰积、海积以及海陆交互沉积等类型。以一种地质营力为主形成的基质组合类型为单一成因类型，如河流冲积物、湖积物、洪积物等。以两种地质营力为主形成的基质组合类型为混合成因类型，如洪冲积物(冲积为主)、冲洪积物(洪积为主)等。其中,土质普遍常见的成因类型有残积、坡积、洪积、冲积、湖积以及它们组成的有关混合类型和风积。原地风化堆积型地表基质层上、下层位的物质具有一定的成因联系,下部基质为上部基质的物源区。而异地搬运沉积型除表层土壤与其下部成土母质有一定成因联系,其他地表基质层之间没有成因联系,都是某一次地质作用沉积的产物,物源区可能同源,也可能不同源。

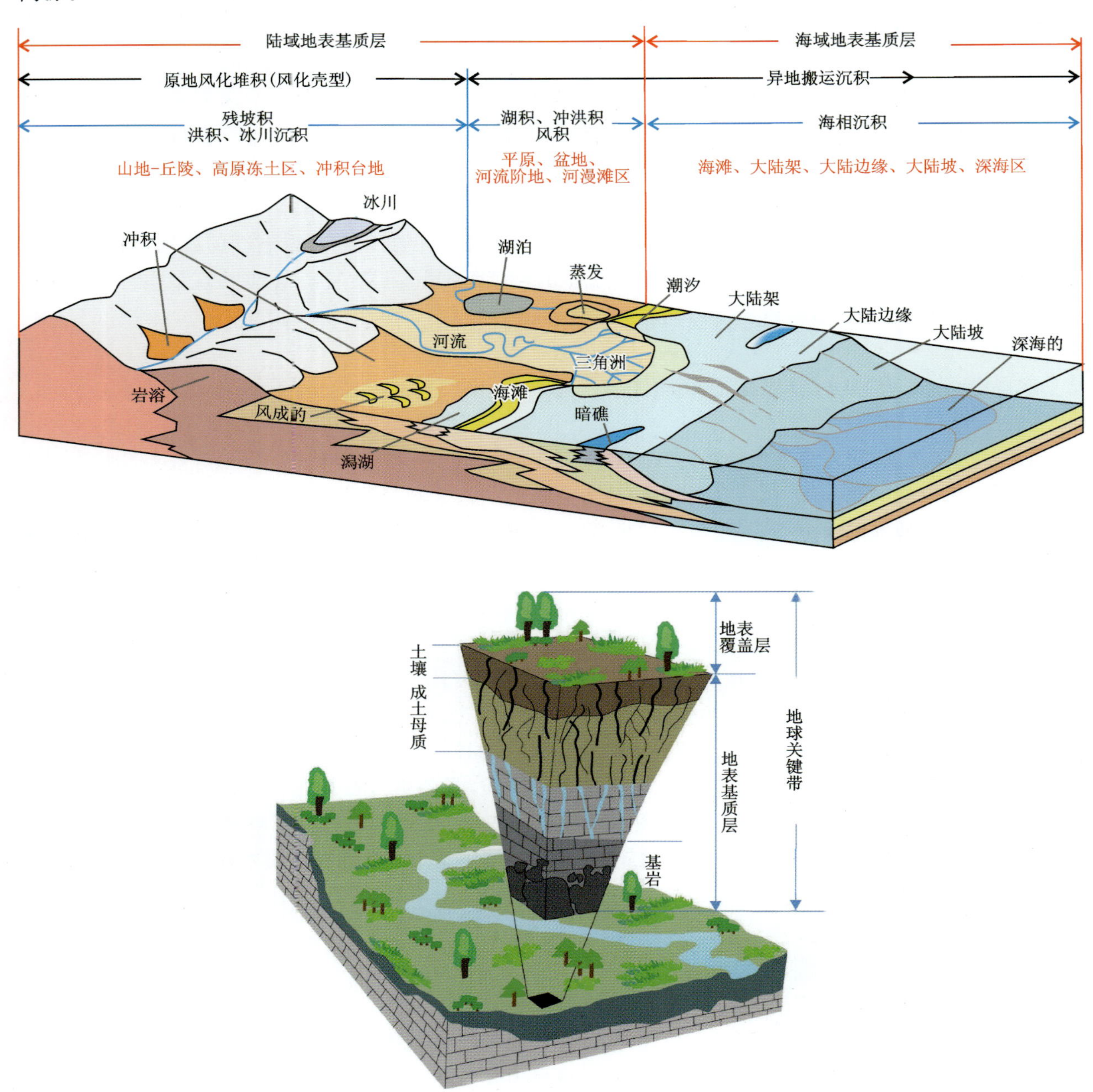

图 2-2　地表基质地质成因及地球表层分布情况示意图(据 Chorover et al.,2007)

地表基质是地质大循环与生物小循环共同作用的产物,不同类型地表基质在一定的地质历史时期可以相互转化。岩石基质包括岩浆岩、沉积岩和变质岩,是在一定地质历史时期在特定地质作用过程中形成的。岩石基质形成后,受到地质营力作用而发生变化形成砾质、土质等其他基质。因此,岩石基质是其他类型地表基质形成、发育和演化的源头,可以形成其他基质。相对而言,砾、砂、土、泥等地表基质

形成岩石基质则需要更长的地质作用时间。同一地质营力可以出现在不同的气候带或地貌单元。例如河流冲积作用可以发生在不同气候带(寒带、温带、干旱带、亚热带和热带),也可以发生在不同地貌单元(山地、丘陵、盆地、平原)。

四、地表基质特征

地表基质是地质作用产物,同时与人类活动息息相关,具有如下基本特征。

(1)地表(平面)全覆盖。地表基质无缝覆盖当前出露于地球陆域地表浅部或水域水体下部。

(2)基质层厚度(垂向结构)差异大。地表基质层厚度一般从几十厘米到50m(到基岩为止),在山前、盆地、平原、河流阶地、河漫滩、断裂谷地等地貌单元可达几十米或几百米。

(3)基质组成复杂。地表基质组成复杂,包括从基岩到风化、搬运、成土作用过程全部产物,涵盖岩石、砾质、土质和泥质所有基质类型。这一特点有利于将地质学、地理学、土壤学、农学和生态学所涉及的基础物质组成进行有机融合和统一。

(4)成因多样。由于地质、气候、生物、水和地形地貌等多种外部因素影响,已经或正在形成不同成因的地表基质。通常不同成因地表基质具有不同的成分、颜色、颗粒大小、结构、构造和物理化学性质。

(5)生态系统支撑作用差异较大。大多出露在地表的岩石和砾质适宜支撑森林、草原生态系统,但是目前有些岩石和砾质难以支撑陆域生态系统。土质几乎是支撑陆域所有生态系统的关键基础物质,也是地表系统物质和能量循环最活跃的区域。泥质支撑湿地生态系统。

(6)人类活动影响显著。人类的活动正在显著地改变地表基质的本底属性。例如地表露天采矿、植树造林、农业垦殖、城镇化建设等可以直接改变表层基质状态。

第二节 地表基质分类与命名

明确地表基质分类是开展地表基质调查的基础和前提。《总体方案》将地表基质调查作为专项调查内容,并提出要查清岩石、砾石、沙、土壤等地表基质类型、理化性质及地质景观属性等。殷志强等(2020)综合岩石、砾石、砂、土壤等的物质组成、成因类型、地貌形态和粒度质地等,将地表基质的类型划分为4个层级(图2-3),并提出了地表基质层的物质组成、成因属性和研究深度范围,指出了未来开展地表基质调查和编图的主要方向。

自然资源部组织国内各领域专家参考地质学、地理学、土壤学、农学、生态学等国际及国内现行的分类标准,结合自然资源调查监测工作实际,于2020年12月完成《地表基质分类方案(试行)》。该方案初步提出了自然资源地表基质一级和二级分类。按照地表基质发育发展全过程,综合地质学等学科中的岩石、第四纪沉积物、土壤学及水文学水体底质等学科概念,统筹考虑陆域岩石、砾石、砂、土壤等和包括海洋在内的各类水体的底质,从物质形态上进行整体性区分,本着科学、简明、可操作原则,划分为岩石、砾质、土质、泥质4类地表基质一级分类和14类二级分类。同时,在分类名称上突出体现了"质"的含义,避免与已有的科学概念交叉重叠。在地表基质一级和二级分类的基础上,三级分类侧重于地表基质赋存状态的真实刻画,从地表基质调查实际出发,注重分类的科学性和逻辑性,并且达到易于掌握、便于应用、利于服务自然资源管理的效果。

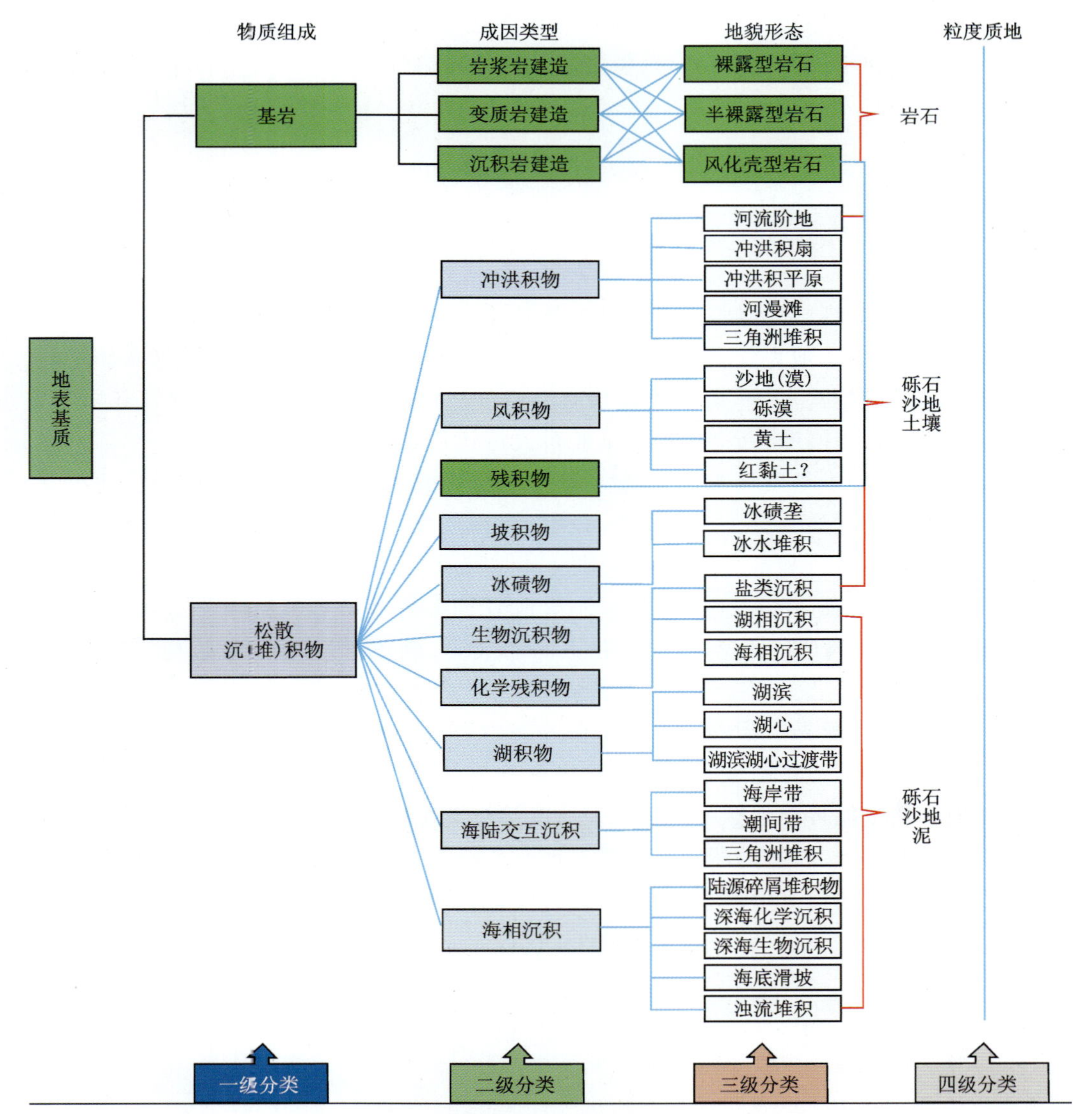

图 2-3　地表基质成因分类基本框架(据殷志强等,2020)

一、地表基质分级分类原则

地表基质分类以地球系统科学为指导,并以有效支撑当前自然资源调查监测工作需要和严格履行自然资源部"两统一"管理职责为目标。同时,也充分吸收和借鉴相关学科领域已有的分类标准与指标规定。针对当前不同专业对地表基质描述和分类的差异等问题,按照山水林田湖草沙冰是一个生命共同体的理念,系统综合考虑地表基质分级分类标准。地表基质分级分类基本原则如下。

一是遵循科学,注重逻辑。从自然生态系统演替规律和内在机理出发,体现地表基质产生、发育、演化的内在逻辑关系,同时明确其空间范围,覆盖陆海全域基础物质的基本状态。

二是突出实用,指代明确。地表基质分类注重与野外调查工作的结合,易于理解,便于操作,突出实用性。名称通俗易懂,含义指代明确,避免不同学科之间的交叉重叠。

三是注重继承,兼顾创新。注重对已有分类标准、规范的衔接利用,同时兼顾地表基质调查工作的创新性,对某些现有分类名称和规范进行创新性继承。

四是利于调查，方便管理。坚持地表基质服务自然资源管理，注重科学、简明、可操作的应用性基本定位，体现地表基质的自然资源属性和管理、应用、服务的基本特征，注重地表基质分类学理、管理、法理的统一性。

二、地表基质分类

结合近年来地表基质调查实践和应用，在自然资源部《地表基质分类方案（试行）》基础上，突出继承性、科学性、逻辑性、创新性、实用性原则，将构成地表基质的主体物质拓展划分为四类三级体系（表2-1）。地表基质一级和二级分类采用成因、粒径、质地、组成等作为分类依据，对多学科交叉的专业知识要求并不很高，便于操作。

（一）地表基质一级分类

一级分类依据自然呈现状态，将地表基质划分为岩石（A）、砾质（B）、土质（C）、泥质（D）4种常见的类型，具有很强的辨识度。按照地表基质发育发展全过程，综合地质学等学科中的岩石、第四纪沉积物、土壤及水体底质等科学理论和概念，统筹考虑陆域岩石、砾石、砂、土等和包括海洋在内的各类水体的底质，从形态上进行整体性区分，划分为岩石、砾质、土质、泥质4类不同类型。

岩石完全继承现有地质学关于岩石的概念，为天然产出的具有一定结构构造的矿物集合体，少数由天然玻璃或胶体或生物遗骸组成。岩石基质本身通常没有持水功能，无法生长植物。

砾质是岩石发育的产物，指地表岩石经风化、搬运、沉积作用而成，颗粒粒径≥2mm并且体积含量≥75%的岩石碎屑物、矿物碎屑物或二者的混合物，持水性差，一般情况下无法生长植物。

土质是砂质物质的进一步发育，指由不同粒级的砾（体积含量<75%）、砂粒和黏粒按不同比例组成的地球表面疏松覆盖物，具有持水性功能，在适当条件下能够生长植物。

泥质是指长期处在静水或缓慢的流水水体底部的特殊壤土、黏土，以及天然含水量大于液限、天然孔隙比≥1.5的黏性土，具有较强的持水性和隔水性，在适当条件下能够生长植物。

（二）地表基质二级分类

地表基质二级分类主要按一级分类原有学科体系、理论或普遍接受的依据进行划分，并结合地表基质实用性的分类原则，进行适当简化。二级分类共有14类。

岩石的二级分类遵循继承地质学中岩石成因的原则划分。自然界的岩石按成因可以划分为岩浆岩（即火成岩）（A1）、沉积岩（A2）、变质岩（A3）3个二级类（王根厚等，2017）。岩浆岩（火成岩）是由地幔或地壳的岩石经熔融或部分熔融形成岩浆冷却固结的产物，岩浆从高温炽热的状态降温并伴有结晶作用的过程也称为岩浆固结作用。岩浆可以是由全部为液态的熔融物质组成，称为熔体；也可以含有挥发分及部分固体物质，如晶体及岩石碎块。沉积岩是由地表沉积作用形成的产物，常常呈层状。沉积作用包括化学和生物化学溶液及胶体的沉淀作用与先存的岩石经剥蚀、机械破碎形成岩石碎屑、矿物碎屑或生物碎屑再经过水、风或冰川的搬运作用，最后发生机械的沉积作用两种方式。沉积岩形成过程中也可以有结晶作用发生。变质岩是由岩浆岩、沉积岩和以前形成的变质岩经过变质作用形成的。它们的矿物成分、结构构造都因为温度和压力改变及应力作用而发生变化，但它们并未经过熔融过程，主要是在固体状态下发生的。变质岩形成的温、压条件介于地表的沉积作用和岩石的熔融作用之间。

表 2-1 地表基质分类方案(据自然资源部，2020a)

序号	一级类及依据		二级类及依据		三级类及依据	描述
1	按照地表基质发育发展过程划分	(A)岩石				天然产出的具有一定结构构造的矿物集合体，少数由天然玻璃或胶体或生物遗骸组成
			成因	(A1)岩浆岩	参考：《岩石学分类和命名方案》(GB/T 17412.1/2/3—1998)	又称火成岩，是由岩浆喷出地表或侵入地壳冷却凝固形成的岩石
				(A2)沉积岩		在地壳表层条件下，母岩经风化作用、生物作用、化学作用和某种火山作用的产物，经搬运、沉积形成成层的松散沉积物，而后固结而成的岩石
				(A3)变质岩		在变质作用条件下，由地壳中已经存在的岩石(岩浆岩、沉积岩及先前已经形成的变质岩)变成的具有新的矿物组合及变质结构与构造特征的岩石
2		(B)砾质				指地表岩石经风化、搬运、沉积作用而成，颗粒粒径≥2mm者体积含量≥75%的岩石碎屑物、矿物碎屑物或二者的混合物
			粒级	(B1)巨砾	参考：温德华分类法(第四纪沉积物的碎屑粒级分类)	颗粒粒径≥256mm者体积含量≥75%
				(B2)粗砾		颗粒粒径64mm(含)至256mm者体积含量≥75%
				(B3)中砾		颗粒粒径4mm(含)至64mm者体积含量≥75%
				(B4)细砾		颗粒粒径2mm(含)至4mm者体积含量≥75%
3		(C)土质				由不同粒级的砾(体积含量＜75%)、砂粒和黏粒按不同比例组成的地球表面疏松覆盖物，在适当条件下能够生长植物
			质地	(C1)粗骨土	参考：张甘霖等(2013)的中国土壤系统分类土族和土系划分标准。三级类按土壤理化性质划分	不同粒级砾体积含量介于25%～75%之间
				(C2)砂土		不同粒级砾体积含量＜25%，筛除砾质后砂粒质量含量≥55%
				(C3)壤土		不同粒级砾体积含量＜25%，筛除砾质后砂粒质量含量＜55%，黏粒质量含量＜35%
				(C4)黏土		不同粒级砾体积含量＜25%，筛除砾质后黏粒质量含量≥35%
4		(D)泥质				长期处在静水或缓慢的流水水体底部的特殊壤土、黏土，以及天然含水量大于液限、天然孔隙比≥1.5的黏性土
			成因	(D1)淤泥	参考：张富元等(2006)的深海沉积物分类与命名	湖沼、河湾、海湾或近海等水体底部有微生物参与条件下形成的一种近代沉积物，富含有机物，天然含水量大于液限
				(D2)软泥		生物遗骸质量含量＜30%的深海泥质沉积物
				(D3)深海黏土		远洋沉积物中生物遗骸质量含量＜30%的细粒泥质沉积物之总称

砾质的二级分类主要依据第四纪沉积物的碎屑粒级分类(即温德华分类法)(曹伯勋，1995)。砾质按照不同粒级体积含量的占比在75%以上，可以分为巨砾($D75\geq256$mm)、粗砾($64mm\leq D75＜$

256mm)、中砾(4mm≤D75<64mm)、细砾(2mm≤D75<4mm)4 个二级类。砾质与岩石的主要区别在于:砾质是岩石经物理、化学或生物风化作用发生破碎而形成的岩石碎屑物,甚至经历了搬运而发生不同程度的磨圆;相比之下,岩石尚未发生破碎,具有稳定和完整的外形。为与第四纪沉积物的碎屑粒级分类衔接,在砾质的定义中未对粒径上限进行限定。

土质的二级分类主要参考中国土壤系统分类土族和土系划分标准(张甘霖等,2013;吴克宁和赵瑞,2019)。以质地(包括砾、砂粒、黏粒)组分的含量作为划分依据,将土质分为粗骨土(C1)、砂土(C2)、壤土(C3)、黏土(C4)4 个二级类。同时,还要按照砾石>砂粒>黏粒的优先等级,依次划分。粗骨土(C1)中不同粒级砾石体积含量介于 25%~75%之间。砂土(C2)划分依据为不同粒级砾石体积含量<25%,筛除砾质后砂粒质量含量≥55%,只要满足这两个条件就可以归为砂土(C2)。对于同时满足这两个条件且黏粒质量含量≥35%的,虽然也符合黏土(C4)的划分依据(砾石体积含量<25%,筛除砾质后黏粒质量含量≥35%),但按照砾石、砂粒的优先等级大于黏粒,因此也应归为砂土(C2)。

泥质的二级划分主要依据深海沉积物分类与命名(张富元等,2006)。依据成因,划分为淤泥(D1)、软泥(D2)和深海黏土(D3)3 个二级类。淤泥主要是指湖沼、河湾、海湾或近海等水体底部有微生物参与条件下形成的一种近代沉积物,富含有机物,天然含水量大于液限。软泥是指生物遗骸质量含量<30%的深海泥质沉积物。深海黏土是指远洋沉积物中生物遗骸质量含量<30%的细粒泥质沉积物的总称。

(三)地表基质三级分类

自然资源部《总体方案》和《地表基质分类方案(试行)》均没有给出地表基质三级分类的具体内容,但对三级分类的原则和依据提出了要求。按照地表基质调查试点成果,对地表基质三级分类提出如下建议方案作为参考。不同区域地表基质三级分类可根据调查区实际情况,并结合服务应用对象和领域的不同,再进一步细分。

1. 岩石三级分类

地表基质岩石三级分类依据《岩石分类和命名方案　火成岩岩石分类和命名方案》(GB/T 17412.1—1998)、《岩石分类和命名方案　沉积岩岩石分类和命名方案》(GB/T 17412.2—1998)和《岩石分类和命名方案　变质岩岩石分类和命名方案》(GB/T 17412.3—1998)进行详细划分(表 2-2)。

表 2-2　地表基质岩石三级分类表

二级分类	三级分类	描述	二级分类	三级分类	描述	二级分类	三级分类	描述
(A1)岩浆岩	花岗岩	以火山岩地区区域地质调查分类命名标准执行	(A2)沉积岩	砾岩	以沉积岩区区域地质调查分类命名标准执行	(A3)变质岩	板岩	以变质岩区区域地质调查分类命名标准执行
	闪长岩			角砾岩			千枚岩	
	英安岩			砂岩			片岩	
	安山岩			粉砂岩			片麻岩	
	玄武岩			页岩			变粒岩	
	流纹岩			灰岩			角闪岩	
	辉长岩			白云岩			麻粒岩	
	……			……			……	

2. 砾质三级分类

地表基质砾质三级分类在粒度分级(二级分类)的基础上,依据《岩土工程勘察规范》(GB 50021—

2001)，将砾质详细地划为8类，主要包括漂石状巨砾、块石状巨砾、卵石状粗砾、碎石状粗砾、圆砾—卵石状中砾、角砾—碎石状中砾、圆砾状细砾、角砾状细砾(表2-3)。当碎石粒度>200mm的颗粒体积含量超过50%时，圆形及亚圆形碎石命名为漂石，棱角形碎石命名为块石；当碎石粒度>20mm的颗粒体积含量超过50%时，圆形及亚圆形碎石命名为卵石，棱角形碎石命名为碎石；当碎石粒度>2mm的颗粒体积含量超过50%时，圆形及亚圆形碎石命名为圆砾，棱角形碎石命名为角砾。

表2-3 地表基质砾质三级分类表

二级分类	三级分类	描述
(B1)巨砾	漂石状巨砾	以圆状、次圆状为主，粒度≥256mm的颗粒体积含量≥75%
	块石状巨砾	以棱角状、次棱角状为主，粒度≥256mm的颗粒体积含量≥75%
(B2)粗砾	卵石状粗砾	以圆状、次圆状为主，粒度64～256mm的颗粒体积含量≥75%
	碎石状粗砾	以棱角状、次棱角状为主，粒度64～256mm的颗粒体积含量≥75%
(B3)中砾	圆砾-卵石状中砾	以圆状、次圆状为主，粒度4～64mm的颗粒体积含量≥75%
	角砾-碎石状中砾	以棱角状、次棱角状为主，粒度4～64mm的颗粒体积含量≥75%
(B4)细砾	圆砾状细砾	以圆状、次圆状为主，粒度2～4mm的颗粒体积含量≥75%
	角砾状细砾	以棱角状、次棱角状为主，粒度2～4mm的颗粒体积含量≥75%

3. 土质三级分类

地表基质土质三级类主要根据质地分析进一步细分为12类，主要包括砂质粗骨土、壤质粗骨土、黏质粗骨土、砂土、壤质砂土、黏质砂土、砂质壤土、壤土、黏质壤土、砂质黏土、壤质黏土、黏土(表2-4)。土质基质由不同粒级的砾(粒度>2mm，体积含量<75%)、砂粒(粒度0.05～2mm)、黏粒粒度(<0.002mm)及其他粉粒(粒度0.002～0.05mm)按不同比例组成的地球表面疏松覆盖物，在适当条件下能够生长植物。土质与人类生产生活密切相关，是地表基质调查最重要的类型。

表2-4 土质基质三级分类表

二级分类	三级分类	描述
(C1)粗骨土	砂质粗骨土	不同级别砾含量≥25%且<75%(以体积计)，筛除砾质后细土部分砂粒含量≥55%(以体积计)
	壤质粗骨土	不同级别砾含量≥25%且<75%(以体积计)，筛除砾质后细土部分砂粒含量<55%(以体积计)，黏粒含量<35%(以体积计)
	黏质粗骨土	不同级别砾含量≥25%且<75%(以体积计)，筛除砾质后细土部分砂粒含量<55%(以体积计)，黏粒含量≥35%(以体积计)
(C2)砂土	砂土	不同级别砾含量<25%(以体积计)，筛除砾质后细土部分砂粒含量≥75%(以体积计)
	壤质砂土	不同级别砾含量<25%(以体积计)，筛除砾质后细土部分砂粒含量≥55%且<75%(以体积计)，黏粒含量<25%(以体积计)
	黏质砂土	不同级别砾含量<25%(以体积计)，筛除砾质后细土部分砂粒含量≥55%且<75%(以体积计)，黏粒含量≥25%(以体积计)

续表 2-4

二级分类	三级分类	描述
(C3) 壤土	砂质壤土	不同级别砾含量＜25％(以体积计)，筛除砾质后细土部分砂粒含量≥35％且＜55％(以体积计)，黏粒含量＜35％(以体积计)
	壤土	不同级别砾含量＜25％(以体积计)，筛除砾质后细土部分砂粒含量＜35％(以体积计)，黏粒含量＜25％(以体积计)
	黏质壤土	不同级别砾含量＜25％(以体积计)，筛除砾质后细土部分砂粒含量＜35％(以体积计)，黏粒含量≥25％且＜35％(以体积计)
(C4) 黏土	砂质黏土	不同级别砾含量＜25％(以体积计)，筛除砾质后细土部分砂粒含量≥35％且＜55％(以体积计)，黏粒含量≥35％(以体积计)
	壤质黏土	同级别砾含量＜25％(以体积计)，筛除砾质后细土部分砂粒含量＜35％(以体积计)，黏粒含量≥35％且＜55％(以体积计)
	黏土	不同级别砾含量＜25％(以体积计)，筛除砾质后细土部分砂粒含量＜35％(以体积计)，黏粒含量≥55％(以体积计)

4. 泥质三级分类

泥质地表基质除淤泥没有进一步划分三级类外，其他类型按《深海沉积物分类与命名》详细划分为8个三级类(张富元等，2006)，主要包括硅质软泥、钙质软泥、混合软泥、深海黏土、硅质黏土、钙质黏土、硅钙质黏土(表2-5)。

表2-5 泥质基质三级分类表

二级分类	三级分类	描述
(D1)淤泥	淤泥	孔隙体积与其固体颗粒体积之比(孔隙比)≥1.5
(D2)软泥	硅质软泥	黏土含量＜50％，硅质生物含量50％～100％，钙质生物含量＜50％(以质量计)
	钙质软泥	黏土含量＜50％，硅质生物含量＜50％，钙质生物含量50％～100％(以质量计)
	混合软泥	黏土含量＜50％，硅质生物含量＜50％，钙质生物含量＜50％(以质量计)
(D3)深海黏土	深海黏土	黏土含量75％～100％，硅质生物含量＜25％，钙质生物含量＜25％(以质量计)
	硅质黏土	黏土含量50％～75％，硅质生物含量25％～50％，钙质生物含量＜25％(以质量计)
	钙质黏土	黏土含量50％～75％，硅质生物含量＜25％，钙质生物含量25％～50％(以质量计)
	硅钙质黏土	黏土含量50％～75％，硅质生物含量＜25％，钙质生物含量＜25％(以质量计)

第三节 地表基质调查研究对象与范围

地表基质调查就是针对地表基质层开展的调查工作。本节对地表基质调查主要特点、调查对象与范围、调查主要内容与要素-指标体系进行了详细说明，同时对地表基质调查与土壤普查、土地质量调查、其他专项调查工作的区别和联系等进行总结与阐述。

一、地表基质调查的定义

地表基质调查(ground substrate survey)是针对地表基质层开展的综合性调查工作,指运用地球系统科学理论和现代技术方法手段,全面、系统、准确查明工作区内地表基质类型、空间结构、物质组成、理化性质、地表景观及生态属性,掌握地表基质层时空分布、数量质量、利用状况和动态变化;建设地表基质数据库,构建科学评价模型;研究地表基质与其他自然资源相互关系和支撑孕育机理,评价地表基质基本状态、预测变化发展趋势、评估支撑孕育潜力和碳储碳汇能力(侯红星等,2022)。通过地表基质调查的同时,研究地表基质层形成、发展及其与其他自然资源和生态环境要素的相互关系与作用机理,为自然资源统一管理、国土空间整体规划和生态环境保护修复等提供翔实资料支撑与信息服务(葛良胜和杨贵才,2020)。

地表基质调查属于自然资源调查领域一项重要的专项调查工作。地表基质层是支撑孕育其他自然资源的基础层位,地表基质调查同时也是一项带有基础性功能的自然资源领域专项调查工作。不同成因、不同类型、不同区域以及不同利用方式的地表基质在调查内容、方法手段、技术要求等也各不相同。例如陆地地表基质调查监测与海域就有大的差别,不同纬度、不同地形地貌区、不同气候带等区域地表基质调查工作也不尽相同,需要系统规划设计和实施。

二、地表基质调查的特点

地表基质调查是一项带有强烈的基础调查色彩的自然资源专项调查工作。不同于传统自然资源专项调查和地质领域专项调查工作,地表基质调查应用服务性很强,其调查结果直接应用于自然资源、农业农村、生态环境等主管部门,支撑自然资源管理与生态保护修复、土地利用适宜性评价、耕地等土地资源保护、国土空间规划和三条红线划定等。因此,地表基质调查的特殊性与应用性决定了地表基质调查具有以下重要特点。

(1)地表基质调查既是自然资源调查,又是生态要素调查。地表基质层本身属于自然资源分层分类模型中的一个重要关键层位,支撑孕育了自然资源资源,本身又是自然资源(如土地等)。地表基质调查在查清地表基质物质组成、空间分布和地表基质层本底性状的同时,还要对地表基质层承载的生态属性,如水、生物、有机碳等要素进行调查,同时对地表基质层支撑孕育的生态系统进行分析评价。

(2)地表基质调查既要调查类型分布,又要研究成因联系。地表基质层调查需要在查明地表基质主要类型、空间分布特征的基础上,还要结合地质、地理、气候等因素,研究不同类型地表基质的发生发育变化特征、交替演化规律、成因联系等。

(3)地表基质调查既要调查支撑孕育能力,还要调查变化趋势。地表基质调查要与其所支撑孕育的地表覆盖层特征相结合,同时要研究地表基质、地表覆盖层相互适宜性和耦合特征,要分析地表基质层承载的资源、环境、生态问题,对地表基质的支撑能力和潜力进行评价;要调查不同历史时间段地表基质的利用方式和变化情况,对地表基质的支撑孕育能力和变化趋势进行模拟预测。

(4)地表基质调查在陆域、海域国土无缝覆盖,但地域特色明显。地表基质层无缝覆盖地球表面,但受地质作用和自然地理环境影响,地表基质的地域分布特征明显,如东北黑土地区、西北黄土地区、南方红壤地区和岩溶地区、高原冻土地区、西北干旱荒漠地区、沿海区域等,对应的地表基质调查内容与调查技术方法等有所不同。

三、地表基质调查研究对象与范围

（一）地表基质调查对象

地表基质调查以第三次全国国土调查汇聚形成的详细地表覆盖层信息成果图斑为基础底图，按照不同级别行政区划为基本单元，开展省级（小比例尺）或县乡镇级（中—大比例尺）地表基质调查工作，形成不同精度的调查成果。地表基质调查要按照生态、生产、生活“三类空间”、不同土地利用类型分类实施。调查对象包括覆盖林地、耕地、园地、草地、湿地、未利用地等在内的全部土地利用类型的全部地表基质，包括岩石、砾质、土质、泥质等，同时还要调查岩石基质等与其他类型地表基质之间的形成演化与相互转化规律及特征，评价地表基质的利用和变化情况，对不符合自然地理空间格局的土地利用和地表基质利用方式等进行科学合理调查，以实现山水林田湖草沙冰等的全面治理和系统修复。

（二）地表基质调查范围

地表基质调查为“地上平面分布特征＋地下空间结构和本底属性”的三维立体调查，调查工作范围在平面上无缝覆盖地球陆域地表浅部或水域水体底部，在垂向上分层次调查最深到50m。在平面上，受自然地理、地形地貌、气候环境、地质作用、人类活动等因素共同作用，不同类型地表基质按照一定的空间规律有序分布在地球表面。地表基质层是地表自然资源的承载体和赋存体，正是有了地表基质层，森林、耕地、草地、湿地、水等自然资源才能孕育生长。不同地表基质层提供了人类生存发展所需要的农林牧业生产、生态系统维护和生活场所保障等空间，从而具备了不同的服务功能。在垂向上，不同深度的地表基质层所具有的空间结构和本底属性特征，可以提供生产、生态、生活等不同的服务功能。地表基质层调查深度应综合考虑地表基质层支撑孕育的自然资源和人类活动能够影响或发生相互作用的最大范围深度。据此可将地表基质层划分为浅层地表基质层（生产层，0～2m）、中层地表基质层（生态层，2～20m）和深层地表基质层（支撑层，20～50m）（图2-4）。

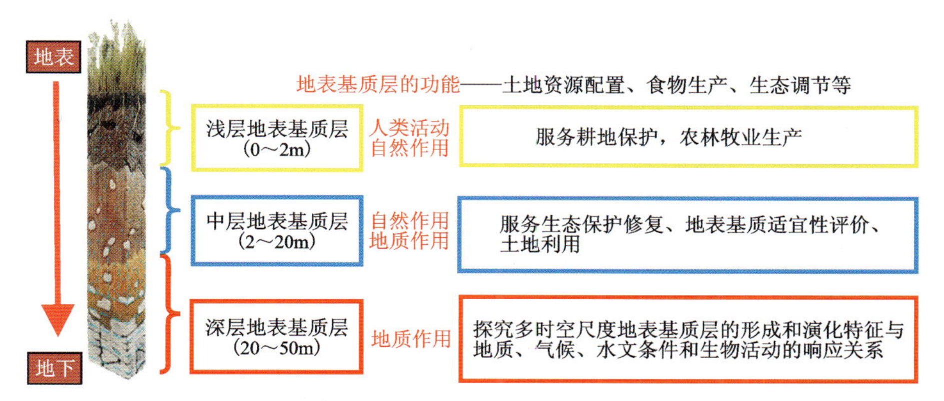

图2-4 地表基质垂向结构及功能特征

0～2m的浅层地表基质（生产层），是人类生产开发和生物利用的主要层位，主要功能是作为耕地，提供粮食和生产。该层位特别是包含的耕作层，主要受人类活动与自然作用共同影响，极易发生变化。

2～20m 的中层地表基质(生态层),即指水文地质研究的包气带范围。此层位除地质作用外,也受到自然作用和人类活动的影响。主要是受地下潜水面的上下活动和地表基质中水分、生物、气体等共同作用影响,物质产生迁移,并与表层土壤和地表水、空气、覆盖物等产生物质交换,具有生态调节、生产服务等重要功能。中层基质层的本底属性、空间结构和理化性质等直接影响并制约着其上部生产层的生态质量和生产能力。

20～50m 的深层地表基质(支撑层),为地质作用形成上下具有成因联系的层状体,是支撑其上生产层、生态层的基底。针对该层重点开展地表基质形成演化过程研究,探究多时空尺度地表基质层的形成和演化特征与地质、气候、水文条件和生物活动的响应关系。

四、地表基质调查研究内容与要素-指标

(一)调查研究内容

不同区域、不同成因、不同利用方式、不同深度层次地表基质层的调查指标内容和技术手段均不相同。不同的地表基质类型支撑孕育的自然资源不同,承载的生态环境属性和生物多样性环境也完全不同。在自然资源调查监测体系中,地表基质调查具有很强的探索性和实践性。《总体方案》将地表基质调查纳入 8 类自然资源专项调查范畴,并指出要"查清岩石、砾石、砂、土壤等地表基质类型、理化性质及地质景观属性等",但没有详细列出地表基质层调查的主要内容。根据自然资源部黑土地地表基质调查试点及自然资源综合调查指挥中心在河北保定、内蒙古巴彦淖尔、长三角宁波地区开展的地表基质调查试点实践探索,围绕地表基质支撑服务不同类型土地资源的合理利用和开发、国土空间规划和生态保护修复等,提出地表基质调查内容主要包括地表 50m 以浅地表基质层成因类型、演替规律、本底属性、空间属性、景观属性等内容。在对有关调查历史数据进行标准化整合的基础上,将调查获得的共性信息与特性信息进行空间叠加、有机融合,形成具有统一空间基础和数据格式的地表基质数据库,直观反映地表基质的立体空间分布及变化特征,实现综合管理。基于基本属性、利用现状、地表覆盖、系统环境和各类自然资源管理信息,结合不同土地资源精细化管理、科学利用评价、保护修复、生态功能评估、固碳潜力预测等工作的需要,充分借鉴国内外先进成熟的理论,科学构建分析评价预测模型,开展系列专题分析和综合研究。

(二)地表基质调查要素-指标体系

按照地表基质层组成、成因、利用方式、不同深度层次等特征,可以将地表基质调查内容按照地表基质层类型、成因、演替规律、本底属性、空间属性、景观属性 6 个方面进行分类,形成地表基质层调查内容与指标框架(图 2-5),构建地表基质测试指标体系一览表(表 2-6)。在查明地表基质基本属性特征的同时,调查研究地表基质对地表覆盖层,即各类自然资源和生态环境的支撑、孕育作用,掌握人类活动和自然环境变化等对地表基质层、地表覆盖层的影响制约因素等,可以使地表基质层调查成果更好地应用于自然资源管理、生态环境保护修复、国土空间"双评价"、农林牧业高质量发展等领域,更好地体现地表基质层的基础支撑孕育作用(侯红星等,2021)。

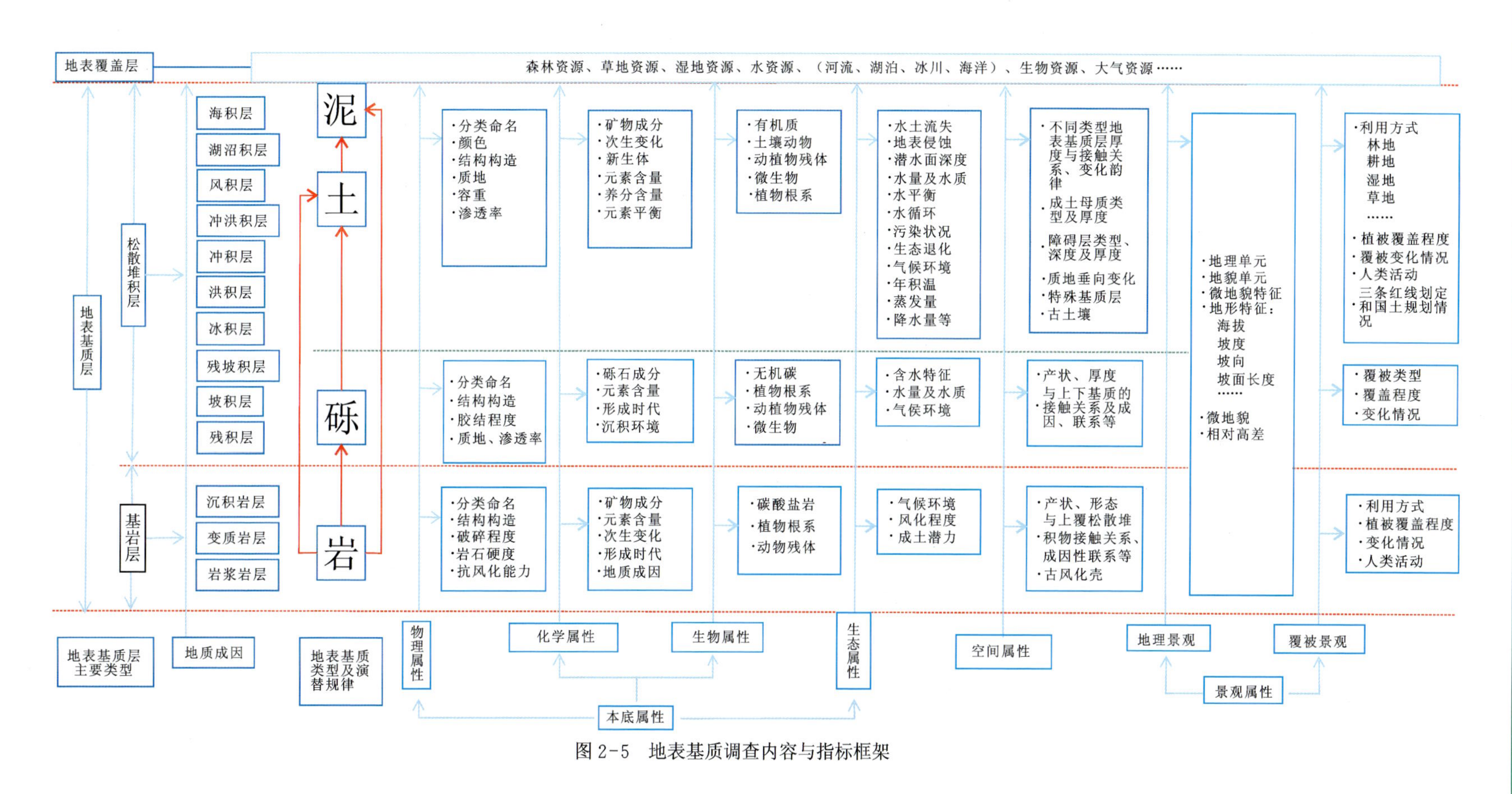

图 2-5 地表基质调查内容与指标框架

表 2-6　地表基质测试指标体系一览表

分类	指标名称	垂向分层测试指标				分析测试方法	备注说明
		0～2m	2～20m	20～50m	基岩		
面积性调查（常规性指标）	质地	√	√	√		筛分法、激光粒度分析	按地表基质类型分层连续取样，泥质（水下）取表层一层即可使用激光粒度分析方法，选择3%～5%样品量进行吸管法。二者参比激光粒度仪粒度为0.000 1、0.000 5、0.001、0.002、0.005、0.01、0.02、0.05、0.1、0.2、0.25、0.5、1、2（单位：mm）；筛分法粒度为3、4、5、10、20、50、64、256（单位：mm）
	pH	√	×	×		玻璃电极法	只在表层0～20cm取一层样品
	容重	√	×	×		环刀法	
	有机碳	√	√	√		高温外热重铬酸钾氧化-容量法	分层连续取样（质地均一至少取两层，质地变化较频繁按照实际层数取样）；将2mm以上砾石、砂石和植物残体筛出，其余部分测量有机质及总碳
	总碳	√	√	√		红外定碳法、非水滴定法、燃烧法	
	矿质元素（16种）	√	√	√		X荧光光谱法、原子吸收分光光度法、高温外热重铬酸钾氧化-容量法、红外定碳法、非水滴定法、燃烧法	包括N、P、K、S、B、Ca、Mg、Si、Al、Fe、Mn、Cu、Mo、Zn、Se、Sr。0～2m以收集资料为主，不系统取样，0～20m以及0～50m揭露工程按分层系统取样
科研样品（研究性指标）	光释光	√	√	√		光释光	测定第四纪沉积物成土年代（10万年以内）
	电子自旋共振	√	√	√			测定第四纪沉积物成土年代（10万～70万年以外）
	孢粉	√	√	√		人工分离、显微镜下鉴定、扫描电镜拍照	孢粉化石鉴定到“属种”，研究恢复古植被、古气候、古环境
	黏土矿物	√	√	√		X射线衍射（XRD）	研究不同层位地表基质的黏土矿物构成，恢复成土时气候与环境；影响植物对重金属元素富集效率
	磁化率	√	√	√		磁化率/电导率仪	基岩物理特性，研究工作区第四纪古气候环境演化；影响上覆盖植被的种类
	主量（10项）	√	√	√	√	X荧光光谱法、原子吸收分光光度法、高温外热重铬酸钾氧化-容量法、红外定碳法、非水滴定法、燃烧法	主量元素（K_2O、Na_2O、CaO、MgO、Al_2O_3、SiO_2、Fe_2O_3、MnO_2、P_2O_5、TiO_2）关系到土壤结构骨架；典型继承性剖面取样，分析地表基质物质来源、形成条件与演化特征等
	微量（15项）	√	√	√	√	电感耦合等离子体原子发射光谱（ICP-AES）	植物必需的微量营养元素有P、S、Zn、Cu、B、Mo、Cl，过量有害元素有Cu、Cd、Cr、Pb、Ni、Hg、As、Se
	稀土（15项）	√	√	√	√	电感耦合等离子体原子发射光谱（ICP-AES）、重量法	包括La、Ce、Pr、Nd、Sm、Eu、Gd、Tb、Dy、Ho、Er、Tm、Yb、Lu、Y

1. 地表基质层类型

地表基质层类型按成因分为松散堆积层和基岩层。基岩层是经过火山-岩浆作用、变质作用、沉积作用等地质作用形成的岩石层，是地球表层其他松散堆积物层的母岩和来源。松散堆积层是基岩层经过风化、剥蚀、搬运、沉积等表生地质作用过程形成的，在原地堆积或异地沉积形成的具有一定厚度、在地球表层空间分布的层状体，包括砾石、砂、土、泥等物质。原始的基岩层本身没有持水性或持水性差，无法直接支撑孕育森林、草原、耕地等生态资源，而松散堆积层具有一定的持水性，可以为水、空气和生物等提供生存空间，从而支撑森林、草地、作物生长，具有不同的生态功能。

2. 地表基质层地质成因

基岩层可简单划分为沉积岩层、变质岩层和岩浆岩层。松散堆积层可分为两大类：一类是原地风化堆积型，包括残积层、坡积层和残坡积层；一类是异地搬运沉积型，包括海积层、海陆交互层、湖沼积层、风积层、冲洪积层、冲积层、洪积层、冰积层等。

3. 地表基质类型及演替规律

人类能够观察到的地表基质演替涵盖 5 个基本过程，主要包括“岩→砾、岩→土、岩→泥、砾→土、土→泥”变化演替过程。而砾、砂、土、泥等地表基质转化为岩石则需经过漫长的地质作用过程，除在一些特殊自然现象（如现代火山活动）可以直接观察外，其他过程在人类活动的千年尺度很难见到。

4. 地表基质本底属性

地表基质本底属性包括物理属性、化学属性、生物属性和生态属性 4 个方面。

物理属性：包括颜色、结构、质地、颗粒大小与组成、容重、孔隙度、连通性、含水性；岩石结构、构造、硬度、完整破碎程度、抗风化能力，岩石裂隙发育程度。

化学属性：包括矿物成分、次生变化、新生体类型；酸碱度、含盐量、盐基饱和度、常量元素、营养元素、微量元素和重金属污染元素含量；形成时代、形成环境等。

生物属性：包括植物根系、动植物残体、土壤动物、微生物特征等。

生态属性：碳酸盐岩特征，水土流失、地表侵蚀（风蚀、水蚀、溶蚀、重力侵蚀）、潜水面深度、水质特征，地下水量、水平衡、水循环等；污染状况、生态退化、气候环境、年积温、降水量、蒸发量；岩石的成土潜力；有机质含量、总碳含量、碳储碳汇（指不同类型、不同深度层次的地表基质的碳密度、碳储量），对碳源、碳汇的贡献、储碳潜力等，延伸研究地表基质“碳库”问题。不同类型地表基质对森林、草、农作物、湿地、水、生物多样性等生态系统的支撑、孕育情况。

5. 地表基质空间属性

地表基质空间属性包括地表基质类型和空间分布情况。空间分布包括平面分布和垂向结构：平面分布包括不同类型地表基质范围、边界、面积、形态、分布规律；垂向结构包括 50m 以浅不同类型地表基质层产状、形态、展布特征，厚度与接触关系、变化韵律，成土母质类型及厚度，障碍层类型、深度及厚度，松散堆积物质地及垂向变化分布特征，特殊基质层厚度及空间位置，深部古土壤厚度及埋深情况等。

6. 地表基质景观属性

地表基质景观属性主要包括地理景观和覆被景观。

地理景观包括自然地理分布格局，地形地貌和微地貌特征，水系、植被分布特征；坡度、坡向、坡面长度；风蚀、水蚀等侵蚀沟分布、面积、密度等；风化、剥蚀、搬运、沉积分布特征。

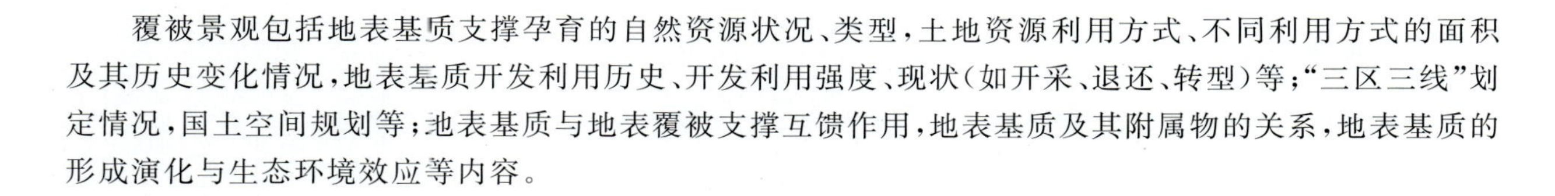

覆被景观包括地表基质支撑孕育的自然资源状况、类型，土地资源利用方式、不同利用方式的面积及其历史变化情况，地表基质开发利用历史、开发利用强度、现状（如开采、退还、转型）等；“三区三线”划定情况，国土空间规划等；地表基质与地表覆被支撑互馈作用，地表基质及其附属物的关系，地表基质的形成演化与生态环境效应等内容。

五、其他调查与地表基质调查的区别

基础地质（区域地质）调查、专项地质（水工环、生态、农业）调查、国土调查、土壤普查、土地质量调查、森林立地调查、湿地资源调查、生物资源多样性调查等工作，都是从本领域研究出发，侧重不同的角度对地表基质层某一特定特征进行了调查研究，而地表基质调查则融合地质、地理、生态、土壤、农学等学科领域。总结起来，地表基质调查与其他专项调查有以下几方面的联系与区别。

（一）基础地质调查与地表基质调查的区别

基础地质调查是指国家基础性、公益性区域地质、第四纪地质、地球物理、地球化学、遥感及海洋地质调查。基础地质调查是一项旨在查明全国基本地质情况、获取基础地质数据的地质工作。基础地质调查的主要任务是了解某一区域乃至全国的资源、环境地质背景，为国家经济建设和社会公众提供基本地质信息。具体地讲，基础地质调查可以为矿产勘查开发规划、环境保护、地质灾害预警预报与防治、国家重大工程建设、农业区划以及国民经济建设和社会发展服务，为政府和社会提供地学基础资料和信息。地表基质调查基于50m以浅表层地质调查成果，融合运用了地理学、生态学、土壤学、农学等多学科的知识体系，在地球系统科学理论、“人地关系”理论以及自然资源三维立体分层分类模型框架下，服务自然资源调查监测评价体系构建，为科学编制国土空间规划，逐步实现山水林田湖草沙冰的整体保护、系统修复和综合治理，保障国家粮食、生态安全等提供基础参考。基础地质调查侧重于人类探索地球、认识自然和利用自然，地表基质调查则聚焦服务生态文明建设需求，旨在达到人与自然和谐共生。

（二）土壤普查与地表基质调查的区别

土壤普查是一项重要的国情国力调查，普查对象为全国耕地、园地、林地、草地等农用地和部分未利用地的土壤。普查内容为土壤性状、类型、立地条件、利用状况等。土壤普查是基于提升土壤资源保护和利用水平，以守住耕地红线、优化农业生产布局、确保国家粮食安全为支撑服务对象，目标是查明我国土壤类型及分布规律，查清土壤资源数量和质量。土壤普查可为土壤资源的分类系统、规划利用、改良培肥、保护管理等提供科学支撑，也可为经济社会生态发展政策的制定提供决策依据。地表基质调查是对土壤普查1m以下部分的补充调查，另外地表基质调查是基于自然资源统一管理需求，目标是构建地表基质立体时空模型，查明地表基质类型及其分布规律，查清地表基质数量、质量、结构和生态。地表基质调查可以为科学编制国土空间规划，逐步实现山水林田湖草沙冰的整体保护、系统修复和综合治理，保障国家生态安全。

（三）其他专项调查与地表基质调查的区别

其他专项调查主要包括生态地质、环境地质、土地质量地球化学、水土流失、地球关键带、国土空间双评价等。生态地质和环境地质调查都针对岩石-土壤-水-生物-大气多圈层，查明生态地质条件和生

态地质问题，加强岩石-土壤-水-生物-大气多圈层交互作用研究，提供地球系统科学解决方案，为山水林田湖草沙冰整体保护与系统修复提供科学依据，为国土空间规划与用途管制提供支撑。土地质量地球化学调查主要通过土壤地球化学测量、近岸海域沉积物测量和湖底沉积物测量、水地球化学测量，系统查明元素及化合物的含量特征及空间分布规律，为国土资源规划与利用、土地质量与生态科学管护、农业经济区划和种植结构调整、生态系统保护及污染修复治理、地方病病因分析与防控等提供基础资料。水土流失直接威胁国家粮食安全和生态安全。水土流失调查主要针对土地退化、耕地毁坏、江河湖库淤积、洪涝灾害和制约山区经济社会发展等生存环境恶化问题而开展的。地球关键带是针对植被冠层-地下水蓄水层底部（近地表的生物圈、大气圈、整个土壤圈，以及水圈和岩石圈地表/近地表的部分），研究横向上的3个断面（盆-山作用断面、地表-地下水作用断面、海-陆作用断面）和垂向上5个界面（大气-植被界面、植被-土壤界面、包气带-饱水带界面、弱透水层-含水层界面、含水层-基岩界面）上物质和能量循环信息，为人类社会面临的重大资源、环境和生态问题提供新的解决方案。国土空间双评价从认识区域资源环境禀赋特点出发，发现国土空间开发保护过程中存在的突出问题及可能的资源环境风险，确定生态保护、农业生产、城镇建设等功能指向下区域的资源环境承载能力等级和国土空间开发适宜程度。

上述专项调查的主要研究对象，均是地表基质调查的研究对象，而各专项调查存在空间交叉重叠多、数据标准不统一、成果集成应用难等现实问题。地表基质调查对象涵盖了以上所有专项调查中岩石、砾质、土质和泥质的调查内容，因此开展地表基质调查可以更全面了解和准确掌握地表基质层的本底性状、基本特征、开发利用、保护现状等，满足国土空间规划编制、生态文明建设、自然资源统一管理及山水林田湖草的整体保护、系统修复和综合治理等各项工作的需要。

第四节　地表基质调查目的和任务

地表基质调查以地球系统科学理论、“人地关系”理论及自然资源三维立体分层分类模型为指导，树立地表基质调查研究的“整体观、系统观、联系观、发展观”，坚持基础性、公益性、战略性定位和需求导向、问题导向、目标导向、成果导向原则，融合地质学、地理学、生态学、土壤学、农学等多学科知识，运用“空、天、地、网、钻”等技术方法手段，查清地表基质主要类型、数量、分布、质量、结构、生态及碳汇能力等内容，查清地表基质的家底和变化情况，服务自然资源调查监测评价体系构建，研究地表基质产生、发育、演化的机理，监测预测地表基质的时空变化过程与趋势，分析其对自然资源赋存、开发利用及保护的制约因素，为科学编制国土空间规划，逐步实现山水林田湖草沙冰的整体保护、系统修复和综合治理，保障国家粮食、生态安全提供基础参考。要统筹地表基质调查，需要通过调查监测建立自然资源三维立体“一张图”的动态更新机制，为实现自然资源全要素、全流程、全覆盖的动态感知、精准认知、科学管控提供高效支撑，为生态文明“千年大计”打好基础。

一、调查目的

地表基质调查的目的主要是：通过开展系统的内外作业，全面了解掌握地球表层系统（陆域地表和水域水体底部）一定深度范围内地表基质的主要类型、时空分布、理化性质、空间结构、生态属性、利用状况等特征，在此基础上开展资源潜力估算和适宜性评价，服务生态文明建设和自然资源管理中心工作。

一是支撑自然资源管理工作。岩、砾、砂、土、泥等地表基质本身是自然资源，如目前供工业利用的岩矿石、砂矿以及农业利用的土壤等，它们在一定的时空范围内分布；同时又支撑孕育了自然资源，如地表基质层是林草水湿土地等自然资源的承载体。通过地质作用和人类活动改造，不同类型地表基质可以转化、演替，如岩石风化成砾或砂、土；一次泥石流过程可以形成一套新的地表基质层组合体；人类也可以利用地表基质培育自然资源，如人工造林、种草、开荒等行为。通过地表基质调查，掌握各类地表基质在地表一定深度空间范围内的展布、厚度等特征，估算不同类型地表基质资源的现有资源量或潜在资源量（如特定地理位置和气候环境空间中土壤资源体积，某类岩石在一定的时间范围内的成土潜力和潜在资源量），掌握其空间数据和属性数据特征，可以为岩砾砂土泥以及其支撑孕育的各类自然资源的综合管理和开发利用提供基础支撑。

二是支撑土地资源管理和保护利用。通过地表基质调查，系统查清不同区域地表基质资源数量、质量、结构、生态现状，建设地表基质数据库，并进行实时评价和监测，服务自然资源部履行自然资源调查和管理职责，对加强地表基质和各类土地资源的保护与合理开发利用具有很好的支撑作用。例如通过调查可掌握土地（土壤）成土母质类型、厚度、质地、清洁程度、元素地球化学含量等指标，查明深部母质资源、成土潜力，为耕地等土地资源保护、国土绿化、人工造林、后备耕地资源开发利用等提供支撑。

三是有效服务国土空间规划。实施不同地区、不同地类、不同地形地貌区地表基质“数量、质量、结构、生态”四位一体的综合调查，特别是系统调查各类地表基质空间结构，全面准确掌握其本底属性，同时了解掌握与地表基质相关的水质、气候、环境、生物等要素指标，配合“双评价”（资源环境承载能力和国土空间开发适宜性评价）成果，为科学划定“三生空间”和“三区三线”，准确编制国土空间规划、实施最严格的耕地保护等提供直接信息。

四是科学服务生态环境保护修复。通过系统查清不同区域地表基质资源开发利用变化情况，森林、草地系统与农田生态系统等不同类型生态系统相互转化情况，系统、全面、准确地掌握地表基质和土地资源的生态退化现状与程度、原因与机理，按照以自然为本的理念，及时为不同类型土地资源生态系统的人工修复和自然恢复、水土流失治理，合理规划地表林、草、耕、湿等自然资源，建设用地开发等提供服务支撑。

五是支撑服务全域国土整治。地表基质调查无缝覆盖地表全域。通过调查不同土地（土质基质）的空间结构和生产层质量，掌握耕作层厚度、有效土层厚度、障碍层深度等重要指标，在为高标准农田划定提供基础信息的同时，可以掌握不同地块的质量情况。一方面，可以防止过度开垦、不合理开垦，也可以防止耕地非粮化、非农化，或建设用地占用高质量土地；另一方面，可以为耕地后备资源评价、土地保护利用等提供一手资料，服务全域国土整治工作。

六是支撑碳储碳汇研究。调查掌握地表基质、地表覆盖、土地利用、环境气候、生物群落等生态系统，分析地表基质一定深度范围内总碳含量及其变化的影响制约因素，为“双碳”目标提供基础信息资料。例如在东北黑土地地表基质调查过程中，通过调查地表基质特征，掌握表层黑土退化变薄、变瘦而导致有机质含量降低属于碳排放过程，而推广“梨树模式”是从耕地科学利用的角度进行保护性耕作以提高土壤有机质含量，属于土壤碳汇的过程。

二、主要任务

地表基质调查工作以第三次全国国土调查及年度变更调查成果数据为基础，全面了解和准确掌握地表基质数量、质量、结构和生态特征，主要任务包括以下 6 个方面。

1. 查清地表基质主要类型及分布情况

以已有国土调查、土壤调查、地质调查数据为基础，以不同时相、不同波段高分遥感影像解译为补

充，系统部署开展地表基质“调查点、调查路线、调查剖面”等实地调查工作方法，查清地表基质主要类型（1～3级类）、平面分布情况、各类地表基质面积、地表基质的地质成因、形成时代等；调查地表基质利用类型（耕地、草地、林地、湿地、其他未利用地等）及土地利用历史变化情况等。

2. 查清地表基质垂向空间结构及属性特征

利用人工剖面、天然露头、洛阳铲、背包钻、汽车钻等工程手段，查明一定深度范围内地表基质分类、分层、厚度和空间结构特征，不同类型地表基质层相互接触关系、韵律特征、质地及空间变化情况；分析沉积环境和沉积相特征。根据不同地质成因单元、地形地貌类型及不同深度地表基质层的服务功能，采集相应的物理、化学、年龄、环境、水质、生物等样品进行分析测试，分析地表基质属性特征。

3. 建设地表基质数据库和样品库

利用已有相关调查获得的数据，建设包含不同时间尺度、不同空间分布、不同属性结构，具备数据汇集、空间分析、演化模拟等功能的地表基质三维立体时空数据库。建设地表基质典型剖面标本、主要地表基质类型样品储存展示库及统一的地表基质分析测试样品（含副样）储存库。

4. 开展地表基质适宜性评价

利用调查取得的地表基质分布、结构、厚度、质地、有机质含量、酸碱性、地下水等指标，开展不同区域的地表基质分级评价，研究地表基质层对各类自然资源产生、发育、演化、利用的孕育和支撑作用，从管理和利用两个方面提出地表基质保护利用建议。

5. 构建长效调查监测机制

科学选定能够表征地表基质数量、质量、生态状况、利用现状及变化情况的长期（10年）、中期（3～5年）、短期（1年）调查监测指标，融合共建不同典型区域地表基质野外监测站，探索构建地表基质周期性监测工作机制。

6. 集成汇总调查成果，开展综合研究

对内外业工作中取得地表基质调查数据、文字、图件、实物资料、影像资料等成果，进行系统梳理归纳总结和综合研究整理，编制综合性图件、综合研究报告、应用服务建议报告等综合性成果，作为土地保护、自然资源科学规划、生态保护修复等工作的基本依据。

第三章 地表基质调查技术方法

地表基质调查要全面了解和准确掌握地表基质层的空间结构、数量质量、景观属性等基本特征，注重与生活、生产、生态和碳汇等相关属性因子的调查，需要通过系统的技术方法手段获取。按照地表基质调查的技术流程、调查方法手段和调查要素指标等，构建形成系统的自然资源地表基质调查技术体系框架(图 3-1)。同时，通过地表基质多元一体调查技术集成、多手段一体化内外业调查、多要素一站式指标获取等内容，构建形成地表基质调查技术体系。

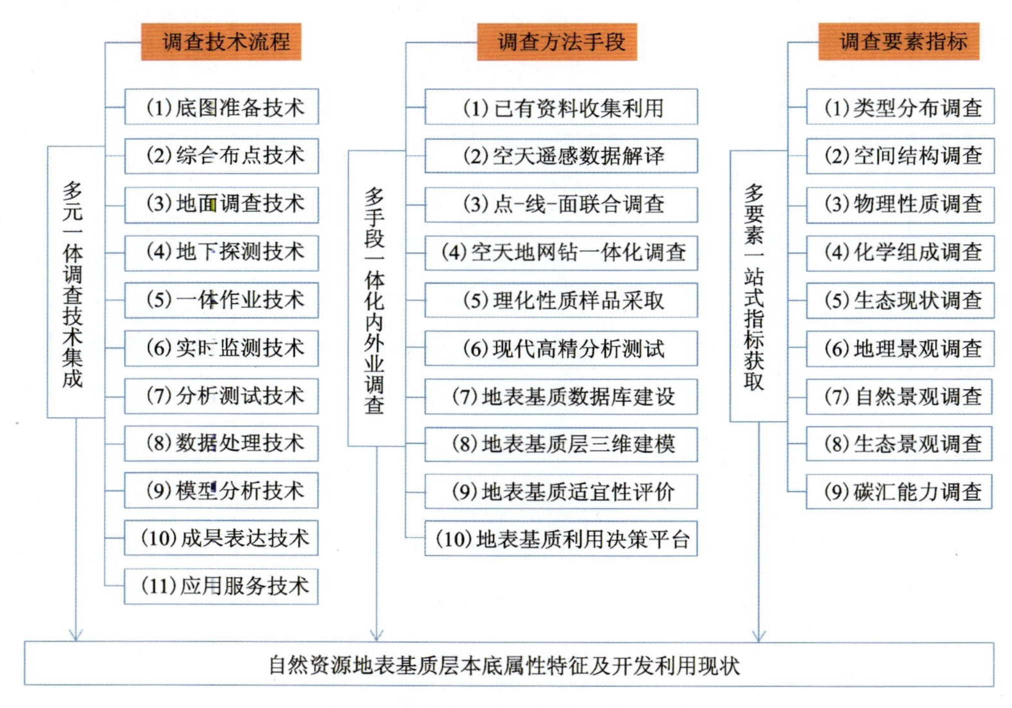

图 3-1 地表基质调查技术体系框架

地表基质调查按照资料收集与研究、野外踏勘、综合编图、设计编审、野外调查、综合研究与成果编制的程序开展工作(图 3-2)。工作中要注重利用第三次全国国土调查及前人已经开展的地质、生态、农业、水文、工程、土地质量等成果资料，充分利用空天地网钻一体化地表基质调查技术方法手段，获取地表基质时空分布、本底属性及景观属性数据，构建地表基质三维模型，开展土地利用适宜性评价，服务自然资源管理和国土空间规划。

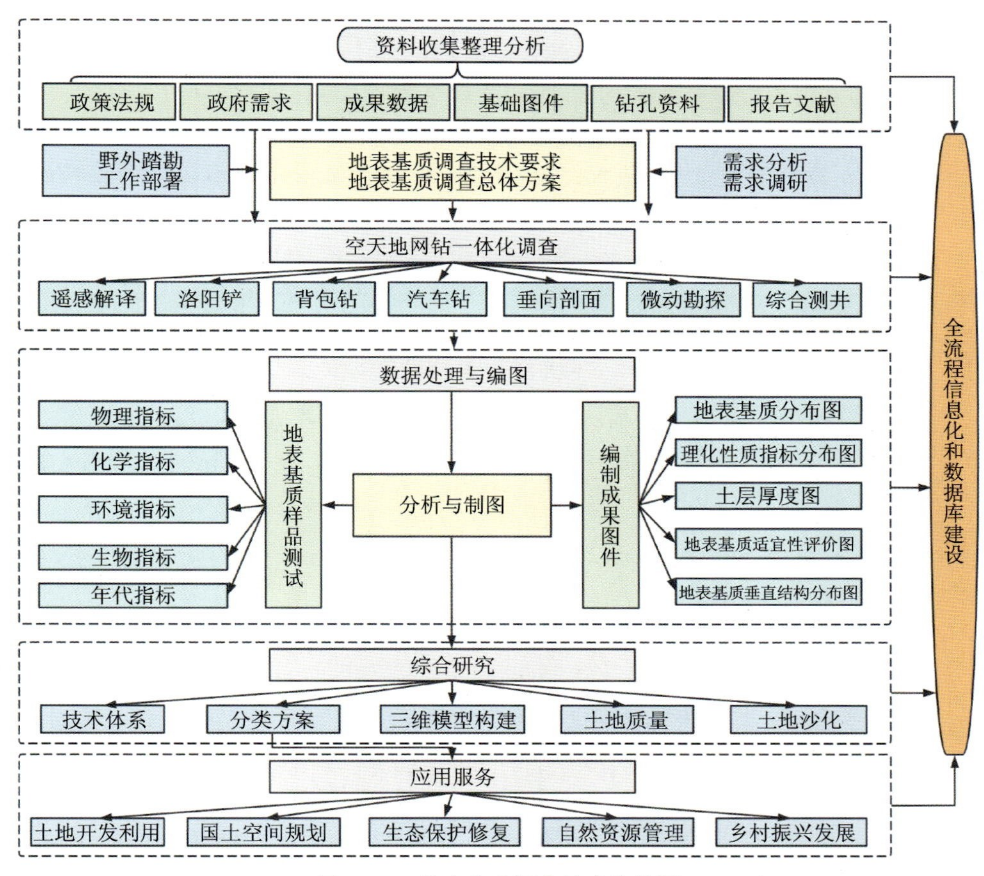

图3-2　地表基质调查技术路线图

第一节　资料收集与分析整理

在开展地表基质调查工作之前，必须全面开展资料的收集与分析整理工作，并且始终坚持，贯穿于立项、设计、调查实施、室内综合整理与总结的各个阶段。系统收集前人已有资料，分析整理已有的地质工作成果，对可利用资料进行筛选，获取与工作区密切相关的地质资料和成果；分析总结以往工作成果，掌握工作区主要生态地质、自然资源管理等问题及研究热点，为设计编写和制订详细的调查方案提供可靠依据。

一、资料收集

应收集整理的资料主要包括以下几方面，具体内容见表3-1。

（一）地理国情基础资料

(1)界线资料：主要为行政区域界线，如有涉及国界线及零米等深线等也需进行收集。

(2)基础地理信息资料:收集整理地形图、DEM、地名等基础地理资料,应以符合精度要求的自然资源部国家基础地理信息中心出版的1∶5万地形图(数据)为基础地理数据。野外工作手图采用1∶5万~1∶2.5万地形图,也可采用符合精度要求的航空、卫星等影像图,并补充现势性资料。

(3)自然资源综合调查资料,包括国土调查数据、土壤、植被和微生物群落的调查研究资料;典型生态系统定位观测与研究数据资料(生物数据、土壤数据、水分数据);气象站和水文监测站多年统计资料等。

表3-1 收集资料信息一览表

资料大类	具体内容	主要收集渠道
地理信息资料	矢量地图数据、数字高程模型、分幅正射影像、三角点……	(1)全国地质资料馆搜集(通过记录图幅号、比例尺查找)http://www.ngac.cn/; (2)各省地质资料馆查找目录清单,查找资料是否存在,再去馆里现场搜集; (3)自然资源局、农业农村局(农技推广总站)、气象局、水利局、生态环境局等相关部门搜集; (4)政府官网搜集相关规划、生态红线; (5)网上各大数据平台,如资源环境科学数据平台 http://www.resdc.cn/、北京大学地理数据平台 https://geodata.pku.edu.cn/、国家地球系统科学数据中心 http://www.geodata.cn/index.html、土壤科学数据库 http://vdb3.soil.csdb.cn/等
基础地质调查	中小比例尺区域地质、矿产地质、海洋地质、冰川水文地质、环境地质调查和区域地球物理、地球化学调查;区域尺度的水资源评价;第四纪地质……	
专项地质调查	农业地质、城市地质、生态地质;灾害地质、工程地质专项调查;水资源专项(统测);土地质量和多目标调查;地下空间调查;荒漠化、石漠化、岩溶区调查;冻土区调查……	
国土基础调查	第一次全国土地调查(简称"一调")、第二次全国土地调查(简称"二调")、第三次全国国土调查(简称"三调",原称第三次土地调查,耕地等别调查评价)、地理国情调查……	
国土专项调查	森林、草原、湿地、土地、矿产(矿业权)、海岛和海岸带调查;陆域水体底质调查;生物多样性调查;土壤普查(土壤志)、耕地地力调查评价、气象、降水……	
各类各级规划	国家重大战略和重大工程建设规划;生态功能区规划、生态保护修复工程规划、自然保护区规划、城乡建设规划、水土保持规划、三区三线……	

(二)区域地质资料

收集工作区已经完成的不同比例尺地质调查资料,包括纸质和矢量化资料,尤其要注重对原始资料的收集,包括地质路线、地质剖面记录、样品等,通过对上述资料的收集及初步整理,为下一步地表基质调查工作部署奠定基础。

(三)地球物理资料

针对地表基质调查需求,充分收集包括地震、电法、井中物探等资料及工作区和区域上不同岩性的物性参数等资料,为物探方法技术选择和工作量安排提供依据,为解释推断提供借鉴。

(四)地球化学资料

系统收集工作区开展的与地表基质化学性质调查相关的基础数据和成果资料,包括1∶25万、

1∶20万和1∶5万区域地球化学调查，以及多目标地球化学调查、土壤普查、土壤污染状况调查等数据资料，标准化数据格式，整理和分析地球化学组分特征和区域地球化学特征，为自然资源管理、国土空间格局优化部署及生态环境保护修复提供基础数据支撑。

（五）遥感数据资料

收集资料前应系统了解适用于工作区的遥感数据波谱区间、空间分辨率、光谱分辨率、时间分辨率等技术参数，以便最大限度地利用遥感数据提取地质要素信息。选取地质信息丰富的波段数据，经过预处理、几何纠正、图像增强、数字镶嵌等过程，制作遥感影像图，作为野外数据采集的参考图层。具体方法按照《遥感影像地图制作规范（1∶50 000/1∶250 000）》（DZ/T 0265—2014）执行。

（六）钻探资料

钻探是开展地表基质调查的最直接手段，因此需全面收集工作区已有的各类钻孔资料，包括钻孔的原始编录、岩芯照片、综合测井数据，以及地球化学、粒度分析、^{14}C、光释光、古地磁、孢粉等测试数据，为后续地表基质填图单元划分和三维地质模型构建提供最直接的依据。

（七）水工环资料

水文地质、工程地质及环境地质资料和成果的收集，可以为工作区地表基质单元划分、三维地质结构的建立、成果转化与应用提供基础资料支撑。

二、分析整理

（一）资料整理

该阶段需对前期收集到的地理国情基础数据、区域地质、地球物理、地球化学、遥感、钻探和水工环等各类资料及原始数据进行整理分类，为下一步的资料深入研读及二次开发利用奠定基础。在预处理前需要统一操作平台、统一坐标系、规定数据格式等。通过对收集资料进行标准化、矢量化整理，初步构建地表基质数据库。

（1）操作平台：由于地表基质调查有着综合学科的特性，收集的资料涉及多学科（地质、土壤、地理等诸多领域）及多手段（地面调查、物探、化探、遥感、钻探以及分析测试等），数据内容繁多且格式复杂，预处理过程中可根据收集资料的存储格式，选择对应的数据操作平台，综合处理方面，建议选择 ArcGIS 平台。

（2）坐标系：坐标系统一采用2000国家大地坐标系（CGCS 2000），投影方式采用高斯-克吕格投影，远离大陆的岛、礁亦可采用墨卡托投影，高程系统采用1985国家高程基准。非1985国家高程基准应改算，改算精度小于0.1m，高程的计量单位为m。

（3）数据格式：经多源异构数据处理后，数据格式统一储存为文件地理数据库格式（gdb）。

（二）分析利用

资料综合分析的主要目的是对收集的资料进行综合研究分析，总结调查区已有成果和调查研究现状。明确任务需求和存在的主要资源环境、土地保护、生态修复与方法技术问题，确定需要补充的工作内容和工作重点，编制工作程度图、地表基质草图。综合分析内容和要求如下。

（1）结合地表基质调查特点，对不同类型的遥感数据进行地貌、地表基质类型和分布解译及相关信息进行提取，配合其他资料编制地表基质草图和专题信息提取图件。

（2）对已有调查、研究成果资料进行梳理、综合、分类与归纳总结，确定调查区基本地质特征、地表基质层类型和空间分布特征，确定调查单元分区及界线。

（3）根据已有物探方法确定的不同类型地表基质物性数据及其验证结果，分析、明确具有明显物性差异的地表基质、地表基质层的对应关系；依据调查区拟定的地表基质调查填图单元，分析物探工作方法种类、覆盖范围和调查精度等方面的适宜性；确定拟投入的物探方法及其实物工作量和综合研究工作；确定是否进行方法有效性试验及试验地点；根据需要编制调查区物探基础图件。

（4）对土地质量和多目标地球化学资料进行分析和处理解释，编制表层地表基质地球化学图件；对表层基质地球化学特征与下部地表基质层关系进行初步研究。

（5）分析已有钻孔编录、物探测井参数（如自然电位、电阻率、放射性、声波等）资料，了解调查区内地表基质层垂向物性参数变化规律，指导物探方法选择和数据解释方法的运用。结合钻孔资料综合分析，初步建立调查区地表基质和地表基质层空间分布框架、地下水分布特征等。

（6）对收集的数据资料进行标准化、归一化处理，并建立收集资料数据库。

（7）综合地理、地质、自然资源、生态环境、农业生产和土壤等领域的地质-物探-化探-遥感、工程揭露等调查研究成果，编制地表基质草图，初步建立调查区地表基质分区、分类、分层的“三维”结构框架，针对调查区的自然资源和人类活动实际情况，生态、生产、生活三类空间和三条红线划定情况及可能存在的问题等，梳理重点工作内容，明确拟采用的工作方法和技术途径，制订野外踏勘工作方案。

三、综合编图

通过对已有资料的收集、综合研判，结合遥感解译工作形成的初步成果，编制工作区基础性底图，作为项目工作部署、外业开展实施的基础性图件。基础性底图主要包括工作区地质草图、地形地貌图、地形渲染图、土地利用类型图、土壤类型图、地表基质分布草图、工作部署图等图件。

编图选取资料原则：一是一般秉持大比例尺优先、新资料优先的原则；二是统一地图参数，选用2000国家大地坐标系；三是以属性为牵引，对矢量化的图件赋以属性。

地质图的编图以1∶5万地质图为底图，无对应比例尺的将收集的其他比例尺地质图进行相应的投影变换，同时注意不同地质图之间的接幅；地形渲染图、地形地貌图以收集的DEM资料为底形成，DEM建议精度至12.5m；土地利用类型图和土壤类型图编制要以收集资料为主，无矢量化文件需进行矢量化，并赋以属性；地表基质分布草图以地质图、土地利用类型图、收集的中国土壤数据库信息进行叠加改化，并制成初始图件，在地表基质草图的基础上部署工作，形成工作部署图。

下面主要以地表基质分布草图编制方法为例进行介绍。

（一）数据信息提取

根据《地表基质分类方案（试行）》将地表基质划分为岩石、砾质、土质、泥质4种类型。其中，岩石可改化地质图中的基岩、国土调查的裸岩地及灌木草地、1：5万DGL数据TERA图层的露岩地等数据；砾质提取地质图的第四纪沉积物（特指砾石）或岩区河流区域，DGL沙砾地、戈壁滩等信息；土质主要改化国土调查的耕地、园地、林地、草地等，还可根据土壤数据库质地含量进一步细化；泥改化主要包括DGL数据中水系要素湖泊、水库、沼泽等。

（二）数据改化利用

1. 国土调查数据处理

（1）数据融合：将收集的全国国土调查土地利用现状改化成“岩”“砾”“土”“泥”，具体改化分类如下。

“裸地”“其他草地”改成“岩”；“沙地”改成“砾”；“采矿用地”“村庄”“风景名胜及特殊用地”“公路用地”“建制镇”“设施农用地”“水工建筑用地”“铁路用地”“沟渠”“旱地”“水浇地”“水田”“果园”“其他园地”“灌木林地”“其他林地”“有林地”改成“土”；“河流水面”“坑塘水面”“内陆滩涂”“水库水面”改成“泥”。

为方便数据批量修改，采用数据处理模型方式，具体利用ArcGIS可视化编程语言-模型构建器构建工作流，融合部分工作流（图3-3）。

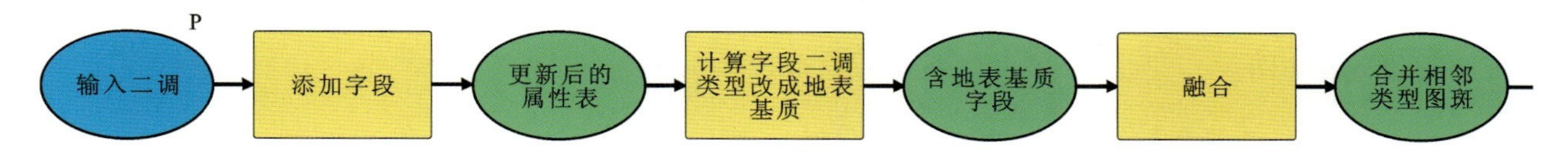

图3-3　融合部分工作流

改化分类应用ArcGIS内置脚本Python语言，将24种土地利用类型改化成“岩”“砾”“土”“泥”编写成Modification函数，其代码块如图3-4所示。

```
def Modification(aa):
        if  aa == u"采矿用地" or aa == u"村庄" or aa == u"风景名胜及特殊用地" or aa == u"公路用地" or aa == u"建制镇" or aa == u"设施农用地" or aa == u"水工建筑用地" or aa == u"铁路用地 or aa == u"沟渠" or aa == u"旱地" or aa == u"水浇地" or aa == u"水田" or aa == u"果园" or aa == u"其他园地" or aa == u"灌木林地" or aa == u"其他林地" or aa == u"有林地"  :
          return "土质"
        elif  aa == u"沙地" :
          return "砾质"
        elif  aa == u"裸地" or aa == u"其他草地":
          return "岩质"
        elif  aa == u"河流水面" or aa == u"坑塘水面" or aa == u"内陆滩涂" or aa == u"水库水面":
          return "泥质"
        else :
          return "其他"
```

图3-4　Modification函数代码块

(2)数据修正:将分类好的“岩”“砾”“土”“泥”图层进行修正,分3个子过程,分别为:①修正1,将小于150 000(经验值)图斑与周边合并;②修正2,合并后的数据中提取“砾”“土”“泥”;③修正3,进行几何修复、赋坐标系、整饰图面、赋地层字段等。此修正过程同样采样ArcGIS模型构建器构建模型,其工作流如图3-5所示。

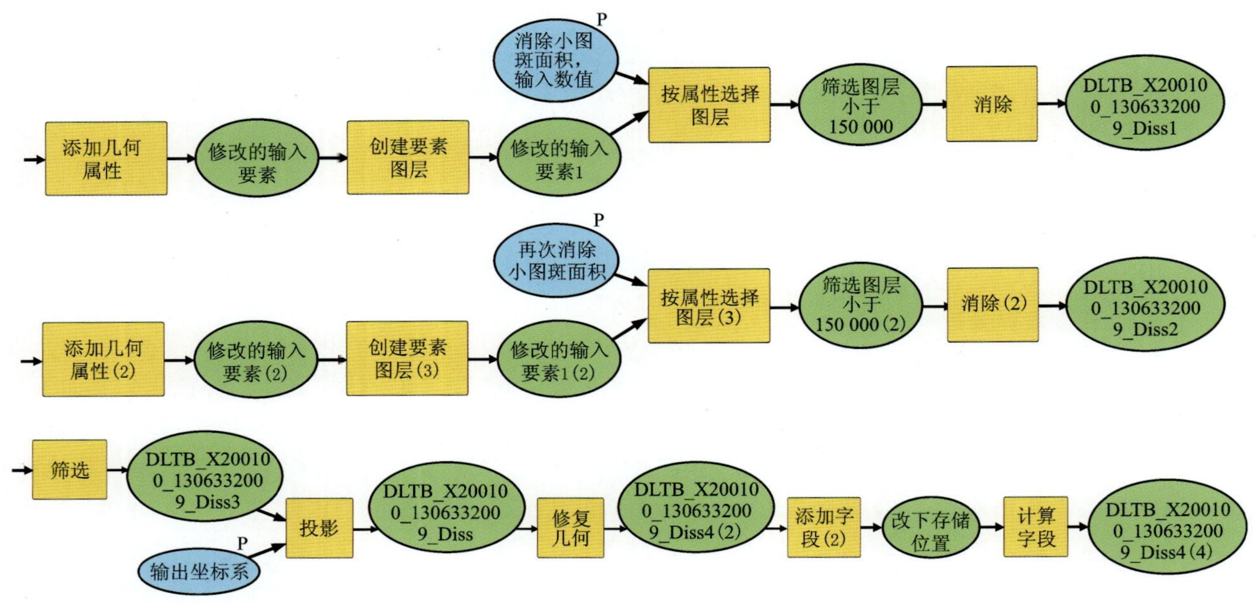

图3-5 修正部分工作流

本方案采用国土调查的土地利用现状数据(图3-6),经过融合与修正过程,得到待处理的“砾”“土”“泥”图层,如图3-7所示。

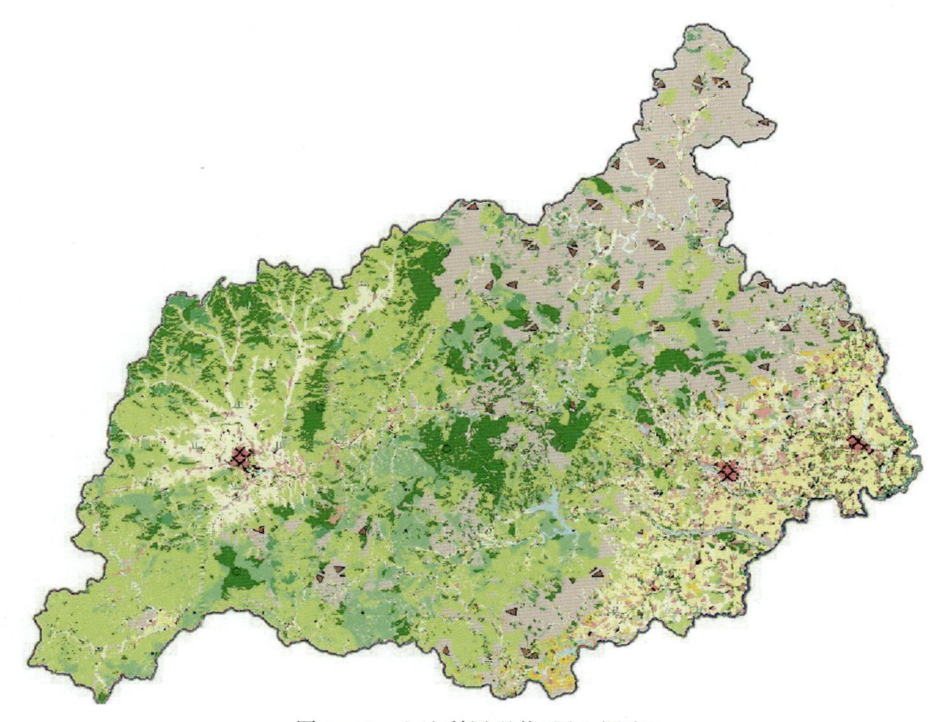

图3-6 土地利用现状(国土调查)

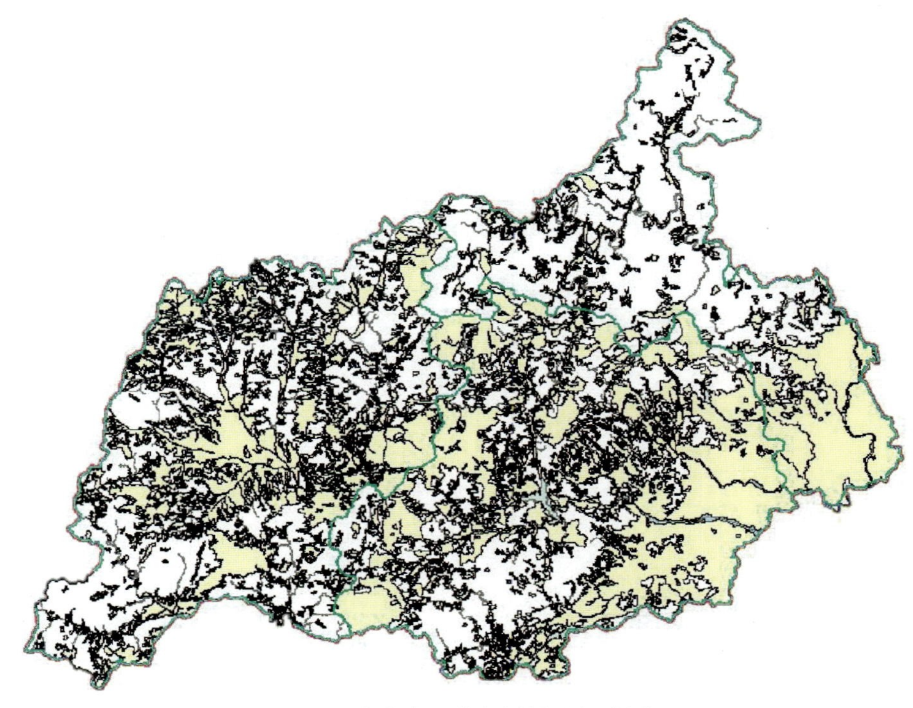

图 3－7 “砾”“土”“泥”图层(国土调查)

2. 地质图数据处理

(1)提取:本方案采用地质数据为 1∶25 万构造图,提取地质体中第四纪地层。利用 ArcGIS 模型构建器构建模型,其工作流程如图 3－8 所示。

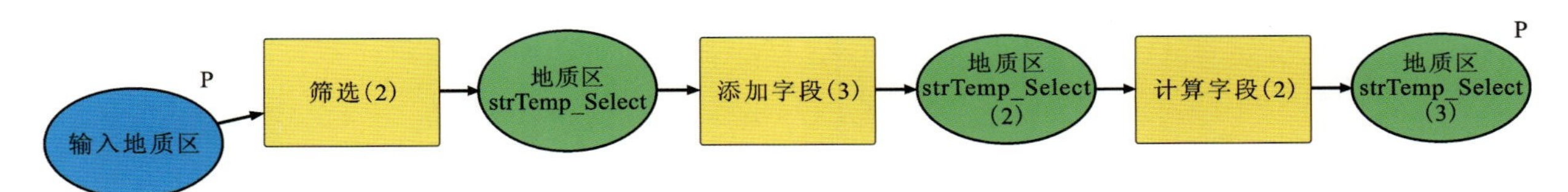

图 3－8 地质图提取第四系部分

(2)修正:将第一部分修正后的“砾”“土”“泥”图层覆盖第四纪地层并取缔,经过测试局部出现第四系未被“砾”“土”“泥”图层覆盖,需要进一步修正将没覆盖的第四系部分改成土,融合到“砾”“土”“泥”图层作为国土调查资料底图。利用 ArcGIS 模型构建器构建模型,其工作流程如图 3－9 所示。

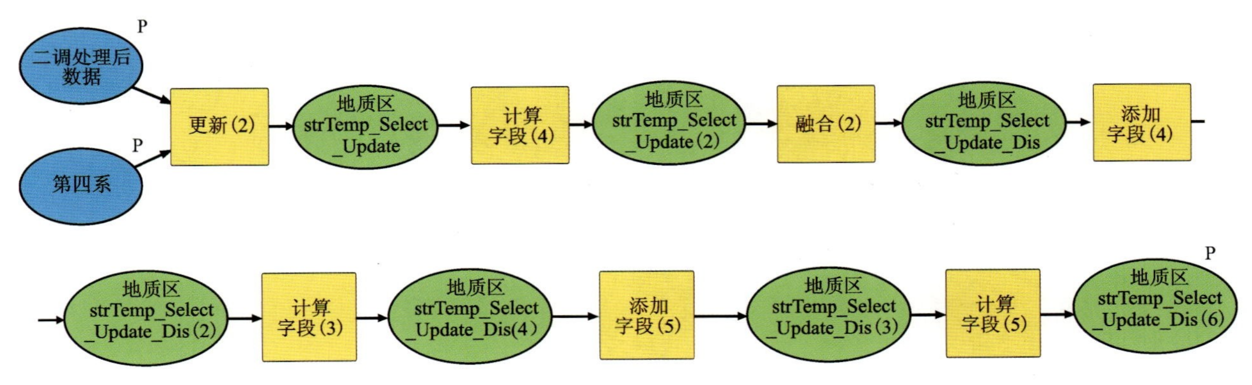

图 3－9 第四系与国土调查数据处理部分

该方案不同于山区方案(图 3－10),主要在于第四系与国土调查数据综合处理不同,本方案在于“二调”覆盖第四系,其结果偏向国土类图件类似于土地利用,经本过程修正过的“砾”“土”“泥”图层如图 3－11 所示。

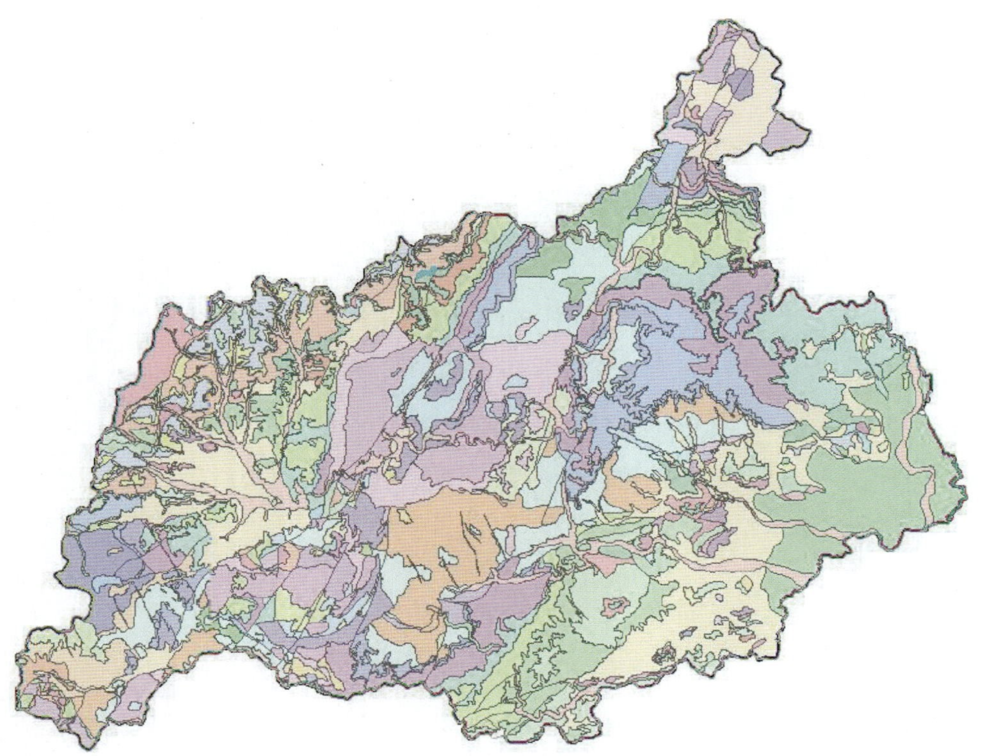

图 3－10　山区方案(地质图数据)

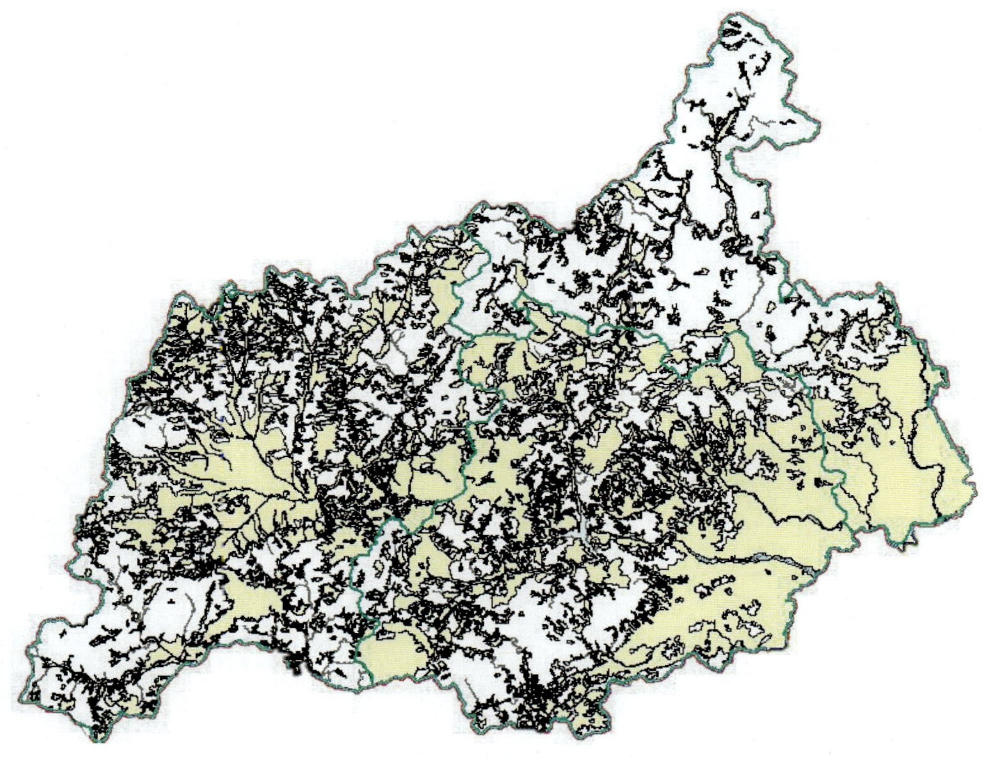

图 3－11　“砾”“土”“泥”图层(地质图数据)

（三）地表基质草图编制

1. 一级分类地表基质图

根据《地表基质分类方案（试行）》，“岩”可以将地质图层（除去第四系部分）合并岩石一级分类，将修正的砾土泥”图层覆盖到地质图上即可。

2. 二级分类地表基质图

在一级分类的基础上，岩质、砾质结合地质图处理信息进一步提取并命名，土质参考结合土壤数据库信息提取并覆盖到一级分类土质上，泥质参考 DLG 信息提取，覆盖到一级分类泥质上。

第二节　野外踏勘和设计编审

一、野外踏勘

（一）野外踏勘的目的

野外踏勘应在资料收集和预研究的基础上，在工作方案编写之前开展。主要目的为：初步验证对已有资料的认识和存在的主要资源环境问题，从整体上了解调查区自然地理、基础地质、自然资源以及土地利用概况和工作条件，明确野外调查、地球物理、地球化学以及工程施工的重点和内容，了解各项工作部署的有效性与可行性，了解野外调查期间的主要工作营地和综合保障等，为编制设计书及经费预算提供充分依据。

（二）野外踏勘的要求

(1)野外踏勘应根据工作程度、交通地理情况，结合调查区地表基质条件和类型，制订踏勘工作计划。

(2)踏勘路线应穿过代表性的地表基质类型、地形地貌单元及主要的土地利用类型，观察自然断面和自然露头（图 3-12），必要时进行人工揭露。通过踏勘了解调查区不同地质成因地表基质及地表基质层的发育特征、分布状态、相互关系和存在问题，为确定地表基质调查的重点内容和工作方法提供依据。

对代表性地形地貌区、土地利用区的地表基质剖面进行重点踏勘与实测，初步建立地表基质调查单元，必要时可采一定数量的质地、环境及年龄样品，进行鉴定和测试。

对耕地、林地、草地、湿地以及盐碱地、未利用地等地类以及地表侵蚀、生态退化、环境污染等特殊区域进行重点踏勘，了解地表基质层、地表覆盖层的支撑孕育现状和关系特征，必要时采集相关样品进行分析测试。

图 3-12　自然露头

针对地表基质层空间结构调查拟开展的物探工作，通过踏勘着重解决其有效性与可行性问题。

踏勘了解城镇规划、工程建设、农牧业生产、土地和水资源利用、矿业开发等人类活动，以及气候环境、降水、灾害等自然因素对地表基质的影响和造成的资源环境问题；了解掌握调查区生态环境保护修复措施等工作效果及其对地表基质的影响。

全面了解调查区人文、地理、交通等野外调查环境条件、重型工程与物探施工技术条件（人文干扰、通行条件等）和物资供应、安全保障条件等。

通过野外踏勘进一步完善调查区地表基质草图和各类基础图件。

遵照《1：250 000 区域地质调查技术要求》（DZ/T 0246—2006）中关于野外踏勘部分的有关要求，不同自然地理区带的调查内容和技术方法有所不同。

（3）编写野外踏勘小结，包括踏勘计划，踏勘路线，踏勘记录、照片、录像等资料，解决的主要问题等。

二、设计书编写和审查

编制的设计书主要内容应包括项目来源、项目目标任务、调查区概况、以往工作程度及存在的主要问题，拟调查的主要内容或者问题、工作方法和工作量，项目总体部署、时间安排，项目预期成果、组织管理、经费预算等。

（一）设计书编写

在收集前人资料、野外踏勘、综合编图基础上，按照项目主管部门下达的任务书和有关技术标准，针对调查区任务需求和存在的主要资源、环境、生态地质等问题，编写地表基质调查设计书。

（1）根据工程下达的立项建议和本次工作拟调查的主要内容或者问题确定项目的目标任务。

（2）调查调查区的交通位置及范围、地形地貌、气候、水系、自然资源、地质背景等。

(3)主要从基础地质、水工环调查、土壤调查、国土调查、区域物化探、农业调查、海洋调查等方面总结以往的工作程度。在以往工作的基础上,梳理地质地理、自然资源、生态环境、土地利用、空间规划等方面的问题和需求。

(4)调查内容主要有调查区地表基质的类型、平面分布、利用变化、垂向结构、理化性质,地表基质层自身变化发展及其与其他自然资源和环境要素的相互关系及作用机理等。

(5)在已有资料改化与二次开发的基础上,合理利用高分辨率遥感、地面调查、工程手段、地球物理、地球化学、分析测试、数值模拟等工作方法开展地表基质调查工作。根据经费预算和需解决的问题,合理部署工作,设置工作量。

(6)项目预期成果主要包括成果报告、数据库文件、解决资源环境问题和基础地质问题情况、理论创新与技术方法进步情况、成果转化(或服务)情况与社会经济效益、推广应用前景、人才培养和业务团队建设情况等。

(二)设计书审查

设计书必须做到任务明确,依据充分,各项工作部署合理、技术方法先进可行、措施有力,文字简明扼要、重点突出,所附图表清晰齐全。

(1)充分利用已有资料和预研究成果,建立调查区地表基质分区、分类和地表基质层空间分布框架,分析调查区地表基质发生发育、交互演替基本特点和存在的主要资源环境问题,做到目标任务明确,调查内容具有针对性。

(2)结合调查区地表基质特征合理确定技术路线和工作方法。

(3)总体工作部署及年度工作安排合理,可操作性强。不平均使用工作量,要依据调查区地表基质复杂程度和所需解决问题合理安排工作量。工作量安排应以满足任务要求和解决主要需求为目的,与工作方法和技术要求相匹配,样品数量和实验测试方法的选择要经济合理,精度要求应符合有关要求,预期成果要明确具体。

(4)质量保障措施有力,经费预算符合相关要求。

(5)预期成果需明确、具体、可考核,与绩效目标匹配。

(6)设计书基本附图应包括符合精度要求的遥感影像图、地形地貌图、基础地质图、土地利用图("三调"图斑)、土壤类型和分布图以及地表基质草图。其中,地表基质草图应全面、准确反映调查区工作和研究现状。

(7)设计编写提纲见附录。

(8)项目承担单位按要求对设计组织审查。

第三节 调查工作部署

一、基本原则

地表基质调查工作部署要以国家和地区重大地学需求、生态文明建设为导向,依据生产、生态、生活不同分区需求合理安排工作量,以达到摸清自然资源家底、查明地表基质本底的需求,为解决区域重大基础地质问题和满足社会需求提供支撑。根据地表基质调查工作定位，在具体工作部署中应遵循以下4个原则。

1. 坚持导向原则

坚持基础性、公益性、战略性定位及需求导向、问题导向、目标导向、成果导向原则，在统一地表基质调查方法、内容、指标的基础上，结合调查区内自然资源空间格局优化部署需求，有针对性地、合理地部署工作。

2. 坚持分类调查、精度配套、层次部署

地表基质调查是探索性、应用性非常强的自然资源综合调查工作，与人类活动空间密切相关。因此，地表基质调查要按照生产、生态、生活“三类空间”及不同土地利用类型实施分类调查。生产空间内的耕地区为重点调查对象，要达到 1∶5 万以上比例尺精度要求，补充耕地后备资源地区可参照执行。生态空间内的林地、草地、湿地等区域调查点密度可适当放稀，控制在 1∶5 万～1∶25 万比例尺精度要求。生活空间可根据实际利用已有资料补以适当精度的调查。

3. 坚持区域全面覆盖，系统调查

调查工作要遵照系统、发展、联系的原则，无缝覆盖工作区全部地表基质和土地利用类型，对岩、砾、砂、土、泥地表基质及林、草、水、湿、田等地表基质支撑的资源进行系统调查分析，不仅要全面、准确掌握其现状和本底属性，还要了解其历史和时空分布变化情况，对其本底现状和演替规律进行系统研究。

4. 坚持与国土调查相结合

地表基质层作为支撑层和基础层，跟地表覆盖层息息相关。国土调查成果图斑汇聚了详细的地表覆盖层信息，不同的地类其本底属性(即地表基质特征)不尽相同。因此，地表基质调查要以国土调查图斑为基础底图，综合考虑基础地质、地形地貌、地表基质分类分区特征等条件部署工作，查明不同类型图斑本底属性。

二、基本要求

一是根据调查区地质条件、地貌条件，耕地、园地、林地、草地、湿地、建设用地、其他土地等生态、生产和生活空间划分，“三条红线”划定情况，地表基质调查重点内容、成果表达等应有所侧重和区别。

二是地表基质层调查深度，在浅覆盖区一般揭露到基岩以下 1m 左右，以研究风化壳和上覆土质基质属性特征为主；深覆盖区普遍揭露到 5m，原则上最深不超过 50m；湿地及水域覆盖区一般揭露到水体底部以下 2～5m。特殊地区结合实际情况进行调整。

三是要采用点、线结合方式，调查点主要用于揭露地表基质层的垂向结构特征，路线调查主要用于补充验证表层地表基质界线位置。调查点和调查路线要根据野外实际进行确定，应充分利用天然露头、自然断面。露头不足时，要采用人工剖面、洛阳铲、背包钻、汽车钻等工程进行揭露。

四是要充分利用大数据、云计算和人工智能技术，加强新技术、新方法示范和推广应用，提高地表基质调查的工作效率和成果质量。

三、工作部署

1. 工作区类型划分

考虑工作区地质成因(残积、残坡积、冲洪积、湖沼积、风积、冰积)、地形地貌条件(高山、低山、丘陵、台地、平原、阶地、河漫滩、河床)、土地利用类型(单位面积内的图斑复杂程度)、表层基质复杂程度(类型和分布特征)、地表基质空间变异程度(单位深度内地表基质类型和数量、变体特征等)等因素,将调查区划分为平原盆地区及山地丘陵区,并分别细化出简单区、中等区、复杂区 3 个等级(表 3-2、表 3-3)。不同区域根据调查区的实际情况,对工作网度可灵活加密或抽稀。

表 3-2　平原盆地区地表基质复杂程度分类

等级	简单	中等	复杂
地层结构	地层及地质构造简单	地层及地质构造较复杂	地层及地质构造复杂
松散层成因复杂程度	单一成因	两种成因	3 种或 3 种以上成因
地块连片性	土地利用图斑完整,连片性好	土地利用图斑较完整,连片性一般	土地利用图斑破碎,连片性较差

注:①每类地表基质复杂程度中,复杂程度有一条符合条件者即可定位该等级,从复杂开始向中等、简单推定,以最先满足的为主;②地块连片性采用图斑破碎度表征,图斑破碎度 $FN=N_i/A_i$,N_i 为图斑 i 的斑块数,A_i 为图斑 i 的总面积。

表 3-3　山地丘陵区地表基质复杂程度分类

等级	简单	中等	复杂
地层岩性	地层岩性单一	地层岩性较复杂	地层岩性复杂
地形地貌	极高山、高山,相对高差≥500m,坡面坡度一般为不低于 25°的山地	中山、低山,200m≤相对高差<500m,坡面坡度一般为 15°~25°的山地	高丘陵、低丘陵,一般坡面坡度小于 15°
三生空间占比	单一空间类型占比大于 75%	单一空间类型占比介于 50%~75%之间	三生空间类型占比均小于 50%
植被盖度	植被覆盖度≤25%	25%<植被覆盖度≤75%	植被覆盖度>75%

注:①每类地表基质复杂程度中,复杂程度有一条符合条件者即可定位该等级,从复杂开始向中等、简单推定,以最先满足的为主;②"三生空间"指生产空间、生态空间、生活空间,根据土地利用类型划定的范围计算。

2. 分区、分类、分层次、网格化部署

分区主要考虑不同地质成因分区(如剥蚀区或沉积区、基岩裸露区和松散堆积物覆盖区、原地风化堆积区和风化搬运异地沉积区等),不同的地貌类型分区(如山地丘陵区、山区平原过渡区、平原盆地区、河流阶地区、河床河漫滩区等)。分类主要考虑不同的地表覆被类型(即不同的土地利用类型,如耕地、林地、草地、湿地等)、不同的地表基质类型(岩、砾、土等)。分层次主要考虑不同深度地表基质支撑服务对象,在调查指标内容方面分别考虑。网格化主要考虑以上因素基础上,采用灵活的网度部署调查手段,确保系统控制调查区地表基质的空间分布和本底属性状况。

3. 工作量定额

基本工作量执行表 3-4 的规定,设计确定具体工作量时应考虑下列因素:①收集的钻孔资料精度

满足要求的可作为钻探定额的核定依据；②调查点露头不清楚时，可采用洛阳铲（槽型钻）、背包钻、汽车钻等对表层、中层、深层地表基质层予以揭露；③山地丘陵区的河流阶地、山间盆地等覆盖区内中层、深层地表基质调查工作量参照平原盆地区执行。

表 3-4 每百平方千米基本工作量

地区类别		遥感调查面积/km^2	表层地表基质层/点	中层地表基质层/点	深层地表基质层/点	样品测试/件	高密度电阻率法/点	天然源面波测量/点
平原盆地区	复杂	100	10～12	2～3	0.2～0.4	30～40	16～18	2～3
	中等	100	8～10	1.5～2.5	0.2	25～35	14～16	1.5～2.5
	简单	100	6～8	1～2	0.2	20～30	12～14	1～2
山地丘陵区	复杂	100	10～12	—	—	20～30	—	—
	中等	100	8～10	—	—	15～25	—	—
	简单	100	6～8	—	—	10～20	—	—

注：表层、中层、深层地表基质层分别指埋深 2m 以浅、10m 以浅、20m 以浅的地表基质组合。

第四节 野外调查

一、遥感调查

遥感技术是从人造卫星、飞机或其他飞行器上收集地物目标的电磁辐射信息，从而判读地球环境和资源的技术。遥感具备覆盖面积大、重访周期短、获取途径多等特点，使其在诸多学科领域都得到有效应用。经过几十年的发展，传感器技术不断改进和提高，可利用的遥感数据源日益丰富，促进了遥感向实用化、系列化、商业化和国际化的方向发展，多平台、多尺度、多层次的立体对地观测体系正在逐步形成。对地物的识别本领和精细程度有了极大提高，而且数据的处理、遥感信息提取等都发生一些突破性的变化，将遥感技术和应用都推向一个新的高度（王润生，2008）。

自 20 世纪以来，遥感技术被广泛应用在地质矿产调查、环境监测、自然资源调查等方面，其数据易获取、覆盖面积广、回访周期短，为野外调查提供了诸多便利。地表基质调查是一个自上而下、全面系统的分层次调查，遥感技术受限于电磁波对地的探测深度，对地表及次地表物质有一定的科学表征，进而其在地表地质调查全过程起到重要作用。但是遥感技术并不能替代现场调查，实际上两种方法都应该以互补的方式起作用，始终需要现场数据来校准和验证遥感分析，同样遥感可以帮助增加实地调查的价值。两种方法的协同才能形成更有效的数据捕获系统，以呈现丰富而可靠的信息。

（一）遥感调查目的与任务

遥感调查的目的：充分运用“3S”技术，发挥遥感优势，科学合理地运用高空间分辨率、高时间分辨率、高光谱分辨率影像，提取地表基质时空分布、本底属性及景观属性数据，在地表基质调查全过程中提供技术支撑和数据保障。

遥感调查的任务：利用遥感技术，选择多源遥感影像并结合基础地质、水文、土壤类型分布等数据提取专题信息，获取工作区地表基质类型、土地利用类型、地形地貌特征、生态地质环境变化等要素信息，选取测区具有代表性的典型地段进行野外实地验证，提高遥感解译准确率，为地表基质层调查提供一手资料。

（二）遥感调查技术路线

遥感调查从需求分析，产品获取，服务应用3个方面展开，设计路线见图3-13。

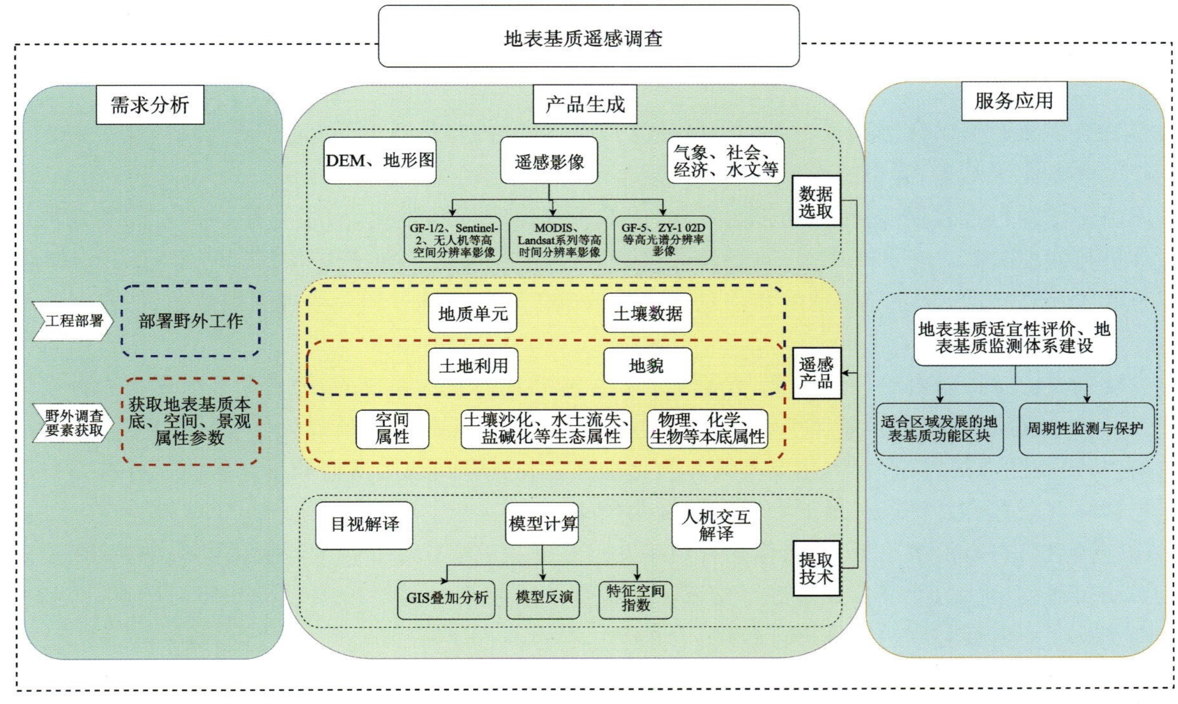

图3-13　地表基质遥感调查技术路线图

（1）需求分析是工作人员基于遥感技术明显的层次化、信息收集高效以及强时效性等优点，充分把握地表基质调查各过程中调查人员的需求和项目进程中的缺项，进行有目的的完善和信息补充。

（2）产品生成根据前期需求调研和预计生成的遥感产品，从数据获取、信息提取技术以及遥感数据产品3个过程来开展。

（3）服务应用目前涵盖基于地表基质的土地适宜性评价和地表基质周期性监测、保护两个体系建设进行。

（三）遥感调查工作流程

针对不同的调查内容，遥感工作流程稍有差异，可将其划分为5个步骤，即资料收集、遥感图像预处理、遥感信息提取、野外验证、成果输出。野外检验应与地表基质层调查工作紧密结合，一般采用路线控制的方式进行。内容包括：解译标志检验，室内解译判释结果及外推结果的验证等，针对性地开展遥感反演工作，并提交文字性说明、影像地图、代表性解译卡片、其他专题成果资料。

1. 资料收集

首先，对研究区相关资料进行收集和分析，包括研究区的基础地质、灾害、地貌、水文、遥感、自然资源等相关资料，对多源异构数据标准化融合分析，形成对研究区的基本了解。其次，针对不同调查监测内容和目标，通常选用不同的遥感数据。但是随着国产卫星发射运行和传感器技术的快速发展，工作者对遥感影像的要求也不断提高，一些高时间、高空间、高光谱、高辐射分辨率的卫星影像在不同领域发挥着巨大的作用。

高时间分辨率遥感与高空间、高光谱遥感技术相结合是未来遥感科技发展的一个新趋势，能够实现地物类型与理化特性的精准反演和高时频变化监测。

2. 遥感图像预处理

遥感数字图像是以数字形式记录的二维遥感信息，即其内容是通过遥感手段获得的，通常是地物不同波段的电磁波谱信息，其中的像素值称为亮度值(DN)。

遥感影像中包含着很多信息，通过数字化(成像系统的采样和量化、数字存储)后，才能有效地进行信息分析和内容提取。在此基础上，对影像数据进行处理“再加工”，如校正图形对齐坐标、增强地物轮廓，能够极大地提升图像处理的精度和信息提取的效率。图像处理过程一般有图像校正、图像增强和转换等。

(1)辐射校正：指对由于外界因素，数据获取和传输系统产生的系统的、随机的辐射失真或畸变进行的校正，消除或改正因辐射误差而引起影像畸变的过程。就是去除传感器或大气“噪声”，更准确地表示地面条件，提高图像的“保真度”，主要是恢复数据缺失、去除薄雾，或为镶嵌和变化监测做好准备。辐射校正包括辐射定标、大气校正、地形和太阳高度角校正。

(2)几何校正：通常情况下，对影像进行粗略几何校正时，需要利用卫星等提供的一些轨道、姿态参数及与地面系统相关的处理参数来进行校正。当精度要求较高时需对影像进行几何精校正，即利用地面控制点及畸变模型对原始影像进行校正。

(3)图像增强：为使遥感图像所包含的地物信息可读性更强，感兴趣目标更突出，需要对遥感图像进行增强处理。常用的增强方式有彩色合成、直方图变换、密度分割、灰度颠倒、图像间运算、邻域增强、主成分分析、K－T 变换、图像融合。

(4)图像裁剪：在日常遥感应用中，常常只对遥感影像中的一个特定范围内的信息感兴趣，这就需要将遥感影像裁剪成研究范围的大小。

(5)图像镶嵌和匀色：图像镶嵌也叫图像拼接，是将两幅或多幅可能在不同摄影条件下获取数字影像拼在一起，构成一幅整体图像的技术过程。通常是先对每幅图像进行几何校正，将它们规划到统一的坐标系中，然后对它们进行裁剪，去掉重叠的部分，再将裁剪后的多幅影像装配起来形成一幅大幅面的影像。

在实际应用中，用来进行图像镶嵌的遥感影像经常来源于不同传感器、不同时相的遥感数据，在进行图像镶嵌时经常会出现色调不一致，这时就需要结合实际情况和整体协调性对参与镶嵌的影像进行匀色。

3. 遥感信息提取

遥感解译为主要应用 ENVI、ArcGIS、GLOBALMAPPER 及 Photoshop 等软件平台，以人机交互方式进行，以交互式解译为主，以目视解译为辅，初步解译与详细解译相结合、室内解译与野外验证相结合的工作方法。解译过程填写相关的解译记录。遥感验证工作布置严格按《区域环境地质勘查遥感技术规定(1∶50 000)》(DZ/T 0190—2015)、《区域地质调查中遥感技术规定(1∶50 000)》(DZ/T 0151—2015)执行。

在工作区开展遥感解译工作，建立初步的典型地表基质遥感解译标志(表 3-5)，设计贯穿地表基质单元的野外踏勘路线，并进行野外踏勘。野外踏勘中结合实地结果将典型地表基质与遥感影像建立对应关系，根据色调(色彩)、阴影、地形地貌、影纹图案建立并完善研究区地表基质遥感解译标志。从影像图入手，建立地表基质在研究区的整体概念，采用人机交互的方式按照研究区地表基质遥感解译标志的研究区遥感影像图进行详细解译并绘制研究区初步地表基质遥感解译图，对于解译标志明显的图斑应尽量解译到设计的最小填图单元，并在解译中对有异议的位置进行标注，以便下一步的外业验证和重点验证。

(1)地表基质遥感解译：通过光谱特征变异、主成分分析、假彩色合成、图像比值法、波段替换法等突出地物特征，依据目标物色调、形状、纹理、空间位置等特征差异建立相应的解译标志进而采用人机交互的方式划分岩、砾、土、泥的界线。

表 3-5　保定地区典型地表基质层遥感解译标志

分类	高分一号(432)	Google Earth(321)	影像特征
岩浆岩			GF-1 影像上色调呈亮灰白色、灰黑色，表面粗糙，常呈椭圆状、透镜状、脉状和不规则状几何形态，影像纹理多呈斑块状均匀分布
沉积岩			GF-1 影像上色调呈亮灰白色、灰绿色，表面较光滑，有时呈带状纹理结构
变质岩			GF-1 影像上色调呈亮灰白色、灰色，表面粗糙，常见线性构造
巨砾			GF-1 影像上以灰色、灰褐色为主，色调呈浅绿色，影像粗糙，常呈条带状

续表 3-5

分类	高分一号(432)	Google Earth(321)	影像特征
粗砾			GF-1 影像上以灰褐色、灰绿色为主，影像较粗糙，常呈树枝状
中砾			GF-1 影像上以灰色、灰褐色为主，色调呈浅绿色，影像较光滑，常呈斑块状、树枝状等
细砾			GF-1 影像上以灰白色为主，色调呈浅绿色，影像光滑，常呈斑块状、条带状
粗骨土			GF-1 影像中呈偏白灰色、淡蓝色色调
砂土			GF-1 影像中呈偏白灰色、淡蓝色色调，影像上比较平缓，影纹较光滑，但植被较多的区域遥感影像影纹比较粗糙
壤土			GF-1 影像中色调较均一，以青绿色为主，夹杂浅灰色，纹理清晰，排列整齐，集中连片

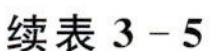

续表 3-5

分类	高分一号(432)	Google Earth(321)	影像特征
黏土			GF-1 影像中呈灰白色,呈条带状,斑块状结构,影纹较光滑
淤泥			GF-1 影像中色调较均一,呈黑色或深蓝色,纹理清晰,呈不规则状
非地表基质层			GF-1 影像中色调不均一,呈绿色、灰色、蓝色等,呈网格状,密集且排列整齐,有灰白色线条贯穿其中

(2)表层地表基质理化性质遥感反演:利用高光谱遥感数据直接识别地物、定量反演的前提条件是光谱信息的准确性。数据预处理、大气校正、光谱重建是保证光谱信息准确性不可缺少的环节,而重建光谱的质量直接影响信息提取的能力和可信度。目前,反演土壤质地、有机碳的模型估算方法通常为经验统计法,包括多元逐步线性回归(multiple stepwise linear regression,简称 SMLR)、主成分回归(principal component regression,简称 PCR)、偏最小二乘回归(partial least squares regression,简称 PLSR)、人工神经网络回归(artificial neural network,简称 ANN)、支持向量机回归(support vector machines,简称 SVR)、随机森林(random forests,简称 RF)、多元自适应回归(multivariate adaptive regression,简称 MAR)、自适应神经模糊推理(adaptve neural fuzzy inference system,简称 ANFIS)诊断指数回归等诸多方法(王金凤,2019;涂晔昕和费腾,2016),在特定的研究区这些方法所建立的模型均可达到定量计算的标准,其中多元逐步线性回归和偏最小二乘回归是目前应用更为最广泛的反演方法(刘勋等,2019;郭颖,2018)。

(3)地形地貌类型划分:划分不同地貌单元,确定地貌成因类型和主要地貌形态,采用数字地貌分类方案开展地貌类型划分,工作流程如图 3-14 所示。

(4)土地利用类型解译:数据源要根据研究区域和分类目标的特点选择不同的数据。研究区域较大的一般需要选择中低分辨率大尺度数据,区域较小研究则需要选择高分辨率的影像数据;分类目标较小的选择高分辨率影像,分类目标较大的选择中低分辨率影像。高分辨率的影像并非是所有土地利用研究的最佳数据源,因其覆盖范围较窄,对于研究大范围的土地利用带来了一定的数据收集、处理等工作量方面的不便,所以在选择影像数据时,要根据具体的分类场景及分类目标进行选择。目前,主流的且应用较为广泛的土地利用/覆被产品信息见表 3-6。

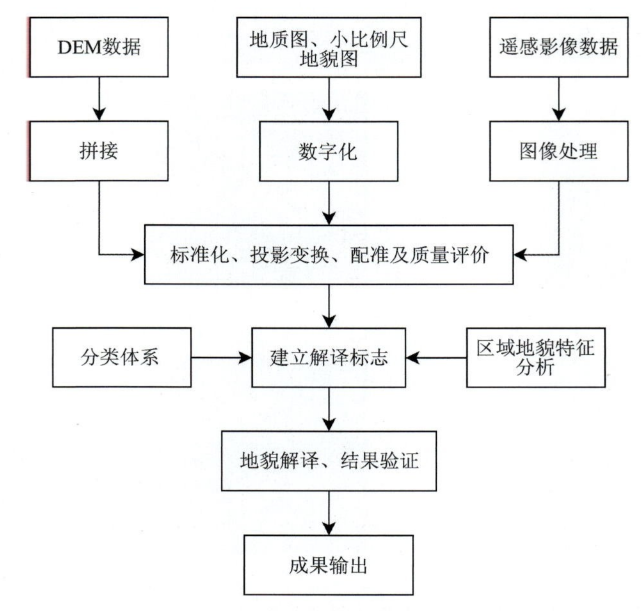

图 3-14 数字地貌解译流程

表 3-6 常用的土地利用/覆被产品信息

产品名称	空间分辨率/m	分类系统	数据来源
MODIS 土地覆盖数据(MCD12Q1)	500	IGBP 17 类	NASA Land Processes Distributed Active Archive Center(https://lpdaac.usgs.gov)
欧空局全球陆地覆盖数据(ESA-CCI-LC)	300	LCCS 22 类	ESA Data User Element(http://due.Esrin.esa.int/page_globcover.php)
国家基础地理信息中心全球地表覆盖数据(GlobeLand30)	30	10 个大类	国家基础地理信息中心全球地表覆盖数据产品服务网站(http://www.globallandcover.com/)
中国科学院土地利用遥感监测数据(CAS-LUCC)	30	6 个一级大类、27 个二级分类	中国科学院地理科学与资源研究所"资源环境科学数据平台"(http://www.resdc.cn/)
清华宫鹏课题组土地覆被数据	30/10	10 个大类	http://data.ess.tsinghua.edu.cn/
ESA WorldCover 10m v100	10	10 个大类	https://viewer.esa-worldcover.org/worldcover/
武汉大学遥感信息工程学院黄昕 & 李家艺团队土地利用数据	30	10 个大类	http://irsip.whu.edu.cn/resources/CLCD.php

4. 野外验证

设计外业验证点及路线时，验证点应着重布置在以下位置：①固定界线不明确的地段；②解译地表基质界线不能确定或需要追索连接的地段；③解译程度不够或与以往资料有较大差别的地段；④有重要水文地质、工程地质、环境地质意义的地段；⑤地质环境演化分析和区域地质环境综合评价有意义的地段；⑥研究区重点研究的地段。按照不同可解译程度设计验证点数。根据设计的验证点结合交通情况和地形地貌设计外业验证路线，验证路线应尽量穿越地表基质界线。

外业验证时要一并对验证结果进行质量检查。按照验证路线进行外业验证，并按照验证结果对研究区初步地表基质遥感解译图进行修正，并计算解译准确率，对解译准确率不达标的地区进行原因探究，补充解译后重新设计路线进行外业验证。

5. 成果输出

地表基质遥感调查的成果包括专题报告、专题图件(工作区遥感影像图、地表基质遥感解译图、地势图、地貌类型图、土地利用类型图以及生态地质环境系列图件等)、数据库文件。

(四)遥感调查案例介绍

地表基质是支撑和孕育各类自然资源的基础物质，同时其本身也属于自然资源。地表基质的开发利用状况表现为不同的土地利用类型，是人类依照一定的经济和社会目的，根据土地的属性特征，采取某些技术手段对土地进行的长期或周期性的经营管理和治理改造活动(王军和顿耀龙，2015)。土地利用类型是地表基质的功能性表达，地表基质的结构和性质决定了土地资源的可利用属性。土地利用变化情况一方面反映了随着政策调整，人类对土地资源的功能性调节和合理化管理的趋势；另一方面也反映了基于地表基质自身特性变化的土地利用适宜性转移。

本次利用保定项目收集定兴县"第二次全国土地调查(2010年)"数据和"第三次全国国土调查(2020年)"数据，基于ArcGIS平台，利用空间叠加分析功能，对两期地类数据进行"相交"处理，得到定兴县土地利用类型时空转化图(图3-15)，并制作转移矩阵(表3-7)。

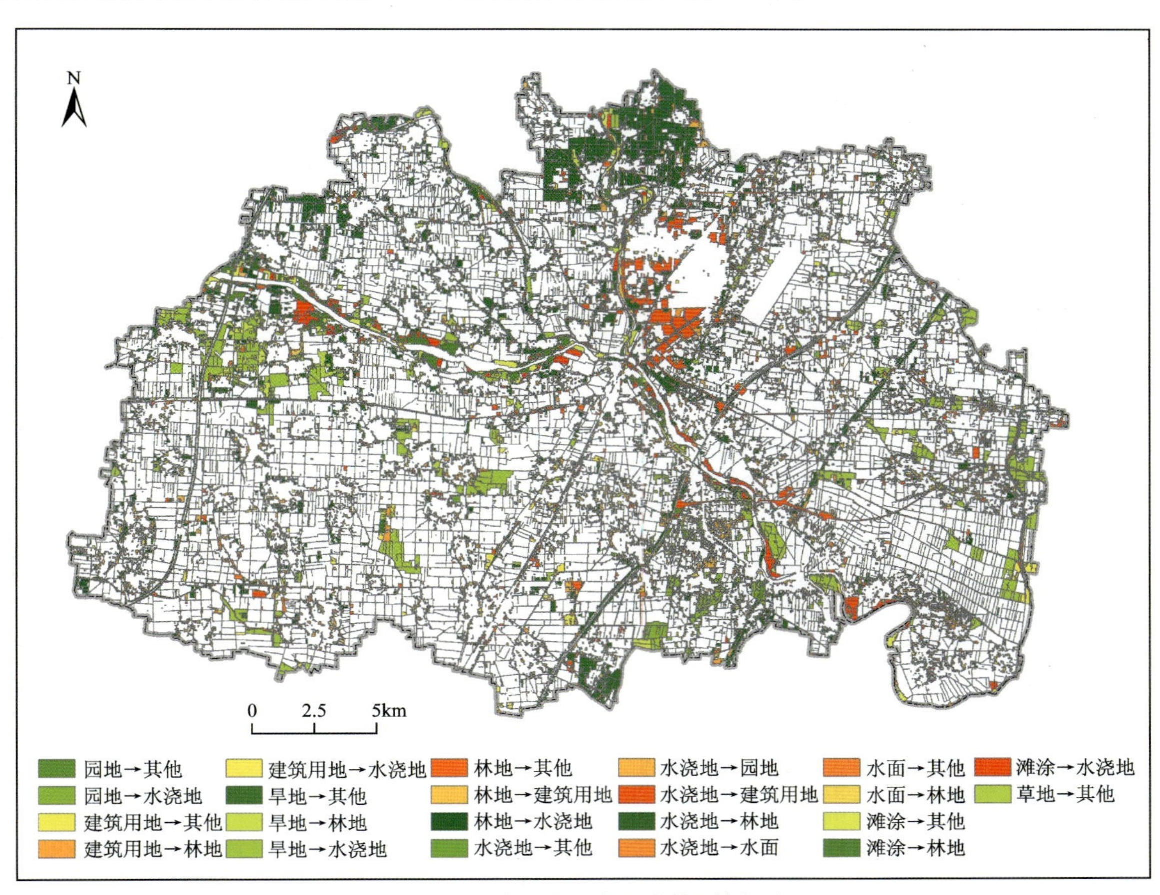

图3-15　定兴县地表基质利用转化图

表 3-7 定兴县土地利用类型转移矩阵（“二调”至“三调”） 单位：km²

土地利用类型	“三调”						
	建筑用地	林地	其他	水浇地	水面	园地	总计
草地	—	—	1.73	—	—	—	1.73
旱地	—	4.93	2.37	20.39	—	—	27.69
建筑用地	—	14.18	2.9	3.97	—	—	21.05
林地	4.03	—	1.78	7.17	—	—	12.98
水浇地	28.56	47.53	0.11	—	2.81	5.43	84.44
水面	—	5.34	3.81	—	—	—	9.15
滩涂	—	4.94	3.32	4.73	—	—	12.99
园地	—	—	1.72	3.88	—	—	5.6
总计	32.59	76.92	17.74	40.14	2.81	5.43	175.63

注：本表为第二次全国土地调查（“二调”）与第三次国土调查（“三调”）土地利用类型流转情况。

从空间位置来看，定兴县北部水浇地转向林地，表层地表基质类型主要为壤土，中部水浇地转向建筑用地主要依赖于政策调整，城镇化水平提高导致的土地性质转变，地表基质属性和结构特征与建设用地地下空间结构布局相适宜；西部滩涂和旱地转向水浇地，得益于水利设施的兴建和居民对土地耕种方式的改变，其本身地表基质类型如砂质壤土和壤质沙土、壤土等转变不大（图 3-16、图 3-17）。

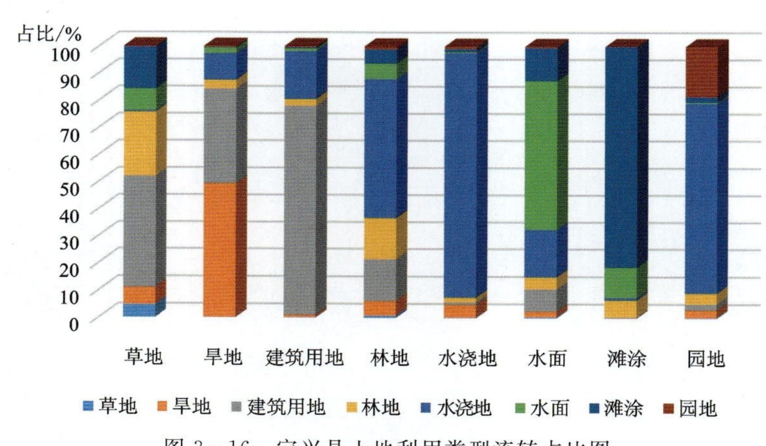

图 3-16 定兴县土地利用类型流转占比图

以土地利用和地表基质类型为探测内容，实现自然资源的周期性监测和高效观测，完善自然资源调查监测体系建设，履行自然资源部“两统一”职责（统一行使全民所有自然资源资产所有者职责和统一行使所有国土空间用途管制和生态保护修复职责），统一自然资源分类标准，为科学编制国土空间规划，逐步实现地表基质在内的整体保护、系统修复和综合治理，保障国家生态安全提供基础支撑。

二、地面调查

通过垂向剖面（天然断面和人工挖掘剖面）、钻探施工系统揭露 0～50m 范围内不同深度地表基质层空间结构特征，采集地表基质垂向分层理化性质、年龄、环境样品，查明地表基质层垂向空间结构特征与元素指标特征，建立地表基质层空间展布序列，构建地表基质三维地质结构，验证物探推断解译成果。

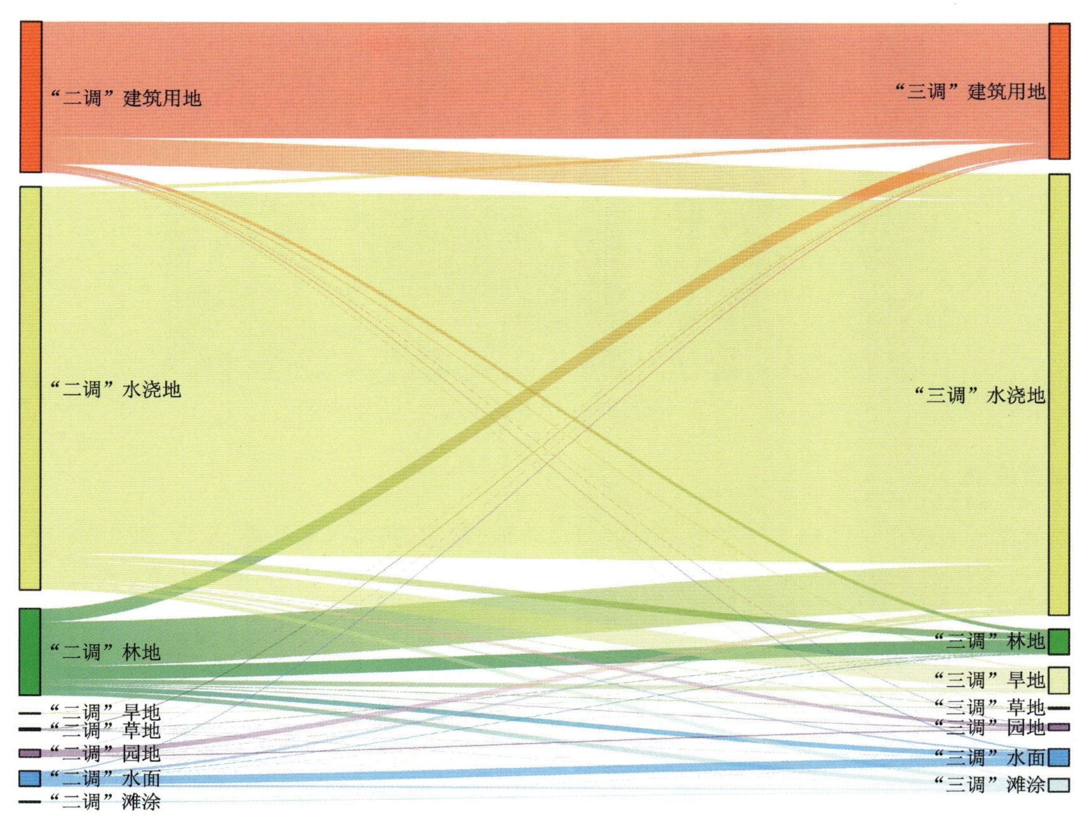

图 3-17 定兴县土地利用类型流转桑基质量分流图

(一)垂向剖面测量

在野外调查中对出露的剖面(天然断面和人工挖掘剖面)按下列顺序开展工作。

1. 剖面布设

人工挖掘剖面主要部署在地表松散堆积覆盖层较厚(大于 2m)、自然露头少且土质地表基质发育的平缓地区;天然剖面主要根据野外地形切割、地表侵蚀以及人类活动开挖等情况,灵活选择天然的露头、冲沟、陡坎等位置,进行人工清理后进行调查编录。

2. 剖面施工

(1)天然剖面施工首先应对露头做必要的清理工作,去掉表层风化与重力滑塌覆盖物,揭露出新鲜面,向内挖掘大于 50cm(图 3-18a)。

(2)人工剖面坑挖规格一般以一个人下去工作方便为宜,坑长1.5～2m,宽 1m,深 1～3m(以实际需要而定)(图 3-18b)。施工时应注意以下几点:①观察面必须向阳和上下垂直;②表土和底土分别堆放在左右两边,回土时将底土在下,表土在上,不能打乱土层排列次序;③坑的前方,即观察面上方不能堆土和踩踏,以免破坏地表基质的自然状态;④坑的后方挖成阶梯状,便于上下工作,并可节省土方;⑤剖面坑挖好后,首先对坑要进行修整,看是否符合要求,一个人下去工作是否方便。剖面整体上一定要修理平整,用平头铲修,可以将观察面挑出部分毛面,但毛面只占观察面整体宽度的 1/3 左右,要避免出现明显刀痕。

图 3－18 天然剖面(a)和人工剖面(b)实物图

3. 剖面编录

根据剖面所表现出来的形态特征的差异(颜色、质地、结构、紧实度和孔隙、湿度、新生体、侵入体、根系等)划分地表基质三级分类、分层,并标识各基质层的厚度,填写编录表格(图 3－19)。

土壤纵向剖面调查记录表

剖面号	PM01		剖面性质	湖土		天气	晴
地理位置	保定市定兴县北田乡皂马村					乡镇行政代码	130 626 207
XX/m	404 206.172 917 507		经度	115.891 519		图幅号	J50E005 007
YY/m	4 338 038.022 835 37		纬度	39.170 683		高程/m	2.61
地貌类型	平原		成因类型	冲积成因		坡度	0
坡位	无		坡向	无		坡面长度	无
侵蚀类型	水力侵蚀		侵蚀程度	无明显侵蚀		土地利用类型	林地
植被	杨树		耕作方式	无		灌溉方式	天然降水
耕作层厚度/cm	22		有效土层厚度/cm	>200		pH	7
*Ec*值	136		土壤温度	23.4		土壤湿度	15.2
二级分类	壤土		三级分类	壤土		成土母质	冲积物
分层情况	分层及代号	深度/cm	质地	颜色	结构	紧实度	新生体
	A	0-11	壤土	黑褐色	团粒状	疏松	蚯蚓粪
	AB	11-23	壤土	褐色	团粒状	稍紧	蚯蚓粪
	B1	23-58	粉质壤土	棕色	粒状	紧实	砂姜
	B2	58-143	粉质壤土	棕色	粒状	极紧实	砂姜、锈斑、铁锰结合
	C	143-200	粉质壤土	棕色	粒状	极紧实	
剖面描述	A层 根系较多 温度:23.4℃ 湿度:15.2% *Ec*:136mS/cm pH:7 AB 层细根少,有粗根 温度:23.0℃ 湿度:7.6% *Ec*:206mS/cm pH:7 B2 无植物根系 温度:24.2℃ 湿度:21.2% *Ec*:238mS/cm pH:8.22 C 无植物根系 温度:24.2℃ 湿度:9.8% *Ec*:24mS/cm pH:6.98						
编录人	王浩浩			编录时间	2021.8.28		
检查人	王献			检查时间	2021.9.5		
调查单位	保底项目组						

图 3－19 地表基质纵向剖面编录

(1)地表基质类型:主要包括粗骨土、砂土、壤土、黏土等。

(2)颜色:地表基质颜色主要取决于物质组成。含有机质多的土质颜色较暗,多呈黑色或灰色,氧化铁含量高的土质主要表现出红色色调,含水化氧化铁多的土质呈黄色,含亚铁化合物多的土质呈蓝色或淡青色等。土质颜色的润色按中国标准土壤色卡或门赛尔比色卡进行比色。

(3)结构:土质结构即土质固体颗粒的空间排列方式。土质的结构状况对土质肥力的高低、微生物的活动及土壤的可耕性都有很大影响。根据形状和大小土质结构,土质可以分为片状、鳞片状、棱柱状、柱状、棱块状、团块状、核状、粒状、团粒状、屑粒状、楔状(表3-8)。

表3-8　土质结构分类

形状	描述	形状	描述
片状	表面光滑	核状	边角尖峰紧实少孔
鳞片状	表面弯曲	粒状	浑圆少孔
棱柱状	边角明显无圆头	团粒状	浑圆多孔
柱状	边角较明显有圆头	屑粒状	多种细小颗粒混杂体
棱块状	边角明显多面体状	楔状	类似锥形木楔形状
团块状	边角浑圆		

(4)质地:质地是土质中各种颗粒,如砾、砂、粉砂、黏粒的重量百分含量。参照《地表基质三级分类方案》(初稿),野外鉴别标准参考表3-9。

表3-9　质地手测法标准参考

土壤质地名称	在指间搓捻时的感觉	在手掌中捻成条形程度	在手掌中搓成球形程度
砂土	在指间有粗糙感,搓捻时散碎	根本捻不成土条	无论含多少水分,也不能搓成球形
壤质砂土	在指间有粗糙感,搓掉砂粒后,指间有少许残余物质,略具黏着感	很难捻成土条	
黏质砂土	在指间有粗糙感,搓掉砂粒后,残余物质有黏着感	很难捻成土条,但手掌会留下残余物质,有黏着感	很难搓成球
砂质壤土	在指间有粗糙感,能搓成不完整的小片	几乎不能捻成土条	能搓成球,表面粗糙,稍按压即散碎
壤土	可搓成完整的小片,但表面粗糙	只能捻成3mm以上的土条,用手提起时,即碎裂成段	能搓成球,压扁时裂缝很多
黏质壤土	可搓成完整的小片,表面平滑,但不光亮	可捻成3mm的细条,但弯成2~3cm小环时,即产生裂痕和断开	搓成球形压扁时边缘有裂缝
砂质黏土	搓成小片表面光亮,但指间有粗糙感	可捻成3mm的细条,弯成2~3cm小环再压扁时产生大裂纹	能搓成球,表面粗糙,压扁时边缘有小裂纹
壤质黏土	有细腻感,搓成小片表面光亮	可捻成3mm的细条,弯成2~3cm小环再压扁时产生裂纹	搓成球形压扁时边缘有小裂纹
黏土	可搓成致密的小片,表面油亮,有黏着感	可捻成3mm的细条,弯成2~3cm的小环时,也不产生裂痕	搓成球形压扁时边缘完整

（5）紧实度和孔隙：紧实度和孔隙影响土质的通气性、透水性和保水性。土质紧实度等级划分为松、略为紧实、紧实、非常紧实；土质孔隙度丰度分为少量的、较多的、许多的，野外鉴定如表3－10所示。

表3－10　土质紧实度等级划分

紧实度等级	鉴别方法
松	土壤物质相互间无黏着性
略为紧实	在大拇指与食指间，在极轻微压力下即可破碎
紧实	在大拇指与食指间加以中等压力时即可破碎
非常坚实	在大拇指与食指间极难压碎

（6）地表基质湿度：水分是植物生长所必需的土质肥力因素。据水分含量，野外将土质湿度分为干、略为湿润、湿润、非常湿、饱和、淹水6个级别，野外鉴定如表3－11所示。

表3－11　土质湿度等级划分

湿度等级	描述
干	放在手上无凉快感觉，黏土成为硬块
略为湿润	放在手上有凉润感觉，用手压稍留下印痕
湿润	放在手上留下湿的痕迹可搓成土球或条，但无水流出
非常湿	用手挤压时水能从土壤中流出
饱和	土质孔隙全部被水填充
淹水	土质处于水淹状态

（7）新生体：新生体是在土壤形成过程中新产生或聚积的物质，具有一定的外形和界线。新生体是判断土壤性质、组成和发生过程等非常重要的特性。例如盐结皮和盐霜表示土壤中有可溶性盐类存在；锈斑和铁结核是近代或过去在水影响下产生干湿交替的特征。新生体主要包括斑纹、胶膜、矿质瘤状结核三大类：①斑纹，有盐酸盐质、铁、锰、铁锰、高岭土、二氧化硅、石膏等；②胶膜，有黏粒、黏粒－铁锰氧化物、腐殖质、黏粒－腐殖质、挤压面、滑擦面、光泽面、铁锰、石灰、粉砂等；③矿质瘤体结核，主要是无机物质的次生晶体、微晶体、无定型结核，软的结核、不规则结核、土壤发生过程中形成的瘤状物。

（8）侵入体：侵入体是位于土壤中，但不是土壤形成过程中聚积和产生的物体。侵入体有砖头、瓦片、铁器、瓷器等，一般常见于耕作土壤中，可判断人为经营活动对土壤层次影响所达到的深度以及土层的来源等。

（9）根系：植物体对土壤影响最大的部分就是它的根系。植物的根系是土壤有机质的来源，为土壤微生物的活动提供环境，对土壤的质地、结构、水分状况和营养元素的含量等都有很大的影响。

土质剖面根系分级为没有根系、少量根系、中量根系和大量根系（表3－12）。

根系大小，极细为＜1mm，细为1～2mm，中为2～5mm，粗为＞5mm。

根系性质判断为木本或草本植物的根系，活的根或已腐化的根。

注意根系集中分布的深度以及主根或须根所达到的最大深度，描述时应按粗细、多少分别记载，如"中量粗根/大量极细根"和"最深可达到××米处"等。

表3－12　土质剖面根系等级划分　　单位：根系数/cm^2

等级	没有根系	少量根系	中量根系	大量根系
标准	0	1～4	5～10	＞10

4. 拍照要求

影像资料采取包括地表基质剖面所处的宏观地貌照片、地表覆盖层景观照片、剖面整体照片、剖面分层照片、采集样品照片等。

宏观地貌照片：尽可能反映出剖面位置坡度、坡向等地貌特征及植被、覆盖程度等景观属性。

剖面整体照片：在保证光线均匀的前提下镜头垂直剖面拍摄，照片要清晰体现出土壤原有层次特征和地表覆盖层特征。

剖面分层照片：在保证光线均匀的前提下镜头垂直剖面按发生层次自上而下依次拍摄，照片要清晰体现出各发生层次的结构特征及深度。

采集样品照片：将样品按编号顺序依次放置于平坦处，使镜头垂直地面拍摄，照片要清晰体现出样品编号及数量（图 3-20）。

图 3-20　剖面照片示意图

（二）工程揭露

地表基质调查工作中常用的工程揭露手段按照不同调查深度可分为汽车钻调查（0～50m）、背包钻调查（0～5m）及洛阳铲调查（0～2m），用于调查不同深度层次地表基质层空间分布和本底属性特征。

1. 方法选择

（1）依据地表基质层的性质、厚度和施工条件选择工程揭露方法，根据施工目的、要求，施工场地地质条件、钻进方法、钻孔结构等因素选择钻机类型和取样钻具。

（2）松散堆积层厚度小于 2m 地区，以自然露头、人工剖面揭露为主，辅助洛阳铲进行揭露，在严格保护环境和不违反国家相关政策的前提下，可适当安排槽探手段揭露。

（3）松散堆积层厚度大于 2m 地区，一般使用背包钻、汽车钻揭露。

2. 布设原则

（1）汽车钻主要用于了解掌握调查区不同类型地质沉积单元地表基质空间结构框架，揭露 0～50m 深度地表基质层垂向展布特征，主要布置在松散堆积物层厚度大、地表基质类型多、空间结构复杂地区。

(2)背包钻主要用于系统控制调查区浅层空间土质、泥质等地表基质空间结构特征，揭露0～5m深度地表基质层垂向展布特征，主要布置在地表或浅层土质、泥质等地表基质厚度较大，地表基质类型相对单一、结构相对简单地区。

(3)洛阳铲为调查区普遍使用的调查手段，主要布置在没有自然露头和不易进行人工剖面开挖的地区，与垂向剖面手段一起用于系统揭露控制0～2m深度地表基质层垂向结构特征。

3.技术方法

1)汽车钻

(1)孔位布设：根据调查内容和目的不同可以分为标准孔、控制孔，其中标准孔主要用来研究地表基质沉积特征及环境演化，而控制孔则主要用于控制地表基质分层界线及通过定量参数与物探参数建立模型，约束物探反演界面。钻孔布设要在收集相关钻孔和地球物理资料基础上，按一孔多用原则进行。标准孔应依据构造单元分区或地层分区，选择地层发育齐全、构造相对简单的地段进行布设；控制孔要兼顾不同地貌单元，科学合理构建调查区钻孔-物探分层模型，构建调查区地表基质三维地质结构模型。

(2)钻孔施工：在钻孔施工技术指标中，钻孔口径应根据钻探目的和钻进工艺确定。为满足原状土样采取，对于采取湿陷性指标土样的钻孔，口径不小于120mm，其他类型钻孔口径不得小于108mm。设计钻孔均为直孔(图3-21)。

①钻进与护壁：钻进方法应符合下列要求。

a.采用螺旋或回转方式钻进，取得岩土样品。在地下水水位以上的土层中应进行干钻，不得使用冲洗液，不得向孔内注水，但可采用能隔离冲洗液的二重或三重管钻进取样。钻进过程中严格控制回次进尺，不得超管钻进。

b.钻孔护壁措施：对可能坍塌的地层应采取钻孔护壁措施。在浅部填土及其他松散土层中可采用套管护壁。在地下水水位以下的饱和软黏性土层、粉土层和砂层中宜采用泥浆护壁。冲洗液漏失严重时，应采取充填、封闭等堵漏措施。

c.预计采取原状土试样或进行原位测试的钻孔，应按《原状土取样技术标准》(JBJ 89—92)及其他相应的测试标准的规定钻进。

②采取土样及岩芯：在土层中采用螺旋钻头钻进时，应分回次提取扰动土样。回次进尺不宜超过1.0m，在主要持力层中或重点研究部位，回次进尺不宜超过0.5m，并应满足个别厚度小至20cm的薄层的要求。在水下粉土、砂土层中钻进，当土样不易带上地面时，可用对分式取样器或标准贯入器间断取样，其间距不得大于1.0m。钻进过程中各项深度数据均应丈量获取，累计量测允许误差为±5cm。黏性土的采取率不低于90%，砂性土的采取率不低于75%，卵砾石类土的采取率不低于60%。

③地下水水位观测：钻进中遇到地下水时，应停钻量测初见水位。为测得单个含水层的静止水位，砂类土停钻时间不少30min，粉土不少于1h，黏土性土层不少于24h。并且应在全部钻孔结束后，同一天内量测各孔的静止水位。水位量测可使用电测水位计。水位允许误差为±1.0cm。

④钻探班报表填写：应由专人负责，钻探班报表记录要详细、清楚、真实，数字要准确。报表要整洁，并如实反映情况，交接班长和机长要亲笔签字。岩芯回次牌同班报表中数据要一致，岩芯箱要牢固，隔板齐全，岩芯箱长为1m，间隔宽大于120mm。岩芯清洗或清理后按顺序放入岩芯箱内，不得颠倒。岩芯应防止曝晒、雨淋，以便于竣工验收。钻探结束后统一运送至存放地点妥善保存。

⑤物探测井工作：钻探施工结束48h内，应及时进行物探测井工作，测井工作之前要进行孔深测量，若孔内有沉淀物，达不到孔深要求，必须进行冲洗、捞砂工作，保证测仪器探头下到施工钻孔底。测井内容为视电阻率测井、电化学测井、密度测井、放射性测井、井温测井和波速测井等，并达到相应技术规范要求。测井数据需提交Excel格式数据。测井需严格按《煤炭地球物理测井规范》(DZ/T 0080—2010)执行。

⑥钻孔验收：按照设计完成施工后应检查校对野外编录内容（图 3－22），核实并处理各种数据，整理样品、标本，包括编号、登记、包装、送样单等，填写封孔记录表，提交钻孔验收申请，验收完成后用黏土球封孔。

图 3－21　汽车钻施工

图 3－22　地质编录

（3）岩芯编录与拍照：由地质编录人员在施工现场进行跟班，首先，将土芯劈成两半，一半用于采样，一半用于照相和描述；然后，计算回次采取率，回次采取率＝本回次土芯长/本回次进尺，根据土芯的长度，获得每个岩芯箱隔断底的深度，进行照片拼合。

基岩主要描述：岩石名称、岩性、颜色、结构、构造、成分、风化特征、完整程度等；古生物及遗迹化石；各种地质界线，特别是标志层、构造、断裂界线等。

松散层主要描述：名称、颜色、状态、结构、构造、成分等。对不同类型地表基质层还应增加以下内容：①土层，同生变形构造、古土壤、包含物（泥炭、有机物含量、矿物结核和古生物化石等）、生物活动遗迹等；②砂层，矿物成分、粒度、分选性、磨圆度、特殊沉积构造、包含物（矿物结核和古生物化石等）等；③砾石层，砾石成分、粒度、分选性、磨圆度，胶结物成分、类型与胶结程度，特殊沉积构造、包含物（矿物结核和古生物化石等）、砾石风化程度等。另外，还应该仔细观察分层接触关系及次生变化，并注意记录特殊事件的沉积层，如硬土层、泥炭层、贝壳层、古土壤层、松散团块结构层等。

在野外应尽可能对岩芯进行综合观察分析，便于掌握岩性变化，建立宏观认识，区分和发现特殊标志层和含有物，使分层更加合理。除肉眼和放大镜观察外，对松散沉积物还要利用手搓泥条、刀具划、切等手段鉴别黏性土的级别，对粗颗粒沉积物如卵石等需要洗净、敲开仔细观察，进而根据设计规定的分层标准要求做出分层的判断。

在野外编录时，和已有资料的钻孔进行对比分析研究，初步判断钻孔的时代界线，如早更新世/中更新世、中更新世/晚更新世、晚更新世/全新世及第四纪的底界等，并根据颜色、岩性、结构构造，初步划分沉积环境和沉积相。

钻探记录应在钻探进行过程中同时完成，记录内容应包括岩土描述及钻进过程两个部分。钻探现场记录表的各栏均应按钻进回次逐项填写。在每个回次中发现变层时，应分行填写，不得将若干回次，或若干层合并一行记录。现场记录不得誊录转抄，误写之处可以划去，在旁边进行更正，不得在原处涂抹修改。为便于对现场记录进行检查核对或进一步编录，各类勘探钻孔保存岩土芯，岩土芯全部存放在岩芯盒内，顺序排列，统一编号。各类勘探钻孔竣工后，应及时提交包括钻孔地质柱状图、简易水文地质观测、岩芯记录表、测井曲线、采样及分析结果等原始资料在内的地质成果，并编制钻孔综合成果图及钻孔施工小结。

2）背包钻

（1）孔位布设：兼顾地貌类型、地质单元与植被覆盖等条件下，采用网格法部署。低山丘陵区主要布设于山间沟谷等土质覆盖程度较厚的区域；平原区布设时应避开沟渠、林带、田埂、路边、旧房基、粪堆及微地形高低不平无代表性地段。

(2)工程施工：包括启动前、使用中、使用后3个阶段注意事项(图3-23)。

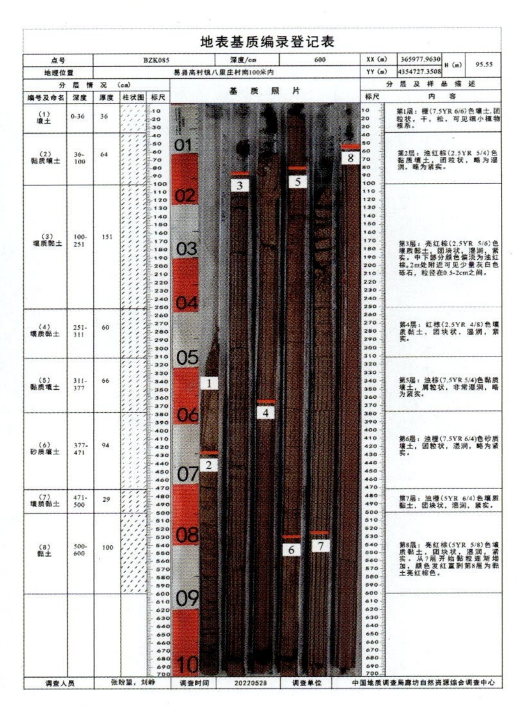

地表基质编录登记表

点号	BZK085	深度/cm	600	XX (m)	365977.9630	H (m)	95.55
地理位置	易县高村镇八里庄村南100米内			YY (m)	4354727.3508		

编号及命名	深度	厚度	内容
(1)壤土	0-36	36	第1层：橙(7.5YR 6/6)色壤土，团粒状，干，松，可见细小植物根系。
(2)黏质壤土	36-100	64	第2层：浊红棕(2.5YR 5/4)色黏质壤土，团粒状，略为湿润，略为紧实。
(3)壤质黏土	100-251	151	第3层：亮红棕(2.5YR 5/6)色壤质黏土，团块状，湿润，紧实。中下部分颜色偏淡为浊红棕。2m处附近可见少量灰白色砾石，粒径在0.5-2cm之间。
(4)壤质黏土	251-311	60	第4层：红棕(2.5YR 4/8)色壤质黏土，团块状，湿润，紧实。
(5)黏质壤土	311-377	66	第5层：浊棕(7.5YR 5/4)色黏质壤土，屑粒状，非常湿润，略为紧实。
(6)砂质壤土	377-471	94	第6层：浊橙(7.5YR 6/4)色砂质壤土，团粒状，湿润，略为紧实。
(7)壤质黏土	471-500	29	第7层：浊橙(5YR 6/4)色壤质黏土，团块状，湿润，紧实。
(8)黏土	500-600	100	第8层：亮红棕(5YR 5/8)色壤质黏土，团块状，湿润，紧实，从7层开始黏粒逐渐增加，颜色发红直到第8层为黏土亮红棕色。

调查人员	张盼盟，刘峥	调查时间	20220528	调查单位	中国地质调查局廊坊自然资源综合调查中心

图3-23 背包钻施工及地表基质编录

启动前需要检查事项：检查并拧紧松动螺丝和螺栓；检查并打磨工作刀头，避免破损裂缝，弯曲，严禁使用损坏的钻头；检查钻杆丝扣是否磨损、弯曲，严重则不能下入孔内；钻杆拧卸尽量使用自由钳、链钳工具。

使用中注意事项：在工作地点5m内禁止无关人员走动，特别是在工作状态时禁止儿童和动物靠近；不要在不合适的工作环境中操作取样器，最好有坚硬的平板作为安全工作保障；在停止取样器工作时，可有人员接近，但最好在取样器后面接近，防止不必要的危险发生；当在暂时中止工作或向下一个工作场地时候，必须在停机下运输和携带必要取样器配件、警告标志；禁止在动力机还在运行时，接触取样器钻头。在动力机停止和取样器无运转的时候，进行维护；当取样器本身安全停止转动时，将取样器放置在地面或架子上；当取样器在工作时，特别注意钻头，手脚身体其他任何部位，衣裤不接触钻头；当取样器超负荷工作后和转动停止的时候，请将其控制在怠速状态；当进行大深度采样工作时，建议分两步或三步完成，不要一步完成；钻进过程中应保持钻杆之间、钻杆与钻头之间丝扣紧密连接。

使用后注意事项：在取样器需要保养和更换配置的时候，注意停止动力机工作，将火花塞帽从点火器上移出，以便加速动力冷却；取样器需要储存时，放掉剩余燃油，清除机器上的尘土和杂物。

(3)岩芯编录与拍照：参照汽车钻编录要求。

3)洛阳铲

(1)孔位布设：兼顾地貌类型、地质单元与植被覆盖等条件下，采用网格法部署。低山丘陵区主要布设于山间沟谷等土质覆盖程度较厚的区域。平原区布设时应避开沟渠、林带、田埂、路边、旧房基、粪堆及微地形高低不平无代表性地段。当洛阳铲调查点位位于天然冲沟或露头附近时，可进行纵向剖面调查，代替洛阳铲施工。

(2)工程施工：①根据不同地表基质类型，按照要求组装适用的铲头，以便在提高效率的同时获取完整的土芯；②洛阳铲组装完成后，手握铲柄垂直用力向下投掷，防止发生孔斜，待铲头全部没入后拔出铲头，土芯即带出；③为减少破坏土芯的结构特征，每次冲铲时要旋转铲柄，依次调换铲头方向；④每次冲铲后需转动铲柄，一则拔铲省力，再则使土芯和土层断开；⑤将铲头提出孔外，以锤击之，使土芯脱落，摆放于岩芯箱中；⑥每次取芯时，需对取芯长度与钻进深度进行对比，经过判断后去除多余的孔壁土质；⑦如此重复以上操作，直至钻进到设计深度。

(3)岩芯编录与拍照：参照汽车钻编录要求。

三、地球物理调查

(一)调查任务及要求

结合地面调查成果，采用高密度电法测量、微动勘探、物探测井等方法，查明地表基质层地下空间分布特征、厚度、空间展布情况等，结合不同区域不同层次地表基质调查重点选择适宜方法开展工作。地表基质地球物理调查主要适用范围在于深层(5～50m)地表基质，具体任务可概括为如下方面：①查明调查区各地表基质厚度、展布等空间结构等信息，在山前丘陵等浅覆盖区，划定土质基质厚度；②开展近地表综合地球物理调查，精细探测调查区地表基质纵向分层及横向展布，结合钻孔编录信息，为构建三维地表基质结构模型提供基础资料，完成地表基质层模型构建。

(二)方法选择与数据处理

针对以上任务地面地球物理调查方法手段，朱首峰和盛君(2016)以覆盖区第四纪调查为例，对重力、电法、地震方法在近地表分层研究中的作用进行了探索总结，指出在近地表分层中重力基本不起作用，电法具有一定局限性，地震方法较为有效。

在地面地球物理工作手段中，重磁及放射性等工作手段对垂向结构的探测有所不足，因此理论上地表基质地球物理调查方法应当主要在电震两类工作手段中选取。

在电法类方法中，直流电法以高密度电阻率法为代表。高密度电法是电测深和电剖面两种方法的组合，在布设上可一次完成纵横二维的勘探过程，既能揭示地下某一深度横向上的变化，又能提供纵向的变化情况。由于测点密度高，在资料处理方面所采取的独特方法起到了抑制随机干扰和消除人为误差的作用，对两侧的干扰也给予了一定抑制，所以更能突出异常，准确性和有效性有了很大提高，有利于划分地表基质层关键层位界面。地表基质的含水性及上覆层中不同物质的影响都会产生电性差异，可能会对高密度电阻率法的探测结果产生较大的影响。

在地震类方法中，考虑到浅层反射地震所需要的介质波阻抗差异在地表基质中并不明显，折射波法探测会受到介质波速倒转的影响，另外地下水水位是天然的波速、波阻抗分界面，这些因素都对以折射波、反射波为代表的浅层地震方法提出了挑战。微动(瑞雷面波法)是地球表面时刻存在的微弱振动，其中包含丰富的面波成分。微动(瑞雷面波法)探测即是利用微动中的面波、提取面波频散曲线并反演以获取地下横波速度结构、达到勘探目标的一种地球物理探测方法。微动(瑞雷面波法)不仅充分利用了层状介质波的运动学物理特征，还充分利用了层状介质波的细微动力学物理特征，能够更准确地反映层状介质的细微运动信息，对于地层的分层效果较为明显，且受地表基质饱水程度的影响较小，因此微动(瑞雷波法)在地震类方法中较适用于地表基质分层。

总体上看，适用于地表基质的地球物理调查方法主要为以综合测井和微动测深、高密度电阻率法为代表的地面电法和地震类。针对山前等地区浅覆盖区岩石基质埋深界面的探测，由于岩石基质与其他基质类型物性差异明显，地形条件较差地区，宜利用微动谱比法、瞬变电磁法等“点测”方法调查；地形条件较好时，宜选择直流电法等(表 3-13)。

表 3-13 关键物探方法拟解决的地表基质关键问题

物探方法	目标深度/m	拟解决的关键问题
高密度电法	0～50	近地表解译精度较高，获取地表基质体电性参数，对剖面综合解译
混合源面波	0～50	集成主动源面波浅层分辨率高，天然源面波深度大的优点，利用面波频散特性，对地表基质体精细分层
等值反磁通瞬变电磁	0～50	适用于山前浅覆盖区，对地下低阻体尤其是含水层辨识度较高，利用二次场解释层结构
综合测井	0～50	提供物性参数，辅助划分浅层结构、沉积相等

1. 物性参数获取

测井由于具原位测试的优点，能够准确获取调查区物性模型，为地表基质层各基质划分、有利含水层识别等提供数据支撑。测井测量参数主要依据地球物理方法选择，包括自然伽马、自然电位、视电阻率等常见参数，有条件时可以增加剪切波速测井。在浅覆盖区，针对岩石基质，可以增加测量声波时差。单个测井参数间接地、有条件地反映了地表基质特性的某一侧面，基于综合测井多曲线，结合钻孔编录，能够获取较准确的地球物理物性特征。与钻孔同点位的微动速度结构反演结果、井旁电测深解译的电性结构可进一步与钻孔标定，从而为后续解译提供可靠依据。分析其数值大小统计各个地表基质类型的物性变化规律。为更加准确标定地表基质类型与物性的对应关系，可利用统计分析软件，在服从正态分布的基础上，运用 95%置信区间取值、直方图、箱图等统计方法对各地表基质类型的取值范围进行标定。

总体而言，在土质基质中传播的横波速度与土层内的孔隙度具有较强的相关性，二者为反比关系，孔隙比越大其横波传播速度越小；反之，则横波速度越大。另外，若黄土的黏粒含量越高，密度越大，则波速也会越大。

自然伽马幅值随粒度的增加幅值递减，曲线幅值越低，则沉积物粒度越粗。电阻率测井曲线规律与此恰恰相反，电阻率曲线幅值越小，则沉积物粒度越细。

2. 地面地球物理调查处理流程

在野外实际地球物理调查开展前，应根据任务目的结合钻孔或天然剖面，选择典型区域开展多种地球物理调查方法对比试验工作，在充分利用已知地质认识及前人资料分析，考虑场地条件，确定有效的地球物理调查手段或方法组合。地表基质层调查常用的高密度电阻率法、微动测深方法数据采集与处理简要流程如图 3-24 所示，两者数据采集及相关流程严格按照相关规范执行，具体参照的相关规范为《微动探测技术规范》(报批稿)、《电阻率剖面法技术规程》(DZ/T 0073—2016)。

1)微动测深

在地表基质调查中，由于勘探深度较浅，纯天然源微动信号由于其频率较低，因此应当采用人工源激发适当补充高频信号。微动勘探的布置方式可以采用多道瞬态面波勘探中的线性排列方式，或是采用二维“观测台阵”等方式。观测台阵的常见形状见图 3-25。线性排列方式利于主动源被动源一次布设，两次采集；二维台阵被动源数据质量相对较好。具体观测台阵的选择在场地条件适宜的情况下，应当尽可能选择二维台阵。在主动源激发时，应选取合适的最小偏移距，减少体波污染并尽量获取到面波高阶信息。对于线性台阵，可根据排列长度在一端激发或中间激发。对于二维台阵，应尽量对称激发。

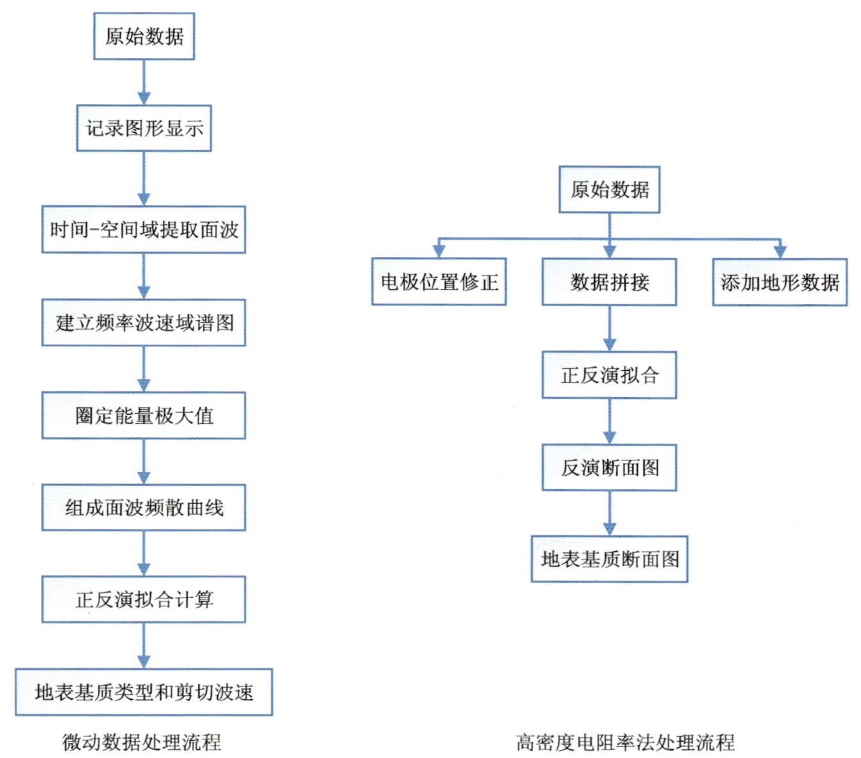

图3-24　数据采集及处理流程图

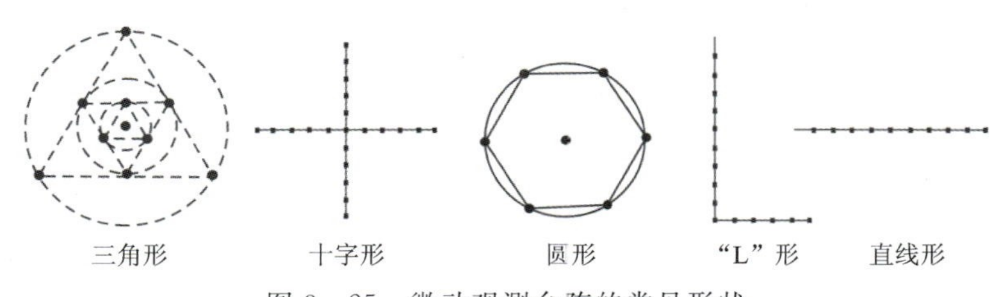

图3-25　微动观测台阵的常见形状

微动测点野外布设应当注意检波器耦合情况，检波器应与地面或被检测物表面耦合牢固并力求埋置条件一致，确保检波器垂直插于地面；检波器周围的杂草等易引起检波器震动之物应清除；在风力较大条件下工作，检波器应挖坑埋置。观测台阵内检波器的道间距与纵向分辨率一致。主动源激发时，应当试验合适的最小偏移距，原则为保证体波少、面波多，尽可能有高阶频散能量。

地表基质层抽象为地球物理速度模型时，可认为是含有低速软弱夹层或高速致密硬夹层的复杂速度结构模型。在复杂介质中高阶模式面波的能量会在某些频段处于主导地位。瑞雷波在层状介质中，一般会以多个模式及形态同时传播，即对应同一地层的频率，存在多个不同的模态相速度。瑞雷波的多模态传播现象与地层结构的复杂性密切相关。因此，在地表基质调查中，应当对多个模态同时进行分析，获取地表基质速度与结构。高阶模式曲线对地层的横波速度及厚度敏感性较大，且高阶模式还能够增加反演的深度，使得反演过程更加稳定，利用综合考虑基阶、高阶的多阶模式频散曲线反演瑞利波横波速度和厚度能够有效地降低反演过程中的多解性。

因此，要获得可靠的反演结果，在地表基质地球物理调查中，微动原始数据处理应当同时利用基阶和高阶模式瑞雷波，尽可能增加约束，减少多解性。针对信号情况，可适当增加预处理流程，保证信噪比。数据处理流程包括提取基阶、高阶面波生成频散曲线;进行频散曲线分层,反演计算剪切波波速和确定地层厚度;参照钻孔信息生成岩土分层解释图。根据需要,可利用各测点的频散曲线生成速度剖面图及三维速度结构数据体。

2)高密度电阻率法

高密度电阻率法测线的选择与布设、观测精度与基本观测方法、参数测定方法等都要在勘查的实施方案中明确,部分不确定因素在正式施工前进行野外实地试验确定。在野外施工过程中,应尽可能增大供电电流,避开工业离散电流,加大电极入地深度,减少接地电阻等办法来减少干扰,并避免受到低阻和高阻屏蔽的影响。

在极距的选择上,为保证对地表基质调查的精细程度,在仪器设备道数允许、能够保证勘探深度要求的前提下,应尽可能缩短电极距,以 2~5m 为宜。一次铺设难以满足测线长度需要时,可按照滑动、滚动方式向前移动电极,保证底层剖面有足够连续测点。

在装置选择上,高密度电阻率法常用的二维电阻率探测系统的特点可概括为表 3-14。

表 3-14 常见二维电阻率探测系统的特点

项目	温纳装置	温纳-施伦贝尔装置	偶极-偶极装置	单极-单极装置	单极-偶极装置
横向电阻率灵敏度	++++	++	+	++	++
纵向电阻率灵敏度	+	++	++++	++	+
测试深度	+	++	+++	++++	+++
测试范围	+	++	+++	++++	+++
信号强度	++++	+++	+	++++	++

温纳装置对于竖直方向变化较大的介质情况反映更为明显,想要充分发挥温纳装置的作用,对探测条件和探测设备的要求较高。在地表基质层分布环境沉积较稳定,成层性较好的地区,应当选定温纳装置开展高密度电阻率法测量。高密度电阻率法的优势在于一次布设、多次测量,因此对同一条测线,应当采取包括温纳装置在内的两种以上观测装置完成测量,通过同一测线单方法的多种装置反演断面图的综合推断解释,保证推断结果的可靠。

为了对成果的可靠性做出较客观的评价,需进行系统质量检查。系统质量检查应均匀分布于整个测区,系统质量检查应由与原始观测不同的操作者,在不同的日期的同一位置进行,在仪器设备仅有一台情况下,可以使用同一台仪器。检查工作量大于总工作量的 5%,观测视电阻率不合格数据量不能超过被评价区域内检查数据总量的 3%。系统质量检查结果应列入专门的统计报表内。必要时,应绘制质量检查对比曲线和误差分布曲线。

数据处理流程首先进行数据预处理,保证数据质量可靠。具体而言,把所测得的视电阻率经过数据格式转换,在对数据进行预处理过程中剔除坏点及地形校正,滑动测量时还应进行数据拼接。此外,考虑到高密度电法剖面点位偏差对反演电阻率断面图带来的影响,应当设置校准因子(聂小力等,2021),依据 RTK 野外实际采集点的坐标信息与电极位置 $ABMN$ 的对应关系,重新计算装置系数 K 值后,得到去噪后的视电阻率拟断面图。考虑到地表基质调查研究范围极浅,点位误差对数据影响程度相对较大,建议地表基质地球物理调查中增加此预处理步骤,提高数据质量。预处理后通过正演以及反演计算,最后得到电阻率成像断面图。

3. 数据综合处理

联合反演是多种地球物理数据统一处理解释的最有力的工具之一,是解决多种方法探测解释结果不相容、数据利用率低、反演多解性强等问题的理想方案。综合地球物理联合反演共有综合地球物理独立反演、综合地球物理贯序反演、岩石物性约束联合反演及构造约束反演 4 种联合反演方法。理论分析及实际应用表明，综合地球物理独立反演是联合反演的基础，对于地表基质层的极浅层地球物理调查，受地形起伏、地下水水位等各种因素的影响相对较大，直接选择基于模型的联合反演方法很有可能会适得其反。因此，在有多种地球物理方法手段同点位布设的条件下，建议选择顺序联合反演流程。

（三）地表基质地球物理调查实践

以保定定兴县微动测深为例，河北省保定市定兴县位于保定市中部，地处冀中平原腹地，总面积为 714.4km²。区域地形平坦，总体地势西北高、东南低，大清河水系的 3 条河流（拒马河、北易水河、中易水河）自西向东横贯全境，水文及工程地质条件良好。新构造运动活动直接控制了区内的地貌格局与水系展布，区内地貌类型以冲洪积平原、冲积平原为主，河漫滩、河床及阶地在河流两侧发育，第四纪沉积物成因类型相对简单，主要为冲洪积和河流沉积，覆盖厚度一般数十米到数百米。

点位布设按照地貌类型划分单元，以“钻孔＋微动”方式布设一站式调查点；区域网格剖分后，以规则测网 3km×3km 形式布设一般微动调查点；考虑流域附近沉积环境的变化情况较为复杂，加密至 1.5km×1.5km，以微动测深扫面的方式实现对全区的控制。区内钻孔及微动点位分布如图 3-26 所示。

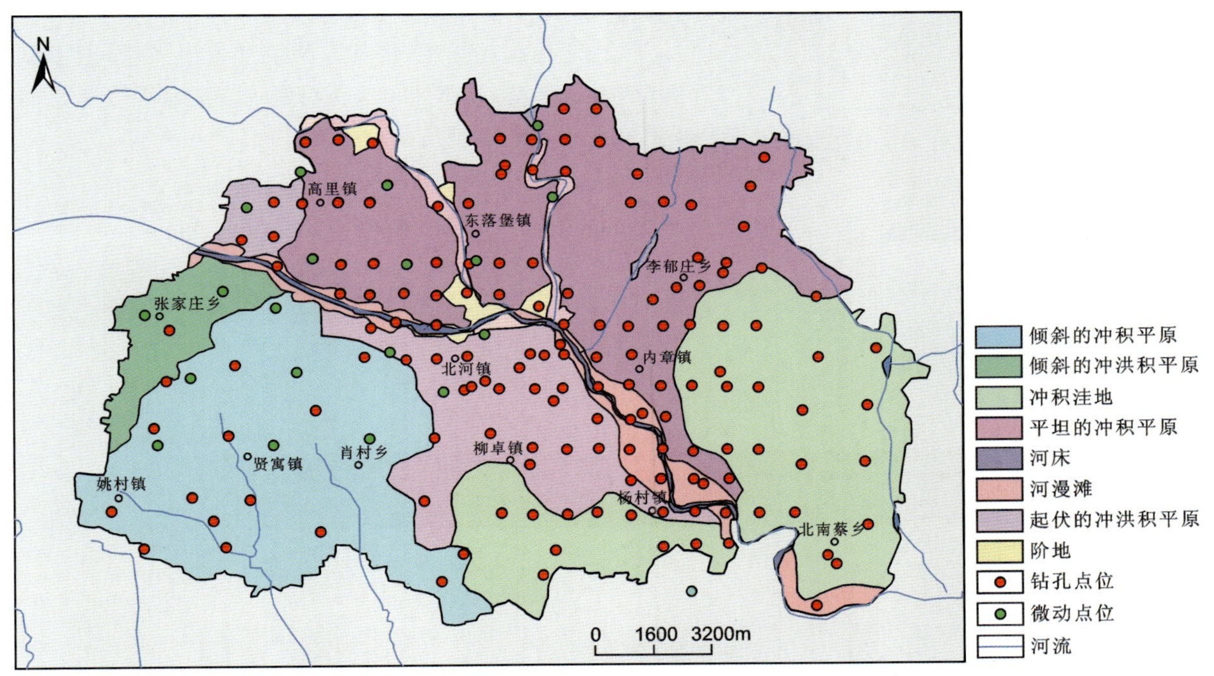

图 3-26 钻孔及微动点位分布图

微动数据采集以线性台阵方式进行，主动源与被动源混合采集，台阵道间距为 3m，主动源偏移距为 15m，以求能够尽可能地激发出高阶面波，增加地球物理信息。将时间域信号经傅里叶变换转换为能量谱后，拾取频散曲线，为方便减小拾取的偶然误差并对多点进行质量控制，对基阶频散曲线在半波长域内插值加密，经过预处理后，获取到的频散曲线即为反演的原始数据。微动点数据预处理典型流程为时间域信号-能量谱图-频散曲线。

数据处理即为反演过程，以 1m 等厚薄层方式剖分地下空间完成模型离散化，将加密后频散曲线上对应深度的速度观测值的上下 30% 作为速度扰动区间，反演算法选取邻域算法，反演获取速度结构模型集合，微动数据参数设置、反演拟合误差及结果。对钻孔微动点而言，速度结构垂向上表现为地表基质类型内速度差异尽可能小，地表基质间差异尽可能大；对钻孔微动点与一般微动点而言，同一地貌分

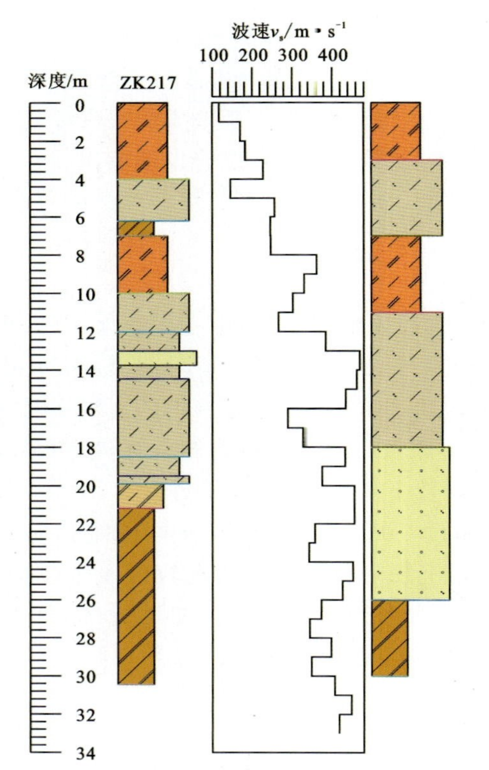

图 3-27 钻孔微动点钻孔编录与速度推断对标图

区内横向上地层结构相似，表现为微动点速度结构形态相似，从而能够从符合地球物理规律的速度模型集合中挑选出符合地质规律的速度模型。以钻孔 ZK217 为例，如图 3-27 所示，按照 Fisher 有序聚类算法，当 $N=9$ 时。此时，速度模型的分段数与钻孔编录较为一致，以微动速度模型分段情况与钻孔对应，获取各地表基质类型的波速物性。对分布于其余地貌类型上的钻孔类型分别统计，受限于篇幅，仅展示平坦的冲积平原(ZK217)、起伏的冲积洪积平原(ZK104)、倾斜的冲积洪积平原 ZK206 的结果，如图 3-28 所示。结果表明，微动的反演结果与已知钻孔编录的结果对应较好，薄层及互层无法分辨，中厚层均能够对应。

综合统计区内的物性参数，从图 3-29 中能够看出，各基质类型波速特征上明显分异与部分交叉并存，不同地表基质类型的波速特征值接近，波速区间有重合，仅按等值线圈定，难以获取可靠结果。

当考虑地貌类型，将其作为协变量引入后，图中显示出连片的趋势(图 3-30)，表明地貌与波速综合考虑能够更好地完成地表基质类型推断。

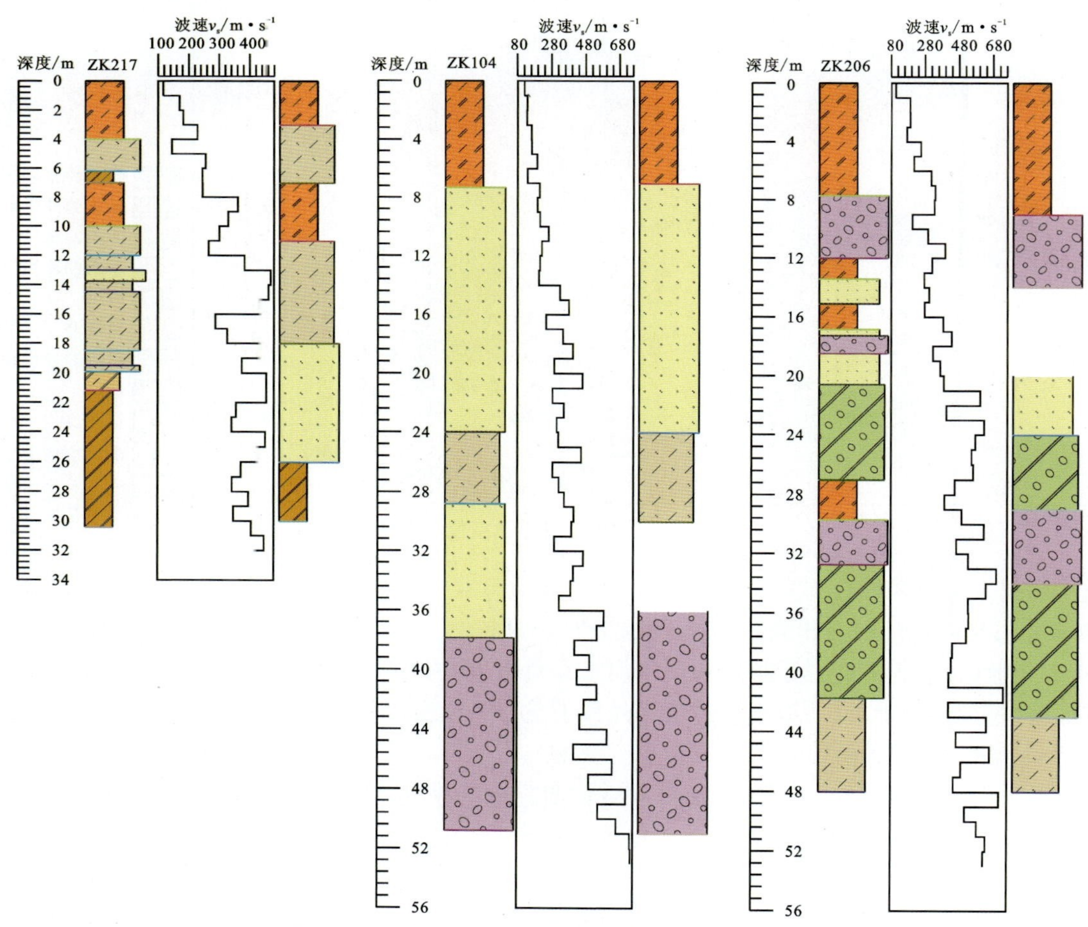

图 3-28 典型地貌类型钻孔编录与微动对照结果

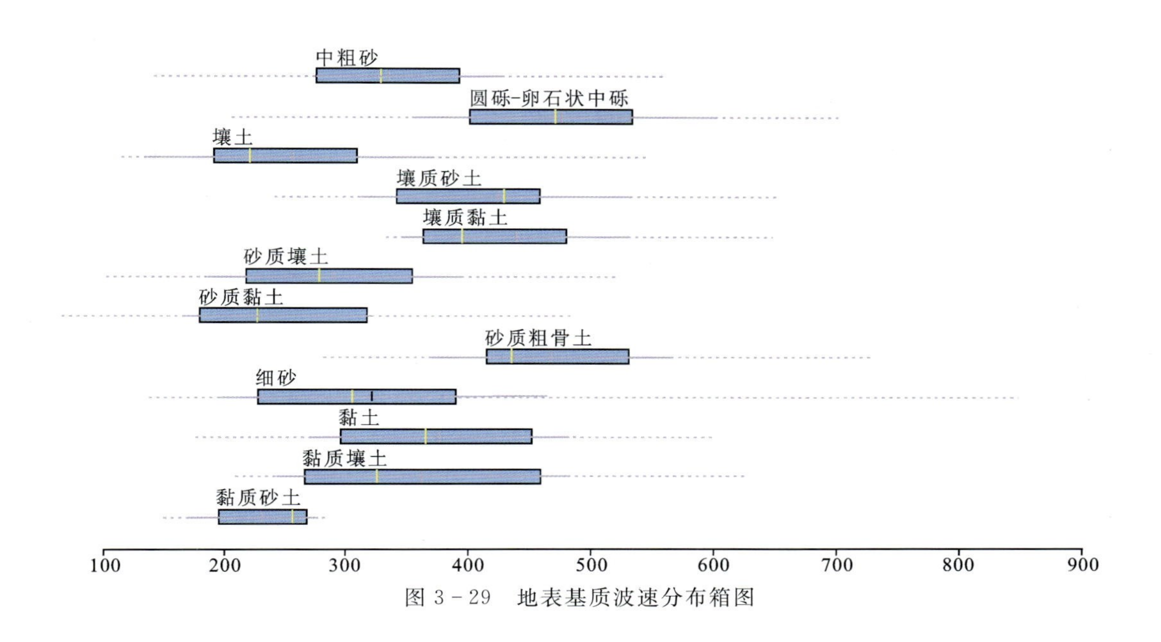

图 3-29 地表基质波速分布箱图

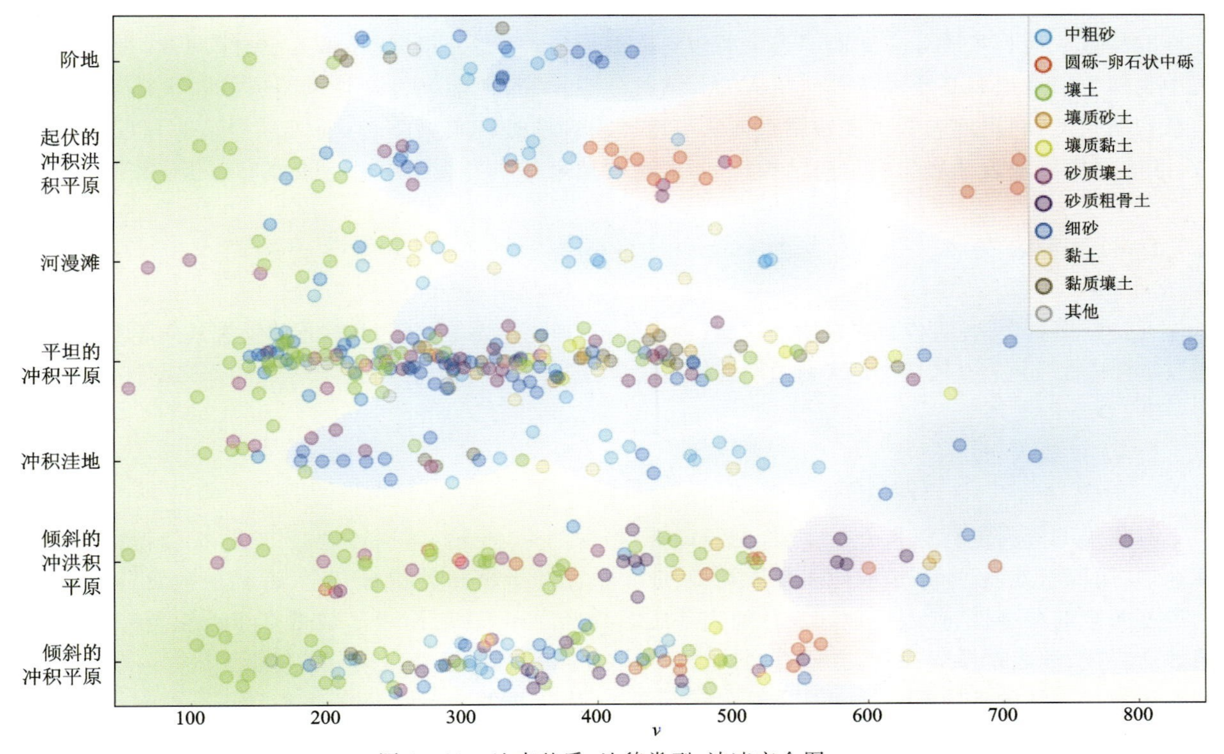

图 3-30 地表基质、地貌类型、波速交会图

因此以机器学习分类思想完成地球物理-地表基质转化，以已知地表基质类型的钻孔微动点为训练集，以钻孔微动点速度模型+位置+地貌作为训练数据，以钻孔各层位地表基质命名作为训练标签，以AdaBoost作为分类器，将一般微动点的速度+位置+地貌信息作为测试数据，获取最可能的地表基质类型分布(图3-31)。混淆矩阵结果表明分类效果较好，整体较为可信。

	中粗砂	圆砾-卵石状中砾	壤土	壤质砂土	壤质黏土	砂质壤土	砂质黏土	砂质粗骨土	细砂	黏土	黏质壤土	黏质砂土	Σ
中粗砂	81.9 %	0.0 %	2.8 %	0.0 %	0.0 %	0.0 %	0.0 %	0.0 %	9.7 %	4.2 %	1.4 %	0.0 %	72
圆砾-卵石状中砾	0.0 %	94.1 %	2.9 %	0.0 %	0.0 %	0.0 %	0.0 %	2.9 %	0.0 %	0.0 %	0.0 %	0.0 %	34
壤土	0.8 %	0.0 %	94.0 %	0.0 %	0.8 %	3.8 %	0.0 %	0.0 %	0.0 %	0.0 %	0.8 %	0.0 %	133
壤质砂土	0.0 %	0.0 %	0.0 %	77.8 %	0.0 %	0.0 %	0.0 %	5.6 %	5.6 %	11.1 %	0.0 %	0.0 %	18
壤质黏土	0.0 %	0.0 %	11.8 %	0.0 %	76.5 %	0.0 %	0.0 %	0.0 %	0.0 %	5.9 %	5.9 %	0.0 %	17
砂质壤土	1.6 %	0.0 %	11.1 %	0.0 %	0.0 %	82.5 %	0.0 %	0.0 %	3.2 %	1.6 %	0.0 %	0.0 %	63
砂质黏土	50.0 %	0.0 %	0.0 %	0.0 %	0.0 %	0.0 %	50.0 %	0.0 %	0.0 %	0.0 %	0.0 %	0.0 %	4
粗骨质砂土	0.0 %	8.7 %	8.7 %	0.0 %	0.0 %	0.0 %	0.0 %	78.3 %	4.3 %	0.0 %	0.0 %	0.0 %	23
细砂	8.2 %	0.0 %	0.9 %	1.8 %	0.0 %	2.7 %	0.0 %	0.0 %	83.6 %	0.0 %	1.8 %	0.9 %	110
黏土	14.3 %	0.0 %	0.0 %	0.0 %	3.6 %	3.6 %	0.0 %	0.0 %	3.6 %	71.4 %	3.6 %	0.0 %	28
黏质壤土	0.0 %	0.0 %	3.2 %	0.0 %	0.0 %	0.0 %	3.2 %	0.0 %	6.5 %	0.0 %	87.1 %	0.0 %	31
黏质砂土	0.0 %	0.0 %	20.0 %	0.0 %	0.0 %	0.0 %	0.0 %	0.0 %	0.0 %	0.0 %	0.0 %	80.0 %	5
Σ	76	34	142	16	15	61	3	20	106	27	33	5	538

图 3-31　AdaBoost 分类混淆矩阵

四、综合剖面调查(地质-物探-钻探综合剖面)

地表基质综合剖面调查，是查明区域内地表基质垂向结构特征的有效方法，具有多手段联合、优势互补的特点。地表基质综合剖面调查主要包括路线调查、样品分析、浅钻调查、钻探调查、物探调查等，其中物探方法对地表基质浅层垂向结构的反演有效性不高，但能够弥补地表基质浅钻无法查明深层垂向结构的缺点，利用地表基质浅钻调查方法与地球物理勘查技术相结合，辅以工程钻探直观验证，可有效、准确地探测地表基质深层垂向结构特征，实现对地表基质平面和浅层空间分布的总体控制。

(一)主要目的

通过剖面测量，查明各地表基质的类型、空间分布、理化性质等特征，掌握不同地表基质类型相互作用、相互组合特征及地表基质层与地表覆盖层等相互耦合响应关系，为构建地表基质三维空间模型打下基础。

(二)布设原则

对收集的资料进行综合分析，结合路线调查、物探测量、浅钻、钻探等调查方法，综合考虑调查区地貌地形、第四纪地质分布，选取地表基质类型、地貌单元和土壤种类相对齐全、森林植被发育完好、农作物类型齐全的典型性、代表性地区进行地表基质综合剖面布设，剖面线尽量垂直于地貌类型界限、第四纪地质界线、地表基质界线等，方便查明调查区地表基质拟合关系及空间分布特征。

选取代表性的地段开展地表基质综合剖面调查，用以控制典型地表基质类型。在剖面线上利用洛阳铲、背包钻、浅钻等形式予以揭露地表基质地下空间结构，观测地表基质条件，系统进行岩石、砾质、土质及泥质基质采样工作。对不同地形地貌、地表基质等信息进行拍照或录像，绘制地表基质综合剖面。

(三)综合剖面图的绘制

制作综合剖面图，将所收集的资料清楚、详细地反映在剖面图上。剖面图可使用 MapGIS、Surfer、CorelDRAW 等绘图软件绘制，以矢量数据为主，便于后期修改分析，基本内容以地表基质层、土壤类型、地貌地类、地表覆被等几个方面为主进行“上图”表示(图 3-32)。

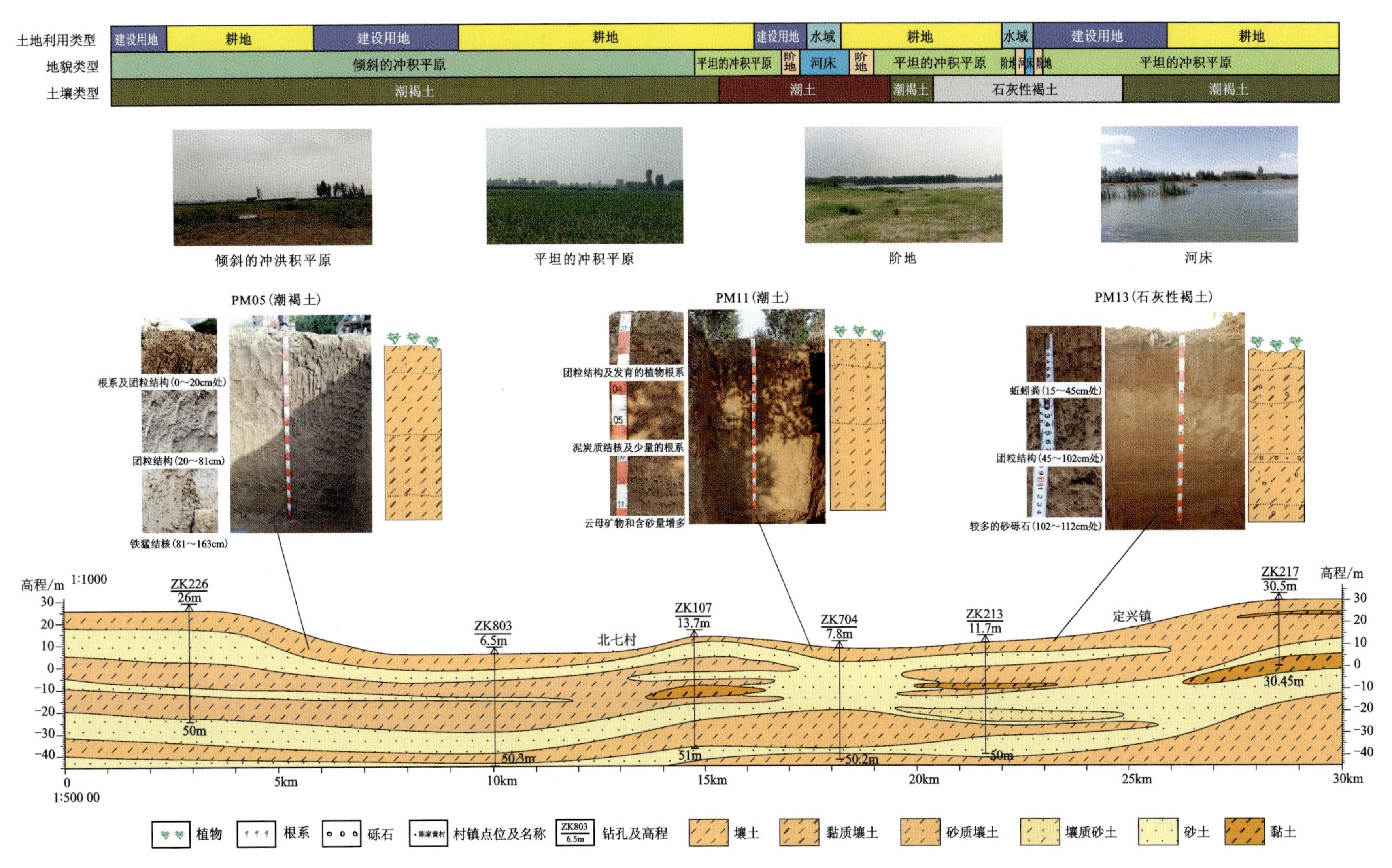

图3-32 实测综合剖面示意图

剖面图件绘制严格遵照事实为依据，尽可能标注各项信息内容，参考实测剖面图、微动剖面、地面调查结果、工程钻柱状图、洛阳铲剖面和垂向剖面等，通过洛阳铲、浅钻、钻探等对深部结构进行揭露、观察，并结合测井工作对钻孔进行分析。划分地表基质层。充分利用物探工作，利用微动勘探技术方法，将钻孔点位信息延展为线状信息，对剖面线深部结构进行分析。对基质类型复杂、不适合详细描述的情况，适当合并地表基质类型或合并大类。

由于剖面过长且长度不定，综合剖面图的水平比例与垂向比例尺根据综合剖面的实际情况进行设定，垂向比例尺可适当放大，亦可根据实际情况分段或分层绘制。在垂向比例尺放大后，地表基质分界线及其相应内容仍无法表示时，可在主剖面上方或下方局部放大制作垂向短剖面图或示意图以作补充或制作两种不同深度的地表基质综合剖面图。覆被类型可以借用土地利用现状分类符号作示意性表示，其含义不代表实际比例关系。其他内容如钻孔号、微动点号、行政境界、地形地貌类型、水文环境及地表基质花纹等按常规表示。

制作剖面图时，应当采用适当的形式在图上以图片形式反映如地形地貌、基质类型、植被或作物种类、水文环境、人类活动等资料。

剖面图要求要素齐全，包括剖面走向、比例尺、坐标系、起点坐标、图名图例等要素。图示图面整齐简洁，美观大方，用色协调，比例均衡，必要时添加相应文字注解或表格。

第五节　采样及测试分析

一、样品类型

地表基质样品类型可划分为物理、化学、年龄、环境、水分析、微生物等测试类型。其中，物理测试样品主要包括容重、粒度分析 2 类；化学测试样品主要包括有机碳、总碳、pH，多目标（54 项），主量元素（10 类氧化物）、微量元素（40 项）、稀土元素（15 项）3 类；年龄测试样品主要包括^{14}C、光释光 2 类；环境样品主要包括磁化率、碳酸盐、孢粉及黏土矿物测试 4 类；水质分析为水质简分析。地表基质测试样品不同类别具体情况见表 3－15。

表 3－15　地表基质测试样品类别一览表

样品类别	测试项目	工作手段
物理样品	容重	剖面、洛阳铲、背包钻、汽车钻
	粒度分析	剖面、洛阳铲、背包钻、汽车钻
化学样品	总碳、有机碳、pH	剖面、洛阳铲、汽车钻
	多目标（54 项）	剖面、背包钻、汽车钻
	微量、主量、稀土元素	剖面、汽车钻
测年样品	光释光	剖面、汽车钻
	^{14}C	剖面、汽车钻

续表 3－15

样品类别	测试项目	工作手段
环境样品	孢粉	剖面、汽车钻
	碳酸盐	剖面、汽车钻
	磁化率	剖面、汽车钻
	黏土矿物	剖面、汽车钻
水分析样品	水质简分析	
微生物样品		

二、采样原则与编号原则

(一)采样原则

地表基质调查样品总体上以“地表基质分层层序连续采集”为原则(图 3－33)。

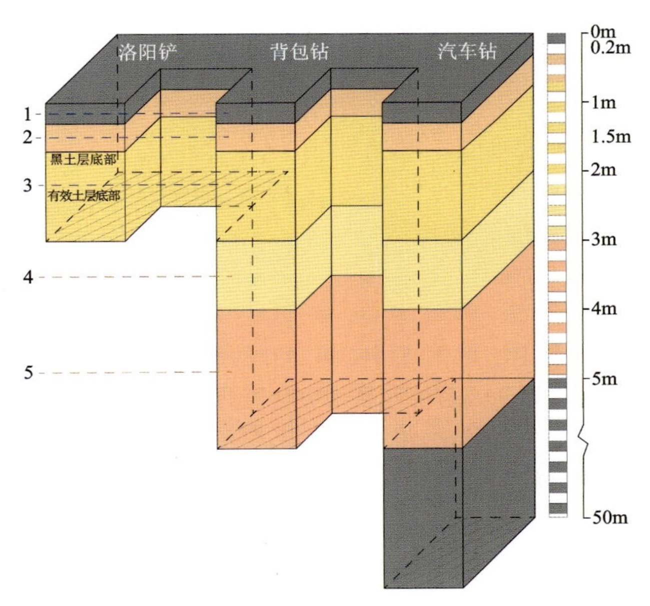

图 3－33　采样位置示意图

1. 物理样品采样原则

(1)洛阳铲与背包钻调查点仅采集调查点表层 0～20cm 深度的容重样品;在剖面及汽车钻土芯中采集容重样品时,按照编录分层情况采取。

(2)粒度分析样品按照地表基质编录分层情况进行采取,严禁跨层采取。

2. 化学样品采样原则

以按层采取为原则,在各层内连续采集,当层厚大于 1m 时,在层内 50cm 等间距取样。

3. 测年样品采集原则

测年样品于典型剖面或汽车钻孔中采集，采集前应充分掌握采样地层的形成时代，防止样品年龄超出测年范围，造成工作量浪费。

(1)^{14}C 样品测年上限为 4.5 万年。取样间隔要根据实际采样灵活变通，如在遇到较丰富的有机质基质时，可适当加密至 10cm 间隔。

(2)光释光样品测年上限为 20 万年。样品尽量在岩性均一的细粉砂、亚砂土中采集，避免在地层界面上采样。

4. 环境样品采集原则

环境样品于典型剖面或汽车钻孔中采集，需准确进行地表基质编录后进行集中采集。

(1)孢粉样品间距视研究目的、剖面厚度及地质时代的跨度而定，可以由 1cm 到数米不等，一般地层越新，采样越密集。

(2)碳酸盐、磁化率样品严格按照地表基质分层情况进行采集。

(3)黏土矿物样品主要于黏土层位采集。

5. 水分析样品采集原则

(1)河流水分析样品布设原则：调查范围的两端应布设取样断面，调查范围内重点保护对象附近水域应布设取样断面。水文特征突变(如支流汇入处)、水质急变处(如污水排入处等)、重点水工构筑物(如取水口、桥梁涵洞等)附近。

(2)湖泊、水库、湿地水分析样品布设原则：在湖泊、水库、湿地布设的取样位置应尽量覆盖整个调查范围，并且能切实反映湖泊、水库、湿地的水质、水文特点(如进水区、出水区、深水区、浅水区、岸边区等)。

6. 微生物样品采集原则

首先，根据研究区内部地形和土壤理化特征空间变异的情况，结合实际情况采用简单随机划分、双向随机划分(图 3－34)、分块随机划分或系统网格划分法进行采样分区划分。

1	2	3	4	5	6
2	1	5	6	3	4
6	5	1	3	4	2
4	3	6	1	2	5
5	6	4	2	1	3
3	4	2	5	6	1

图 3－34　采样分区的双向随机排列

其次，根据实际情况确定采样路线。在农田、草地等地形平坦、土壤属性变化缓和的地区，使用非系统布点法进行混合样点设置，即在一个采样分区内使用锯齿形或“S”形布点的方式采集微生物样品。在森林等地形起伏大的地区使用系统布点法进行混合样点设置，即将采样区域划分为面积相等的几个部分，每个网格内采取一个微生物样品。根据研究目的确定合适的采样深度，一般情况下表层采样主要采集耕层或 A 层，深度多为 20cm 以线。剖面采样尽量按发生层采样，若无法划分发生层，也可以安装固定深度采样。

(二)样品编号原则

地表基质样品要采取“三维定点、一样一码”进行管理，确保每个样品可溯源、可查询、可验证，即“调查点号＋测试类型＋样品序号”(从上至下、自左至右)的形式表达，如洛阳铲化学样品 FJL0001－H1、洛阳铲粒度分析 FJL0001－L1、洛阳铲容重 FJL0001－R1、钻孔碳酸盐 FJZK01－T1、钻孔磁化率 FJZK01－

C1、钻孔孢粉分析 FJZK01 - B1、钻孔碳十四 FJZK01 -^{14}C1、钻孔光释光 FJZK01 - G1、钻孔微生物 FJD0001 - W1 等。地表基质测试样品具体表示方法见表 3 - 16。

表 3 - 16 地表基质测试样品编号一览表

工作手段	一般调查	剖面	洛阳铲	背包钻	汽车钻
化学样品	—	FJD001 - H1	FJL001 - H1	FJB001 - H1	FJZK01 - H1
容重样品	—	FJD001 - R1	FJL001 - R1	FJB001 - R1	FJZK01 - R1
粒度分析	—	FJD001 - L1	FJL001 - L1	FJB001 - L1	FJZK01 - L1
磁化率	—	FJD001 - C1	—	—	FJZK01 - C1
碳酸盐	—	FJD001 - T1	—	—	FJZK01 - T1
孢粉	—	FJD001 - B1	—	—	FJZK01 - B1
^{14}C	—	FJD001 -^{14}C1	—	—	FJZK01 -^{14}C1
光释光	—	FJD001 - G1	—	—	FJZK01 - G1
黏土矿物	—	FJD001 - N1	—	—	FJZK01 - N1
水质分析	FJS001	—	—	—	—
微生物	—	FJD0001_W1			
遥感验证	FJYG001	—	—	—	—

三、采样要求

采样准备工具有不锈钢修土刀、钢卷尺、剖面尺、标签纸、布样品袋、塑封袋、记号笔、环刀套装、木棰、天平(感量 0.01g)、不透明钢管、防水胶布、锡纸、水样桶等。

(一)物理样品采取

1. 容重样品

采集要求：容重样品仅在壤土与黏土层中采集，采集时严格按照编录分层情况采取，其中洛阳铲与背包钻调查点为仅采取表层 0～20cm 深度的容重样品。采集前使用土刀切除土芯外表层或清理剖面至新鲜面后使用 100cm^3 环刀，垂直匀力压入土层，直至环刀完全没入，多余部分用土刀刮除后，放入环刀盒中避免压缩，使用防水胶带密封，防止压缩和水分流失。

存放要求：容重样品应存放于阴凉处，避免放在受日光、高温、潮湿和酸碱气体等影响的环境中。集中进行室内测试，实验开始时，取出样品，登记样品编号，将环刀从缠绕胶带的密封罐中取出后，用干燥的棉布将环刀外部附着的土壤擦拭干净，将充满土样的环刀，放入烘干箱中，在(105±2)℃下烘干至恒重，称重(图 3 - 35)。

注意事项：①洛阳铲、背包钻调查点仅采集表层 0～20cm 深度的容重样品；②采集样品时，切记垂直匀力施压，确保保持土质原有性状；③采集后，立即密封环刀样品，确保水分不流失；④准确记录采样深度。

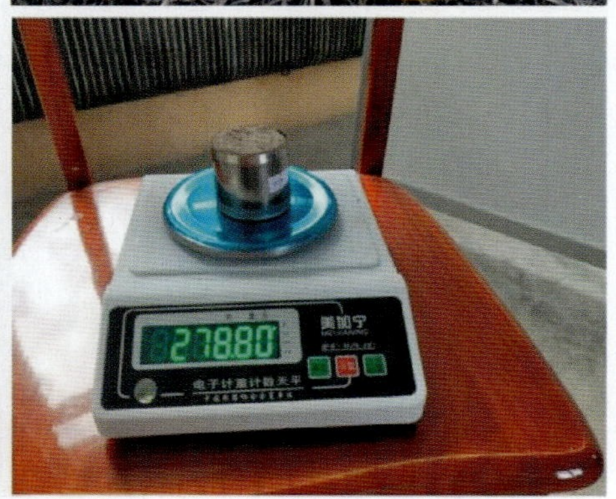

图 3-35　容重样品采集、保管、测量示意图

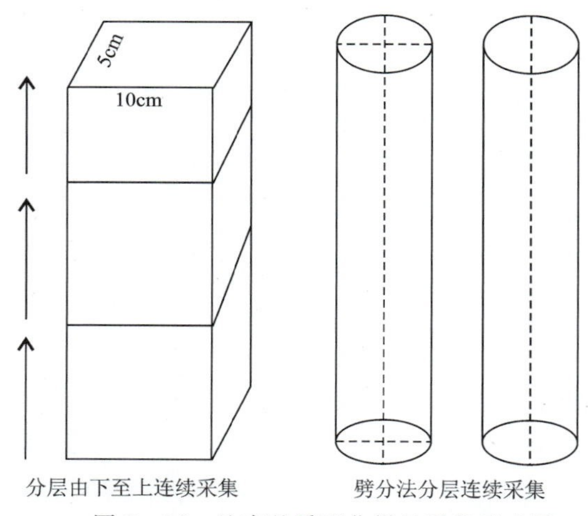

图 3-36　地表基质理化样品采集示意图

2. 粒度分析样品

采集要求：粒度分析样品取样时，利用竹板在各层内利用刻线（槽）法连续采集样品，样槽规格 10cm×5cm（宽×深），或沿土芯长轴方向 1/4 或 1/2 劈分法进行采样（图 3-36），去除土芯外表层，采集内部样品，同时要求编号、采样、记录同步完成，粒度分析样品质量不少于 100g。

存放要求：使用密封袋密封后，存放于阴凉处，避免放在受日光、高温、潮湿和酸碱气体等影响的环境中。无需进行加工，尽量集中送检。

注意事项：①采集样品时，应在同一层内连续采集，不能跨层取样；②准确记录采样深度。

（二）化学样品采取

采集要求：化学分析样品取样时，严格按照编录分层情况进行采取，利用竹板在各层内利用刻线（槽）法连续采集样品，样槽规格 10cm×5cm（宽×深），或沿土芯长轴方向 1/4 或 1/2 劈分法进行采样，去除土芯外表层，采集内部样品，同时要求，编号、采样、记录同步完成，化学分析样品质量不少于 1000g（图 3-37）。

图 3-37 地表基质化学样品储存、加工示意图

存放要求：①从野外取回新鲜土样后，由专人进行验收、登记及管理，负责样品及时风干，将土样放在阴凉干燥通风、无特殊的气体、无灰尘污染的室内；②在土样稍干后，要将大土块捏碎，以免结成硬块后难以加工；③样品风干后，集中进行加工，使测试样品过 10 目尼龙筛，混合均匀后，截取 500g（以实验室要求为准）装入牛皮纸样袋中，并用塑封袋密封后外送分析测试，500g 装入具塞无色聚乙烯塑料瓶中作为副样；④样品加工时，需填写样品加工记录表，详细记录样品编号、加工前质量、送检样品质量、副样质量、加工日期、加工人等信息；⑤测试项目：主量 10 项（K_2O、Na_2O、CaO、MgO、Al_2O_3、SiO_2、TFe_2O_3、MnO、P_2O_5、TiO_2）、微量 40 项（Ag、As、Au、B、Ba、Be、Bi、Br、Cd、Cl、Co、Cr、Cu、F、Ga、Ge、Hf、Hg、I、Li、Mo、N、Nb、Ni、Pb、Rb、S、Sb、Sc、Se、Sn、Sr、Ta、Th、Tl、U、V、W、Zn、Zr）、稀土 15 项（La、Ce、Pr、Nd、Sm、Eu、Gd、Tb、Dy、Ho、Er、Tm、Yb、Lu、Y）、总碳、有机碳、pH。

注意事项：①在剖面中采样时，由下至上按层采取，且每采集 1 件样品并清理采样工具后，再进行样品采集，防止样品污染；②采集样品时，应在同一层内连续采集，不能跨层取样；③样品过于湿润时，需在样袋内部套入塑料袋，防止发生样品混染；④准确记录采样深度。

（三）测年样品

1. ^{14}C 测年样品

采集要求：取样间隔要根据实际采样灵活变通，如在遇到较丰富的有机质基质时，可适当加密至 10cm 间隔。采集介质为土质，采集样品时，剔除耕植土，去除土芯外表层受污染部分，采集土芯内部样品，样品质量为 1000g（以实验室要求为准）。

存放要求：样品采集后用塑封袋装取，在阴凉处保存，及时送样，避免样品发霉（图 3-38）。

注意事项：①采集前，掌握采样地层年代，防止超出年限，无法获得测试数据；②采集后，立即密封，防止样品污染；③准确记录采样层位。

2. 光释光测年样品

采集要求：样品尽量在岩性均一的细粉砂、亚砂土中采集，避免在地层界面上采样。根据样品沉积结构最好选择不同取样方式，对于松散沉积物样品，一般采用尺寸长 20cm、直径 5～6cm 的钢管打进采样层位，使样品充满容器，两端口用锡纸等不透光材料封住后用宽胶带封存，也可在遮光布下取样后避光包装密封。对于固结样品，最好能采集 6cm×6cm×6cm 的块状样品，在野外用锡纸等不透光材料包装后用塑料袋密封。

存放要求：光释光测年样品无须加工，在避光条件下采集后，放入不透明容器中，存放地点远离高温环境，集中统一送样(图 3-38)。

注意事项：①采集前，掌握采样地层年代，防止超出年限，无法获得测试数据；②采集时，应注意避光采集；③采集后，立即使用锡纸或不透明容器密封，防止样品曝光，且远离高温处存放及避免阳光直射；④准确记录采样层位。

图 3-38　测年样品采集、保管示意图

（四）环境测试样品

1. 孢粉测试样品

采集要求：样品间距视研究目的、剖面厚度及地质时代的跨度而定，可以由 1cm 到数米不等，一般地层越新，采样越密集。在实际采样中，要灵活在遇到较丰富的有机质地层时，则可适当加密些，如象湖泥(淤泥)、泥炭等沉积物等。而对那些杂色或红色、黄色等浅色地层时，则可适当加大取样间距，只要保证顶板、底板和层中部加以控制性即可。但是，如果在这些杂色地层中遇到夹层或在黄土中出现红色条带(古土壤)时，就必须加采，千万不能漏掉，因为这些夹层和古土壤层往往能反映地质历史重要事件，如环境与气候事件变化等，故要特别注意。在野外采样过程中，如遇到样品水分过多则应特殊处理，最好用塑料袋包装并扎紧口，以免水分外渗，并要分箱包装。对于一些粉砂土或砂粒，因其松散并具有易流动的特点，最好用布袋包装。一般送样要求为：黏土和泥炭 100g(50g 用于分析，50g 备用)，土壤 200g(100g 用于分析，100g 备用)，砂 400g(200g 用于分析，200g 备用)。

存放要求：孢粉测试样品无需加工，采集后立即密封，放置在干燥、通风、阴凉处，集中统一送检。

注意事项：①应在无雨、无风的天气条件下进行样品采集，且采集后立即进行密封，防止现代花粉污染；②采集时，严禁跨层采取；③采集时，如遇到夹层或在黄土中出现红色条带(古土壤)时，必须加密采样，千万不能漏掉；④准确记录采样深度。

2. 碳酸盐、磁化率测试样品

采集要求：是在详细准确分层的基础上进行采集，由上至下逐层采取，采集时应剥净外表皮，采集土芯内部样品，采样时不要使用铁刀和铁铲，防止铁颗粒进入样品而干扰测试数据的准确性。磁化率和碳酸盐样品采集质量均为30g(以实验室要求为准)，每采好一个样品，均随即附上标签，记录样品编号、深度、层位等信息。

存放要求：磁化率、碳酸盐测试样品无须加工，采集后用密封袋保存，置于弱磁性塑料盒中保管，直至送样。

注意事项：①严禁跨层采集；②建议由编录人员负责组织采集；③采样时严禁使用铁质采样工具，防止铁颗粒进入样品，影响测试结果；④准确记录采样深度。

3. 黏土矿物分析样品

采集要求：黏土矿物主要部署在黏土层位，采集时应剥净外表皮，采集土芯内部样品，采集鲜样100～200g(以实验室要求为准)，用塑料袋包装，在袋外注明编号。

存放要求：黏土矿物分析样品无须加工，采集后立即密封，放置在干燥、通风、阴凉处，集中统一送检。

注意事项：①采集时严禁跨层采取；②尽量与孢粉、碳酸盐、磁化率等样品配套采集；③采集后立即密封保存；④准确记录采样深度。

（五）水分析样品

采集要求：①采样应具有代表性，即所采取水样能代表整个水体的水质；②采样时不可搅动水底沉积物，不能混入河面漂浮物；③尽量缩短水样和取样设备的接触时间；④取样前，使用取样点位的水洗涤取样容器2～3次后，再进行取样；⑤应备有采用记录并在采样容器上贴标签，注明采用名称、时间、地点、温度、采样量、采用容器及采样人等；⑥取样前应做好准备工作，做到快速集中采取水质样品。

运输要求：①水样采集后，立即外送检测；②采样前，安排好运输工作，选用最快的运输方式；③运输前，检查所有水样是否装箱；④样品箱内固定样品位置，防止运输途中碰撞破损；④防震、避免日光照射和低温运输外，每个样品还应妥善密封，防止新污染物进入容器；⑤样品记录与样品同步送到检测单位实验室(图3-39)。

注意事项：①需提前做好水样采集准备工作，集中采集水质样品；②在样品采集前与检测单位确定好送样时间，防止水质样品污染、失效；③在采集前，计划好运输路线，防止不能及时完成样品运输工作。

（六）微生物样品

好气状态下土壤样品的采集：①先去除土壤上面的覆盖物，包括植物、苔藓、可见根系等；②对于多点混合样，每个采样点的取土深度应均匀一致，土样上层和下层的比例也要相同；③对于剖面样品，首先挖开剖面，按照层次，由下往上采集，需要防止上层土壤对下层土壤的污染；④用于常规分析和长期保存的混合样和剖面样以1kg左右为宜，用于微生物分析样品要求10～25g，用于微生物研究的长期保存样品以50g为宜；⑤采集样品量过多时，可用缩分法将多余样品去掉；⑥样品采集后立即装入事先准备好的密封袋中或广口瓶中。

图 3-39 水质样品采集示意图

淹水或潮湿的稻田和湿地微生物样品采集：①若土壤已排干或自然水位在地表以下，则上部土层的样品按与好气状态下土壤样品相同的方式采取，在水位下面的土样用泥炭钻采取；②把水淹状态下采取的各层样品排在塑料布上，经过检验后立即装入塑料袋，以手揉搓样袋排除空气，扎紧袋口，贴上标签，再套上另一个塑料袋，扎紧袋口，贴上另一份相同的标签；③采集水稻土或湿地等烂泥土样时，四分法难以应用，可改为在塑料盆中用塑料棒将样品搅匀，取出所需数量土样。

存放要求：需要新鲜样品进行测试时应将采集的样品立即放入 0～4℃冷藏箱或者冰袋中保存，尽快送实验室分析。

注意事项：①采样具体点位应避开人为影响区域，如距离公路至少 300m；②尽可能地考虑数年中的通常状态，最好在比较稳定的时间采集；③采样时系统记录采样现场的植被、地形、天气和土地利用情况以及对土壤进行简单的田间描述；④严禁在水土流失严重或表土被破坏处采样；⑤严禁在淹水期间进行采样。

四、测试方法

地表基质样品分析测试法主要参照相应的规范文件。地表基质样品具体测试方法见表 3-17。

表 3-17 地表基质样品测试方法一览表

序号	分析项目		分析方法	单位	检出限(下限至上限)	规范性引用文件
1	容重		环刀法			
2	pH		玻璃电极法	无量纲	0.1	《生态地球化学评价样品分析技术要求(试行)》(DD 2005-03)
3	有机碳		高频燃烧红外吸收法(IR)	%	0.1(0.1~45)	《多目标区域地球化学调查规范(1:250 000)》(DZ/T 0258—2014)
4	总碳		高频燃烧红外吸收法(IR)	%	0.1(0.1~45)	《多目标区域地球化学调查规范(1:250 000)》(DZ/T 0258—2014)
			气相色谱法(GC)	%	0.1(0.1~45)	
5	质地分析		筛分法、激光粒度分析			
6	岩性		薄片鉴定			
7	水质简分析					
8	主量元素(10项)	SiO_2	X射线荧光光谱法(XRF)	%	0.1(0.1~90.4)	《多目标区域地球化学调查规范(1:250 000)》(DZ/T 0258—2014)、《区域地球化学勘查规范(1:250 000)》(DZ/T 0167—2006)和《地球化学普查规范(1:50 000》(DZ/T 0011—2015)
		Al_2O_3	X射线荧光光谱法(XRF)	%	0.05(0.05~29.3)	
			等离子体光谱法(ICP-OES)	%	0.05(0.05~19.0)	
		TFe_2O_3	X射线荧光光谱法(XRF)	%	0.05(0.05~24.8)	
			等离子体光谱法(ICP-OES)	%	0.05(0.05~14.0)	
		MgO	X射线荧光光谱法(XRF)	%	0.05(0.05~41.0)	
			等离子体光谱法(ICP-OES)	%	0.05(0.05~16.0)	
		CaO	X射线荧光光谱法(XRF)	%	0.05(0.05~35.7)	
			等离子体光谱法(ICP-OES)	%	0.05(0.05~14.0)	
		Na_2O	X射线荧光光谱法(XRF)	%	0.10(0.10~7.16)	
			等离子体光谱法(ICP-OES)	%	0.10(0.10~14.0)	
		K_2O	X射线荧光光谱法(XRF)	%	0.05(0.05~7.48)	
			等离子体光谱法(ICP-OES)	%	0.05(0.05~12.0)	
		MnO	X射线荧光光谱法(XRF)	mg/kg	10(10~2500)	
			等离子体光谱法(ICP-OES)	mg/kg	10(10~10 000)	
		P_2O_5	X射线荧光光谱法(XRF)	mg/kg	10(10~4130)	
			等离子体光谱法(ICP-OES)	mg/kg	10(10~10 000)	
		TiO_2	X射线荧光光谱法(XRF)	mg/kg	10(10~20 100)	
			等离子体光谱法(ICP-OES)	mg/kg	10(10~10 000)	

续表 3-17

序号	分析项目		分析方法	单位	检出限(下限至上限)	规范性引用文件
9	微量元素(40项)	Ag	等离子体质谱法(ICP-MS)	mg/kg	0.02(0.02～10 000)	《多目标区域地球化学调查规范(1∶250 000)》(DZ/T 0258—2014)、《区域地球化学勘查规范(1∶250 000)》(DZ/T 0167—2006)和《地球化学普查规范(1∶50 000)》(DZ/T 0011—2015)
		Ag	发射光谱法(ES)	mg/kg	0.02(0.02～5)	
		As	原子荧光光谱法(AFS)	mg/kg	1(1～2500)	
		Au	石墨炉原子吸收光谱法(AAS)	mg/kg	0.3(0.3～500)	
		B	发射光谱法(ES)	mg/kg	1(1～1000)	
		Ba	X射线荧光光谱法(XRF)	mg/kg	10(10～3340)	
		Ba	等离子体光谱法(ICP-OES)	mg/kg	10(10～10 000)	
		Be	等离子体光谱法(ICP-OES)	mg/kg	0.5(0.5～1000)	
		Bi	等离子体质谱法(ICP-MS)	mg/kg	0.05(0.05～10 000)	
		Br	X射线荧光光谱法(XRF)	mg/kg	1(1～8)	
		Cd	等离子体质谱法(ICP-MS)	mg/kg	0.03(0.03～10 000)	
		Cl	X射线荧光光谱法(XRF)	mg/kg	20(20～1000)	
		Co	等离子体质谱法(ICP-MS)	mg/kg	1(1～10 000)	
		Cr	X射线荧光光谱法(XRF)	mg/kg	5(5～410)	
		Cr	等离子体光谱法(ICP-OES)	mg/kg	5(5～1000)	
		Cu	等离子体质谱法(ICP-MS)	mg/kg	1(1～10 000)	
		F	离子选择性电极法(ISE)	mg/kg	100(100～20 000)	
		Ga	X射线荧光光谱法(XRF)	mg/kg	2(2～39)	
		Ga	等离子体质谱法(ICP-MS)	mg/kg	2(2～10 000)	
		Ge	等离子体质谱法(ICP-MS)	mg/kg	0.1(0.1～1000)	
		Hf	X射线荧光光谱法(XRF)	mg/kg	0.2(0.2～20)	
		Hf	等离子体质谱法(ICP-MS)	mg/kg	0.2(0.2～10 000)	
		Hg	原子荧光光谱法(AFS)	mg/kg	0.005(0.005～600)	
		I	分光光度法(COL)	mg/kg	0.5(0.5～200)	
		Li	等离子体光谱法(ICP-OES)	mg/kg	1(1～10 000)	
		Mo	等离子体质谱法(ICP-MS)	mg/kg	0.3(0.3～10 000)	
		N	气相色谱法(GC)	mg/kg	20(20～466 000)	
		Nb	X射线荧光光谱法(XRF)	mg/kg	2(2～95)	
		Nb	等离子体质谱法(ICP-MS)	mg/kg	2(2～10 000)	
		Ni	等离子体质谱法(ICP-MS)	mg/kg	2(2～10 000)	
		Pb	等离子体质谱法(ICP-MS)	mg/kg	2(2～10 000)	
		Rb	X射线荧光光谱法(XRF)	mg/kg	10(20～490)	
		Rb	等离子体质谱法(ICP-MS)	mg/kg	2(2～10 000)	
		S	高频燃烧红外吸收法(IR)	mg/kg	30(30～500 000)	
		S	等离子体光谱法(ICP-OES)	mg/kg	30(30～10 000)	
		S	X射线荧光光谱法(XRF)	mg/kg	30(30～3700)	

续表 3-17

序号	分析项目		分析方法	单位	检出限(下限至上限)	规范性引用文件
9	微量元素(40项)	Sb	原子荧光光谱法(AFS)	mg/kg	0.05(0.05～1000)	《多目标区域地球化学调查规范(1∶250 000)》(DZ/T 0258—2014)、《区域地球化学勘查规范(1∶250 000)》(DZ/T 0167—2006)和《地球化学普查规范(1∶50 000》(DZ/T 0011—2015)
			等离子体质谱法(ICP-MS)	mg/kg	0.05(0.05～10 000)	
		Sc	等离子体质谱法(ICP-MS)	mg/kg	1(1～10 000)	
		Se	原子荧光光谱法(AFS)	mg/kg	0.01(0.01～25)	
		Sn	发射光谱法(ES)	mg/kg	1(1～100)	
		Sr	X射线荧光光谱法(XRF)	mg/kg	5(5～1198)	
			等离子体光谱法(ICP-OES)	mg/kg	5(5～10 000)	
		Ta	等离子体质谱法(ICP-MS)	mg/kg	0.1(0.1～10 000)	
		Th	等离子体质谱法(ICP-MS)	mg/kg	2(2～10 000)	
		Tl	等离子体质谱法(ICP-MS)	mg/kg	0.1(0.1～10 000)	
		U	等离子体质谱法(ICP-MS)	mg/kg	0.1(0.1～10 000)	
		V	X射线荧光光谱法(XRF)	mg/kg	5(5～768)	
			等离子体光谱法(ICP-OES)	mg/kg	5(5～10 000)	
		W	等离子体质谱法(ICP-MS)	mg/kg	0.4(0.4～10 000)	
		Zn	等离子体光谱法(ICP-OES)	mg/kg	4(4～10 000)	
			等离子体质谱法(ICP-MS)	mg/kg	4(4～10 000)	
			X射线荧光光谱法(XRF)	mg/kg	4(4～745)	
		Zr	X射线荧光光谱法(XRF)	mg/kg	2(2～1540)	
10	稀土元素(15项)	La	等离子体质谱法(ICP-MS)	mg/kg	1(1～10 000)	《多目标区域地球化学调查规范(1∶250 000)》(DZ/T 0258—2014)、《区域地球化学勘查规范(1∶250 000)》(DZ/T 0167—2006)和《地球化学普查规范(1∶50 000》(DZ/T 0011—2015)
		Ce	等离子体质谱法(ICP-MS)	mg/kg	1(1～10 000)	
		Pr	等离子体质谱法(ICP-MS)	mg/kg	0.1(0.1～10 000)	
		Nd	等离子体质谱法(ICP-MS)	mg/kg	0.1(0.1～10 000)	
		Sm	等离子体质谱法(ICP-MS)	mg/kg	0.1(0.1～10 000)	
		Eu	等离子体质谱法(ICP-MS)	mg/kg	0.1(0.1～10 000)	
		Gd	等离子体质谱法(ICP-MS)	mg/kg	0.1(0.1～10 000)	
		Tb	等离子体质谱法(ICP-MS)	mg/kg	0.1(0.1～10 000)	
		Dy	等离子体质谱法(ICP-MS)	mg/kg	0.1(0.1～10 000)	
		Ho	等离子体质谱法(ICP-MS)	mg/kg	0.1(0.1～10 000)	
		Er	等离子体质谱法(ICP-MS)	mg/kg	0.1(0.1～10 000)	
		Tm	等离子体质谱法(ICP-MS)	mg/kg	0.1(0.1～10 000)	
		Yb	等离子体质谱法(ICP-MS)	mg/kg	0.1(0.1～10 000)	
		Lu	等离子体质谱法(ICP-MS)	mg/kg	0.1(0.1～10 000)	
		Y	等离子体质谱法(ICP-MS)	mg/kg	1(1～10 000)	
11	磁化率		磁化率/电导率仪			
12	碳酸盐		气量法、容量滴定法			

续表 3-17

序号	分析项目	分析方法	单位	检出限(下限至上限)	规范性引用文件
13	黏土矿物	X 射线衍射(XRD)			
14	^{14}C(碳同位素)	加速器质谱(AMS)			
15	光释光	光释光			
16	孢粉	人工分离、显微镜下鉴定、扫描电镜拍照			
17	微生物	熏蒸法			

注:X 射线荧光光谱仪的测定上限为校准曲线显示测定最高点,理论测定上限高于实际测定上限。

第六节　地表基质三维模型构建

三维地质体建模于 1993 年由加拿大的 Simon Houlding 首次系统提出,他运用计算机技术,将空间信息管理、地质解译、空间分析和预测、地质统计、实体内容分析及图形可视化等工具结合起来。地学领域的三维建模是通过量化几何形态、拓扑信息(地下对象间关系)、物性来描述地质对象,其包含的元素层次有点、线、交线、曲面、闭合演示区域、网格物性等。三维模型能够从多个角度形象准确地呈现出地下地质体的层位接触情况、空间方位、形态特点等三维信息。

地表基质层内的地表基质类型空间分布十分复杂,有限的钻孔、背包钻、地表基质剖面等工作手段获取到的垂向空间信息只能够代表有限的区域,将有限的垂向资料扩大到更大的研究区域中常常依赖于调查者的经验认识。地学信息的表示和处理的传统方式都是基于二维的,通常将垂直方向的信息抽象成一个属性值,其实质就是将三维地质环境中的地质现象投影到某一平面上进行表达,2.5 维或假三维的描述对地表基质层垂向空间内结构的起伏变化直观性差,往往不能充分揭示其空间变化规律,难以满足分析的需求。野外调查一方面由于经费和勘探方法的限制,只能获得有限的信息;另一方面是以表格、文字、图表、图纸等格式保存的众多勘探资料不能得到充分的利用。因此,基于三维模型构建以多源数据集成、精确定量化的方法来描述地表基质的空间分布就显得很有必要。

地表基质三维模型的构建应当依据实际调查的层次,按照“分区构建,多源融合,综合集成,迭代完善”的原则,区分表、中、深 3 个层次维度分层次、分阶段分别构建,融合钻孔、背包钻、地表基质剖面等信息,展示构建地表基质层结构和属性信息。

一、建模方法与软件简介

(一)地表基质建模方法

经过近几十年的发展,国内外专家围绕基础地质、工程地质、矿产地质等学科问题,在三维建模技术方法和建模软件上取得了很大进步。目前常见的建模方法包括:①基于钻孔数据的建模方法(明镜,2012;Akiska et al.,2013);②基于剖面的建模方法(吴志春等,2016),其可分为平行剖面法(王勇等,2003;Whiteaker et al.,2012;Miao et al.,2017)和网状交叉剖面建模法(屈红刚等,2008;郭艳军等,

2009)；③基于多源交互建模方法(薛林福等，2014；Wang et al.，2015)等。

在三维地质模型分类上，国内外专家学者通过对三维空间数据模型的研讨，提出了多种三维模型。根据三维特征可以将空间数据模型分为基于面模型、体模型、混合模型的三大类。面元模型侧重于变现三维空间实体分布的表面，一般是由微小的面单元或面元素来描述物体的几何特征。体元模型用体元表达物体的内部，体元是三维栅格表示中最小的单元，其属性是独立描述与存储的。体元模型利用三维空间体元分割和真三维实体来描述对象，因此体元模型可以进行三维操作，但很难描述对象的拓扑关系。混合模型是指利用两种或多种的体元或面元模型对不同空间地质对象进行几何描述和三维建模，可以结合面元模型和体元模型的优势，扩大模型的适用范围。混合模型是三维数据模型重要的研究对象，但其计算存储量较大，一些技术还有待解决。不同空间数据模型适应的空间形态不同，并具有各自的侧重点，由此很难从同一个方面对其进行优劣比较。

通过各种手段获取到的数据呈现出数量有限、散乱分布的特点，需要采用数学建模方法，依据采样插值，拟合出连续的数据分布函数。两点地质统计学是传统地质统计学的基础，基于地质统计学的建模方法以克里金(Kriging)插值方法作为核心，是一种区域化变量理论的基础上，主要基于变差函数(或协方差函数)的数学方法，其特点是同时考虑了试验样本值的大小与样本间的空间位置和距离。对于具有较高连贯性的变量(地表基质类型)，基于变异函数的条件模拟结果常常表现为高熵或低连贯性。而且在数据稀疏时，变异函数常常变现为纯块金效应或具有很高的随机特性。这种情况下的条件模拟，无法体现变异函数的优点。

变差函数可以表示两点间的空间相关性，但对于复杂的空间结构难以描述，难以再现数据的空间几何特征。在地表基质中，土质、砾质等大多由沉积形成，而沉积具有方向性，这与变差函数的对称性相矛盾，因而变差函数的随机模拟具有一定的局限性。马尔科夫链具有方向性，这与地层沉积的过程相符合，因此可以利用马尔科夫链进行地表基质的类型预测与空间展布具有可行性。此外，马尔科夫链能够整合地表基质类型的比例及相互转化的迁移率，更加准确地表示出地质体的空间展布特点，从发展趋势上看，地下介质的岩性随机模拟正从变差函数向马尔科夫链发展。空间马尔科夫链在仅有钻孔形式数据的情况下，可以利用一维马尔科夫链首先模拟出不同岩性在垂向上的转移概率，二维、三维的转移概率矩阵利用瓦尔特相率推广，从而建立起空间三维马尔科夫转移概率矩阵，最后依照贯序思想，采用指示克里金方程估值方法，对三维空间进行条件模拟，从而应用到空间变量的地质统计学中。

在小比例尺地表基质调查中，建模可以按照断裂、岩体边界、不整合等地质界线及地貌类型等为边界，将区域划分为一系列区块或单元，分别对这些区块或单元构建三维模型，在完成调查区全部区块或单元的三维模型后，将单个模型组合在统一的三维空间框架下，形成全调查区体现小区域特征，具有不同详细程度的宏观三维地质模型。

(二)建模软件概述

目前，国内外地质研究领域开发出各种三维建模软件，如CTech、Micromine、MapGIS IGSS 3D、Surpac等，这些软件在功能、平台依赖、系统开放性、可视化性能、分析能力等方面有不同的特点。国内对三维地质建模的研发起步相对较晚，经过近30年的发展，推出了许多三维建模软件，其中以武汉中地数码集团的MapGIS系列软件最为成熟。

1. CTech

CTech软件目前已经推出了系列产品，EVS for ArcView、EVS等，其支持真三维的体数据建模、分析及可视化。CTech能够与ARCGIS/VIEW等无缝拼接，地表模型能够加载高精度的遥感影像和CAD模型。EVS软件主要模块或者功能有高级网格模块、建模工具、输出选项、地质统计分析、动画分析、GIS功能、高级动画输出、实时地形漫游、高级地质结构建模、交互式分析、4DIM & VRML Ⅱ输出等。EVS软件不支持直接对几何图形的人工编辑，需对不满足的地方进行数据修改，从而实现几何的变化。EVS软件支持地层建模和岩性建模两种建模方法。其中，岩性建模方法为EVS独有，外插时会从外向内去趋近于平均层厚。软件默认上层层面优先于下层层面，可以导入或者绘制剖面线进行剖切（支持fence剖切，即折线剖），这样就保证了剖切的任意性，可以和常规剖面图进行对比。支持Python语言的二次开发。采用纯数据驱动的手段，个别模块支持交互修改，支持对体布尔运算。

2. GOCAD

GOCAD(Geological Object Computer Aided Design，简称GOCAD)由法国南锡大学研发，实现了高水平的半智能化建模，有功能强、界面友好、易掌握、各平台兼容性好的特点。GOCAD可以实现复杂模型的构造，有丰富的建模算法，既可以进行表面建模，也可以进行实体建模；既可以设计空间几何对象，也可以表现空间属性分布。

3. T-PROGS

T-PROGS为美国加利福尼亚大学编写的开源程序，并集成在GMS软件中。使用者可以根据模型特点对源程序进行任何修改。采用概率转移矩阵地质统计学的方法对地质变量进行模拟计算，相对于传统的基于变异函数的统计学方法，转移概率地质统计学方法改进了建模过程中变量间的空间相关性的问题。T-PROGS程序完成空间三维模拟主要分成3个步骤，分别为GAMEAS，计算不同间隔下钻孔的垂向转移概率；MCMOD，对已知数据进行拟合，建立三维马尔科夫链模型；TSIM，条件模拟生成研究区域范围内的三维地质模型，各步骤高度独立，分段调整参数，能够减少不必要的计算。在计算结果上，T-PROGS按照模拟单元格顺序输出模拟属性值，在量化模拟正确率结果上较之只能提供可视化显示地层结构的软件具有优势。

4. MapGIS K10

MapGIS K10三维地理信息平台率先提出三维GIS服务理念，在行业中具有领先的技术优势，实现了丰富的三维建模方法，作为一个地上、地表、地下二维、三维一体化的地理信息平台，为不同的应用方向提供了丰富的三维建模工具，涵盖了地表景观、地下地质体、数据属性体的三维建模。

5. Creatar X Modeling

Creatar X Modeling软件是由北京超维创想信息技术有限公司开发的一套以地质工作过程为引导，结合计算机技术和数学方法，基于地质工作者的经验和认识，利用各种地质要素信息，对三维地质现象三维重建、展示并分析的软件。基于该平台，可以展现地层、岩体、构造等地质现象的空间几何特征、内部属性特征及相互关系等地质信息，在一定程度上实现了几何模型的自动构建，能够提高建模的效率，同时融合多种建模方法，具备处理各种复杂地质现象的建模能力。

二、地表基质建模技术路线

地表基质三维模型选用数据为背包钻钻孔数据、物探解译数据、剖面等数据。以数据源的集成和几何空间的集成完成多源数据空间位置的统一，基于地表基质的宏观规律认识，以地表基质认知完成各方法手段数据间的融合。建模数据整体以一维数据较多，剖面以二维数据体的形式约束，提高建模的横向分辨率。分阶段层次构建模型，以前期构建的浅层地表基质模型为后期构建的模型提供参考与约束；利用后期模型返回修正完善前期构建的浅部三维模型，以迭代的思路反复约束反复修改完善，将浅部数据与深部数据有机融合丰富建模的数据数量。考虑到表层中层数据相对较多，因此表层、中层的地表基质建模以马尔科夫链的形式构建，侧重总结地表基质垂向分布特征；深层地表基质模型构建以变差函数的方式构建，宏观掌控区域地表基质空间结构。在表达类型上，表层、中层表达到三级分类，深层根据实际情况可以表达到二级；在山前等地区，岩石基质类型考虑到实际数据可能获取相对较少，以底界的形式表达，不参与到建模过程中。区内构建模型的思路如图 3-40 所示。

具体建模步骤如下。

1. 前期资料收集整理

利用研究区改化剖面、物探解译结果及钻孔编录结果，将钻孔统一数字化。

2. 结构模型

(1)钻孔岩性概化：对前期搜集资料、钻孔编录进行标准化，同一区内分类。

(2)绘制岩性厚度等值线图及二维岩性分区图：在岩性等效后，用 Surfer 软件分别生成不同埋深的岩性值等厚度图。

(3)格式转化：将 Surfer 软件分别生成的岩性值等厚度图转为 GMS 可识别的格式，利用 GMS 进行三维岩性结构模型的构建，并完成从横纵方向任意切割剖面，实现可视化。

3. 属性模型

对野外获取到的各种属性数据，进一步按照属性特征区分为点数据与段数据，依照其特征与结构模型保持一致，选取合适插值方式，完成属性特征建模。

(一)地统计学方法

地统计学中插值算法决定没有数据位置几何体的长相，与数据密度有很大的关系。空间插值实现了在离散采样点的基础上进行连续表面建模，同时对未采样点处的属性值进行估计，是分析地理数据空间分布规律和变化趋势的有力工具。野外调查结果大多反映在一些离散不规则分布的数据点上，为了通过这些离散数据建立起区域性连续的整体模型，需要利用插值和拟合方面的曲面处理方法。

曲面插值是严格通过给定的数据点来构造曲面，并根据原始数据点值来插补空白区的值，这类方法不改变原始数据点值。而曲面拟合则是利用相对简单的数学曲面来近似构造复杂的地学曲面，根据一定的数学准则，使所给出的数学曲面最大限度地逼近地质曲面；通过拟合处理的曲面，原始数据点一般有所改变，所以曲面拟合的结果往往会取得平滑的效果。在地质曲面构造中运用较多的插值和拟合方法包括按近点距离加权平均法、按方位取点加权法、双线性插值法、移动曲面插值法、二元三点插值法、克里金插值法和三次样条函数拟合法、趋势面拟合法、加权最小二乘拟合法等。

克里金插值法首先考虑的是空间属性在空间位置上的变异分布，确定对一个待插点值有影响的距离范围，然后用此范围内的采样点来估计待插点的属性值。根据样点空间位置不同、样点间相关程度的不同，对每个样点赋予不同的权，进行滑动加权平均，以估计中心块段平均值。克里金插值法的精妙之处在于它不仅考虑了已知点和预测点的距离关系，还考虑了这些已知点之间的自相关关系。

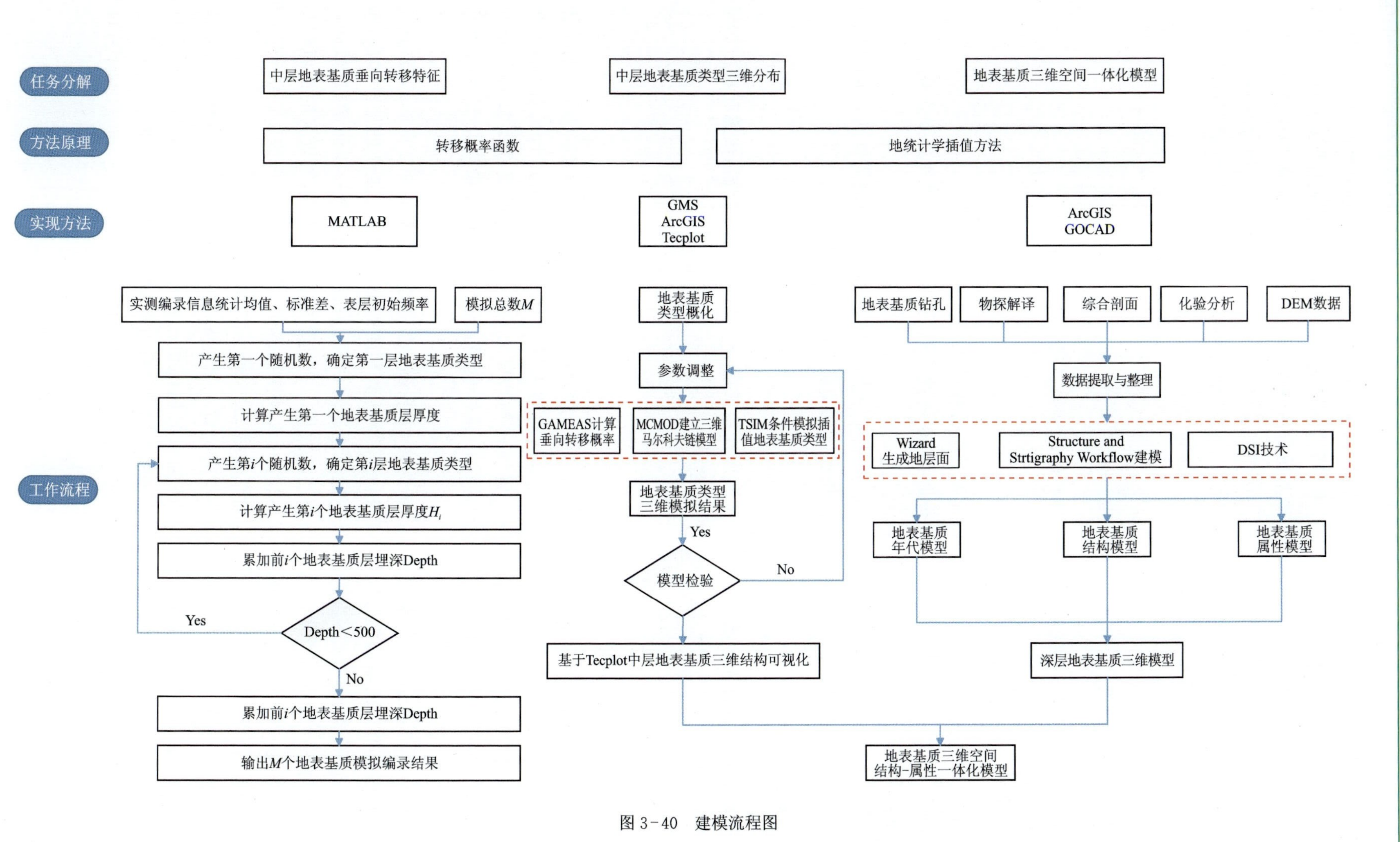
任务分解
中层地表基质垂向转移特征
中层地表基质类型三维分布
地表基质三维空间一体化模型
方法原理
转移概率函数
地统计学插值方法
实现方法
MATLAB
GMS
ArcGIS
Tecplot
ArcGIS
GOCAD
工作流程
实测编录信息统计均值、标准差、表层初始频率
模拟总数M
产生第一个随机数，确定第一层地表基质类型
计算产生第一个地表基质层厚度
产生第i个随机数，确定第i层地表基质类型
计算产生第i个地表基质层厚度Hi
累加前i个地表基质层埋深Depth
Depth<500
Yes
No
累加前i个地表基质层埋深Depth
输出M个地表基质模拟编录结果
地表基质类型概化
参数调整
GAMEAS计算垂向转移概率
MCMOD建立三维马尔科夫链模型
TSIM条件模拟插值地表基质类型
地表基质类型三维模拟结果
Yes
模型检验
No
基于Tecplot中层地表基质三维结构可视化
地表基质钻孔
物探解译
综合剖面
化验分析
DEM数据
数据提取与整理
Wizard
生成地层面
Structure and
Strtigraphy Workflow建模
DSI技术
地表基质年代模型
地表基质结构模型
地表基质属性模型
深层地表基质三维模型
地表基质三维空间结构-属性一体化模型

图 3-40　建模流程图

离散光滑插值(DSI)插值法的基本内容是，对于一个离散化的自然体模型，建立相互之间联络的网络，如果网络上的点值满足某种约束条件，则未知结点上的值可以通过一个线性方程得到。DSI 主要根据已知点递归求出未知点数值，通过控制递归计算步数可以控制曲面的精度。地学模拟研究中采用了适应能力很强的三角网和四面体剖分，DSI 类似于解微分方程的有限元方法，用一系列具有空间实体几何和物理特性、相互连接的空间坐标点来模拟地质体，已知节点的空间信息和属性信息被转化为线形约束，引入模型生成的全过程，因而 DSI 插值适用于自然物体的模拟。

对于转移概率矩阵来说，原始数据中包含的统计信息、结构信息、自相关性等参数信息都被严格限制。就整个模型而言，只要剖分合理、水平延伸延伸长度与客观事实接近，模拟结果都会比较好。

地质数据有其特殊的性质，在进行空间数据插值时，不能简单地套用现成的自动插值方法，必须考虑许多制约因素及相关的地质学原理。首先，不同的插值方法有各自的优势，而不同的地质现象具有不同的特点，必须选择合适的方法来模拟，才能形成准确可靠的模型。其次，许多地质现象都有一定的趋势，如某一地区有其占优势的构造走向，这种趋势就称为各向异性。在进行数据插值时应加入这种各向异性，这样可形成与现有地质解释相一致的模型。最后，由于条件的限制，数据的分布极不均匀，某些层数据较多，而某些层数据很少，难以形成合理的模型，在这种情况下，可运用相邻层的形态或数据的相似性及相关关系修正或完善这些数据偏少的层的模型。

(二)结构建模与属性建模

两种建模方式中，一种是三维结构模型，可以建立三维地层模型和岩性模型；另一种是建立三维空间属性模型。

对钻孔各编录结果的空间分布和延伸特点认识清楚，能够划分出地层层序的情况下，可以选择地层建模，依据原始钻孔，通过地层建立三角网，判断钻孔层位与指定层位面是否一致。若不一致，则对孔位进行自锁，使层位不再滑动，对研究区地层层面完成划分，最后通过插值的形式建立层位面。

在编录结果整体较为复杂的地区，难以手动划分地层层序的地区，EVS 软件使用岩性建模的方法，将原始钻孔数据用于建模，利用指示克里金插值法完成插值处理，该流程由计算机自动完成，能够更加准确地描述透镜体。同时，EVS 软件提供了一种平滑的岩性建模的方法以使模型看起来平滑。

对于地表基质调查过程中获取的容重、孔隙度、电阻率、波速等属性数据，可以插值形成三维属性模型。

三、三维模型构建实例

采用 GOCAD 软件，选择河北省保定市定兴县全区，作为地表基质层模型构建的典型区域，开展地表基质三维模型构建工作。

(一)建模区域地质条件概述

定兴县位于保定市中部，地处冀中平原腹地，总面积为 714.4km^2。地形平坦，总体地势西北高、东南低，大清河水系的 3 条河流拒马河、北易水河、中易水河自西向东横贯全境，水文及工程地质条件良好。新构造运动活动直接控制了区内的地貌格局与水系展布，区内地貌类型以冲积洪积平原、冲积平原为主，河漫滩、河床及阶地在河流两侧发育，第四纪沉积物成因类型相对简单，主要为冲洪积和河流沉积，覆盖厚度一般在数十米到数百米。

在建模区域投入的与建模相关的资料主要分为3类：①地表数字高程模型；②地表基质钻孔编录记录；③地球物理微动反演解译资料。建模的目的是清晰刻画地表基质各个类型的横向分布与垂向结构，因区内第四纪沉积较厚，地表基质建模的深度为地下0～50m的土质基质。考虑到定兴县内西北侧及南侧数据分布相对较为稀疏，为增加约束，尽可能地提高模型的准确程度，将初始建模的水平区域划定为定兴县行政区域的外接矩形，将外接矩形内定兴县行政区划外的部分钻孔及微动点也参与建模运算，外接矩形的4个拐点二维平面坐标见表3-18所示。待完成初始建模区域内的地表基质模型构建后，按照横向上的行政区域边界，裁切得到建模区定兴县的三维地表基质模型。

表3-18　定兴县地表基质三维建模工区拐点坐标

拐点	X	Y	Z
1	371045.1	4329761	0
2	410937.8	4329761	0
3	371045.1	4356365	0
4	410937.8	4356365	0

(二)建模范围确定与数据加载

1.建模范围确定

建模数据选定为外接矩形内的背包钻、钻孔数据和微动数据资料。结合区内的地表起伏及实测数据资料的点位坐标，将基准外接矩形线框分别复制并移动至标高48m及-52m，构建两个矩形线框文件，以封闭曲线构造面的方法，确定初始建模区域的顶底板。待完成初始建模区域内的地表基质模型构建后，分别按照横向行政区域边界和地形表面数字高程模型，裁切出0～50m以浅的定兴县地表基质模型。

2.数据加载

(1)点位导入：整合取样钻、微动测深、钻孔位置，将点位数据整理为表3-19所示5列4类数据形式，即孔号、大地坐标、孔口高程、终孔深度，以csv文件格式保存，通过软件操作界面的按钮File>Import>Well Data>Well Locations>Column-Based File导入建模软件中。

表3-19　定兴县地表基质点位数据格式

孔号	X	Y	Z	TD
ZK001	374948.2	4338528	34.2	53.4
ZK104	379132.2	4350039	37.2	50.8
BZK28	389356	4341019	25	6
WD3	401481.5	4333653	18.8	51

注：TD为孔深，单位m。

(2)地表基质类型的概化及编录加载：区域内分布的地表基质一级分类有土质基质、砾质基质，土质基质占据绝大多数比例；土质基质二级分类中，粗骨土数量及分布相对较少，因此，为方便对区内地表基质展布情况加以展示，考虑对地表基质类型进行适当概化。按照区内地表基质的主体层级，分别构建二级(Type1)、三级地表基质类型(Type2)模型,将二级分类中的砂土、壤土、黏土分别记为岩性 11、22、33,将三级分类中的砂土、壤质砂土、黏质砂土、砂质壤土、壤土、黏质壤土、砂质黏土、壤质黏土、黏土分别记为岩性 1、岩性 2、岩性 3、岩性 4、岩性 5、岩性 6、岩性 7、岩性 8、岩性 9。两种概化方式均将一级分类中的砾质基质合并为一类,记为岩性 0,将二级分类中粗骨土记为岩性 10。

加载完钻孔以后,需要对钻孔曲线赋予地表基质类型,将地表基质类型数据整理为表 3－20 所示数据形式,即孔号 name,层段起止埋深 $Z1$、$Z2$,对应层段地表基质类型二级分类 Type1 和三级分类 Type2。其中岩性类别以数字代号的形式表示。以 csv 文件格式保存后,通过软件操作界面的按钮 File>Import>Well Data>Logs>Interval Logs 导入建模软件中。值得注意的是,地球物理的微动勘探点,经过反演处理和解译后,以钻孔编录的形式参与模型构建。

表 3－20　定兴县地表基质编录数据格式

孔号	起始深度 $Z1$	终止深度 $Z2$	Type1	Type2
ZK001	0	1	22	5
ZK001	1	5	22	5
ZK001	5	5.88	11	1
ZK001	5.88	8	11	1

3. 地表 DEM 数据的导入

数字高程模型(DEM)数据来源于中国科学院计算机网络信息中心国际科学数据镜像网站“地理空间数据云”(http://www.gscloud.cn)所公开提供的 ASTER GDEM 30 米数字高程。通过 File>Import>Horizon Interpretations >PointsSets>Column－Based Files 导入整理好的 DEM 点集。随后由 Application>Wizards>Surface Creation>From Data(without internal Borders)>From Points and Outline Curve－Direct Triangulation 构建出初始建模区域内的数字高程面 DEM－origin。值得注意的是,实测点的高程来自野外实际测量与搜集 DEM 可能存在偏差,因此,按照实际测量的点位高程对数字高程面 DEM－origin 加以修正,通过 Fit Surfaces to Points,经过 DSI 算法插值,保证修正后的初始建模区域地表起伏面 DEM 在实测点处的高程与野外测量一致。复制并向下平移 50m,即可构建出初始建模区域底面起伏面 DEM－50。DEM 面与 DEM－50 面即为裁切初始建模区域的顶底约束。图 3－41为数据加载完成后的 Type1、Type2 分类初始建模区域数据图。

(三)建模区域子区划分

针对建模区域,地表基质模型下边界高程点定义的可认为是地面高程减去 50m 深度,因此建立可靠的地表基质三维模型的关键之一是构建可靠的表面地形模型。考虑到 DEM 的数据质量可能存在的偏差,在 ArcGIS 软件中按照 1m 的间隔进行等高线提取,在对等高线添加长度属性后,针对长度进行筛选,认为长度极小的等高线是 DEM 数据极值的体现,去除长度极小的等高线,即删除了不可靠的高程数据。将处理后的等高线转换回栅格数据后,从栅格文件的中心点提取(X,Y,Z)坐标,将坐标数值保存为高程点的数据集。基于点集采用德洛奈三角剖分法构建初始地表模型。随后,将实测的钻孔、地球物理微动点记录的高程值作为点约束加入到初始地表模型,通过 DSI 的手段完成优化,完成数字高程模型与实测高程的数据融合,获取到建模区的地表模型。

定兴县全区内,地表基质类型表现为明显的分区特征,两个分区内的地表基质类型不同。从横向上看定兴县的西侧北侧,地貌类型表现为河床、河漫滩、起伏的冲积洪积平原、平坦的冲积平原、倾斜的冲

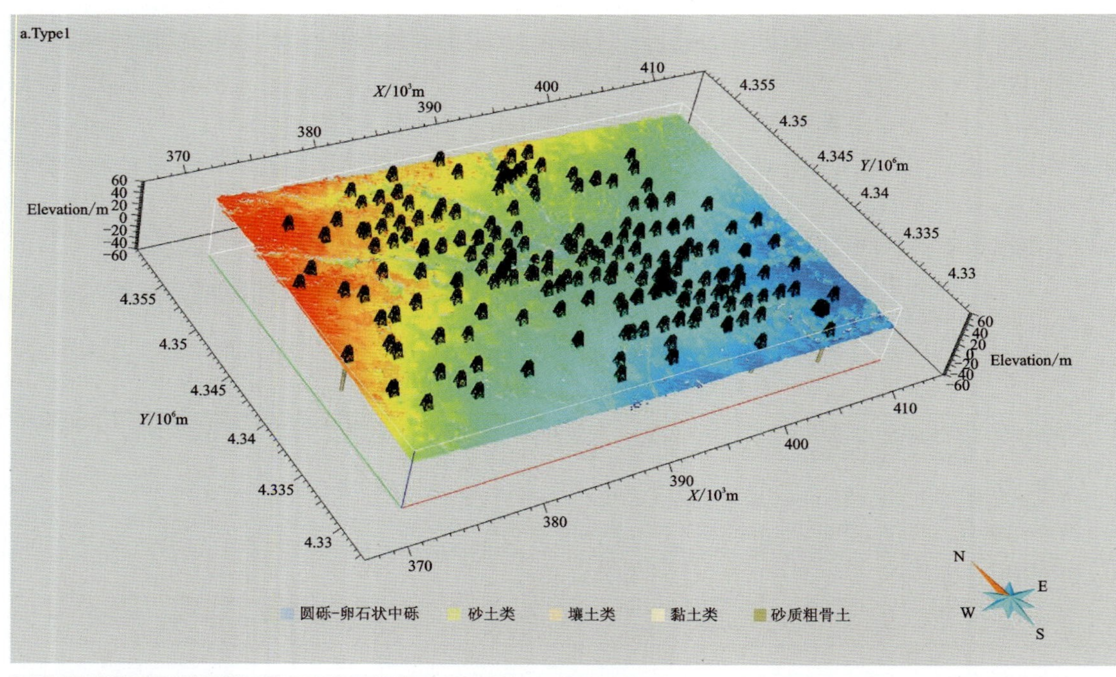

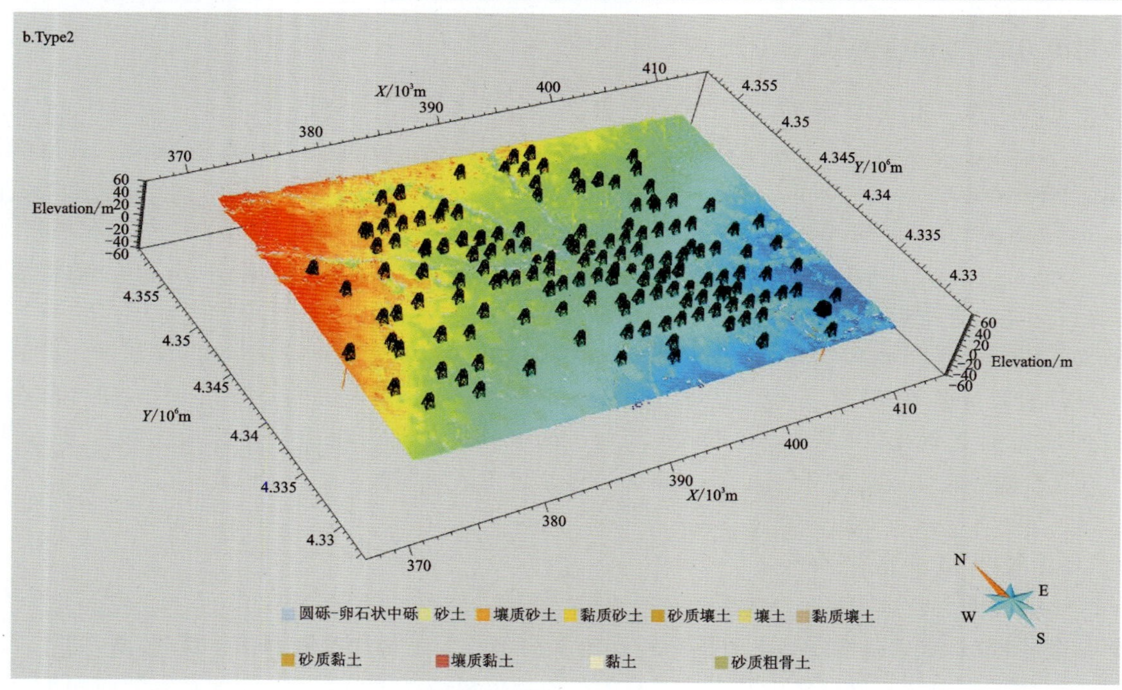

图 3-41　初始建模区域数据加载(Type1、Type2 分类)(垂向放大 50 倍)

注:Elevation 为海拔高程,后图相同。

积洪积平原、倾斜的冲积平原、阶地,地表基质类型出现以圆砾-卵石状中砾为代表的砾质基质和以砂质粗骨土为代表的粗骨土,区内其余区域仅出现地表基质二级分类中的砂土、壤土、黏土。地貌类型的边界将建模区域横向上划分为两个断块,在这两个断块中,地表基质出现的类型数量和分布规律明显不同,因此,在建模的过程中,将这两个断块分割开构建,分别划分为成两个子区。

图 3-42 清晰地展示了建模区三维地质模型的一个概念框架,其表面为地表的地形图,具有不同的高度起伏;建模采用的数据点位较均匀地分布于矩形初始建模区内;定兴县行政边界内的 A 区

(RegionA,绿色)和 B 区(RegionB,红色)将建模区划分为两个横向的子区。此外,按照建模数据的类型不同,对垂向区域进行进一步划分层级。考虑到取样钻、钻孔、微动垂向上对地表基质类型的分辨能力不完全一致,但又都是对地表基质类型的客观反映。因此,针对 0～5m 和 5～50m,分别选用不同的数据参与模型构建,0～5m选取取样钻和钻孔编录作为建模数据完成模型构建,5～50m 选取钻孔编录和微动完成模型构建。

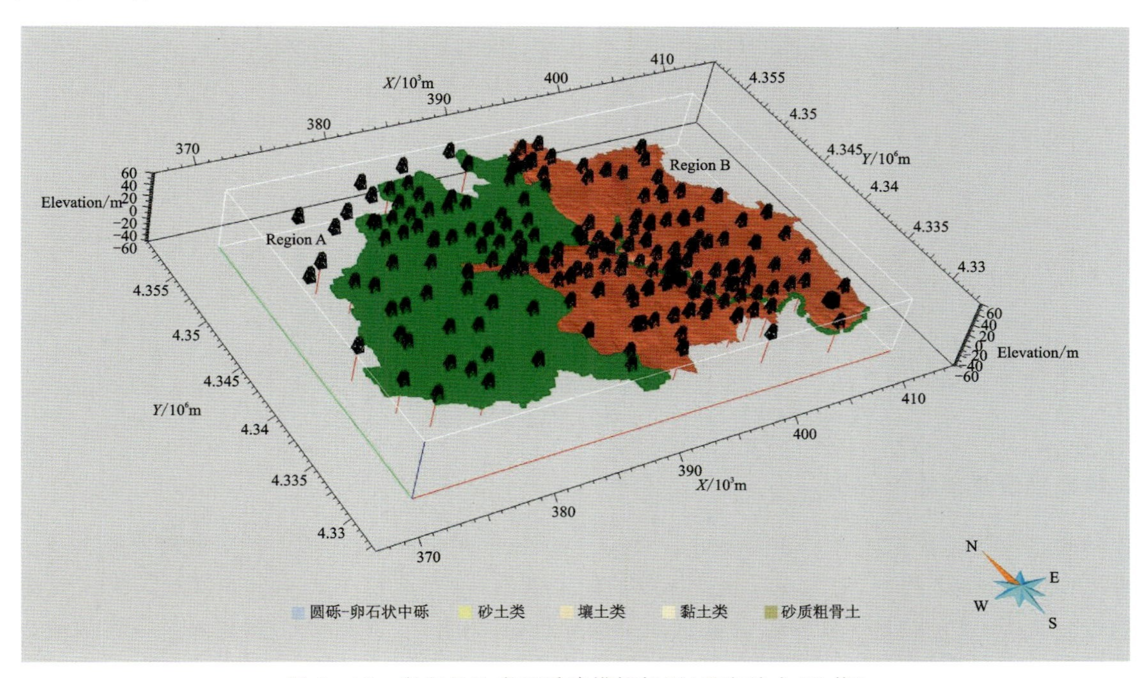

图 3-42　定兴县地表基质建模框架图(垂向放大 50 倍)

综上所述,针对建模区,在横向和垂向上各划分为 2 个子区,总计 4 个子区,开展地表基质模型构建。

建模区内的地表基质类型可以表达到二级和三级,因此有必要针对二级和三级分别进行地表基质模型构建,且保证三级地表基质类型与二级地表基质类型套合正确。在实际操作过程中,以顺序构建、逐级约束的方式进行,即先构建起大分类的二级地表基质模型;随后,以某个大分类的二级地表基质模型为基础,将三级分类的建模区域限制在该二级分类下,从而实现二级分类与三级分类的套合正确;最终,形成套合的地表基质二级三级模型。

(四)地表基质模型构建

1. 地表基质层构建

首先构建地表基质层所对应的地质实体。GOCAD 提供了 Structure & Stratigraphy 工作流,可分为数据准备和定义目标体、断层网格建模、地层建模、地质网格建模 4 个部分。对本建模区地表基质层模型而言,暂不考虑断裂相关要素,选择在层数据中选择加载进去的顶层与底层,进行层数据建模。选择层数据后,进行模型边框选择,选择顶层与底层高度。

构建完地表基质层模型后,建立地层,选择 Create Volume 创建分辨率,水平网格分辨率为 100m,垂向分辨率为 0.2m,此参数即为模型的横向和垂向分辨率参数。图 3-43 完成地表基质层模型的构建,即剖分为网格数为 401×269×502 的整个定兴县外接立方体网格模型。

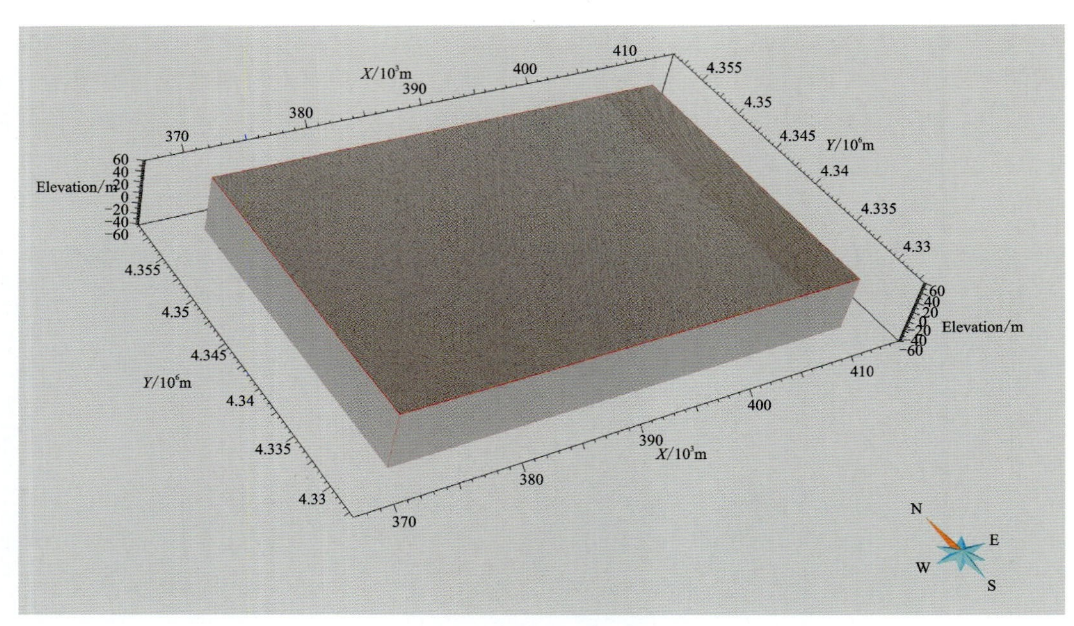

图 3－43　地表基质体模型构建(垂向放大 50 倍)

2.地表基质建模约束

在地表基质类型模型建立之前需要进行 Reservoir Data Analysis，形成多种离散曲线等类型的数据分析结果，对数据加以约束，成为变异函数求取的约束条件，进而达到在 Reservoir Properties 时进行约束。数据分析要在 4 个子区两套地表基质分类分别进行。因逐个描述较为繁琐，以 A 区和 B 区 5～50m 的范围为例，针对 Type1 分类简单加以描述。

首先，在数据选择上 inset new row，定义需要分析的岩性的属性，在 type 上选择属性标准中的离散曲线 litho 图标；定义完成后需要与钻井数据进行关联，选择区内钻孔作为数据，关联数据的表现形式为 intervals(一杠一段)，选择之前建立的网格，定义数据分析的空间，进入数据的计算与显示，会看到岩性的分布直方图。需要对统计结果进行保存，形成约束。由于构造模型的建立是根据钻井分层数据进行随机拟合的，且研究区内地层分布复杂，造成一定的岩性错杂分布情况，所以需要后续的数据粗化(blocked)过程。此过程需要将曲线定义到网格(map data to grid)，选择粗化方法，遵循就近原则、最大可能原则、随机原则，粗化方法的选择需根据粗化后的数据与原始数据的差额，差额越小则此方法越可靠。粗化方法会带入误差，影响建模精度，本次建模过程中选择最大可能方法完成粗化，粗化前后对比如表 3－21 和图 3－44 所示。可以看出，各地表基质类粗化前后占比差距不大，在 A 区圆砾-卵石状中砾占比略有上浮。

表 3－21　定兴县 5～50m 地表基质 Type1 空间分布比例表

分类	圆砾-卵石状中砾	砂土类	壤土类	黏土类	砂质粗骨土
A 区原始	0.072 9	0.504	0.365	0.017 1	0.041
A 区粗化	0.076 1	0.504	0.362	0.017 4	0.040 8
B 区原始	0	0.569	0.266	0.164	0
B 区粗化	0	0.568	0.266	0.165	0

然后，计算垂向上的属性比例曲线，选择原始数据进行统计和计算，建立曲线 VPC model，在曲线上可进行位置调整和平滑调整，在 Interval－VPC model 中的 create as resource 进行保存，以 A 区 5～50m Type1 分类为例得到的比例曲线见图 3－45。

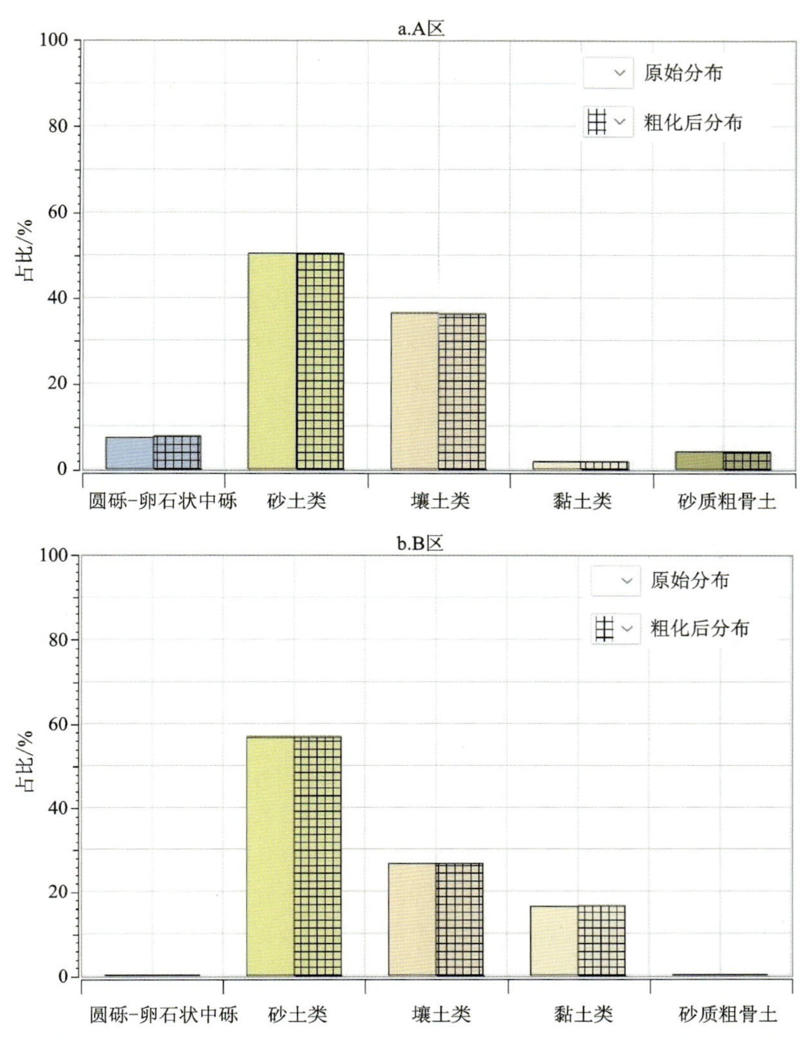

图 3-44 A区和B区 5～50mm 地表基质类型 Type1 岩性空间分布原始及最大可能粗化直方图

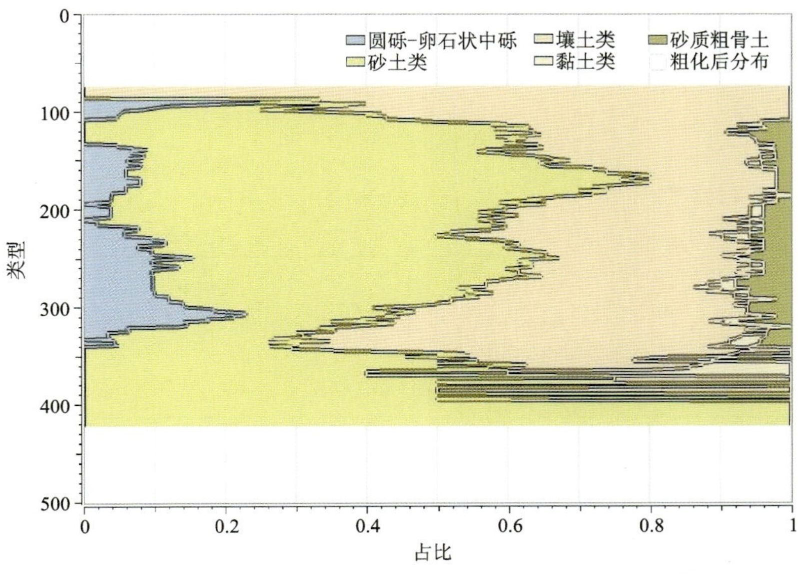

图 3-45 A区 5～50m Type1 地表基质类型比例分布图

3. 模型构建

地表基质类型这一属性属于离散型曲线，不存在连贯性，建立模型时选择离散性曲线(discrete)，而变异函数需要通过反复的试验，大量的机器计算才能获得符合地质认知的结果。

属性模型的构建需要在 Reservoir Properties 流程中进行。首先，进行一般参数的设置，选择建好的地质网格和需要建的属性，属性类型为 categorical(离散的)，然后会进入设置界面，回答一系列有关在前面进行属性数据分析的问题，设置好以后，选择模拟空间- by region，以地层为容器进行建模；容器选好后需要进行属性的填充，在这一步需要选择填充的方式、算法(序贯指示)、约束条件，之后进入以分区为单位的岩性模拟阶段。在完成初始建模区域的建模后，以行政边界和顶底界面裁切后得到定兴县的地表基质模型。

0～5m 选取取样钻和钻孔编录作为建模数据完成模型构建。在本区段内，三级分类 Type2 类型取样钻编录结果相对较细，层位相对较多；钻孔编录较粗，0～5m 范围多为 2～3 层，不适合直接以两种钻孔编录的 Type2 类型建模。同时，原始编录都是地下地表基质类型的真实反映，为最大限度地整合综合利用数据，在前期分区的基础上，以如下方法构建 0～5m 地表基质类型模型：①以综合取样钻、钻孔的 Type1 编录结果，构建起二级分类 Type1 地表基质类型模型；②以二级分类 Type1 为约束，仅利用取样钻 Type2 编录结果，在二级分类 Type1 的结果上细分，构建起三级分类 Type2 地表基质类型模型，确保 Type2 中各小类一定包含在 Type1 的大类中。

5～50m 选取微动解译和钻孔编录作为建模数据完成模型构建。在本区段内，微动分类在解译时已经受到了钻孔的约束；可以直接以微动解译和钻孔编录的 Type1、Type2 类型建模。在前期分区的基础上，以如下方法构建 5～50m 地表基质类型模型：以综合微动、钻孔的 Type1 编录结果，构建起二级分类 Type1 地表基质类型模型；以二级分类 Type1 为约束，综合微动、钻孔的 Type2 编录结果，在二级分类 Type1 的结果上细分，构建起三级分类 Type2 地表基质类型模型，确保 Type2 中各小类一定包含在 Type1 的大类中。

根据流程进行变异函数的选取与设置，进行变异函数的分析具体分为 4 部分：第一部分需要选择进行变异函数计算的空间-井数据、属性、单位、采样点利用率、坐标系等因素；第二部分为计算，在垂向空间上设置参数，与地质网格的设置有关，需要进行关联设置，进行计算后会得到一个变异函数曲线；第三部分进行模型的建立，选择曲线类型与变异函数曲线进行拟合，以 A 区 Type1 类型的砂土类基质类型为例，其变异函数经过反复调试，如图 3-46 所示；在选择完变差函数后，对特定区块进行模拟，完成模

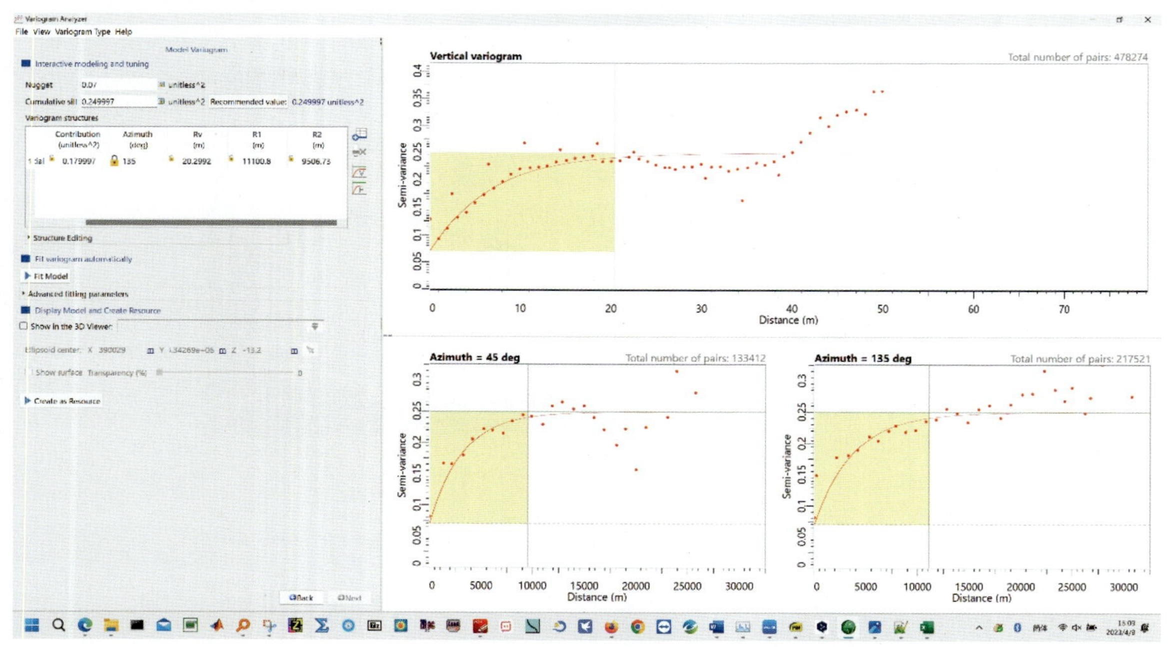

图 3-46　定兴县 A 区 Type1 砂土类变异函数曲线图

型构建。按照行政区域和顶底面裁切后，得到定兴县内的 Type1、Type2 两种分类的多分辨率地表基质模型，如图 3-47 所示。按照特定的剖面线裁剪后，可得到地表基质的立体图及结构模型图，如图 3-48 和图 3-49 所示。

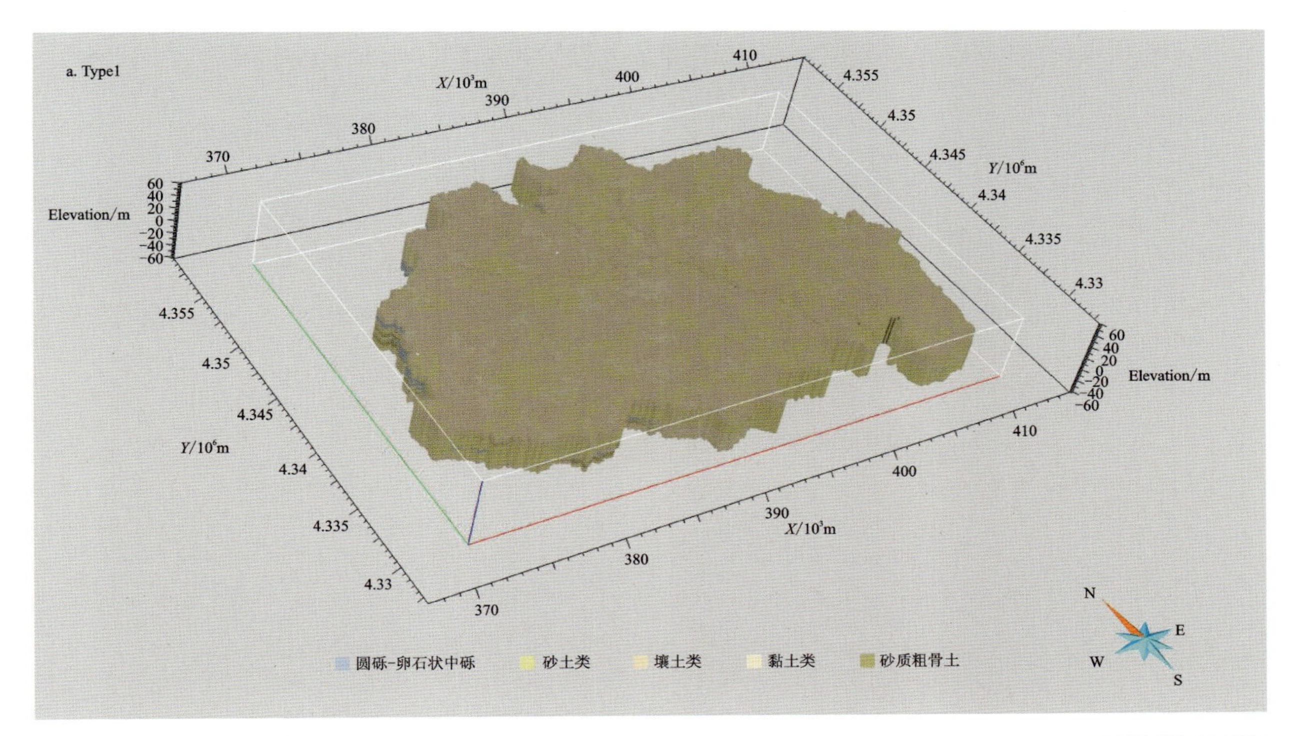

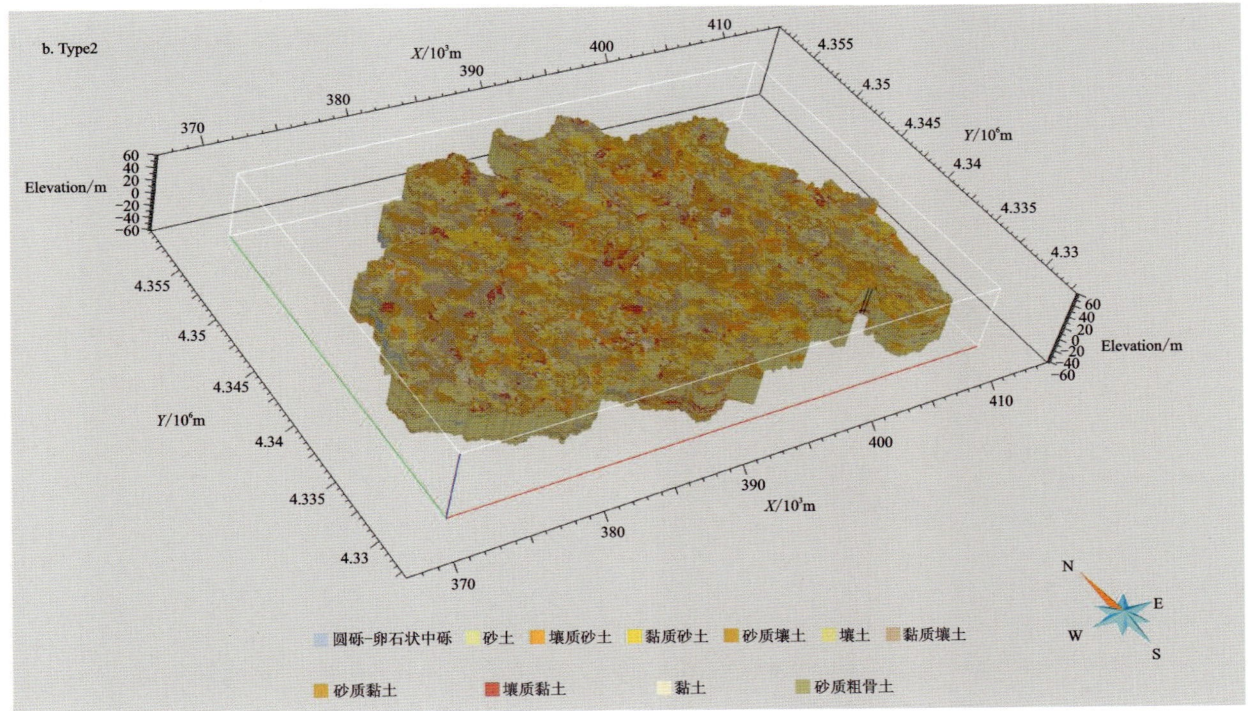

图 3-47 定兴县 Type1、Type2 地表基质分类模型图（垂向放大 50 倍）

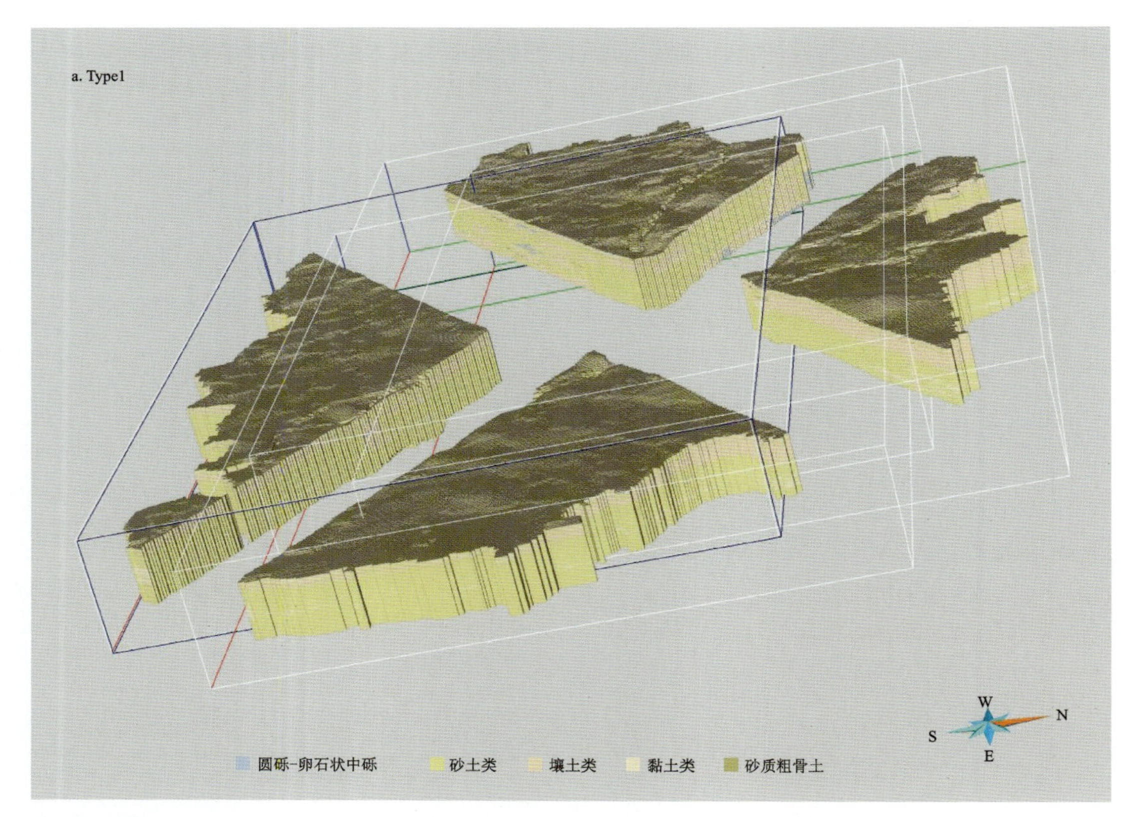

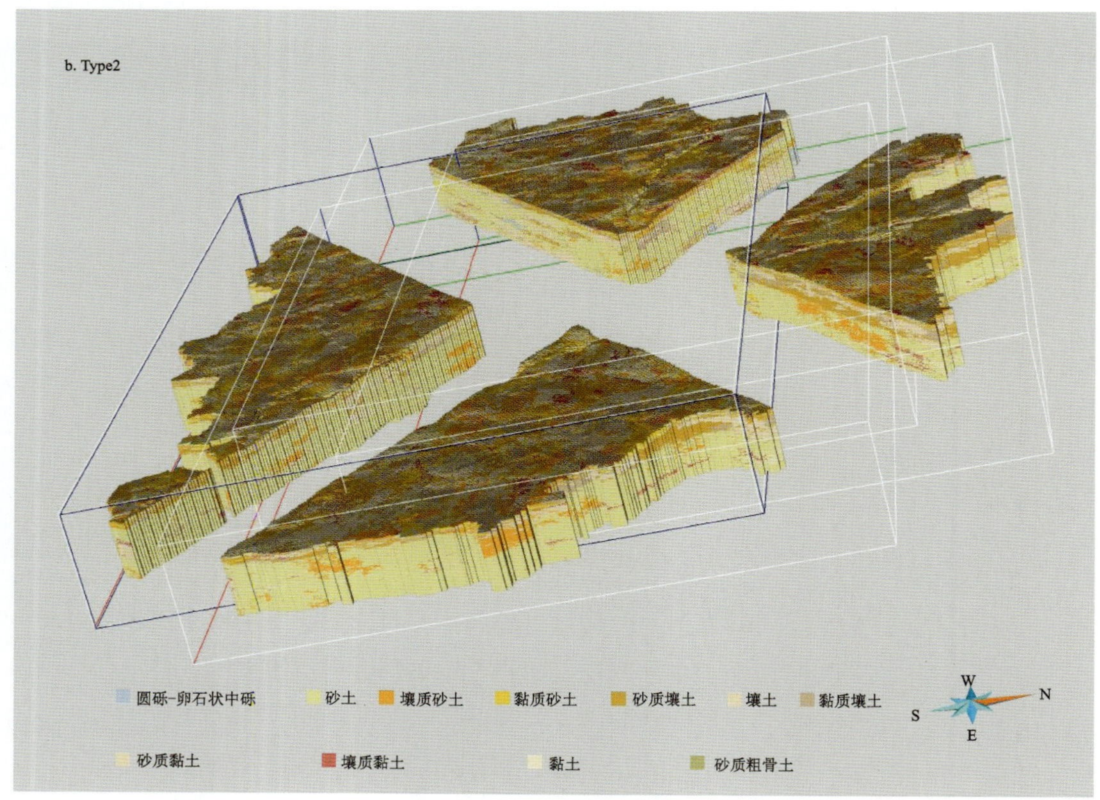

图 3-48　定兴县 Type1、Type2 地表基质分类立体图(垂向放大 50 倍)

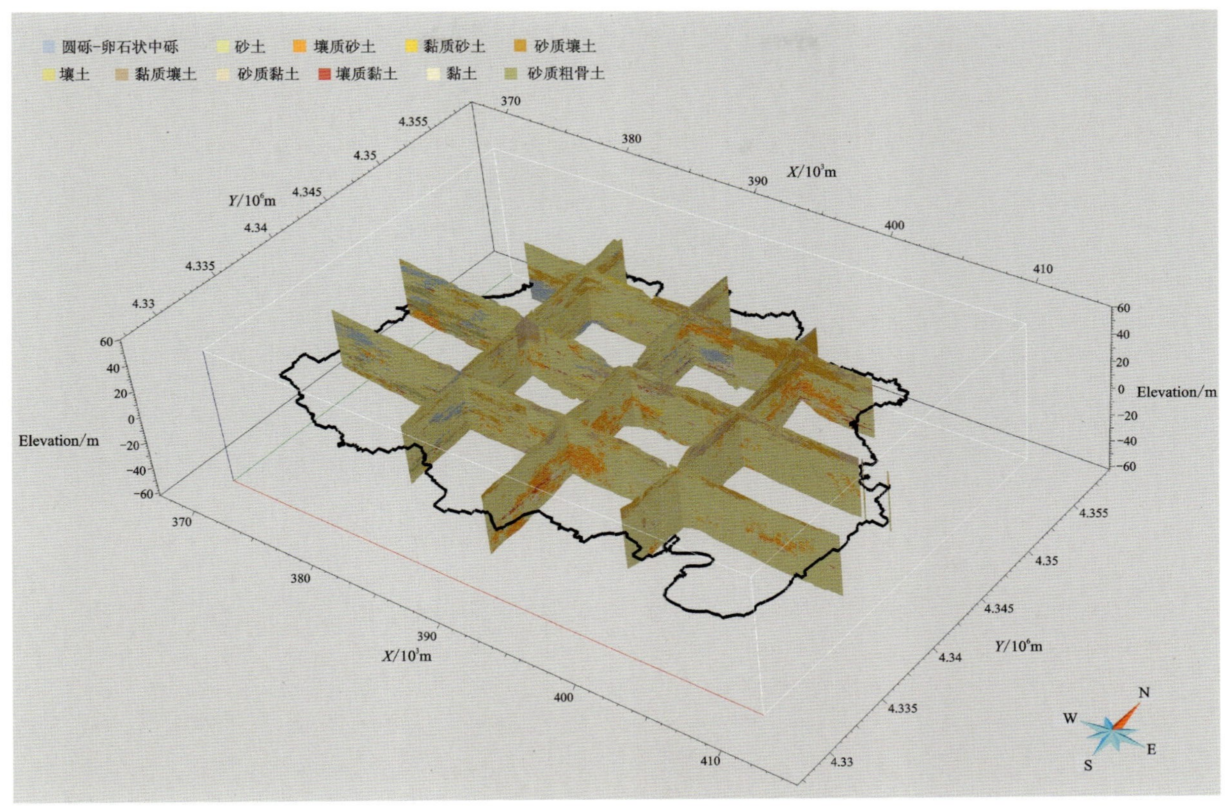

图 3-49 定兴县地表基质结构模型图(垂向放大 50 倍)

通过对单一地表基质类型进行筛选,系统展示不同类型地表基质的空间展布形态(图 3-50~图 3-60)。圆砾-卵石状中砾集中分布于区内西北部,零星分布于河道周围;砂质粗骨土在西北部与圆砾-卵石状中砾交错相伴;砂土、壤质砂土、砂质壤土、壤土、黏质壤土基质类型在横向和垂向上在区内分布较为均匀连续;黏质砂土、砂质黏土、壤质黏土、黏土基质类型分布相对破碎,分散,更多以层间夹层的形态出现。

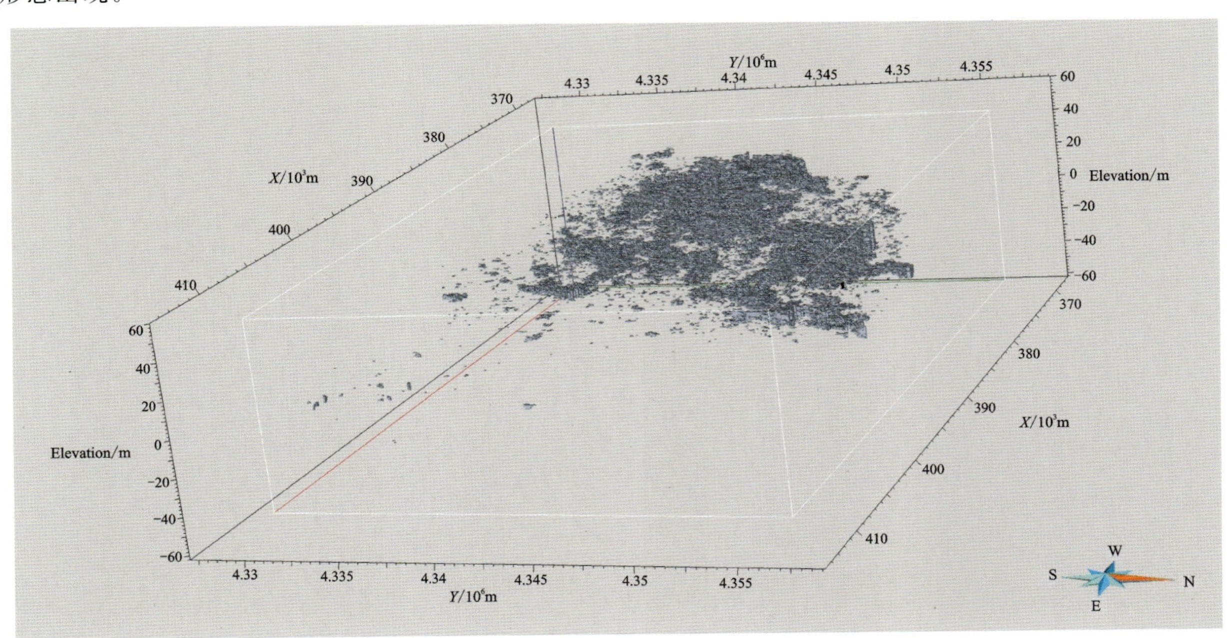

图 3-50 定兴县圆砾-卵石状中砾基质空间分布图(垂向放大 100 倍)

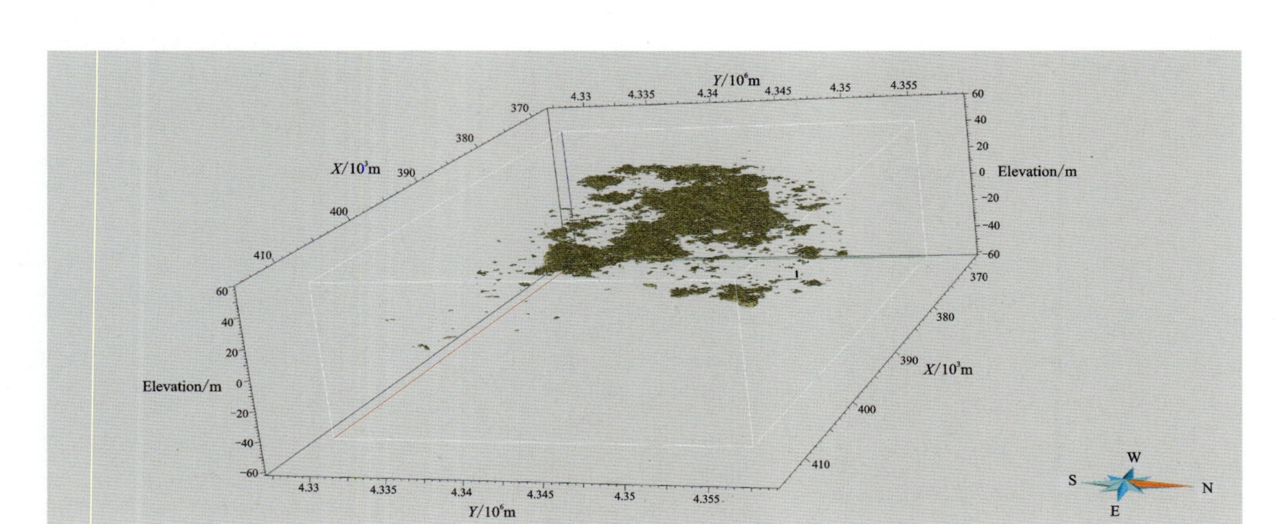

图 3-51　定兴县砂质粗骨土基质空间分布图(垂向放大 100 倍)

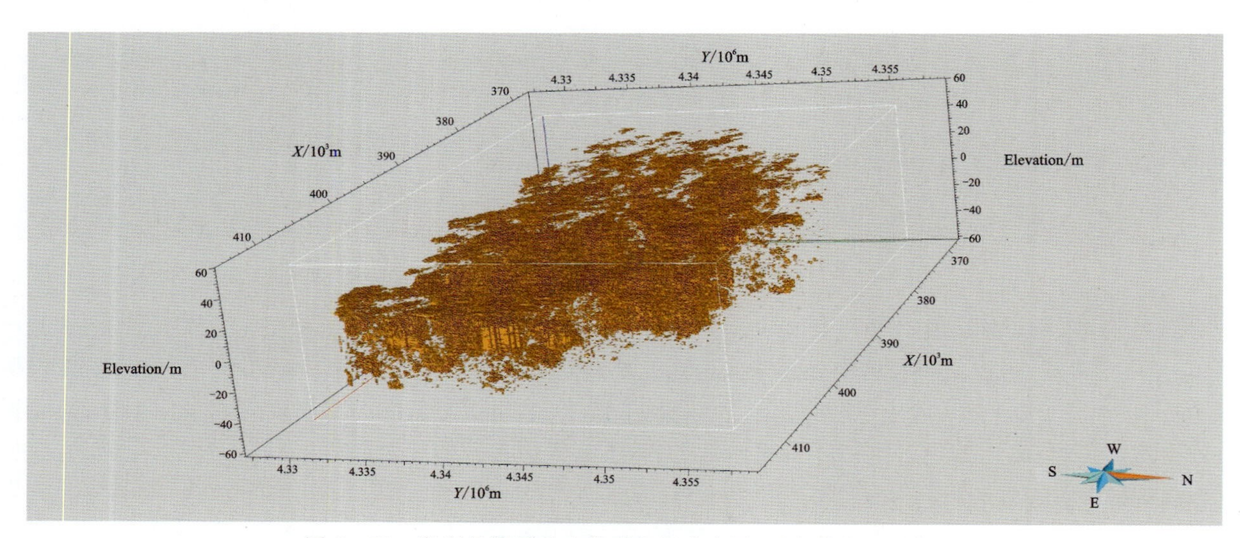

图 3-52　定兴县壤质砂土基质空间分布图(垂向放大 100 倍)

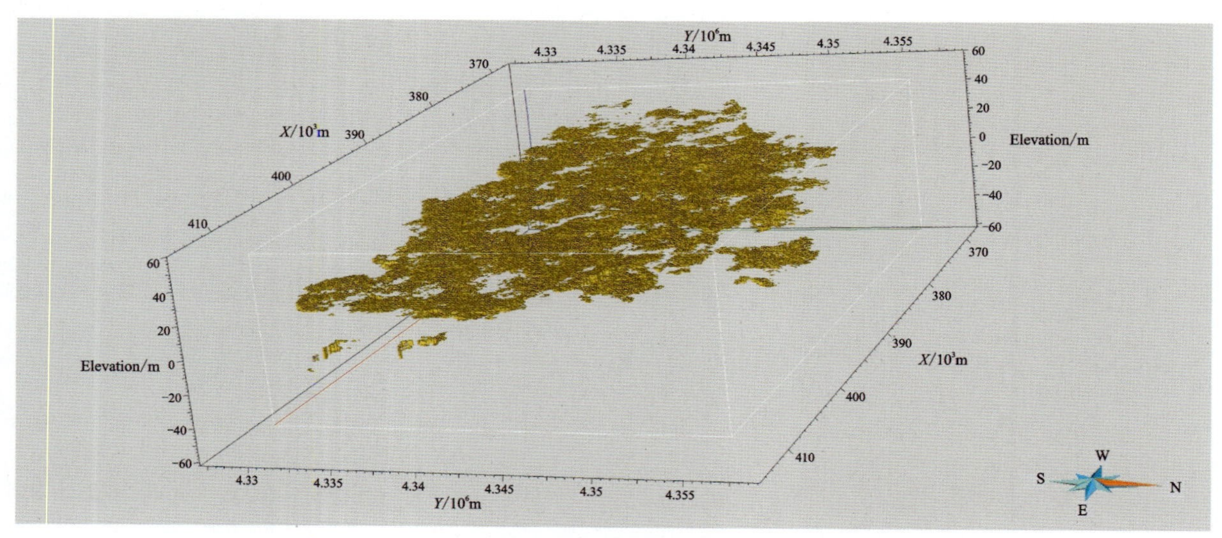

图 3-53　定兴县黏质砂土基质空间分布图(垂向放大 100 倍)

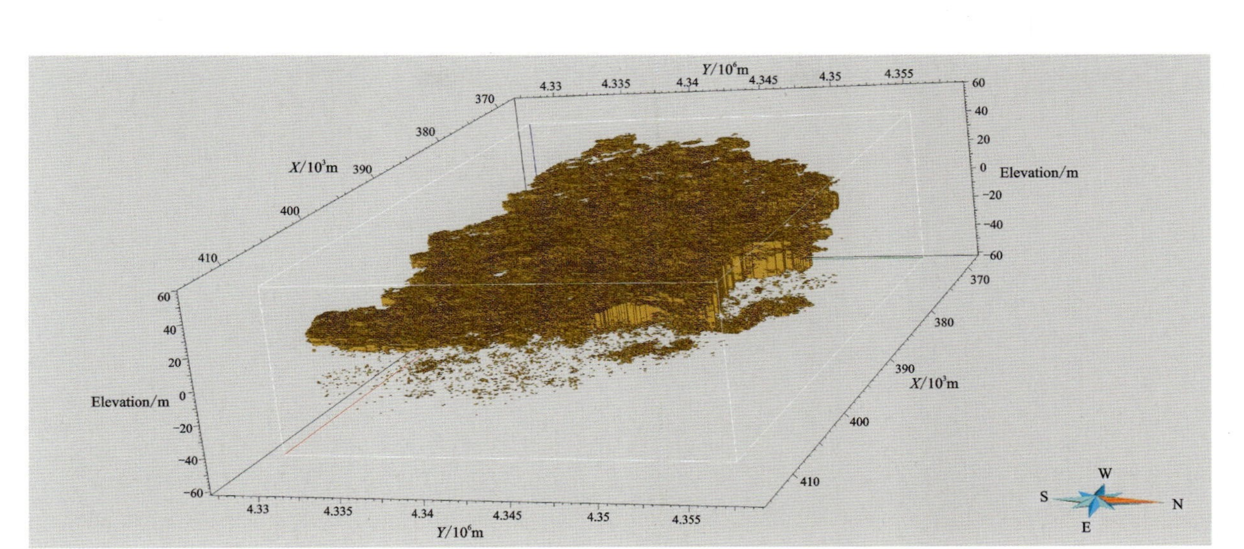

图 3-54　定兴县砂质壤土基质空间分布图(垂向放大 100 倍)

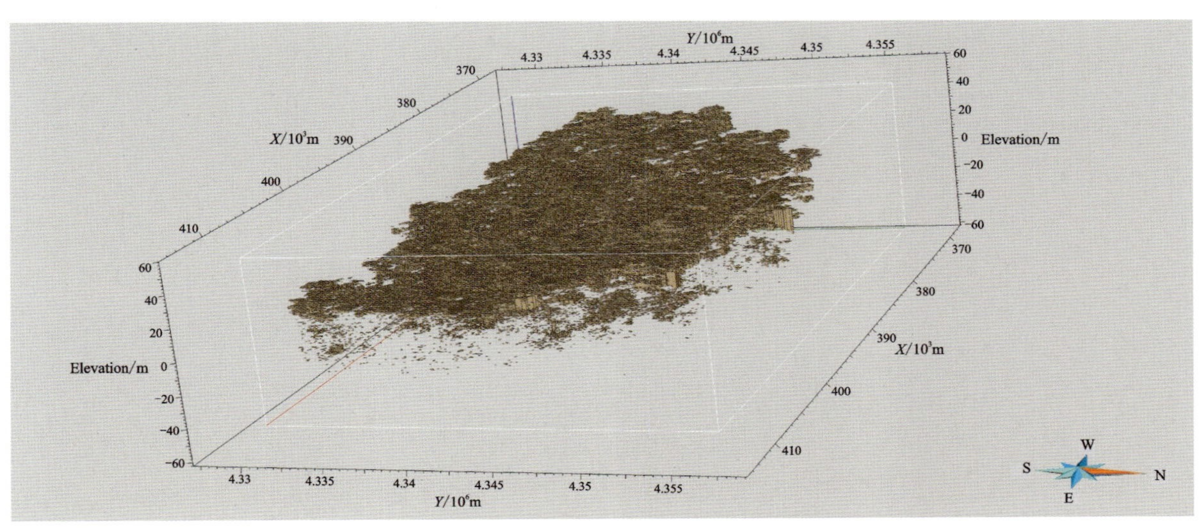

图 3-55　定兴县黏质壤土基质空间分布图(垂向放大 100 倍)

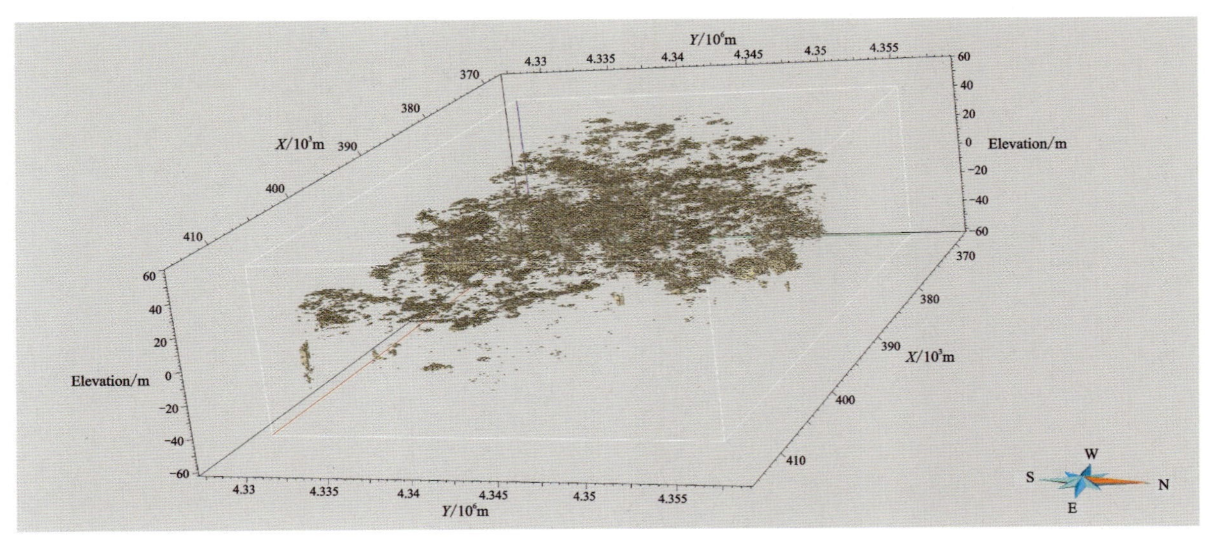

图 3-56　定兴县砂质黏土基质空间分布图(垂向放大 100 倍)

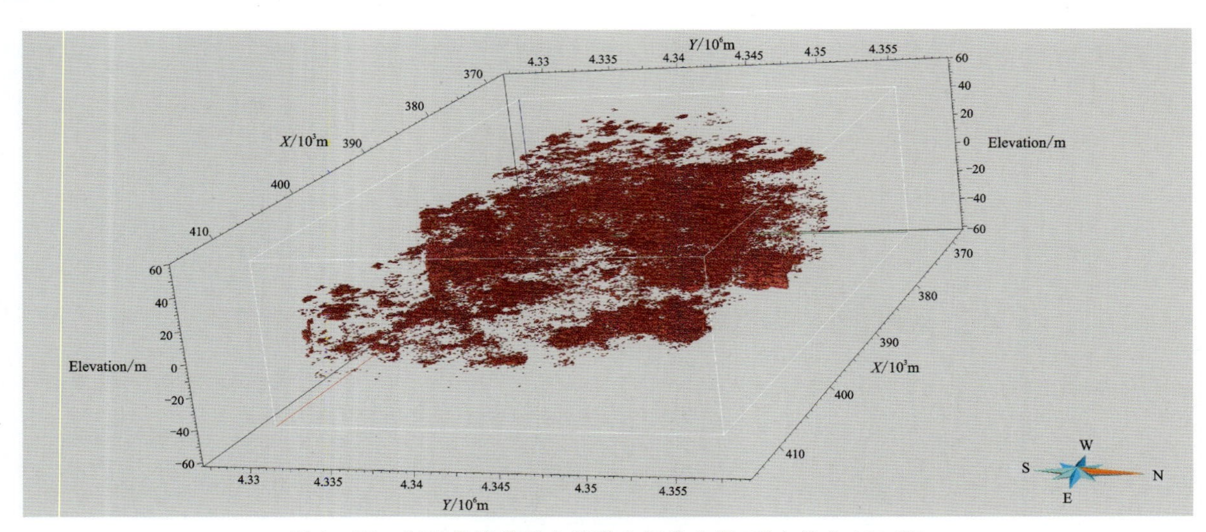

图 3-57 定兴县壤质黏土基质空间分布图(垂向放大 100 倍)

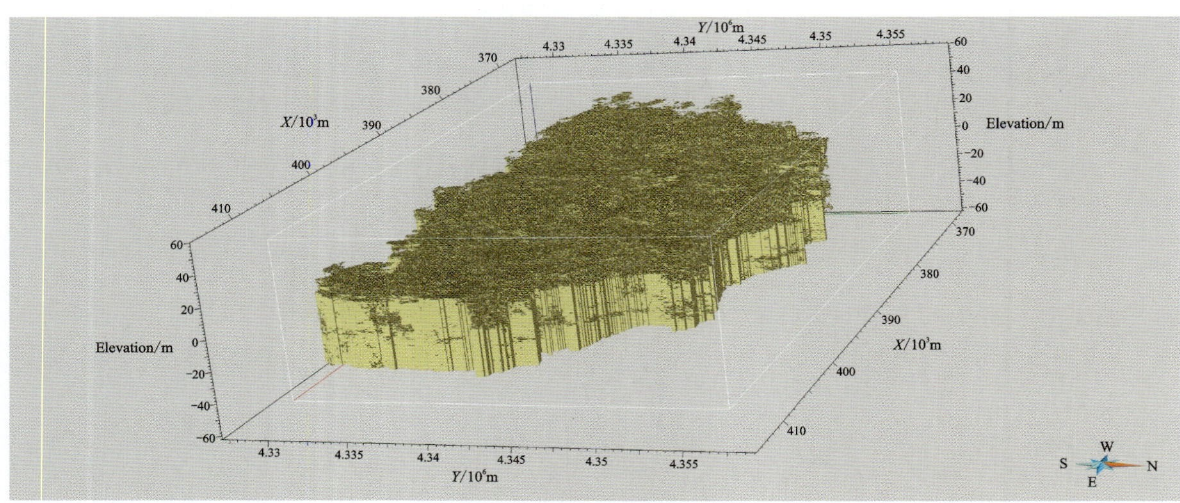

图 3-58 定兴县砂土基质空间分布图(垂向放大 100 倍)

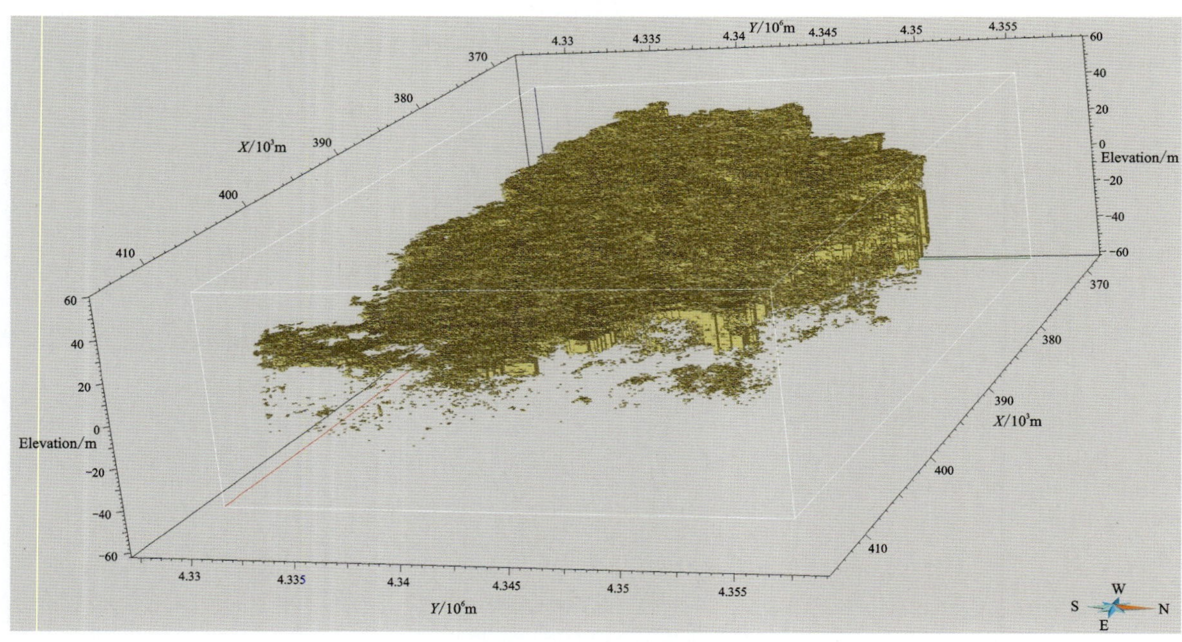

图 3-59 定兴县壤土基质空间分布图(垂向放大 100 倍)

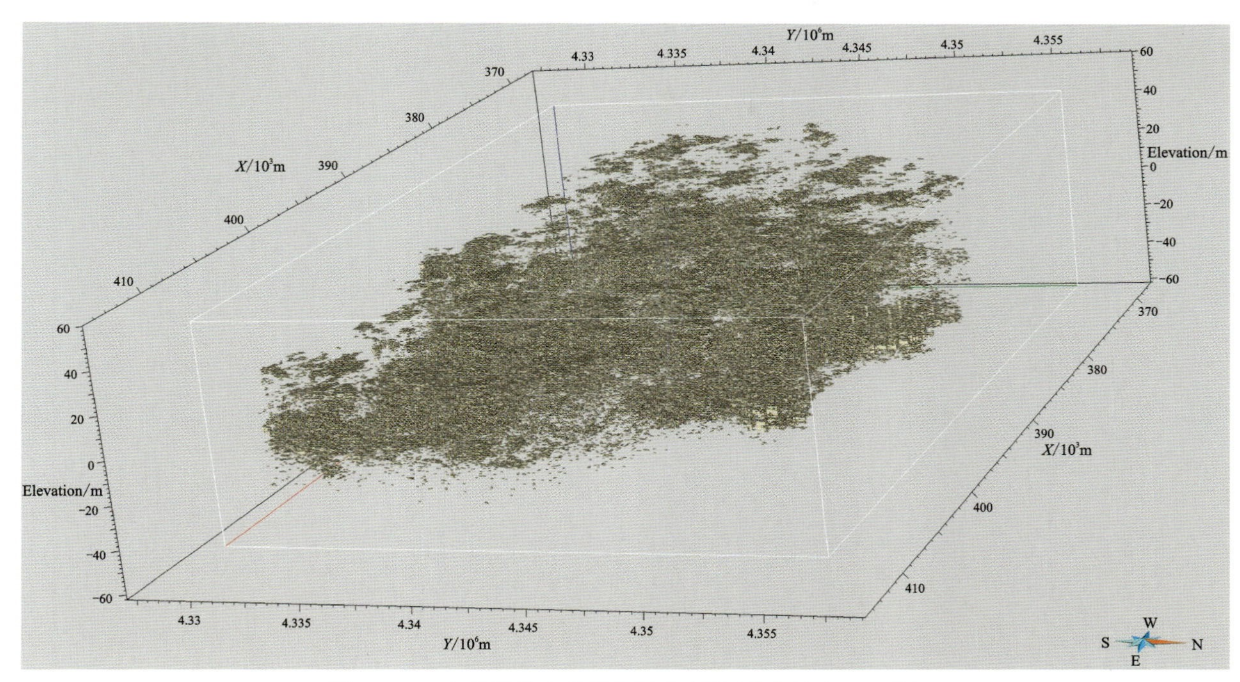

图 3-60　定兴县黏土基质空间分布图(垂向放大 100 倍)

从以上各地表基质类型空间展布图可以看出,模型建立以后,每个网格 100m×100m×0.2m 的范围都有其对应的基质类型,通过这样一个建模可以对研究区内任意一个位置处的地表基质类型、地形等进行分析观察,达到建模的目的。该模型可用于自然资源三维立体时空数据模型的底板,能为工作区自然资源统一管理、国土空间的合理开发利用提供基础支撑。

第七节　地表基质图编制原则与方法

一、地表基质图面内容表达

在完成区域上地表基质调查后,开展地表基质编图,具体的图幅布置模式如下(图 3-61)。

1. 图名

中华人民共和国地表基质图
县(市)级行政代码(县市名称)

2. 主图

在主图内主要包括 3 个基本特征:①基于 DEM 影像数据,建立三维地形地貌,向读图者表述直观的地形高低起伏特征;②基于地貌形态、成因类型、岩石上覆土厚度等因素划分地表基质分区,厘定出制

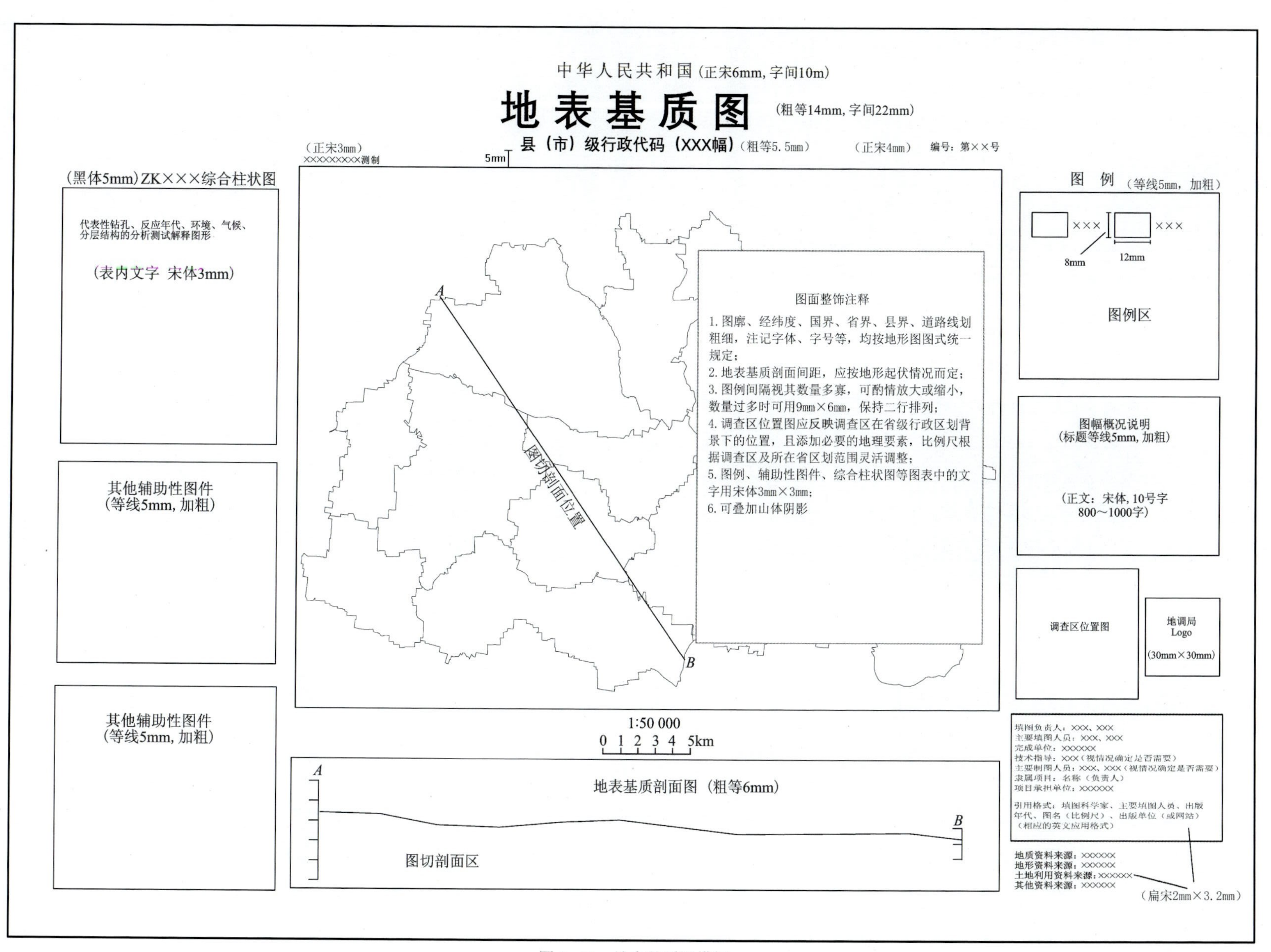

图 3-61 地表基质图模板

约地表基质类型的界线，确保地表基质结构划分更加合理；③能够表征图幅内一定深度地表基质三级类垂向结构(次构型)特征信息，主要包括地表基质类型、出露顺序、分层数量等信息。

3. 辅图及简要说明

(1)区域地表基质结构示意图：该图反映工作区所有地表基质分区下一定深度的地表基质构型、次构型种类、分布特征，使读图者能够快速掌握区域地表基质分布现状。

(2)地表基质剖面图：通过对区域地表基质变化显著方向进行解剖，直观地刻画典型剖面地表基质垂向结构、物质组成、土地利用等多要素信息，利于总结地表基质垂向结构对空间利用的影响制约关系。

(3)土地利用现状图：该图主要反映表层地表基质的利用状况，不同地表基质结构决定了土地的利用方式，反过来土地的利用状况也会改变地表基质的类型，两者关系密切。

(4)土壤类型图：土壤发生分类的类型与土质地表基质类型从成因上有着很高的相关性，通过土壤类型可以辅助认识区域地表基质构型、次构型的分布特征。

(5)区域地质图：该图主要反映区内的地层发育状况。地层是揭示地质年代、物质成因及类型、岩性特点等信息，这与地表基质类型，尤其是岩石基质的关系极为密切，能辅助认识区域地表基质的形成、分布特点。

4. 图例与标注

图例置于主图右侧，应有详细文字说明。

标注调查区位置、坐标系、线段比例尺、中国地质调查局标志、填图负责人、主要填图人员、制图人员、承担单位等信息，注明地表基质图引用格式。具体格式和位置参考图式。

二、地表基质编图实践

依托保定东部山地平原过渡区(塘湖幅)的调查实践，融合借鉴地质、地貌和土壤等综合学科，从地表基质分区、地表基质类型(组合)两个层级对区域地表基质分布特征进行表达。

(一)地表基质图表示的内容

1. 地表基质分区

地表基质分区是指影响地表基质形成及分布区划，地表基质类型(组合)是指地表以下一定深度不同基质类型(组合)的划分，是地表基质图表达的核心内容。按照逐级划分的原则，一级分区依据区域大的地貌单元划分，划分为隆起带和沉降带，代号用罗马数字标识。二级分区按照地貌形态划分，可划分为高山区、低山区、丘陵区、台地区、平原区等，代号用阿拉伯数字标识。三级分区按照成因类型划分，可划分为残坡积、冲洪积、冲积等，也可以根据工作区具体情况结合地貌微形态对三级分区进行细分，代号用成因类型英文缩写标识。

2. 地表基质构型

土质基质构型是依据土质基质二级类的出露数量划分的，可分为单元、二(单)元、三(单)元……，代号依据二级类壤土(loamy soil)、黏土(clay soil)、砂土(sandy soil)、粗骨土(fragmental soil)的英文首字母标注，“S”基质均属二级类壤土，则该构型命名为壤土单元，用代号“Sl”表示；如某构型自上至下为壤土-壤质黏土-黏质砂土-砂土，4种三级类土质基质分属壤土-黏土-砂土3种二级类，则该构型在前，具体土质二级类在后，如某构型自上至下为壤土-砂质壤土-壤土，因3种三级类土质命名为壤黏砂三元，用代号“Slcs”。在构型的基础上进一步细分次构型，次构型的命名依据每单元内出现的同一二级类下的所有三级类名称，并用“/”间隔，单元间用“-”连接，三级类名称通常简写。

岩石基质与土质基质的组合一般出现在山区，由于岩石上覆土有薄有厚，要想将裸岩与岩石＋土质组合区分，就需要界定一个上覆土厚度值，考虑到基质的定义是承载自然资源的基础物质，将此临界值确定为20cm，即岩石上覆土厚度≥20cm时，则为土质＋岩石的组合；岩石上覆土厚度＜20cm时，则忽略土质，称之为裸岩。

对于土质＋岩石的组合，土质部分依据土质基质构型的命名方式及代号规则，岩石部分一般仅表达一种类型，故直接称其二级类，代号依据岩浆岩(magmatic rock)、沉积岩(sedimentary rock)、变质岩(metamorphic rock)的英文首字母标注，“R”在前，两位二级类英文在后。如某处变质岩，上覆普遍小于20cm厚的粗骨土，则该出基质(组合)为裸岩，称之为“变质岩”，用代号“Rme”表示；某处沉积岩，上覆普遍超过50cm厚的壤土，则该出基质(组合)为土质基质＋岩石基质，称之为“壤土-沉积岩”，用代号“SlRse”表示。

3. 地表基质次构型

次构型依据地表基质三级类的出露数量划分，单一土质次构型可分为单层、两层、三层、多层(≥4层时)，同时根据每层土质三级类型在层数前添加名称简写，代号依据二级类土质的英文缩写＋层数的阿拉伯数字的原则命名。例如A处自地表以下5m均为壤土，则该处次构型为“壤单层”，代号为“l1”；再如B处自地表以下5 m共有两层，分别为壤土、壤质砂土，则该处次构型为“壤砂两层”，代号为“ls2”。岩石基质与土质基质的组合次构型则直接以土质三级类名称“-”岩石三级类名称的形式命名，如某处岩石基质三级类为白云岩，上覆土质基质三级类为粗骨质壤土，则该处次构型命名为“粗骨质壤土-白云岩”。

编制的地表基质图(图3-62)主要反映研究区0～5m以浅地表基质类型或类型组合的分布现状、地表基质分区。研究区为山区-平原过渡区，因此在编图时也充分考虑到了地貌类型差异，以不同思路分别对不同地貌区进行编制。对于山区而言，我们人为规定了岩石上覆土小于20cm的为“裸岩”，上覆土大于等于20cm为“岩上覆土”；对于平原区而言，根据野外调查获取的背包钻土芯，按照土质基质的类型和上下出露顺序分为不同的组合类型，根据土质类型的层数可将其分为单层结构、双层结构、三层结构、四层结构4种类型。

4. 山区与平原区界线

山区和平原的界线以1∶5万地质图中成岩地层与第四系等未成岩地层之间的地质界线为主，同时利用土地利用调查数据中水浇地、旱地、灌木林地等明显有厚层土质出露的图斑范围对地质界线进行调整。

5. 岩石上覆土

岩石上覆土深度，基于实际调查样点所获得的厚度以及点位所在的4大因素12个因子(表3-22)对应数值或分类为原始数据，以BP神经网络法构建12个因子与表层土质基质厚度的数学拟合模型，获取预测厚度，筛选出覆土厚度小于20cm和大于等于20cm的区域。

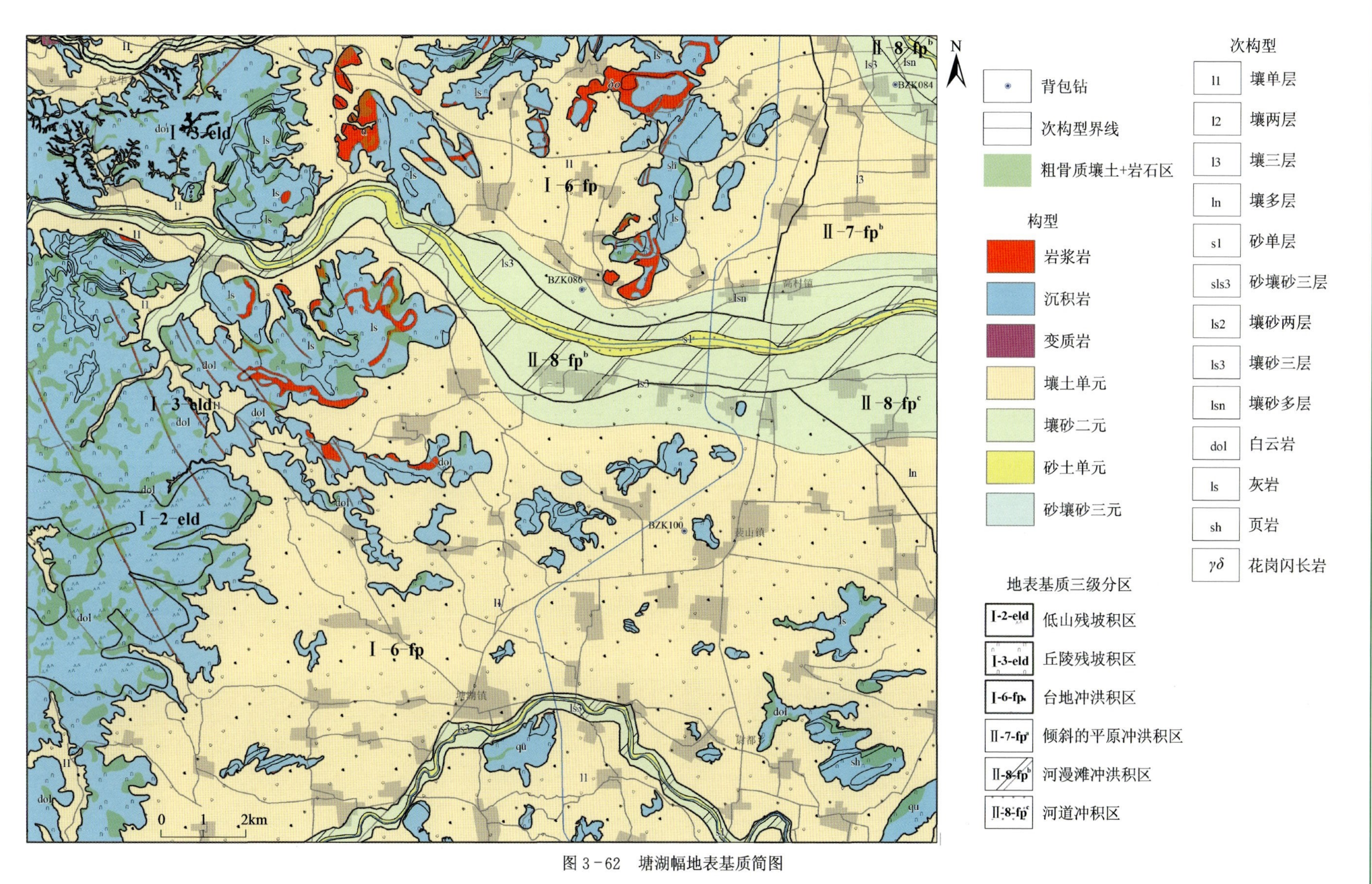

图 3-62 塘湖幅地表基质简图

表 3-22　岩石上覆土厚度因素因子汇总表

因素类型	因子类型	因素类型	因子类型
一、地貌类型	1. 地貌类型(landforms)	四、地形因子	7. 坡向(aspect)
二、母岩分类	2. 母岩分类(litho)		8. 风力作用指数(WEI)
三、植被情况	3. 植被类型(vet)		9. 地形湿度指数(TWI)
	4. 归一化植被指数(NDVI)		10. 坡位(position)
四、地形因子	5. 数字高程模型(DEM)		11. 平面曲率(HC)
	6. 坡度(slope)		12. 剖面曲率(PC)

6. 其他

用数字高程模型(DEM)数据灰度图表示，由于灰度图在位于地表基质类型和分区图层之上，使得图面整体颜色较图例略灰。为了使得图面层次清晰，地表基质分区界线为深黑色，且线条较粗，地表基质类型(组合)界线颜色较浅，且线条较细。图面添加水系、村镇等地理要素。

(二)塘湖幅地表基质特征

1. 分区特征

根据区域特征，将塘湖地区划分出一级分区分为两个：一是太行山隆起带东麓(保定地区)地表基质区，二是冀中平原沉降带西缘(保定地区)地表基质区。二级分区按照地貌形态划分为 5 个，隆起带下划分出低山区、丘陵区、台地区，沉降带下划分出平原区、阶地漫滩区。三级分区按照成因类型划分，考虑到塘湖地区平原区面积较小，对平原区的分区添加了地貌微形态，共划分出 6 类，分别为低山残坡积区、丘陵残坡积区、台地冲洪积区、倾斜的平原冲洪积区、河漫滩冲洪积区、河道冲积区(表 3-23)。

表 3-23　塘湖地区地表基质分区一览表

一级分区		二级分区		三级分区	
名称	代号	名称	代号	名称	代号
太行山隆起带东麓(保定地区)地表基质区	Ⅰ	低山区	Ⅰ-2	低山残坡积区	Ⅰ-2-eld
		丘陵区	Ⅰ-3	丘陵残坡积区	Ⅰ-3-eld
		台地区	Ⅰ-6	台地冲洪积区	Ⅰ-6-fp
冀中平原沉降带西缘(保定地区)地表基质区	Ⅱ	平原区	Ⅱ-7	倾斜的平原冲洪积区	Ⅱ-7-fp[a]
		阶地漫滩区	Ⅱ-8	河漫滩冲洪积区	Ⅱ-8-fp[b]
				河道冲积区	Ⅱ-8-fp[c]

2. 构型特征

结合地表基质分区，利用背包钻调查成果，根据地理地貌、土壤类型、土地利用等资料，合理勾绘出了 8 类地表基质构型(表 3-24，图 3-62)。其中，裸岩划分到二级类，共有 3 种；岩石覆土由三级类土质和二级类岩石组成，共有 2 种；土质类型组合划分到了二级类，共有 3 种。

表 3-24　研究区地表基质类型(组合)分布特征一览表

基质特点	基质类型(组合)	面积/km^2	占比/%	分布特点
裸岩	岩浆岩	5.7	1.74	主要分布在研究区中西部、北部,多为侵入岩体、岩脉形式产出
	沉积岩	93.4	28.58	为区内最主要的裸岩类型,集中分布于研究区西部、北部,以白云岩、灰岩为主,植被稀疏,上覆土很薄
	变质岩	0.06	0.02	仅出露于研究区北西角,在大龙华乡附近,面积很小
岩石覆土	粗骨质黏土-岩浆岩	0.77	0.24	仅在研究区北西部少量出露,坡度较缓,植被相对茂盛
	粗骨质黏土-沉积岩	18.7	5.72	点状、小片状广泛分布于研究区西部和北部,所处位置坡度相对较缓,植被较为茂盛
土质组合	壤土单元	149.42	45.71	为研究区内最主要的一种基质类型,集中分布于中易水河南岸,多为耕地、林地、建设用地
	壤砂二元	51.9	15.88	仅分布于研究区中东部,东罗村—南韩村一带,呈北西向带状分布
	砂土单元	6.9	2.11	集中分布于中易水河、瀑河两岸,与河漫滩分布高度相关

第八节　报告编写和验收

一、报告编写

(一)成果报告编制

在编写过程中,要综合利用、充分反映调查所取得的成果;阐明地表基质的本底特征,深化地表基质层对各类自然资源产生、发育、演化和利用的孕育与支撑作用研究;结合地方政府需求与经济、社会发展规划,提出合理、有效的国土空间规划布局、用途管理与修复治理的地学建议;报告编写要有综合性、逻辑性;应做到内容真实、文字精练、主题突出、层次清晰、图文并茂、各章节观点统一协调,着重突出本次调查所取得的大量实际资料及进展成果;所附插图要美观、图例齐全。

(1)地表基质调查结束后应按要求编写地表基质调查报告,基本内容应根据具体任务要求和丰富翔实的实际资料为基础,实事求是地总结客观地质规律,内容要求全面、重点突出,客观反映总体研究水平和重点解决的科学问题。

(2)地表基质调查报告要客观反映调查区地表基质的类型、成因、物质组成、空间分布、理化性质、利用状况等主要内容;对地表基质层、地表覆盖层支撑孕育作用关系进行适宜性评价,提出自然资源管理、国土空间规划和用途管制的措施建议;对调查区地质背景、自然资源、生态环境、土地利用等问题进行简要介绍。

(二)成果图件编制

应根据调查区地质、地貌特点,自然资源现状以及生态、生产、生活等服务功能的不同,编制不同内容的基础图件、专题图件以及综合应用图件。图式图例按照《区域地质图图例》(GB/T 958—2015)和《地质图用色标准及用色原则》(DZ/T 0179—1997)中规定执行,未涉及的部分可参考相关图式图例执行。

基础图件:地表基质图,包括叠加的DEM地貌、地表基质类型(二级类或三级类)、分布,土地利用类型,地表基质层空间构型等。此外,根据需要还应修编调查区区域地质图、第四纪地质图等基础图件,图件编制按照《遥感解译地质图制作规范》(DD 2011-02)、《数字化地质图图层及属性文件格式》(DZ/T 0197—1997)中规定执行。

专题图件:根据调查区自然资源特点、农牧业生产重点、生态环境保护修复重大问题等,应编制土地利用类型分布图,土壤类型分布图,成土母质类型分布图,有效土层厚度、潜水面深度、pH、有机质含量、有益有害元素和营养元素等值线图,钻孔柱状图,综合剖面图等。

综合应用图件:包括地表基质等级评价图、地表基质适宜性评价图、地表基质三维立体结构图、地表基质重点地区修复整治规划建议图,要求能反映地表基质状况和评价结果,服务于国土空间规划管制以及三区三线优化部署,成图比例尺宜根据实际使用需求确定。

(三)专项报告编制

项目要根据调查区投入的工作手段和取得的主要数据成果,编制相关专业领域或方向的专题调查报告,如遥感、地球物理、地球化学调查等专项报告。

(四)应用服务建议报告编制

根据调查区地质地貌、自然资源管理利用、生态环境保护修复和资源环境、生态退化等问题,根据调查结果应编写地表基质适宜性评价报告、地表基质碳库研究报告、地表基质服务乡村振兴研究报告等。

(五)数据库建设

数据库的建设参照《数字地质图空间数据库标准》(DD 2006-06)、《地质数据质量检查与评价标准》(DD 2006-07)等要求执行。数据库建设应贯穿地表基质调查全过程,不同工作阶段的数据库建设应在相应阶段内完成,以确保数据的一致性和继承性(野外数据库验收与野外验收同步,成果数据库验收与成果验收同步)。数据库资料主要包括原始资料数据和成果资料数据。

原始资料数据库包括工作底图数据、野外调查数据、分析测试数据、实际材料图及背景资料文档等。

(1)工作底图数据:涉及卫星影像、数字高程模型、道路、水系、地名等地理要素,地形图等。

(2)野外调查数据:涉及遥感、地面调查、剖面测量、物探等在野外采集的相关数据,应包括各类调查点、取样点、物探、钻探等数据。

(3)分析测试数据:包括各类测试数据及分析数据,在建立测试数据库的同时,应建立反映数据质量的元数据库,包括实验测试单位、测试设备与环境、数据质量等。

(4)实际材料图:包括遥感解译图、地表基质剖面图、物探等专题图件。

(5)背景资料文档:包括收集到的各类资料数据,以及任务书、设计、质量检查、审查验收意见等管理文档。

成果数据库包括自然资源地表基质图、地表基质等级评价图等成果图件，以及图件说明书、成果报告、综合性与专题性研究报告和元数据等。

二、报告验收

验收工作包括野外工作验收、信息化工作验收、成果报告验收及成果资料的汇交。

(一)野外工作验收

野外调查工作结束后，提交相关部门进行野外资料验收。野外验收在野外调查区现场进行，基本要求参照《区域地质调查规范(1：250 000)》(DZ/T 0257—2014)，具体为：①野外验收以项目任务(或合同)、设计、审批意见和技术规范为主要依据，野外验收要对野外第一手资料的质量做出正确的评价，对资料进行评级；②须完成设计规定的野外工作和主要实物工作量，完成野外资料整理，编制野外地质图和野外总结；③应在野外现场进行，在室内检查基础上进行实地检查，野外验收天数为3～5天；④野外验收意见应对野外工作作客观评价，提出补充调查工作意见，通过野外验收后方可进入成果编制阶段；⑤补充调查工作应在期限内完成。

野外验收时应提供拟提交最终资料汇交的原始资料目录清单，主要包括：①任务书、工作方案及其相应的图件、评审意见、审批意见等；②野外调查数据库、实际材料图、综合剖面，野外调查原始记录、素描图以及相应照片；③钻孔施工记录班报表、钻孔岩(土)芯编录、简易水文观测成果表、测斜记录表、孔深误差测量记录表、测井曲线及其解译表，钻孔综合柱状图和钻孔终孔质量检查验收报告书及必要的封孔资料；④物探仪器检验与试验结果、物探野外记录、原始数据表、资料整理与处理数据表、物性统计表、质量检查结果统计表、成果图、解释推断结果、两级质量验收文件等；⑤各类样品测试鉴定采(送)样单，已完成的测年结果和其他测试鉴定数据和图表；⑥典型的钻孔岩(土)芯、地表基质样品等实物资料；⑦专题调查数据与基础图件；⑧野外调查简报、地表基质草图，工作方案(或设计)、阶段性总结报告及半年报、年报等技术报告和任务书(合同书)要求的专题调查总结简报，以及各级质量检查记录资料。

野外验收应着重检查内容为：①设计任务及主要实物工作量完成情况；②对原始资料进行室内检查和野外实地抽查，检查和抽查内容应覆盖主要的工作手段，检查原始资料及文图吻合程度、项目质量管理情况。检查地表基质图等各类图件的正确性和图面结构合理性等。

野外检查验收之后，根据专家意见进行修改完善或补课，并提交补充调查情况说明。

(二)信息化工作验收

指对项目实施方案审批意见中明确的成果数据与重要原始数据、软件等信息化成果的内容和质量把关，并审定信息化成果基本信息表。主要包括数据库(集)和软件。验收坚持客观、公正、严格、廉洁的原则，严把验收质量关，不符合要求的不能通过。验收实行责任追究制度，专家实行回避制度，不得审查本单位承担的二级项目信息化成果。

(三)成果报告验收

按照承担单位初审、项目主管部门终审的程序组织。承担单位初审应具备以下条件：①全面完成目标工作任务，取得预期成果；②有野外实物工作量的二级项目，已通过野外验收与审核。初审通过且进行修改后方可提交终审验收。

(1)成果审查应在野外验收后6个月内进行,报告评审依据项目任务书、设计书、设计审查意见书、野外验收意见书及有关标准和要求进行。

(2)报告评审后应根据评审意见认真修改,最终报告报送审批单位审查认定。

(3)完成成果评审验收后,需提交原始资料数据库和实际材料图(纸介质),地表基质图和地表基质调查报告(纸介质与电子文件)、成果数据库。

(四)成果资料汇交

1. 汇交资料范围

成果地质资料包括地质工作项目形成的最终正文报告、成果、附图、附表、附件、数据库等相关资料。按照《地质资料管理条例实施办法》汇交。

原始地质资料包括成果底稿、底图、测绘资料、勘探工程及现场试验、采样测试鉴定、仪器记录和动态资料、中间型综合类、技术管理文件等相关资料。按照《国土资源部关于加强地质资料管理的通知》(国土资规〔2017〕1号)汇交。

实物地质资料包括固体矿产岩矿芯、岩屑、化探样品、标本、薄片、古生物化石等相关资料。按照《地质资料管理条例实施办法》、国土资源部关于印发《实物地质资料管理办法》和《地质调查项目资料管理实施细则》汇交。

2. 成果地质资料一般要求

(1)成果地质资料应齐全完整,满足长期保存或利用的需求,纸质载体应印制清晰,着墨牢固,电子文件应安全可靠,能正常读取和复制。

(2)纸质资料的正文扉页应加盖单位公章,单位行政、技术负责人和编写人应签章。

(3)成果地质资料电子文件应是安全的,其格式、组织方式和命名符号要求。

(4)不同文件之间,不同载体之间应保持内容信息的一致性。

(5)纸质资料载体利于长期保管。

3. 原始资料一般要求

(1)原始地质资料复制件应与原件保持一致(包括内容、色彩、大小、版式等),内容应齐全,清晰可读。

(2)原始地质资料的编录方式、样式和所用符号等应符合国家和地矿行业或本专业发布的标准、规范或技术要求。

(3)原始地质资料数据准确可靠,符合野外工作客观实际,责任签署完备,各类文件之间的逻辑关系正确。

(4)原始地质资料应保证内容清晰、文字记录、计算数据、画图注记等字迹应工整,清洁美观。

(5)原始地质资料是经过验收,并按《原始地质资料立卷归档规则》(DA/T 41—2008)要求立卷归档后的资料。

4. 实物地质资料一般要求

(1)实物应完整,无严重损坏残缺,特别是反映重要地质信息的关键部位应无破损残缺。

(2)实物的性状(外形、结构构造等)无明显变化,特别是关键部位的性状应基本保持原状。

(3)实物及其装具的各种标识应真实,书写工整,字迹清晰,牢固醒目,数据应准确,装具应结实、坚固、不易磨损,各类标识明显、清晰,核实符合《原始地质资料立卷归档规则》(DA/T 41—2008)的要求。

(4)相关资料文字、图、表等应清晰,内容完整。

5.资料汇交一般要求

(1)项目承担单位的项目成果管理包括成果登记、成果转化应用、信息发布与服务、知识产权归属、地质科技奖励等。单位按《地质资料管理条例》《地质资料管理条例实施办法》《实物地质资料管理办法》《国土资源部关于加强地质资料管理的通知》《涉密地质资料管理细则》有关要求汇交成果地质资料和原始地质资料。

(2)项目组应在规定期限内完成资料汇交。确因不可抗力、客观原因无法按期汇交地质资料的,项目组应向项目主管部门提交书面延期申请。全国地质资料馆及省级馆藏机构是国家法定的地调资料汇交接收单位。

(3)项目负责人在成果评审通过后90日内,向资料管理部门提交全部成果资料、全部原始资料和Ⅲ类实物地质资料归档信息表,办理归档手续,获取地调资料归档证明。项目组在成果审核通过180日内,按照项目实施方案审批意见书、成果评审意见书明确的资料目录清单,向全国地质资料馆或省级馆藏机构提交符合规定的成果、原始和实物地质资料,获取地质资料汇交凭证。

(4)项目实施过程中形成的知识产权归属单位所有,成果报告提交单位和项目组成员享有署名权。

第四章　地表基质调查初步实践

第一节　地表基质调查试点情况

自2020年自然资源部发布《自然资源调查监测体系构建总体方案》，并提出自然资源分层分类模型和地表基质层概念以来，国内不同领域专家学者开展了地表基质理论、内容、方法、技术、应用等方面的研究工作（侯红星等，2021；白超琨等，2021；王雁亮等，2021；葛良胜和杨贵才，2020；殷志强等，2020）。同时，在自然资源部调查监测司的部署推动下，中国地质调查局自然资源综合调查指挥中心、廊坊自然资源综合调查中心、哈尔滨自然资源综合调查中心、呼和浩特自然资源综合调查中心、牡丹江自然资源综合调查中心等单位从2019年开始，先后选择全国不同的典型地区，如华北地区太行山山前与华北平原过渡地区、东北典型黑土地区、南方低山丘陵红壤发育地区、长三角宁波陆海过渡地区、河套平原农牧交错地区等开展了地表基质调查试点工作和实践探索（图4-1），取得了系列工作成果与进展认识。

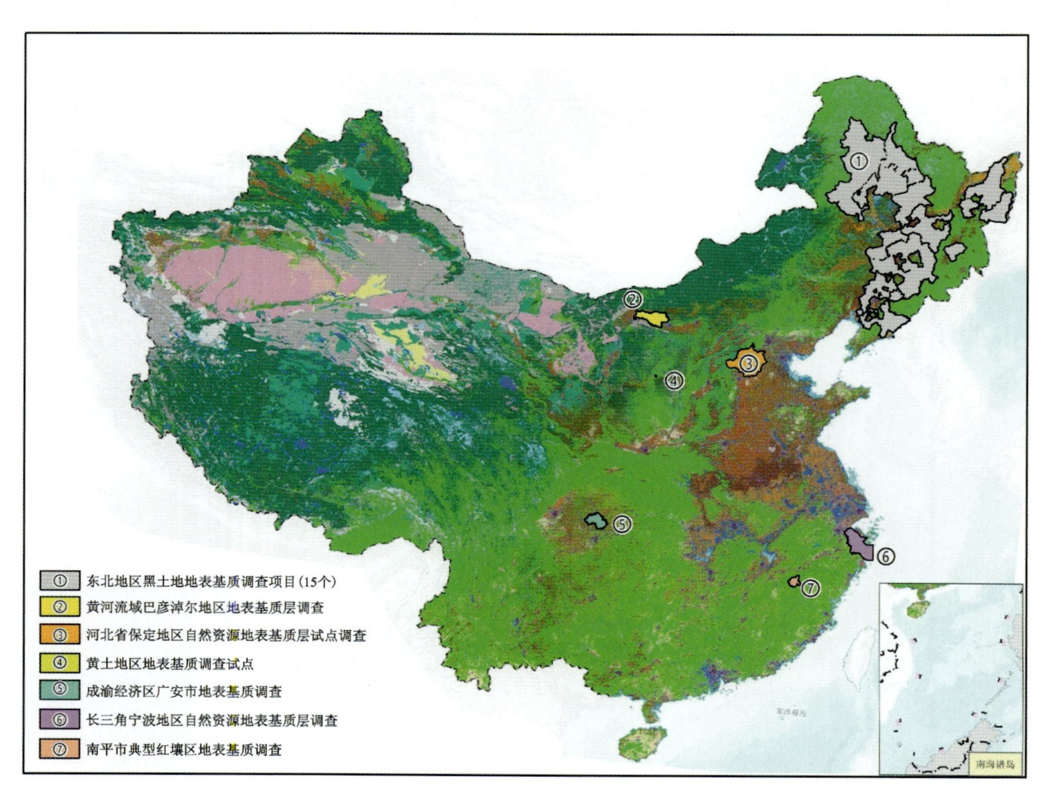

图4-1　自然资源地表基质调查试点项目分布位置示意图

试点选择我国不同典型地区，按照出经验、出样板、出规范、出标准的要求，从验证地表基质分类方案（试行）、研究地表基质调查通用要素属性指标体系、试验地表基质调查工作部署方法、探索地表基质调查技术方法及其组合、制定地表基质调查相关规范标准和工作指南、构建地表基质调查数据库框架和数据管理处理及应用服务平台、制定地表基质调查质量控制体系和管理体系、开发基于地表基质数据和面向不同应用的分析评价模型、研发地表基质调查成果产品体系及表达方式、试点地表基质调查成本预算标准、搭建地表基质调查业务组织实施模式等方面开展调查研究，探索形成地表基质调查理论方法、技术标准、业务推进、质量控制、应用服务和监测评价体系，形成试点示范和引领作用，指导全国层面的地表基质调查顶层设计和全面部署（图 4－2）。

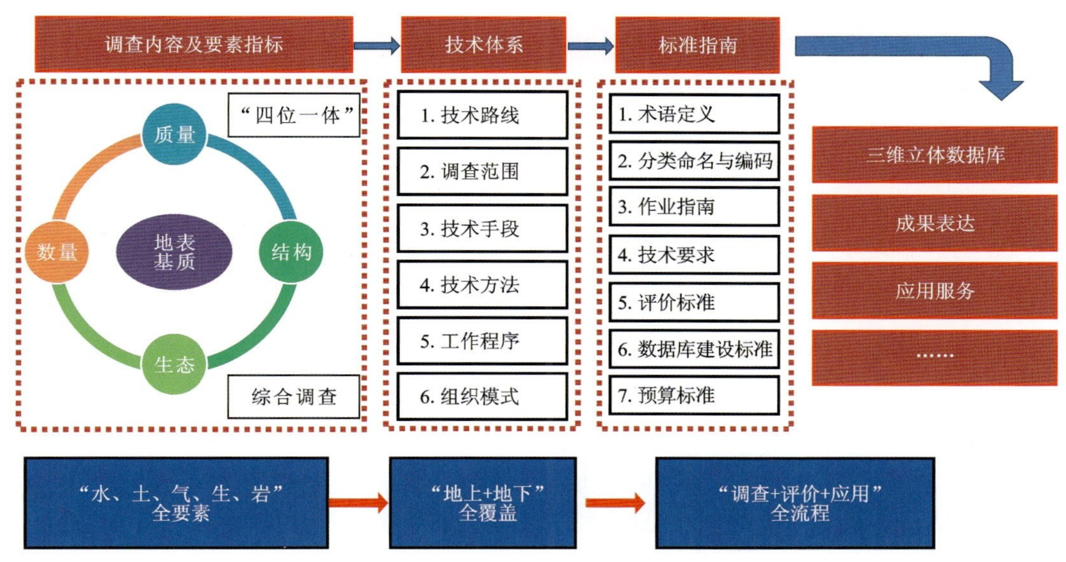

图 4－2 地表基质调查试点设计框架图

目前，2020 年率先启动开展的第一个试点项目——河北省保定地区自然资源地表基质层试点调查项目已结题，以保定试点和东北黑土地地表基质试点为牵引形成的地表基质调查成果，已顺利支撑自然资源部全面部署启动实施东北地区 83 个黑土地保护重点县（市、区、旗）41.17 万 km^2 的黑土地地表基质调查工作。同时，在自然资源综合调查指挥中心地表基质调查业务引领下，河北、湖北、江苏、广东、福建、安徽等省都先后开展了地表基质调查工作。地表基质调查已成为地质工作向自然资源综合调查工作转型发展的重要领域和方向。

下面以东北黑土区、京津冀保定地区、黄河流域巴彦淖尔地区、长三角宁波地区陆海过渡区 4 个典型试点区为例，介绍其地表基质特征。

第二节 东北黑土区地表基质

黑土地是我国极其珍贵的土地资源和不可再生的自然资源，对维护国家粮食安全和生态安全意义重大。目前，受水土流失、单一作物连作、重化肥轻有机肥、重用轻养等影响，黑土地存在土层"变薄"、肥力"变瘦"、土壤"变硬"等退化情况。党中央、国务院历来对黑土地保护工作高度重视。习近平总书记多次就保护黑土地提出明确要求，2020 年 7 月 22 日，他在吉林省梨树县考察时指出，东北是世界三大黑土区之一，是"黄金玉米带""大豆之乡"，黑土高产丰产，同时也面临着土地肥力透支的问题，因此一定要采取有效措施，保护好黑土地这一“耕地中的大熊猫”。党的十九届五中全会、中央经济工作会议和中央农村工作会议均对加强黑土地保护做出明确部署。

在《地表基质分类方案(试行)》中，黑土地是地表基质一级分类中土质基质的重要类型之一。开展黑土地地表基质调查试点工作为下一步大范围地表基质调查探索技术路线与组织模式，对促进黑土地数量、质量、生态“三位一体”保护，服务黑土地区农业生产、土壤碳汇、自然资源各项管理工作，都具有重要意义。东北地区地表基质调查工作区横跨东北地区，主要位于辽西地区、西辽河平原、松嫩平原及三江平原典型黑土地分布区。本次工作涉及的83个黑土地保护重点县(市、区、旗)的地表基质调查总面积为41.17万km^2，工作区范围详见图4-3。

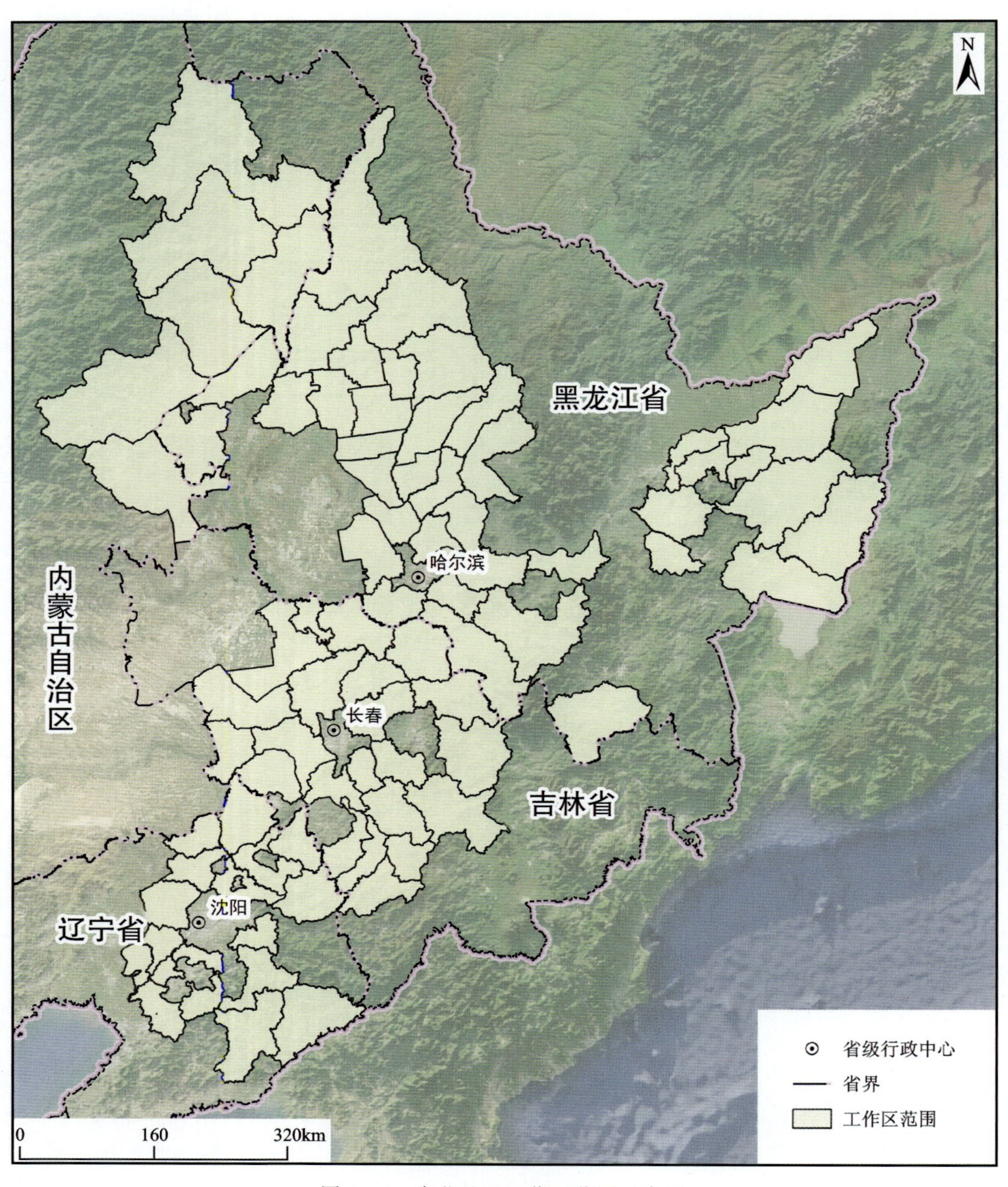

图4-3 东北地区工作区范围示意图

一、自然地理概况

（一）气候条件

东北地区自南向北跨中温带与寒温带，南部临海，东部近海，西靠沙漠、草原，具有较多的西风带天气和气候特色，总体以寒带-温带大陆季风型气候为其特征。东北地区季节分明，春季多风干燥，多发春旱，夏季炎热，雨量集中，多发洪涝，秋季雨量骤减，冬季漫长，干燥寒冷。全区多年平均气温为－4～10℃，大部分地区为2～6℃，呈现由西北向东南递增的特点，南北温差约10℃。东北地区降水不均一，年降水量及其季节分配，主要由季风环流水汽来源及地形等因素控制，多年平均降水量在350～800mm之间，总的趋势是北向南递增；蒸发量的变化与降水量相反，自西南向东北呈递减趋势，大部分在900～2000mm之间（图4－4）。

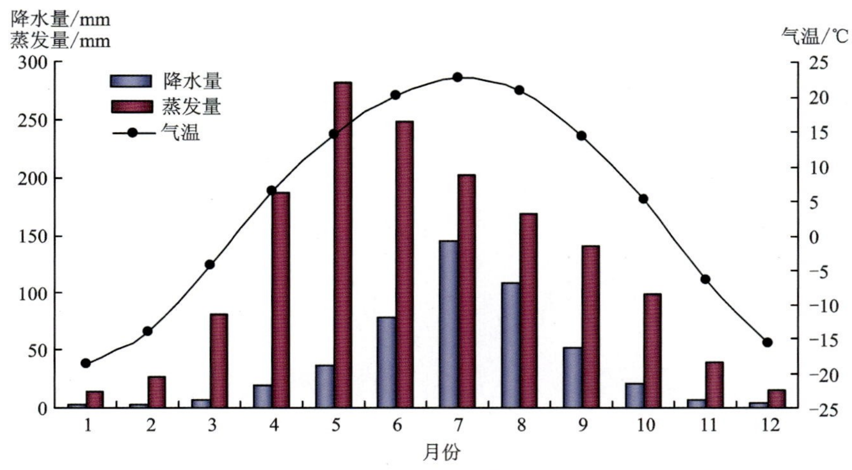

图4－4　东北地区多年平均降水量、蒸发量、气温变化图

注：引自"东北黑土地1：25万土地质量地球化学调查"二级项目成果报告。

（二）水文条件

东北平原水文网发育程度差异较大。南部地区下辽河平原及东部三江平原水文网发育且径流量大，松嫩平原北部地区水文网不发育且径流量较小。地表水系主要为松花江、辽河两大水系，黑龙江、乌苏里江为界河。

松花江全长2309km（从嫩江源头算起），流域面积54.56万km^2，几乎占东北地区土地面积的50%。松花江有南、北两源，北源为嫩江，发源于伊勒呼里山南麓；南源为第二松花江，发源于长白山（白头山）天池。辽河，中国东北地区南部河流，流经河北、内蒙古、吉林、辽宁四省（自治区），全长1345km，注入渤海，流域面积21.9万km^2，是中国七大河流之一。黑龙江是我国与俄罗斯的界河，有南、北两源，全长4510km，流域面积185.5万km^2，在我国境内流域面积为89.34万km^2。黑龙江干流长2850km，在黑龙江省境内长1887km，水面宽0.8～2.6km，弯曲系数1.1～1.9，河床平均比降1/5000。乌苏里江是中国黑龙江支流，为中国与俄罗斯的界河，全长890km，总流域面积18.7万km^2，左岸在我国境内流域面积5.6万km^2，占流域面积的30%，干流长500km，在三江平原内长223km，比降为0.56‰。

(三)土壤类型

中国东北黑土区位于我国东北地区，东侧隔黑龙江和乌苏里江与俄罗斯相望，东南以图们江和鸭绿江与朝鲜为邻，西与蒙古国交界，西南至七老图山—浑善达克沙地—内蒙古高原一线，南抵辽河。东北黑土地区总面积为 109 万 km^2，约占全球黑土区总面积的 12%，主要分布在呼伦贝尔草原、大小兴安岭地区、三江平原、松嫩平原、松辽平原部分地区和长白山地区(图 4-5)，涉及黑龙江省和吉林省全部、辽宁省东北部及内蒙古自治区东四盟，共 246 个县(市、区、旗)(中国科学院，2021)。

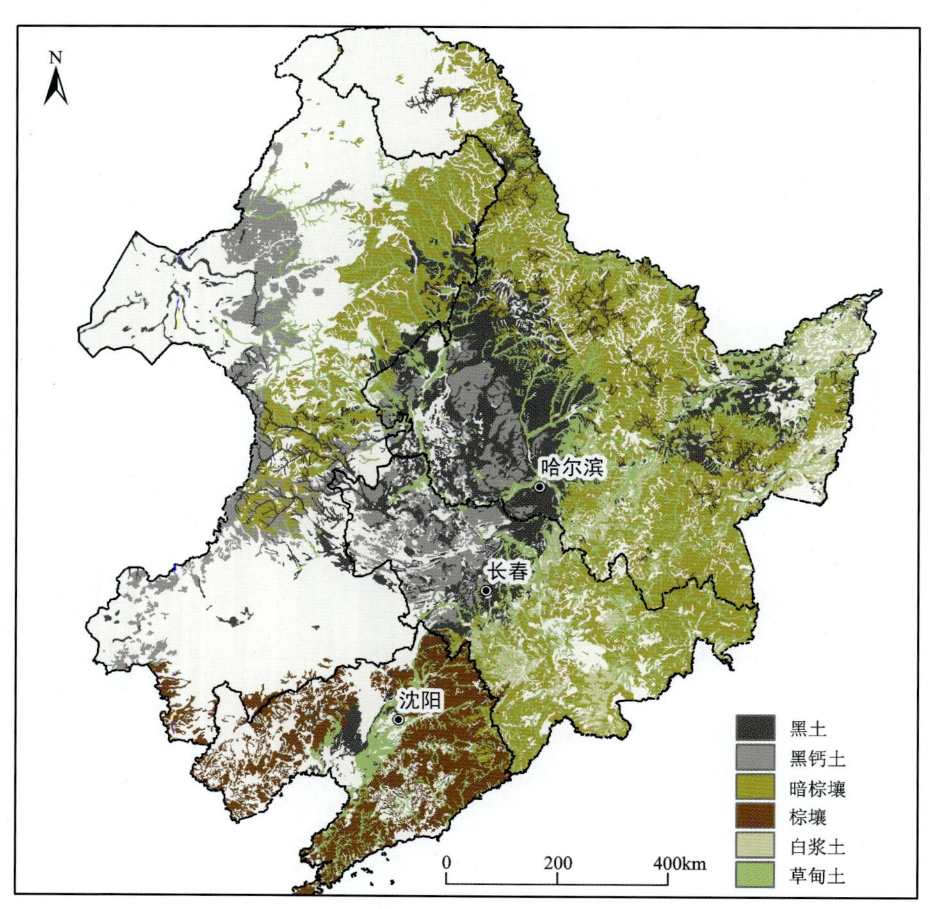

图 4-5　东北黑土地 6 类典型土壤分布图

注：引自世界土壤数据库 v1.1。

东北黑土地主要有黑土、黑钙土、暗棕壤、棕壤、白浆土、草甸土 6 种土壤类型。其中，暗棕壤分布面积最大，其次为草甸土，再次为黑钙土、黑土、白浆土，棕壤分布面积最小。

(四)地形地貌

东北地区地貌特征是“321”格局，西、北、东三面被大兴安岭—小兴安岭、张广才岭—千山、辽西 3 个山地所环绕，南部濒临渤海和黄海；中、南部宽阔的松辽和东北部的三江两个平原，外加西北部的呼伦贝尔高原。东北地区按照主要的成因分为构造剥蚀地貌、剥蚀、剥蚀堆积、侵蚀堆积、堆积、火山、岩溶地貌 7 种类型。综合地形形态，将地貌类型进一步地可以划分为构造剥蚀中低山、构造剥蚀丘陵、剥蚀台地、冲积-洪积波状高平原、风积黄土台地、冲积-湖积低平原区等 20 种地貌单元类型(成因形态)(表 4-1)。

表 4-1 东北地区地貌成因类型表

成因类型	地貌单元类型(成因形态)	成因类型	地貌单元类型(成因形态)
构造剥蚀地貌	构造剥蚀中低山	侵蚀堆积地貌	风积黄土台地
	构造剥蚀丘陵		侵蚀冲洪积谷底
	构造堆积盆地	堆积地貌	冲积-湖积低平原
剥蚀地貌	剥蚀丘陵		冲积微起伏平原
	剥蚀台地		冲积-海积低平原
剥蚀堆积地貌	冰水堆积倾斜砂砾石台地		风积沙丘沙地
	冲积-洪积低丘状砂砾石台地		冲积-洪积阶地漫滩
	冲积-洪积波状高平原	火山地貌	玄武岩中低山
	冰水堆积高原		玄武岩台地
	冲积-洪积倾斜砂砾石扇形平原	岩溶地貌	侵蚀溶蚀低山

二、地表基质特征

(一)平面分布

残积相浅覆盖区(以花岗岩、火山碎屑岩为主,部分地区覆盖厚度低于 20cm)分布在大兴安岭、小兴安岭鄂伦春—扎兰屯东中—西部,五大连池以及长白山丹东地区,土地利用以林地为主,部分为草地;残坡-坡洪积相浅—中厚覆盖区主要分布在大兴安岭以东、小兴安岭西南与松嫩平原过渡区,长白山西北缘与辽河平原过渡区的低山丘陵和山前坡洪积台地地区,地表向下为“土质-风化基岩-基岩”的三元结构,厚度在 0.2~2.7m,土地利用以林、草地为主,少量湿地,局部被开垦为分布不连续的耕地(大兴安岭东麓等区域);冲洪积、冲湖积、风积、冰积相中—厚覆盖区主要分布在松嫩、辽河及三江平原,山前平原过渡区域靠近平原一侧以及山间沟谷地区,地表向下多为“土质-砂(砾)夹土质或土质夹砂砾-基岩”的多元结构,厚度在几十米到上百米,土地利用以成区连片的耕地为主,局部为人工林地及沿河湖等区域分布的草地与湿地。

(二)空间结构

5m 以浅主要的地表基质结构类型有“壤土+黏土、壤土+岩石、壤土+砂砾、壤土+泥砾、壤土+粉细砂”5 种,支撑孕育的黑土地面积为 26.40 万 km^2。“壤土+岩石”地表基质构型主要分布在大兴安岭、小兴安岭以及长白山-张广才岭隆起区(造山带)的中低山-丘陵残坡积区域,局部分布在山前平原过渡带的台地残坡积区域,分布面积占整个工作区近 1/3,多数为林地和草地,少量被开垦为耕地。“壤土+黏土”主要在松嫩平原、三江平原、辽河平原、山地平原过渡带靠近平原一侧以及宽阔的山间盆地中心部位,少量分布在易风化的软岩(白垩纪嫩江组泥页岩)表面,分布面积最广,达工作区一半以上,主要为耕地,其次为湿地和草地。“壤土+砂砾、壤土+泥砾、壤土+粉细砂”主要分布在一些特殊沉积环境区,包括山口或河流上游河口冲洪积扇、现代或古河床漫滩及风成堆物分布区域,还有部分在山间沟通冲洪积物区域,主要为耕地分布区,局部为草地、湿地、人工林地。

另外，还有少量“细砾、细砾＋中砾”结构，主要分布在低海拔、中海拔冲积洪积河谷平原地区，在松嫩平原北部的依安县上游乡—克东县宝泉镇一带，砾质为“破皮砾”现象呈“天窗”出露。“土质＋砾石”结构为上部为土质层，下部为砂砾层，主要分布在冲洪积高平原区、低山丘陵与平原过渡区，低山丘陵区和低海拔河谷平原区局部也有出露。“淤泥＋土质、砾石”构型多分布于河流支流或宽缓河谷，多呈不规则条带状或透镜状，在小型山间盆地低洼处，多呈面状展布，在地貌上，多呈高原湿地、山间盆地、积水洼地等微地貌类型，多发生在中晚全新世、中更新世。顶部为黑色含粉砂淤泥状亚黏土/淤泥，向下为灰黑色、深灰色亚砂土，下部颗粒变粗以砂砾石为主，磨圆较好(图 4-6)。

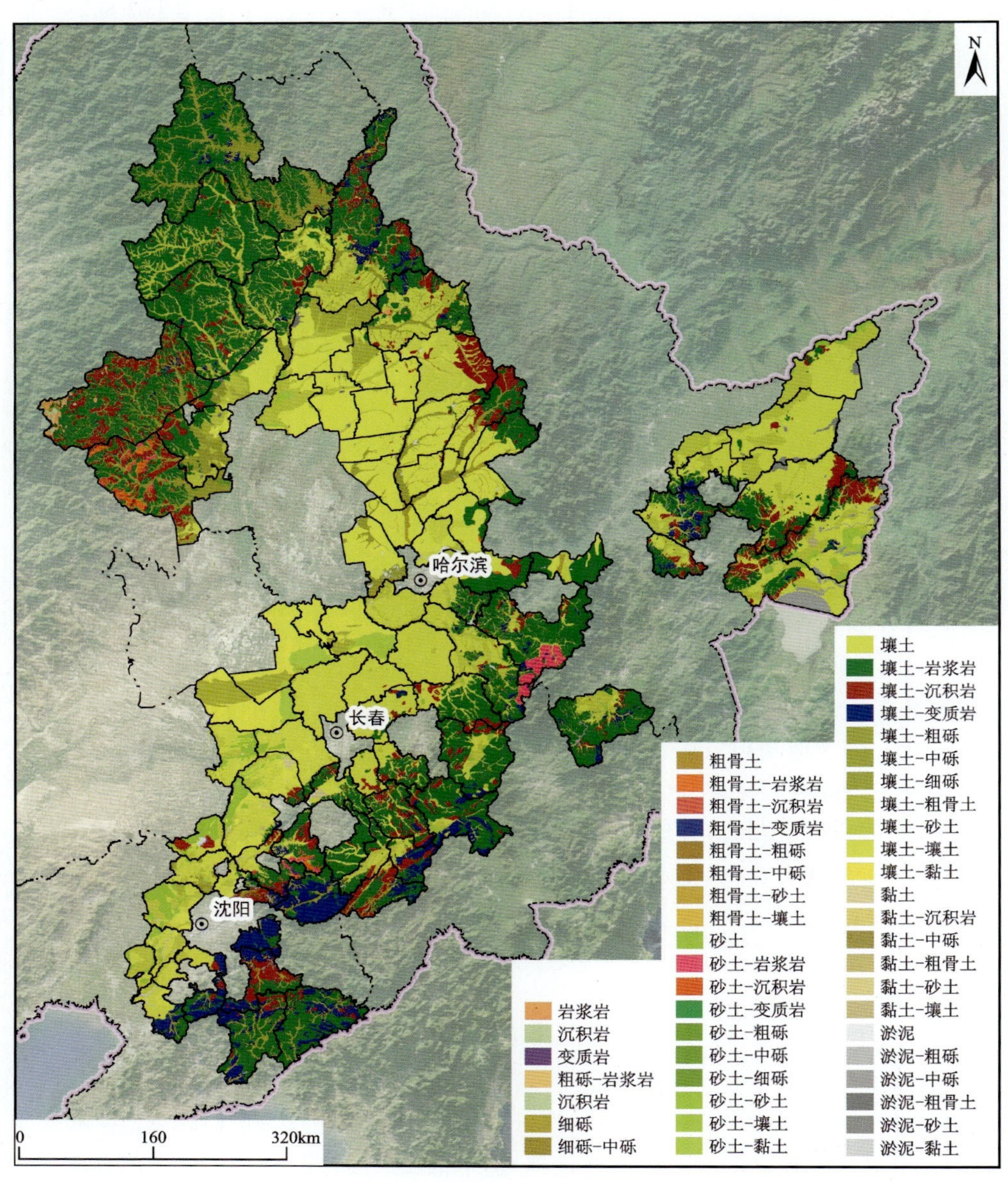

图 4-6　东北典型黑土区地表基质分布图

从整体来看，东北典型黑土区地表基质层分为残积、残坡积、坡洪积型地表基质层，冲洪积、冲洪积型地表基质层，风积地表基质层，冰水堆积型地表基质层 4 类。

1. 残积、残坡积、坡洪积型地表基质层

残积、残坡积、坡洪积型地表基质层广泛分布在大兴安岭东部、小兴安岭西麓、长白山等低山丘陵地区，一般海拔为300～600m，由岩浆岩、火山岩、变质岩和沉积岩构成，以构造剥蚀作用为主。低山丘陵区岩石受风化作用多存在一定厚度的松散残坡积物，作为成土母质，其上孕育出薄薄的土壤层，因此该类型地表基质构型以“土质＋岩石”为主，部分地区为裸岩，地表基质构型为岩石。“土质＋岩石”构型中土质基质厚度整体0.2～2.7m，总体上为“强风化松散土层-半风化母质层-基岩层”(图4-7)，土地利用类型多为灌木林地，不适宜种植农作物。

图4-7　残坡积型地表基质层

2. 冲洪积、冲湖积型地表基质层

冲洪积、冲湖积型地表基质层大面积分布于松嫩平原、三江平原及辽河平原，其他区域零星分布，主要分布于阶地漫滩、平原、台地及丘山间谷地区域。主要的地表基质构型为“壤土、壤土＋黏土、壤土＋黏土＋砂土、黏土＋壤土＋砂土、砂土＋壤土＋黏土、壤土＋砂土＋壤土、壤土＋中细砾、淤泥＋砂土”等构型(图4-8)。土壤类型以黑土、黑钙土、草甸土为主，地形平坦，适合进行大面积耕作，主要土地利用类型为旱地、水田等，农作物主要为玉米、花生、水稻等。

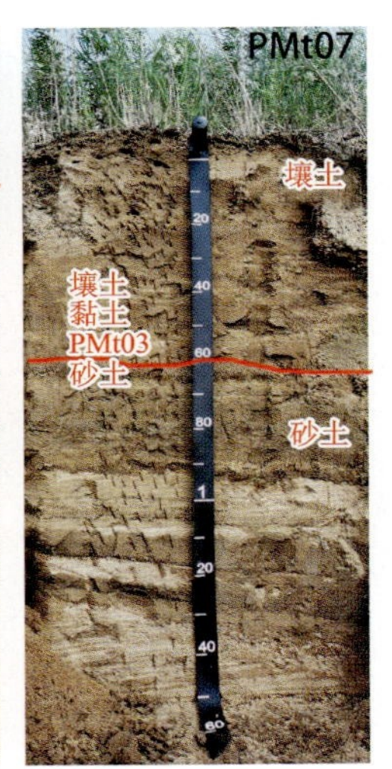

图4-8　冲洪积型地表基质层(0～2m)

3. 风积型地表基质层

风积型地表基质层主要分布于四平市、铁岭市及松原市西侧，多为沙丘岗地，地势略高，长期受西侧接壤的科尔沁草原方向的风沙作用侵蚀，土壤表层均被风沙土所覆盖，最终形成风积沙丘地区。土地利用类型为旱地和零星草地，旱地主要种植玉米、花生和大豆等农作物(图4-9)。地表基质类型主要为砂土(风成砂)和少量壤土,在空间展布上基本无明显变化。地表基质垂向构型以"砂土(壤土)+壤土"构型为主,壤土为早期河流冲洪积作用形成,因区域内沙化作用较严重,部分地区早期壤土被砂土覆盖,形成"砂土+壤土"结构。部分地区受耕作影响,表层风沙与下部壤土混合形成砂质壤土。在部分原古河道漫滩区、现代河流一级阶地区域风积型地表基质层也有分布,其地表基质层垂直结构是"薄层土质+厚层河流相细砂",表土开垦流失后,砂在风和水等外营力作用下发生二次迁移造成原地沙化和周边地区沙化。

图 4-9　风积型地表基质层

4. 冰水堆积型地表基质层

冰水堆积型地表基质层主要分布于扎兰屯—扎赉特地区,以及大兴安岭东麓甘南—龙江的山前一带,其上沟谷发育,侵蚀切割较轻微。台面呈波状起伏,微向东南倾斜,海拔160~350m,相对高差5~10m。主要由30~50m厚的砂砾石、砾卵石、泥砾层组成,局部形成基岩残丘,可见基岩出露(图4-10)。地表基质以壤土、砂质壤土+中砾、壤土+中砾、砂土+砂砾岩为主要类型,表层地表基质类型为壤土类。

图 4-10　冰水堆积型地表基质剖面

(三)理化性质

1. 黑土层厚度

松嫩平原属于继承性第四纪沉积盆地。早更新世,古湖泊南北贯通,沉积的砂层、砂砾石层,结构松

散，具有赋水层性质；中更新世，湖积黏土和亚黏土形成，是区内黑土形成的主要母质；晚更新世，形成的湖积砂层是区内荒漠化形成的地质基础。早—中全新世湖沼环境沉积的泥炭和淤泥层、中全新世形成的黑土层是区内农作物生长的有利土壤。晚全新世松辽平原整体抬升，导致黑土退化、古湖消失、荒漠化发育，河流强烈下蚀，形成槽型河谷。尤其是晚更新世晚期—全新世早期长岭弧形断隆的形成，使区内地质环境发生重要的改变。

根据1∶25万调查精度要求和统一划分标准，全区黑土层厚度为20～440cm，平均42.24cm。东北黑土区5m以浅地表基质结构类型，主要有"壤土＋黏土、壤土＋岩石、壤土＋砂砾、壤土＋泥砾、壤土＋粉细砂"5种，支撑孕育的黑土地面积26.40万km^2，总体呈现北厚南薄、中间厚四周薄的特征。厚度较大且连片分布的典型黑土主要处在小兴安岭—长白山一线以西、完达山以北的山前-平原过渡区的冲洪积台地地区，海拔在250～330m之间，这些区域也是表层黑土水土流失较严重地区。表层黑土分布的南界在吉林南部梨树—昌图一带，辽宁地区仅一些特殊地貌区零星出露黑土。其中，"壤土＋黏土"地表基质构型区黑土层厚度和有机质含量均较高；"壤土＋岩石"地表基质构型区黑土层厚度最薄，但有机质含量最高。"壤土＋砂砾"形成的黑土层厚度及有机质含量虽然相对较高，但变化较大，深部基质层的水、土及重要元素的持续供给能力和自身修复能力比较弱，且易发生退化问题。砂土区支撑的黑土层无论厚度还是有机质含量均较低。通过野外调查时对上述区域支撑孕育的耕地质量以及作物生产等情况进行跟踪了解，作物产量与质量均比较低。

通过43个钻孔揭露，在冲洪积平原区发现深部(标高26.23～432.5m，埋深5～50m)也发育黑色土质层、黑色淤泥层或泥炭层，主要分布在河湖相沉积物中。累计见到216层黑色黏土或黑色砂土(河湖、湖沼相还原环境沉积，局部见到泥炭层)，厚度0.1～10.8m，平均0.95m；结合12个钻孔样品分析结果显示，深部黑土有机质含量6～60g/kg，平均11.87g/kg。

例如梨树县东辽河以南冲积土中，第二层黑土层一般分布于2～6m之间，厚度0.3～2.1m，第三层少见，仅在一个钻孔中(ZK01)中出现，位于28.80～30.50m之间，厚度约1.7m，为古湖泊沉积物(图4-11)。可能是湖水进积退积过程发生的浅湖相→滨湖沼泽相→浅湖相转变过程中，温暖湿润气候条件下发育茂盛植被提供了有机质来源，当为湖泊相时原来植被带被后期土质掩埋，构建封闭的还原体系，从而逐渐形成深部黑土。

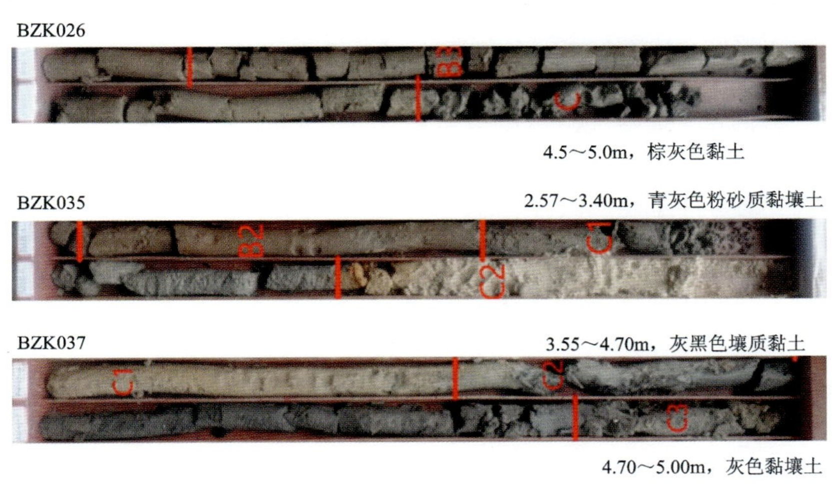

图4-11 梨树县地表基质深部多层黑土

2. 有机质含量

利用已有资料，有机质含量0.096～460.82g/kg，平均43.10g/kg(图4-12)。表层黑土有机质含量(29.39～58.12g/kg)特征为林地(36.93～77g/kg)＞耕地(29.39～54.16g/kg)＞草地(22.09～

54.13g/kg)＞湿地(31～39.9g/kg)；从成土母质类型对比，玄武岩母质黑土(24.83～80.48g/kg)＞流纹岩-安山岩母质黑土(33.7～73.71g/kg)＞砂岩、板岩母质黑土(38.77～67.79g/kg)＞黄土状黏土母质黑土(28.71～56.91g/kg)＞冲积砂质母质黑土(36.75～46.9g/kg)＞湖积黏土母质黑土(23.82g/kg)＞洪积黏土母质黑土(20.578g/kg)＞湖积砂质母质黑土(14.57g/kg)；从地域特征对比，北部黑土有机质(29.39～58.12g/kg)高于南部(33.62～36.51g/kg)。"壤土＋黏土"地表基质构型区黑土层厚度和有机质含量均较高；"壤土＋岩石"地表基质构型区黑土层厚度最薄，但有机质含量最高。"壤土＋砾砂"形成的黑土层厚度及有机质含量虽然相对较高，但变化较大，深部基质层的水、土及重要元素的持续供给能力和自身修复能力比较弱，且易发生退化问题。砂土区支撑的黑土层无论厚度还是有机质含量均较低。通过野外调查时对上述区域支撑孕育的耕地质量以及作物生产等情况进行跟踪了解，作物产量与质量均比较低。

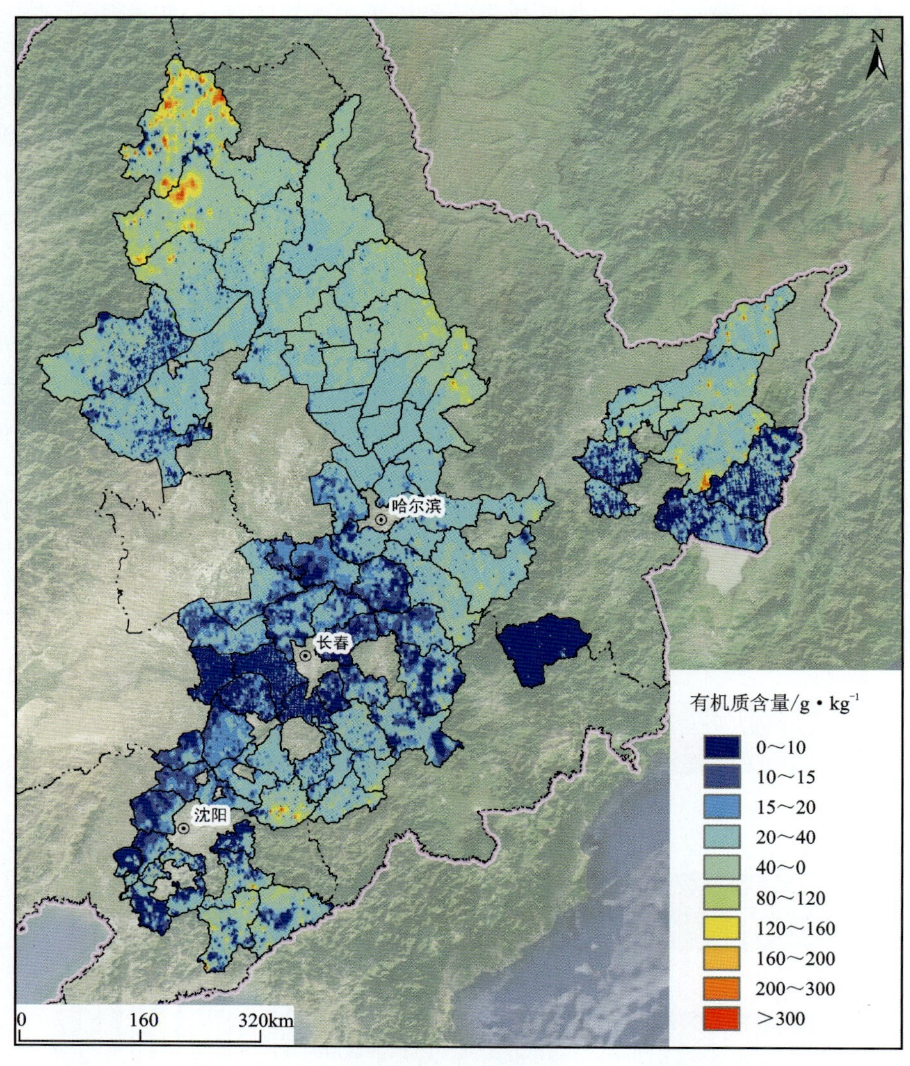

图4-12　东北典型黑土区表层有机质含量分布图

3. 容重

获取东北典型黑土区43个县土壤容重平均值为1.28g/cm³，从不同地貌分区看，河湖相中—厚覆盖区(1.53g/cm³)＞残积-坡洪积薄—中覆盖区(1.42g/cm³)；从不同土地利用类型上看，草地(1.36g/cm³)＞湿地(1.35g/cm³)＞耕地(1.34g/cm³)＞林地(1.22g/cm³)；从坡位上看，平地(1.51g/cm³)＞下坡(1.49g/cm³)＞中坡(1.47g/cm³)＞上坡(1.42g/cm³)＞坡顶(1.4g/cm³)。

（四）黑土地脆弱/退化区

通过调查总结与综合评价，基本查明了东北 83 个黑土地保护重点县（市、区、旗）黑土地生态环境问题，精准圈定水土流失、风沙侵蚀、盐碱化等生态脆弱区共计 1396 处，面积达 27 923.57km²，其地表基质构型主要为“壤土＋砂砾、壤土＋粉细砂、黏土、砂土等”；提出急需重点关注的黑土退化新类型“破皮砾”现象，黑土层已剥蚀殆尽，砂砾石出露地表，难以修复；共计圈定 57 处，面积 4 125.09km²，并综合地表基质本底、地形地貌特征、地质构造情况等要素总结退化成因，提出因时因地制宜、分区分类施策的保护修复建议，为黑土地资源保护利用提供了新方案，同时为支撑各县（市、区、旗）建立黑土地档案，开展黑土地保护修复与监测评价提供基础数据。

第三节 京津冀保定地区地表基质

京津冀城市群整体定位是以首都为核心的世界级城市群、区域整体协同发展改革引领区、全国创新驱动经济增长新引擎、生态修复环境改善示范区。保定市地处京、津、石三角腹地，是“大北京经济圈”的两翼之一，素有“京畿重地”“首都南大门”之称，也是京津冀城市群中非常重要的组成部分。

保定市位于太行山东麓，冀中平原西部，介于北纬 38°10′—40°00′，东经 113°40′—116°20′，辖五区四市十五县，总人口 1017 万人，总面积约 2.21 万 km²（图 4－13）。

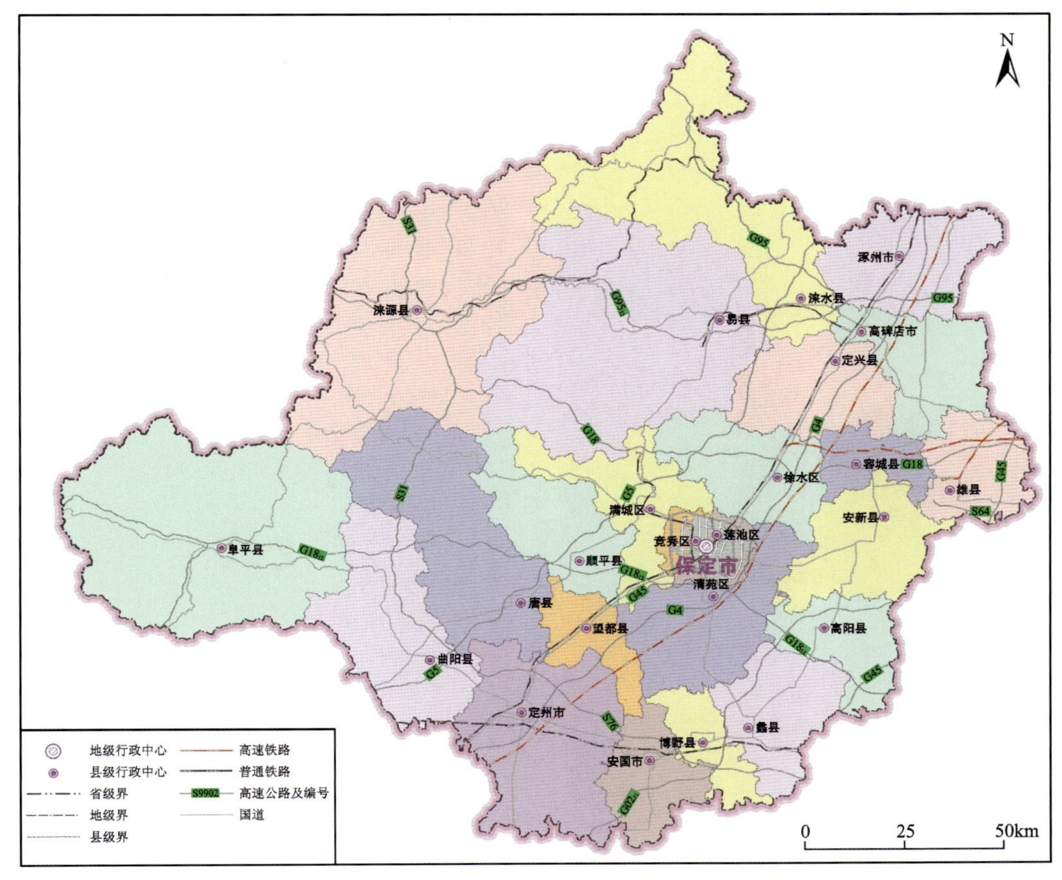

图 4－13　保定地区地理位置示意图

一、自然地理概况

(一)气候条件

保定市地处北温带,属暖温带大陆性季风气候区,气候特点为:四季分明,春季干燥多风,夏季炎热多雨,雨、热同季,秋季天高气爽,冬季寒冷干燥。全市一年的降水主要集中在夏季,季节之间的降水量差异较大。保定地区多年的平均降水量为566.9mm,其中山区的年降水量为607.8mm,平原为526.6mm,年均降水日数为68天。年均气温12.1～14.0℃,1月平均气温为−4.3℃,7月平均气温26.4℃。植物生长期年均280天,无霜期年均211天。年均风速1.8m/s。年均蒸发量为1 430.5mm。保定市日照充足,年日照时数可达到2500～2800h,年日照百分率达60%左右,其中山区日照时长略多于平原。

由于降水集中在夏季,保定西北部山区容易出现洪涝灾害。此外,全市主要自然灾害包括旱灾、大风、冰雹、干热风、低温、霜冻、连阴雨等。境内春旱、初夏旱、伏旱、秋旱发生频繁,以春旱最为严重。境内暴雨具有很强季节性。

(二)水文条件

保定境内河流主要为海河流域大清河水系(图4－14)。大清河上游分为南、北两支。北支水系上

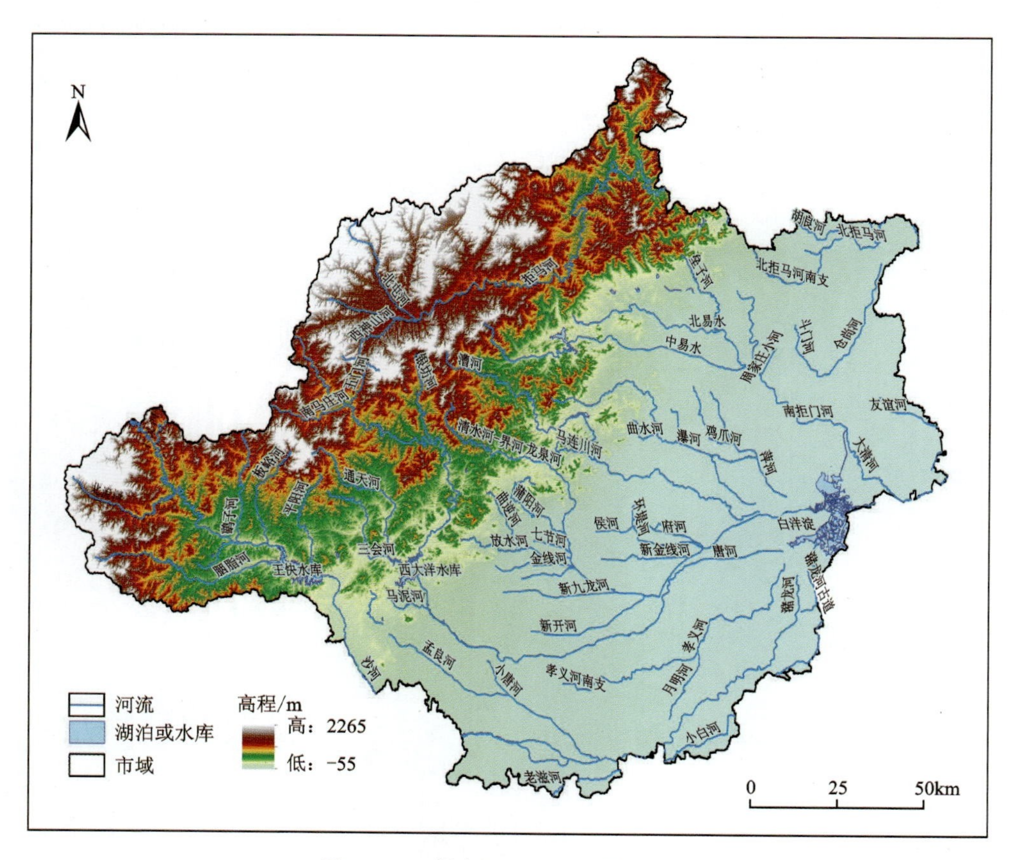

图4－14 保定地区河流水系分布图

游为拒马河，自张坊出山口以下分为南、北拒马河。北拒马河在涿州市境内有胡良河、琉璃河、小清河汇入后称白沟河；南拒马河在定兴北河店有北易水河、中易水河汇入，白沟河、南拒马河在白沟新城汇流，以下称大清河。北支洪水经新盖房枢纽分别由白沟引河入白洋淀和新盖房分洪道入东淀。南支水系有潴龙河、唐河、孝义河、府河、漕河、萍河等，均汇入白洋淀，南支洪水经白洋淀下口的枣林庄枢纽入东淀。大清河水系流域面积为 4.3 万 km^2，白洋淀以上流域面积为 3.1 万 km^2。境内水系的最大特点是呈扇形分布，自成水系。

保定境内河道总计 72 条，总长 3 329.33km。境内最大的河流为拒马河，流经涞源、易县、涞水、涿州，河流长约 200km，流域面积为 $4810km^2$，年均流量 $7.24m^3/s$，主要支流有北屯河、白涧沟、紫石口沟、艾河沟、西神山河、乌龙河、蓬头村沟、青年水库沟。

保定主要泄洪河道有 5 条，即永定河、白沟河、南拒马河、新盖房分洪道和潴龙河，河道总长 202km，堤防总长 372km；一般行洪河道 9 条，河道总长 236km，堤防总长 393km。白洋淀周边堤防长 153km。另外，还有众多的支流行洪排水河道分布于山区、平原。东部有 3 个分洪滞洪区，即小清河分洪区、兰沟洼蓄滞洪区和白洋淀蓄滞洪区，总面积为 $1366km^2$，耕地为 102 万亩，设计滞蓄水量 26.5 亿 m^3。

（三）土壤类型

保定地区土壤类型共分 13 类，即山地草甸土、棕壤、褐土、栗钙土、石质土、粗骨土、潮土、沼泽土、水稻土、风沙土、砂姜黑土、盐土、新积土（图 4－15）。亚类又分为 28 个，土属类分为 118 个，土种有 301 个。西部山区由高到低分布有棕壤、山地褐土、亚高山草甸土，东部平原区为草甸褐土和潮土，各河下游及白洋淀周围为潮土和沼泽土，大沙河、唐河两侧多为砂壤质潮土。

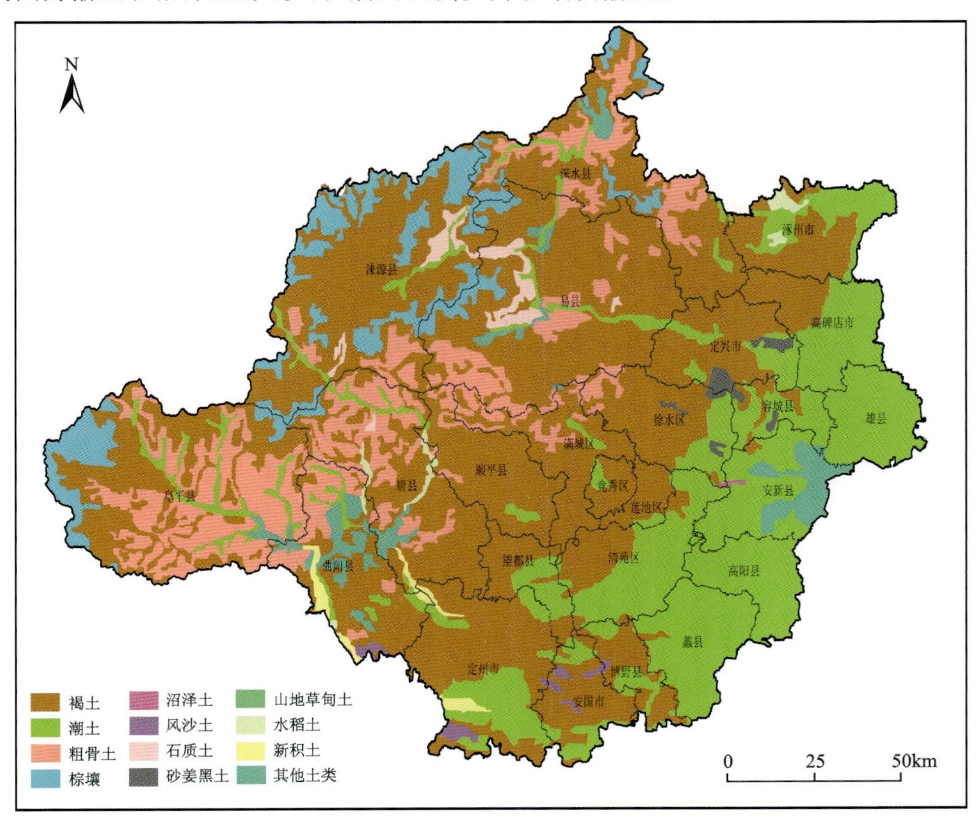

图 4－15　保定地区主要土壤类型分布图

注：栗钙土、盐土因分布面积小，在图中未能明显显示。

海拔 2000m 以上的中高山涞源县北部的白石山、阜平的歪头山、百草坨等分布着草甸土，约占保定市土壤总面积的 0.035 8%；海拔在 1000～2000m 的涞源、阜平、涞水北部为棕壤区，约占保定市土壤总面积的 7.2%；低山丘陵涞水、易县、满城、唐县、曲阳、顺平等地多为褐土，约占保定市土壤总面积的 48.12%；望都的曹庄、柳驼洼地到白洋淀周围因沉积物地发育成沼泽性土壤，阜平、曲阳、涞水、也有小面积分布，约占保定市土壤总面积的 0.75%；冲积平原多发育为潮土，约占保定市土壤总面积的 22.53%；盐碱土主要分布在京广线以东冲积平原的低洼地，约占保定市土壤总面积的 3.56%；水稻土主要分布在定州、涿州、唐县、易县、曲阳、安新、阜平的低洼地，约占保定市土壤总面积的 0.38%；石质土和粗骨土主要分布在低山丘陵坡地，约占保定市土壤总面积的 20%；新积土、风沙土主要分布在河两侧古河道附近，约占保定市土壤总面积的 0.66%。

（四）地形地貌

全市地势由西北向东南倾斜，地貌分为山区、平原和洼淀三大类。以黄海高程 100m 等高线划分，山区面积约 11 056km²，约占总面积的 50%；平原面积约 8624km²，约占总面积的 39%；洼淀区面积约 2432km²，约占总面积的 11%（图 4-16）。全市海拔范围在 -55～2265m 之间。山区地貌按海拔划分为中山区、低山区及丘陵区三大类。西部为中山区，海拔一般在 1000m 以上，中山区山体切割强烈，山势高峻，河谷深切，支脉发育，并有小型盆地和断裂谷地，涞源盆地、阜平盆地、东团堡盆地、走马驿盆地位于该区。中山区南部是低山区和丘陵区，呈条带形。低山区坡缓谷宽，陆地发育，有黄土覆盖。海拔一般在 500～1000m 之间。丘陵海拔一般在 100～500m 之间，地形低缓起伏，向东逐渐坡展为平原，并有孤山圆丘突出。平原区由大小不等的冲积扇构成，其地形宛如半碟状，自北、西、南 3 个方向向东部白

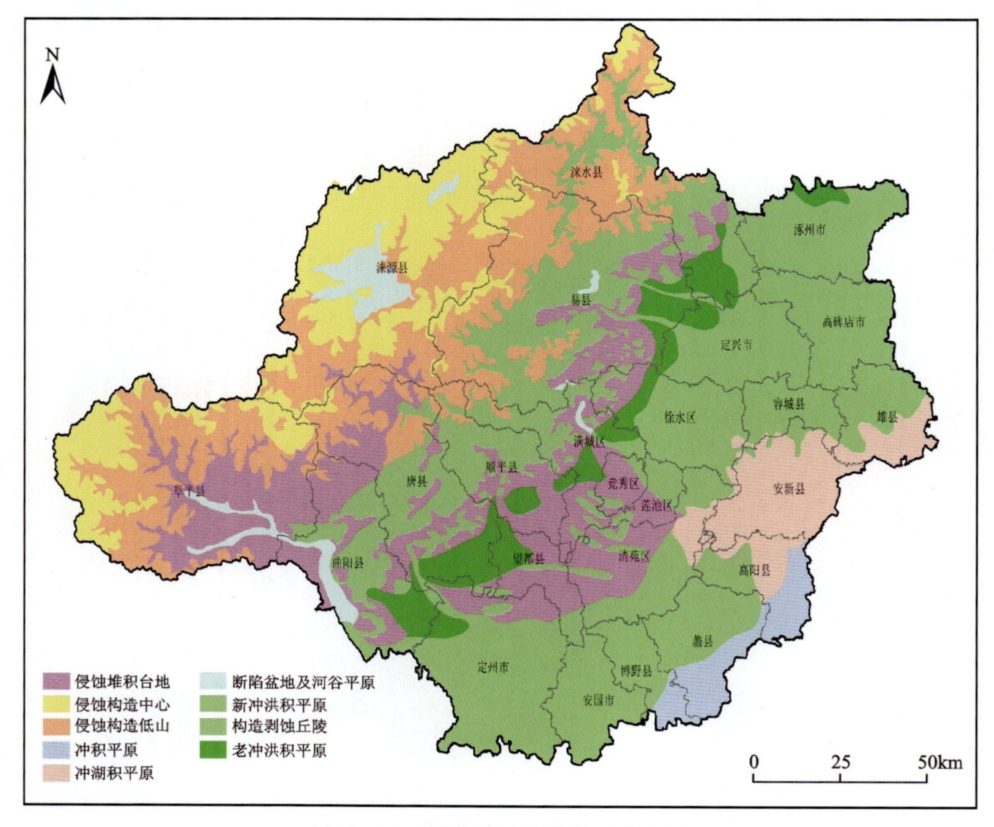

图 4-16　保定地区地貌类型分布图

洋淀倾斜，按成因分为山前洪积平原、冲积平原及洼淀区三部分。冲积平原系河流冲积扇前部相连而成，上部主要是近代河流冲积层，下部为倾状冲积层，地势平坦，海拔在 10～30m 之间，地面坡度小于 1/1000。洼淀区位于平原东部，为白洋淀和周边低洼易涝区，海拔为 7～10m。

二、地表基质特征

（一）平面分布

结合区域地形地貌，保定地区地表基质分区可分为太行山隆起带东麓（保定地区）地表基质区、冀中平原沉降带西缘（保定地区）地表基质区两大类，其中隆起带区可划分中山残坡积区、低山残坡积区、丘陵残坡积区、山间盆地冲洪积区、山间谷地冲洪积区及台地冲洪积区 6 类，沉降带区由大小不等的冲积扇构成，其地形宛如半碟状，自北、西、南 3 个方向向东部白洋淀倾斜。按成因结合地貌，平面上分为平原冲洪积区、平原冲积区、平原冲湖积区及阶地漫滩冲洪积区 4 类。

保定地区地表基质类型较为齐全，岩石基质主要集中于西部太行山脉东缘，土质基质主要分布于东部平原区，砾质基质主要分布于西部山间冲沟及河流底部，泥质基质主要分布于白洋淀及部分河湖底部（图 4－17，表 4－2）。在自然资源部《地表基质分类方案（试行）》基础上，自然资源地表基质调查工程对岩石、土质细化了三级分类，据此分类对保定地区地表基质空间分布特征进行概述（表 4－3）。

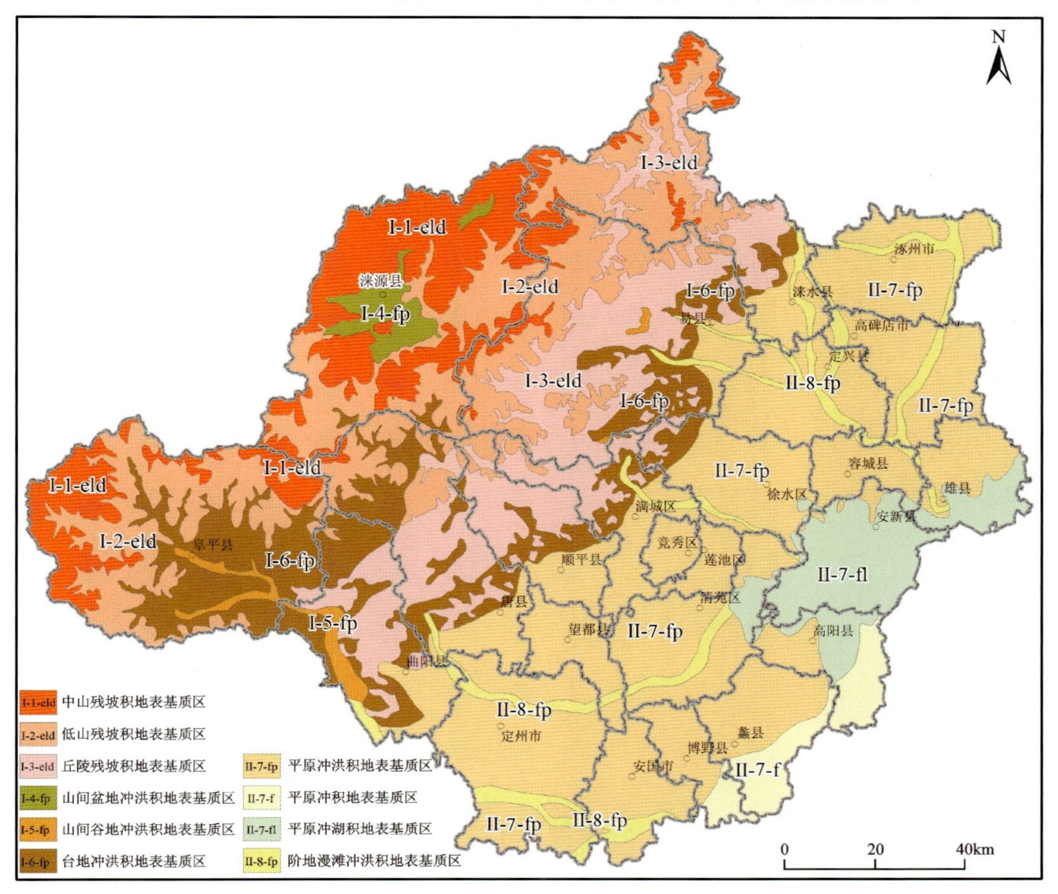

图 4－17 保定地区地表基质分区图

表 4-2 保定地区地表基质分区特征表

一级分区		二级分区		三级分区		面积/km²	占比/%	分布特征
名称	代号	名称	代号	名称	代号			
太行山隆起带东麓(保定地区)地表基质区	Ⅰ	中山区	Ⅰ-1	残坡积区	Ⅰ-1-eld	2 386.4	10.75	分布于工作区西部,涞水北部、涞源西部、阜平西部,海拔在1000m以上,地层以冶里组、景儿峪组、雾迷山组为主
		低山区	Ⅰ-2	残坡积区	Ⅰ-2-eld	3 659.0	16.48	分布于工作区西部偏中偏南的位置,主要为涞水北部、涞源中部、唐县东部、阜平中部,海拔在500～1000m之间,地层以铁岭组、张家口组、晚侏罗世二长花岗岩为主
		丘陵区	Ⅰ-3	残坡积区	Ⅰ-3-eld	2 780.3	12.52	分布于工作区西部山区的东部,涞水、易县东部,顺平、唐县、曲阳西部,海拔在100～500m之间,地层以雾迷山组、冶里组、亮甲山组为主
		山间盆地区	Ⅰ-4	冲洪积区	Ⅰ-4-fp	268.1	1.21	分布于工作区西部,涞源县内,主要为涞源盆地、东团堡盆地,海拔在750～1500m之间,地层以更新统马兰组为主
		山间谷地区	Ⅰ-5	冲洪积区	Ⅰ-5-fp	191.5	0.86	分布于工作区西南部、中部,阜平、曲阳、独乐乡附近,海拔在90～430m之间,地层以全新统冲积物为主
		台地区	Ⅰ-6	冲洪积区	Ⅰ-6-fp	2 430.9	10.95	分布于工作区中部、西南部,总体呈北东向条带状分布,位于阜平、曲阳、顺平、易县等地区,海拔在30～850m之间,地层主要为更新统马兰组,以及阜平县内团泊口岩组、南营岩组等覆土较厚的地层
冀中平原沉降带西缘(保定地区)地表基质区	Ⅱ	低平原区	Ⅱ-7	冲洪积区	Ⅱ-7-fp	7 838.1	35.31	分布于工作区中部和东部,主要为涿州、高碑店、定兴、容城、徐水、保定市区、望都、定州、安国等地,海拔小于100m,地层以全新统冲洪积物为主,小部分全新统冲积物
				冲积区	Ⅱ-7-f	516.4	2.33	分布于工作区东南部,主要为高阳、蠡县、博野东部,海拔小于100m,地层以全新统冲积物为主,小部分全新统冲洪积物
				冲湖积区	Ⅱ-7-fl	1 192.4	5.37	分布于工作区东部,主要为安新县和雄县南部,海拔小于50m,地层以全新统冲积物为主
		阶地漫滩区	Ⅱ-8	冲洪积区	Ⅱ-8-fp	937.0	4.22	区内分布较为广泛,主要为唐河、潴龙河、中易水河、沙河、南拒马河,地层以全新统冲积物为主

表 4-3 保定地区地表基质分布特征一览表

基质类型			分布特征	面积/km²	占比/%
一级类	二级类	三级类			
岩石（A）	岩浆岩（A1）	石英闪长岩	分布范围较广，主要分布于涞源区西部、易县中部、顺平区中部和阜平区西部，整体分布形态为北东向	559.7	2.52
		二长花岗岩	分布面积中等，范围较集中，主要位于涞源区东部、南部与易县交界处	388.7	1.75
		花岗闪长岩	分布范围相对较广，在涞水区南部、涞源区东部和南部、阜平区南部具有出露	227.9	1.03
		安山岩	面积较小，分布于涞源区东部和南部、阜平区北部	154.6	0.70
		花岗斑岩	面积较小，零星分布于涞水区北部、涞源区东部和南部、阜平区西部	138.7	0.62
		碱长花岗岩	面积较小，呈北东向条带状分布于涞源区东部和易县西部	135.2	0.61
		石英二长闪长岩	面积较小，呈南北向条带状分布于涞源区东部，易县、涞水区有零星分布	80.2	0.36
		花岗岩	集中分布于阜平县东部及南部，唐县有零星分布	73.6	0.33
		辉绿岩	集中分布于阜平县东部及南部，其他地区仅零星分布，整体呈北西向条带状分布	63.7	0.29
		正长岩	面积较小，集中分布于易县东北部	59.4	0.27
		辉长闪长岩	面积很小，零星分布于涞源区、易县、曲阳县	15.6	0.07
		闪长岩	面积很小，零星分布于涞源区、易县、唐县	14.8	0.07
		闪长玢岩	面积很小，零星分布于阜平区、曲阳县、顺平县，呈北东和北西向脉状分布	7.7	0.03
		角闪辉石岩	面积很小，分布于易县西部和唐县北部	1.7	0.01
		煌斑岩	面积很小，分布于阜平县南部，呈脉状分布	1.4	0.007
		正长斑岩	面积很小，零星分布于阜平县内，呈脉状分布	1.1	0.005
	沉积岩（A2）	白云岩	为保定地区出露面积最大的岩石基质，分布范围较广，在保定区西部各县均有出露，集中出现在易县、涞水区、顺平区、曲阳区等	3 012.0	13.57
		灰岩	分布面积较大，范围较广，主要分布于涞源区西部、唐县中部、曲阳区中部	758.8	3.42
		砂砾岩	面积很小，仅在曲阳区南部地区，呈斑点状分布	37.1	0.17
		砂岩	面积很小，零星分布在涞水区、易县和曲阳区	34.2	0.15
		硅质角砾岩	面积很小，仅在涞源县西部地区，呈长条状分布	10	0.05
		砾岩	面积很小，仅在涞源县西部地区，呈长条状分布	7.8	0.04
		长石石英砂岩	面积很小，仅集中分布在曲阳县	5.4	0.02
		泥岩	面积很小，仅分布在涞水县西南部	1.3	0.006
		粉砂岩	面积很小，仅分布在曲阳县	0.23	0.001

续表 4 - 3

基质类型			分布特征	面积/km²	占比/%
一级类	二级类	三级类			
岩石(A)	变质岩(A3)	斜长片麻岩	分布面积大，范围广，主要分布在涞水区西部、易县西部、阜平区东部等地	1492	6.72
		花岗片麻岩	分布面积较大，主要分布于易县西部、涞源区南部、阜平区西部地区	935.9	4.22
		大理岩	分布面积较大，范围集中，主要位于阜平区南部地区	523.9	2.36
		二长片麻岩	分布面积中等，范围较集中，主要位于阜平区北部和西南部、涞源区南部	348.2	1.57
		角闪斜长片麻岩	分布面积中等，分布于阜平区西部、北部及曲阳县南、北地区	303.7	1.37
		斜长角闪变粒岩	分布面积中等，集中分布于阜平区东部地区，呈北西向条带状分布	196.3	0.88
		钾长片麻岩	面积较小，仅集中分布于涞源县南部	51.5	0.23
		片麻岩	面积很小，仅分布在阜平县西部	18.2	0.08
		角闪石英片岩	面积很小，仅分布在涞源县南部	5.5	0.02
		石英岩	面积很小，零星分布在阜平县和曲阳县西部	0.3	0.001
		角闪钾长片麻岩	面积很小，仅分布在唐县东部	0.15	0.000 7
砾质(B)	中砾(B3)	碎石状中砾	主要分布于保定地区河流底部及西部部分山间冲沟	258.8	1.17
土质(C)	砂土(C2)	砂土	分布范围较大，范围较广，且与河流分布相关性较高，尤其以定州市南部、安国市西部、容城区北部、清苑区南部面积较大	2 477.5	11.16
		壤质砂土	分布面积小，范围较为集中，仅在曲阳区西部、定州市南部和北部，呈北西向条带状分布	108.5	0.49
	壤土(C3)	砂质壤土	分布面积大，分布范围广，在保定各区县均有出露	5 940.1	26.76
		壤土	呈北东向带状分布于保定中部，地处山地平原过渡区	3 319.9	14.95
		黏质壤土	分布面积及范围较小，主要分布于顺平、唐县、易县等山前地带	56.9	0.26
	黏土(C4)	壤质黏土	主要分布于安新区东部、容城区北部、徐水区南部，其空间位置与湖泊、水库具有更强的相关性	273.1	1.23
泥质(D)	淤泥(D1)	淤泥	主要分布于湖泊、洼淀底部	99.1	0.45

注：由于部分三级类面积很小，故此表加和按正常四舍五入，保留小数位数亦不同。

根据区域地质、全国土壤普查、土地利用现状等数据改化编制了保定地区地表基质平面分布图（图 4－18）。

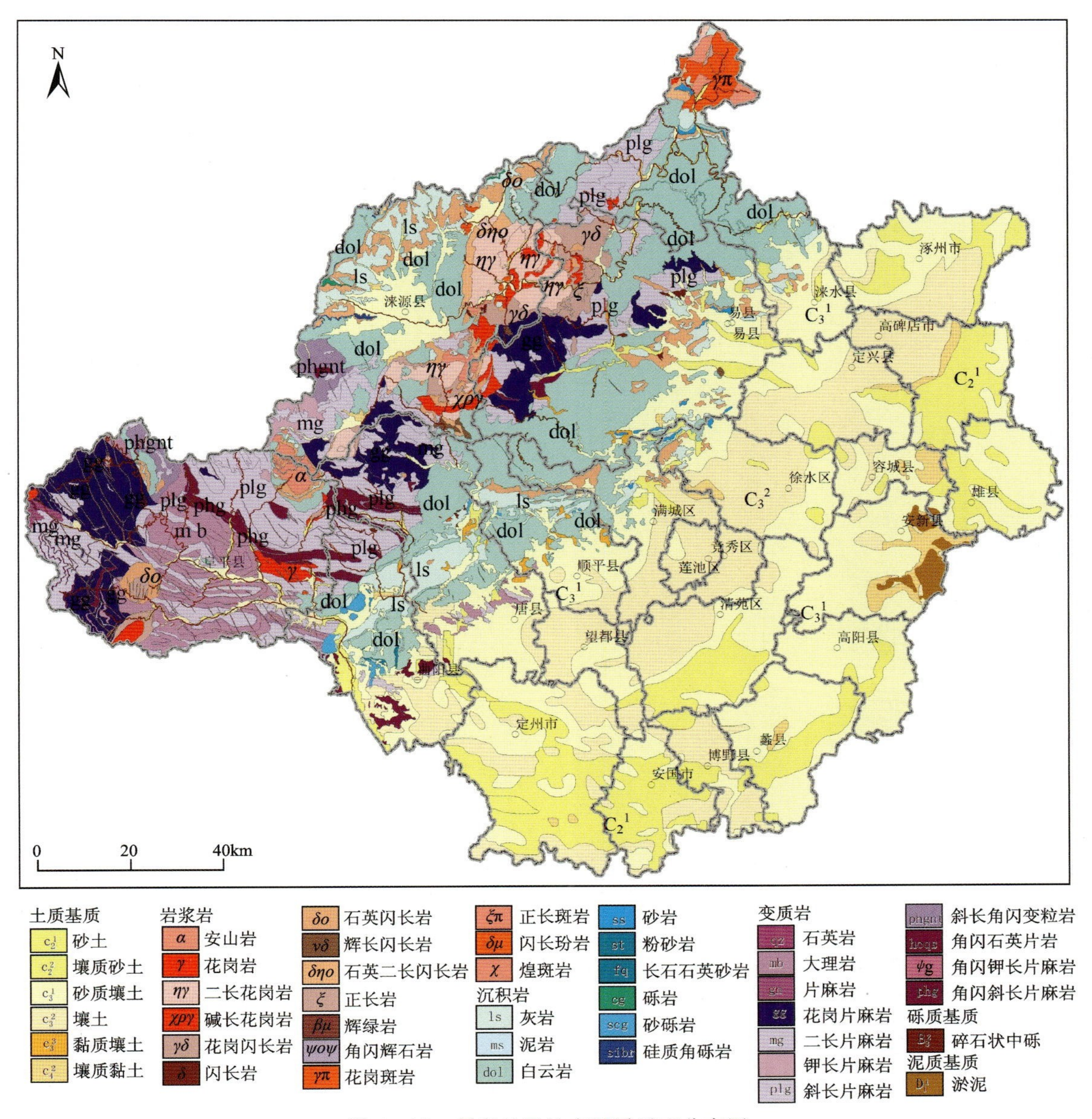

图 4－18　保定地区地表基质平面分布图

（二）空间结构

1. 地表基质构型划分

选取易水河-拒马河流域山前-平原一带开展区内地表基质构型研究，结合塘湖幅 1∶5 万地质图、第二次全国土地利用调查及遥感解译等其他数据，编制了反映地表以下 5m 地表基质空间分布的山区-平原过渡试点区地表基质图（图 4－19）和山区-平原过渡试点区次构型图（图 4－20）。区内地表基质构型划分为 9 类构型、42 类次构型（表 4－4）。

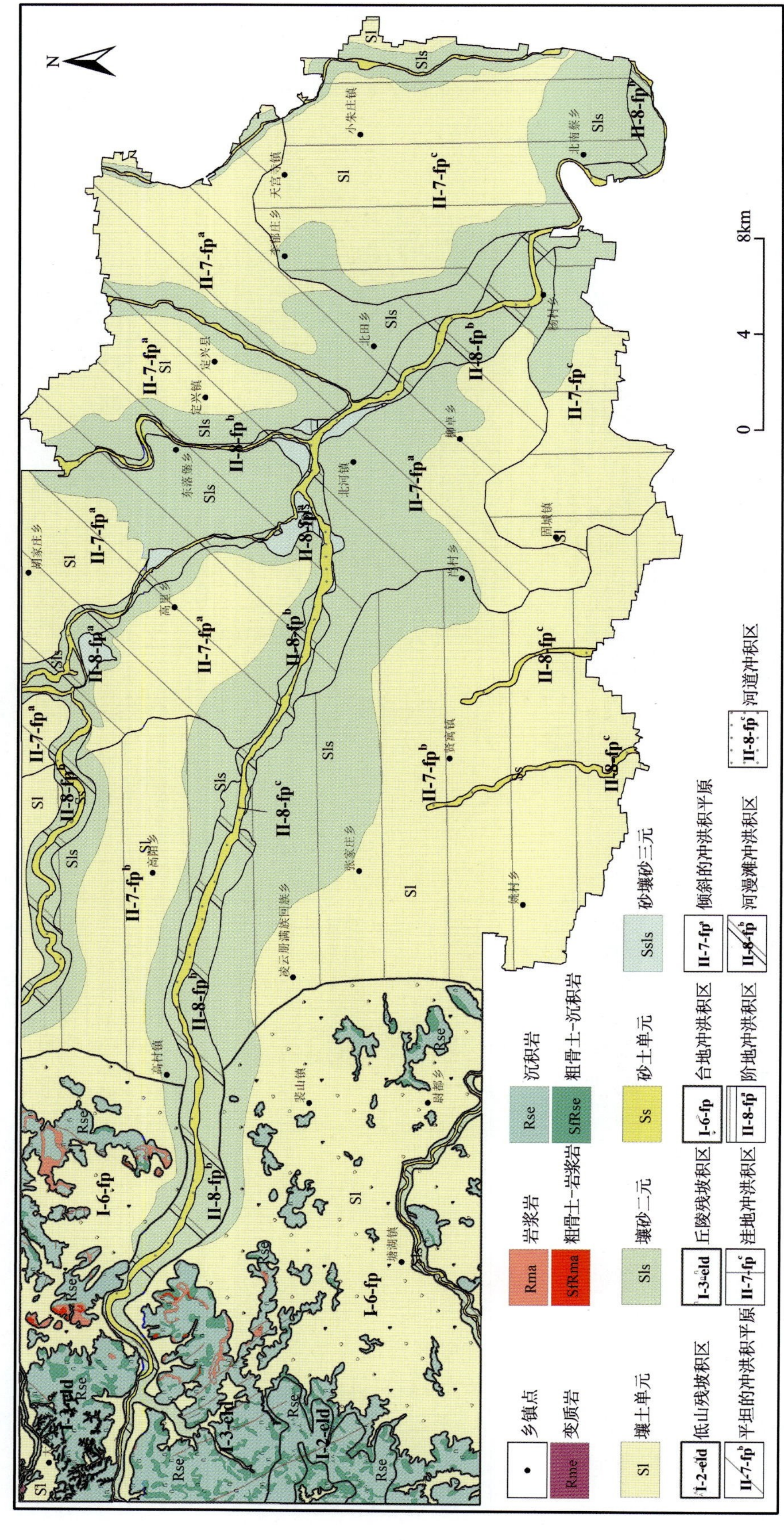

图4-19 山区—平原过渡试点区地表基质构型分布图

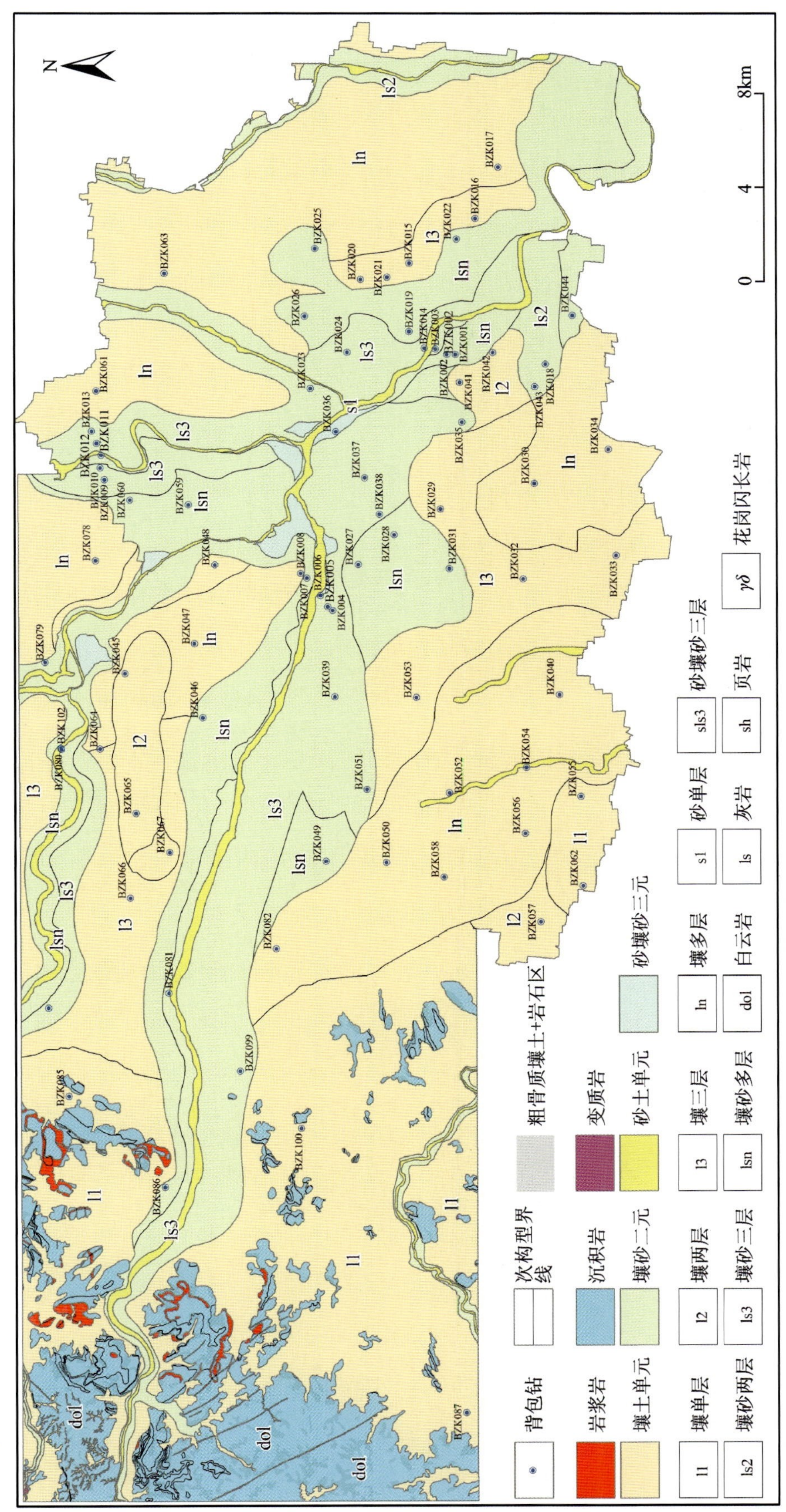

图4-20 山区—平原过渡试点区次构型图

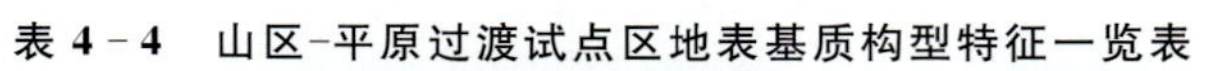
表 4-4　山区-平原过渡试点区地表基质构型特征一览表

分区	构型	构型代号	面积/km^2	占比/%	次构型	构型特征
低山残坡积区（Ⅰ-2-eld）	岩浆岩	Rma	11.83	0.93	花岗闪长岩	位于工作区西部，上郭庄以北，以岩脉形式产出，面积很小
	沉积岩	Rse	0.11	0.01	白云岩	位于工作区西部，上郭庄以北下铺村以南，阎王寨—科罗坨一带，为蓟县系铁岭组、雾迷山组地层
	粗骨土-岩浆岩	SfRma	0.03	0	粗骨质壤土-花岗闪长岩	位于工作区西部，上郭庄以北，以岩脉形式产出，面积很小
	粗骨土-沉积岩	SfRse	2.71	0.21	粗骨质壤土-白云岩	分布于工作区西部，上郭庄以王家庄村以西，地势相对较低，岩石上覆土在20～50cm之间，岩石主要为蓟县系雾迷山组
丘陵残坡积区（Ⅰ-3-eld）	岩浆岩	Rma	5.59	0.44	安山岩/花岗闪长岩/石英闪长岩/闪长玢岩等	零星分布于工作区西部，主要为太古宙—古元古代的脉岩
	沉积岩	Rse	81.64	6.43	白云岩/灰岩/页岩/石英砂岩/角砾岩等	为区内最主要的岩石构型，广泛分布于工作区西部，地层年代跨度大，奥陶系、寒武系、震旦亚界均有出露，地层包含马家沟组、凤山组、张夏组、景儿峪组、雾迷山组等
	变质岩	Rme	0.06	0.01*	黑云斜长片麻岩	分布于工作区西北部，大龙华村附近，地层以太古宇阜平群白涧组为主
	粗骨土-岩浆岩	SfRma	0.76	0.06	粗骨质壤土-安山岩/石英闪长岩/花岗闪长岩等	分布于工作区西部，八里庄村、西水冶村附近，地势相对较低，坡度较缓，土质厚度在20～60cm之间，岩石主要为太古宙—古元古代的脉岩
	粗骨土-沉积岩	SfRse	15.67	1.23	粗骨质壤土-白云岩/灰岩/页岩/石英砂岩/泥岩等	分布于工作区西部，杨各庄村以北、石板山以东、仁义庄村以西、邢家庄村以北，土质厚度在20～70cm之间，岩石属雾迷山组、景儿峪组等地层
台地冲洪积区（Ⅰ-6-fp）	壤土单元	Sl	209.56	16.50	壤单层	分布于工作区西部偏南部，北淇村—黄山村—潭子涧—血山村一带，地势相对较高，土质厚度相对较小
	壤砂二元	Sls	11.07	0.87	壤砂三层、壤砂多层	分布于工作区中部偏西，主要为中易水河在区内的上段两岸

续表 4-4

分区	构型	构型代号	面积/km²	占比/%	次构型	构型特征
倾斜的平原冲洪积区(Ⅱ-7-fp[a])	壤土单元	Sl	220.86	17.39	壤单层、壤两层、壤三层、壤多层	为分区的主要构型，是工作区内最主要的构型，主要分布于北市村—高陌村、凌云册村—北堼上村附近，相对远离河流的地区
	壤砂二元	Sls	90.82	7.15	壤砂三层、壤砂多层	分布于东市村—练台村、西牛村—北七村附近，相对靠近中易水河两岸的位置
平坦的平原冲洪积区(Ⅱ-7-fp[b])	壤土单元	Sl	167.62	13.20	壤两层、壤三层、壤多层	分布于定兴县域两侧，景安村、北祖村、铺头村、九汲村附近，相对远离中易水河两岸的位置
	壤砂二元	Sls	142.92	11.25	壤砂两层、壤砂三层、壤砂多层	分布于中易水河、北拒马河两岸，易上村、西留家庄、东落堡村、西靳村附近
洼地冲洪积区(Ⅱ-7-fp[c])	壤土单元	Sl	110.80	8.72	壤三层、壤多层	为冲积洼地分区的最主要的构型，分布于定兴县域南东部，北太平庄、小朱庄一带
	壤砂二元	Sls	55.25	4.35	壤砂两层、壤砂三层、壤砂多层	分布于定兴县域南东部，南重楼村、大留村、小王庄村一带，沿附近南拒马河、兰沟河两岸分布
阶地冲洪积区(Ⅱ-8-fp[a])	砂壤砂三元	Ssls	7.67	0.60	砂壤砂三层	沿中易水河、北易水河、南拒马河、周家庄小河、斗门河、兰沟河河道分布
河漫滩冲洪积区(Ⅱ-8-fp[b])	壤砂二元	Sls	86.38	6.80	壤砂两层、壤砂三层、壤砂多层	沿河流两岸分布，主要为中易水河、北易水河、南拒马河两岸
河道冲积区(Ⅱ-8-fp[c])	砂土单元	Ss	48.91	3.85	砂单层	分布于河流交叉口附近，集中分布于中易水河与北易水河、南拒马河与北易水河交叉处、北易水河和南拒马河部分两岸

2.地表基质构型特征

1)低山残坡积区地表基质特征

低山残坡积区(Ⅰ-2-eld)主要位于工作区西部，位于三尖岭村东部、仁义庄村西部、上郭庄村北部。地势较高，海拔在200～704m之间，以300～500m为主，坡度相对较陡，最大可达35°以上。地层主要为雾迷山组和花岗闪长岩脉，岩性较少，仅有白云岩、花岗闪长岩出露。土地利用类型以其他草地、其他林地、裸地为主，植被以低矮灌木、杂木为主。

分区内共有构型4种，即岩浆岩、沉积岩、粗骨土-岩浆岩、粗骨土-沉积岩，次构型4种(表4-4)。按照岩石上覆土厚度的不同，将厚度<20cm区域确定为裸岩型，将厚度≥20cm区域确定为岩石覆土型，其中裸岩型(图4-21)共有石英闪长岩、安山岩、白云岩、灰岩、页岩等19种次构型，岩石覆土型(图4-22)共有粗骨质壤土-安山岩、粗骨质壤土-石英闪长岩、粗骨质壤土-白云岩、粗骨质壤土-灰岩、粗骨质壤土-页岩等14种次构型。

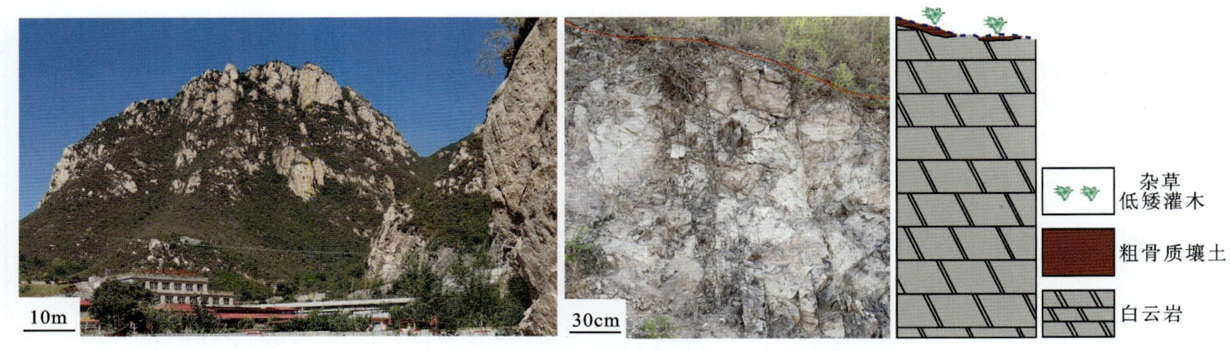

图 4-21　低山残坡积区裸岩型地表基质构型特征图

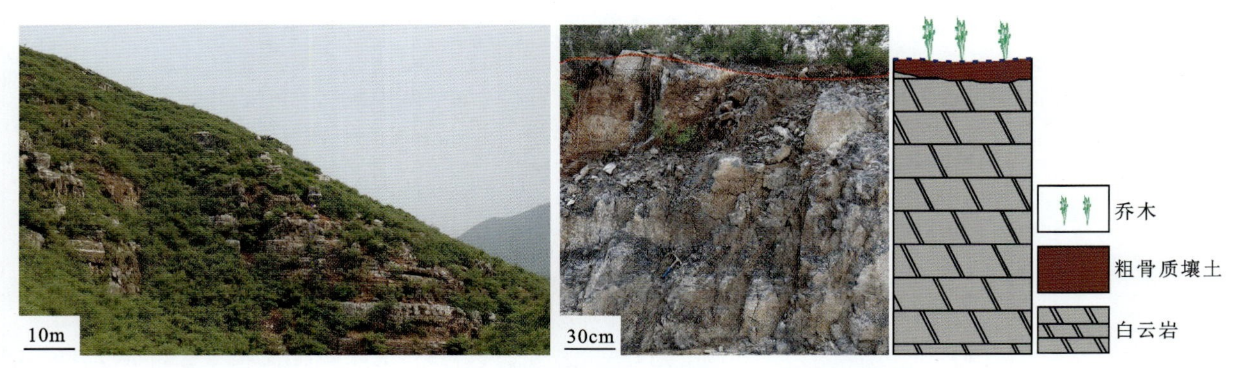

图 4-22　低山残坡积区岩石覆土型地表基质构型特征图

2)丘陵残坡积区地表基质特征

丘陵残坡积区(Ⅰ-3-eld)为区内山区最主要的分区类型,广泛分布于重点工作区西部。地势跨度大,海拔在 49~643m 之间,以 80~200m 为主,坡度略缓,在 0~30°之间,以 0~20°为主。地层主要为雾迷山组、铁岭组、下马家沟组、亮甲山组、张夏组等沉积岩地层为主,少量石英闪长岩、花岗闪长岩等岩体和脉岩,零星分布以变质岩为主的白涧组。土地利用以其他草地、裸地、其他林地为主,植被以杂草、低矮灌木为主。

分区内共有构型 5 种,即岩浆岩、沉积岩、变质岩、粗骨土-岩浆岩、粗骨土-沉积岩,次构型 33 种(表 4-4)。按照岩石上覆土厚度的不同,将厚度<20cm 区域确定为裸岩型,将厚度≥20cm 区域确定为岩石覆土型,其中裸岩型(图 4-23)共有花岗闪长岩、白云岩两种次构型,岩石覆土型(图 4-24)共有粗骨质壤土-花岗闪长岩、粗骨质壤土-白云岩两种次构型。

图 4-23　丘陵残坡积区裸岩型地表基质构型特征图

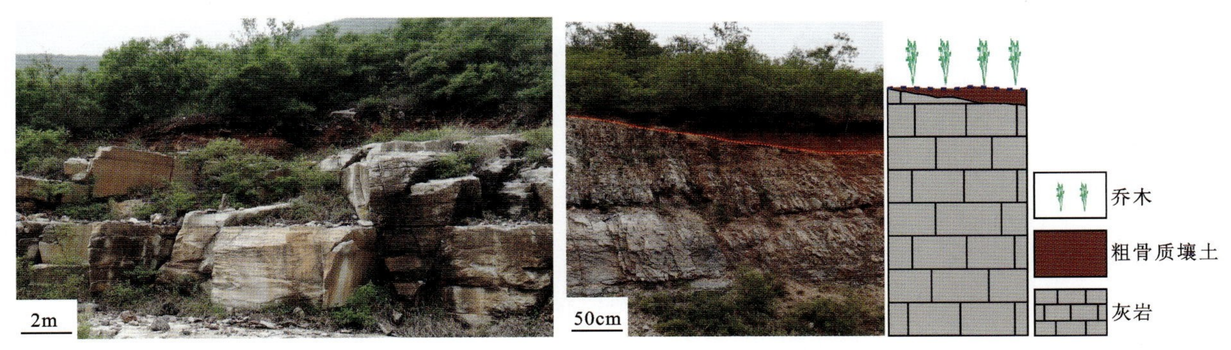

图 4-24 丘陵残坡积区岩石覆土型地表基质构型特征图

3）台地冲洪积区地表基质特征

台地冲洪积区（Ⅰ-6-fp）分布于工作区中部偏西，与西部山区相接，潭子涧—八里庄村—东庄村—北淇村一带，分布范围较大。地势跨度较大，海拔在40～343m之间，以50～100m为主，总体呈现西高东低、北高南低的趋势，总体坡度较缓，为山地向平原区过渡的分区类型。地层以更新统马兰组为主，岩性为黄土、亚砂土。土地利用以水浇地、旱地为主，植被类型以玉米、小麦等农作物为主，土层厚度普遍在200cm以上。

台地冲洪积区土质类型较为单一，以壤土为主，少量砂土，有两种土质地表基质构型，即壤土单元（Sl）和壤砂二元（Sls）；共有3种次构型，壤土单元仅划分出壤单层次构型，壤砂二元下划分出壤砂三层、壤砂多层次构型（图4-25、图4-26，表4-5）。

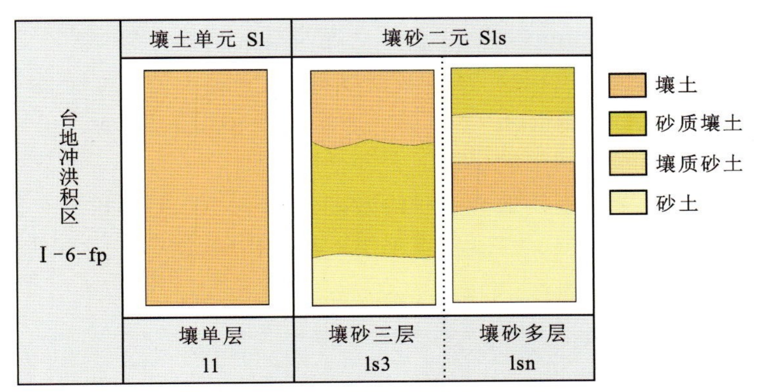

图 4-25 台地冲洪积区土质地表基质构型与次构型一览图

图 4-26 台地冲洪积区壤砂三层次构型典型工作(BZK099)野外照片

表 4-5　台地冲洪积区壤砂三层次构型野外特征表

构型图	特征	厚度/m
BZK099 基质类型 1 2 3 4 5 6 7；深度/m 0、5、10；壤土、砂质壤土、黏质壤土；壤质砂土、黏质砂土	1. 砂质壤土，浊橙(5YR 6/3)色，团粒状，略为湿润，紧实。前 15cm 较干，较松散	0.91
	2. 壤质砂土，浊黄橙(10YR 6/4)色，团粒，略为湿润，松	2.07
	3. 黏质壤土，浊橙(7.5YR 6/4)色，团粒状，湿润，略微紧实。4.30m 以后可见砾石，棱角状，粒径 5～20mm 之间	4.82
	4. 壤质砂土，浊黄橙(10YR 7/4)色，屑粒状，干，松。前半部分有粉砂感	5.18
	5. 黏质壤土，浊棕(7.5YR 5/3)色，团粒状，湿润，略为紧实	5.89
	6. 壤质砂土，浊黄橙(10YR 6/3)色，屑粒状，干，松。与第 4 层壤质砂土前半部分相似	6.00

注：构型图横坐标代表不同的地表基质类型，分别为：1. 黏土；2. 壤质黏土，砂质黏土；3. 壤土、黏质壤土、砂质壤土；4. 壤质砂土、黏质砂土；5. 砂土；6. 粗骨质砂土/壤/黏土；7. 砾石。

4）倾斜的平原冲洪积区地表基质特征

倾斜的平原冲洪积区（Ⅱ-7-fp[a]）分布于工作区中部，血山村—大方村—北堽上村—摇头村一带，为重点工作区内最主要的分区类型，沿工作区中易水河中段南北两侧分布，略呈北西宽条带状。地势跨度小，海拔在 27～82m 之间，以 35～50m 为主，总体呈现西高东低的趋势，略有坡度，总体大于 2°，呈北西高南东低之势。地层以全新统冲洪积物为主，岩性以黏土、亚黏土为主。土地利用类型以水浇地、建设用地为主，植被类型以玉米、小麦等农作物为主。土层厚度不小于 500cm，土质类型以壤土、砂土为主，且表层多为壤土，靠近中易水河两岸表层以下有砂土层。

倾斜的平原冲洪积区共有 2 种土质地表基质构型，即壤土单元（Sl）和壤砂二元（Sls）；共有 6 种次构型，壤土单元下划分出壤单层、壤两层、壤三层、壤多层 4 种次构型，壤砂二元下划分出壤砂三层、壤砂多层 2 种次构型（图 4-27、图 4-28，表 4-6）。

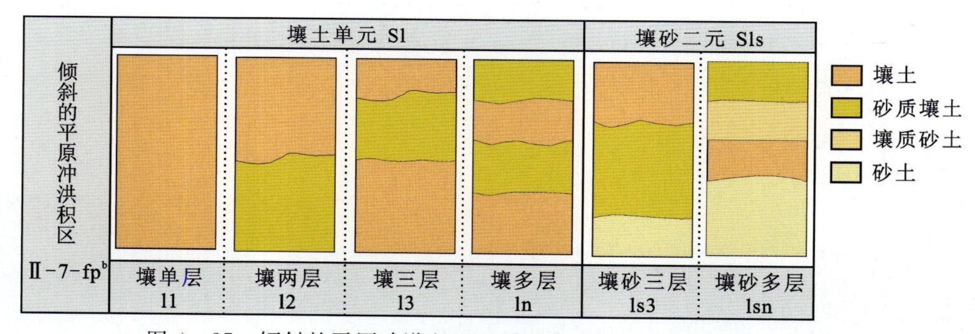

图 4-27　倾斜的平原冲洪积区土质地表基质构型与次构型一览图

5）平坦的平原冲洪积区地表基质特征

平坦的平原冲洪积区（Ⅱ-7-fp[b]）分布于工作区东部和北部，西明义村—中斗门村—南谢村—国兴村一带，坡度平缓，在 2°以内。地势平坦，海拔在 14～48m 之间，以 25～35m 为主，北西略高，南东略低，总体坡度小于 2°。地层以全新统冲洪积物为主，岩性以黏土、亚黏土为主。土地利用类型以水浇地、建设用地为主，植被类型以玉米、小米等农作物为主。土层厚度大于 500cm，土质类型以壤土、砂土为主，且表层多为壤土，靠近中易水河、南拒马河两岸表层以下有砂土层。

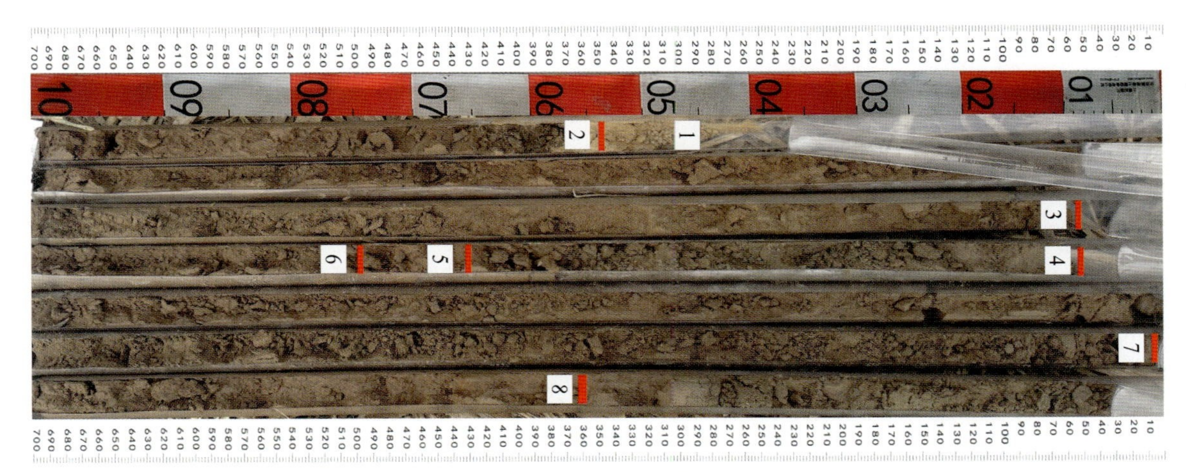

图 4-28 倾斜的平原冲洪积区壤砂多层次构型典型工作(BZK049)野外照片

表 4-6 倾斜的平原冲洪积区壤砂多层次构型野外特征表

构型图	特征	厚度/m
BZK049 1234567 0 5 10 深度/m 砂质黏土、壤质黏土 壤土、砂质壤土、黏质壤土 壤质砂土、黏质砂土 砂土	1. 壤质砂土，黄橙(10YR 8/6)色，薄层，含植物根系	0.10
	2. 黏质壤土，亮棕(7.5YR 5/6)色，巨厚层，稍湿，10～20cm 颜色发黑	2.00
	3. 砂质壤土，橙色砂质，(7.5YR 6/6)巨厚层，稍湿	3.00
	4. 黏质砂土，浊黄橙(10YR 6/4)色，厚层，可见云母，石英，3.35～3.43m为细砂	3.61
	5. 黏土，亮红棕(5YR 5/6)色，薄层	3.71
	6. 砂质壤土，黄棕(10YR 5/6)色，巨厚层，可见铁锰浸染	5.00
	7. 壤质砂土，浊橙(7.5YR 6/4)色，巨厚层	6.48
	8. 黏质壤土，亮棕(7.5YR 5/8)色，厚层，稍湿	7.00

平坦的平原冲洪积区共有 2 种土质地表基质构型，即壤土单元(Sl)和壤砂二元(Sls)；共有 6 种次构型，壤土单元下划分出壤两层、壤三层、壤多层 3 种次构型，壤砂二元下划分出壤砂两层、壤砂三层、壤砂多层 3 种次构型(图 4-29、图 4-30，表 4-7)。

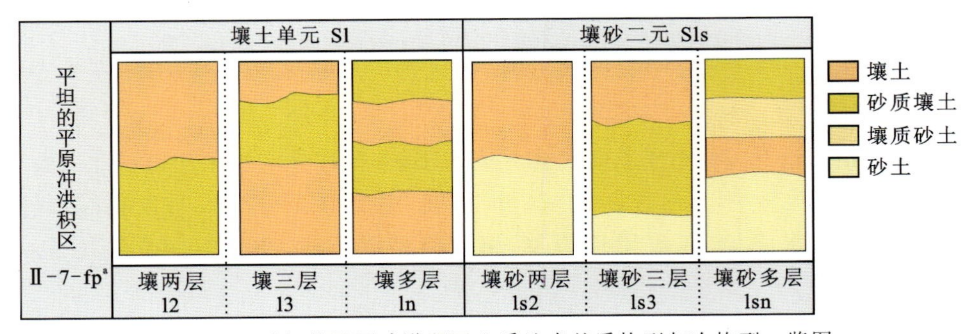

图 4-29 平坦的平原冲洪积区土质地表基质构型与次构型一览图

图 4－30　平坦的平原冲洪积区壤多层次构型典型工作(BZK078)野外照片

表 4－7　平坦的平原冲洪积区壤多层次构型野外特征表

构型图	特征	厚度/m
BZK078 1 2 3 4 5 6 7 0 5 10 深度/m 壤土、砂质壤土、黏质壤土 砂土	1. 壤土，黄棕(2.5Y 5/6)色，团粒状，略为湿润，略为紧实。前 20cm 较干较松散颜色发黄	0.84
	2. 砂质壤土，亮黄棕(2.5Y 6/8)色，团粒状，略为湿润，松	1.16
	3. 砂土，橙(7.5YR6/6)色，屑粒状，略为湿润，松。后 10cm 湿度增加略紧	1.73
	4. 壤土，亮黄棕(2.5Y 6/8)色，团粒状，湿润，略为紧实。壤土可见金色云母	2.00
	5. 砂质壤土，橙(7.5YR6/6)色，团粒状，略为湿润，略为紧实	2.25
	6. 砂土，橙(7.5YR6/6)色，屑粒状，略为湿润，松，粉砂。30cm 后到 40cm 有 10cm 的黏质壤土夹层第五管岩芯 25～36cm 为壤质黏土夹层	4.56
	7. 砂质壤土，浊橙(7.5YR 6/4)色，团粒状，湿润，略为紧实。前半部分土质较松后半部分较湿润，颜色偏深。在最后一管岩芯底部 13cm 的位置可见一小块 1cm 左右的砾石	5.17
	8. 黏质壤土，浊棕(7.5YR 5/4)色，团粒状，湿润，紧实	6.00

6)洼地冲洪积区地表基质特征

洼地冲洪积区(Ⅱ－7－fp^{c})分布于重点工作区南东部，李郁庄乡—小朱庄镇—北南蔡乡一带，南拒马河两侧、兰沟河两岸。地势平坦，海拔在 11～29m 之间，主要为 17～24m，坡度很缓，北西略高，南东略低。土地利用类型以水浇地、建设用地为主，植被类型以玉米、小麦等农作物为主，土层厚度大于 500cm。

洼地冲洪积区共有 2 种土质地表基质构型，即壤土单元(Sl)和壤砂二元(Sls)；共有 5 种次构型，壤土单元下划分出壤三层、壤多层次构型，壤砂二元下划分出壤砂两层、壤砂三层、壤砂多层次构型(图 4－31、图 4－32，表 4－8)。

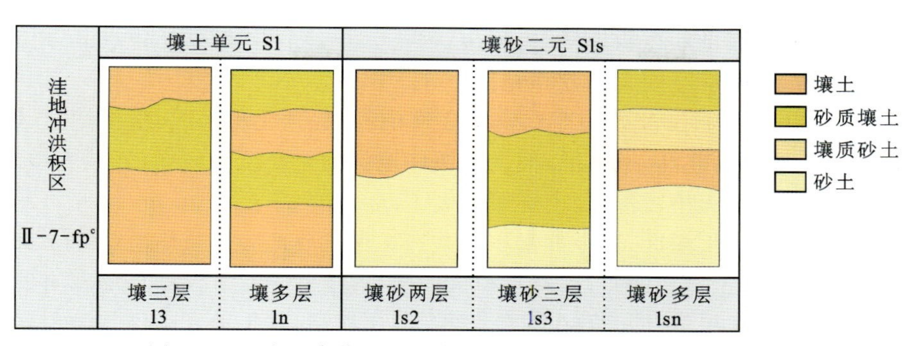

图 4-31 洼地冲洪积区土质地表基质构型与次构型一览图

图 4-32 洼地冲洪积层壤多层次构型典型工作(BZK034)野外照片

表 4-8 洼地冲洪积层壤多层次构型野外特征表

构型图	特征	厚度/m
BZK034 1234567 深度/m 0 5 10 壤土、砂质壤土、黏质壤土 壤质砂土、黏质砂土 砂土	1. 黏质壤土,棕(7.5YR,4/4)色,巨厚层,0~0.1m 可见植物根系及残骸	1.00
	2. 砂质壤土,橙(7.5YR,6/6)色,巨厚层,可见钙核	1.60
	3. 黏质砂土,橙(7.5YR,6/8)色,巨厚层,2.45~2.5m 为黏土	3.20
	4. 砂土,亮棕(7.5YR,5/6)色,巨厚层,可见锈染和铁锰浸染,可见多个粉砂薄层,3.4~3.5m、3.9~4.0m、4.1~4.2m、4.6~5.0m 为粉砂	5.00
	5. 黏质壤土,灰棕(7.5YR,5/2)色,巨厚层,可见锈染	6.00

7)阶地冲洪积区、河漫滩冲洪积区、河道冲洪积区地表基质特征

阶地冲洪积区、漫滩冲洪积区、河道冲洪积区所占面积相对较小,构型单一,成因类型相近,有诸多相似之处。

阶地冲洪积区(Ⅱ-8-fp^a)主要分布于区内河流交叉口附近,集中分布于中易水河与北易水河、南拒马河与北易水河交叉处、北易水河和南拒马河部分两岸。地势北西高,南东低,坡度很缓。地层为全新统冲积物,岩性为黏土、砂土、亚砂土。土地利用类型以旱地、林地为主,植被类型以乔木和玉米农作物为主,土层厚度大于 500cm。

河漫滩冲洪积区(Ⅱ-8-fp^b)主要分布于区内中易水河、北易水河、南拒马河两岸。地势北西高,南东低，坡度很缓。地层为全新世冲积物，岩性为黏土、砂土。土地利用类型以林地、旱地为主，植被类型以乔木和玉米农作物为主，土层厚度大于500cm。

区内河道冲洪积区（Ⅱ-8-fp^{c}）较为广泛，其主要有中易水河、北易水河、南拒马河、瀑河、周家庄小河、斗门河、兰沟河等。地势西北高，南东低，坡度很缓。地层为全新统冲积物，岩性为砂土、亚砂土。土地利用类型以河流水面为主，无植被覆盖，土层厚度大于500cm。

阶地冲洪积区、河漫滩冲洪积区、河道冲洪积区共有3种土质地表基质构型（图4-33），即砂壤砂三元（Ssls）、壤砂二元（Sls）、砂土单元（Ss）；共有5种次构型，砂壤砂三元下仅划分出砂壤砂三层1种次构型，壤砂二元下划分出壤砂两层、壤砂三层、壤砂多层3种次构型，砂土单元下仅划分出砂单层1种次构型（图4-34，表4-9）。

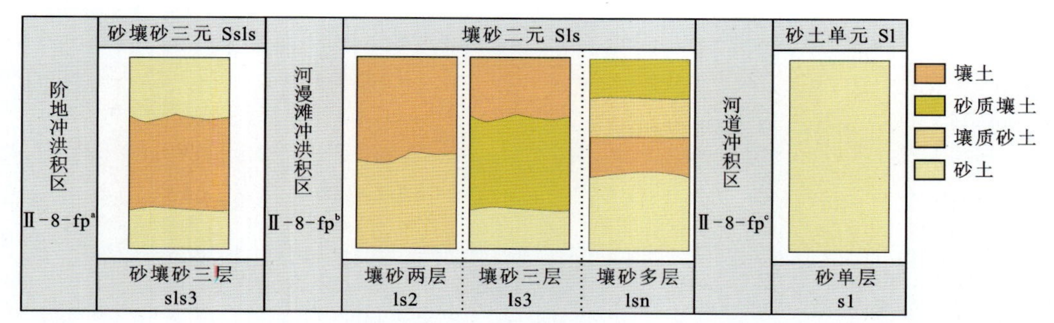

图4-33 阶地冲洪积区、河漫滩冲洪积区、河道冲洪积区土质地表基质构型与次构型一览图

图4-34 阶地冲洪积区砂壤砂三层次构型典型工作（BZK036）野外照片

表4-9 阶地冲洪积区砂壤砂三层次构型野外特征表

构型图	特征	厚度/m
BZK036 1234567 深度/m 0 5 10 壤质砂土、黏质砂土 砂土	1. 黏质砂土，浊棕（7.5YR，5/4）色，巨厚层，0～0.2m可见植物根系及残骸	2.20
	2. 砂土，灰黄棕（10YR，5/2）色细砂，厚层，稍湿，较密	2.80
	3. 黏质砂土，亮棕（7.5YR，5/6）色，巨厚层，可见锈染，可见多个薄层黏土	3.80
	4. 砂土，浊黄棕（7.5YR，5/3）色粉砂，厚层，稍湿，密实，4.3～4.4m为黏质砂土，4.6～4.7m可见黑色腐殖质	4.70
	5. 砂土，黄棕（2.5Y，5/3）色细砂，巨厚层，稍湿，密实，可见黑色腐殖质，5.5～5.55m，5.9～6.0m，5.5m之后颜色变白	6.00
	6. 砂土，杂色中砂，巨厚层，稍湿，较密	7.00
	10. 黏质砂土，浊黄橙色，（10YR 6/3）巨厚层，稍湿，8.90～8.93m为细砂	9.00

（三）理化性质

1. 物理结构特征

（1）0m 质地分布特征：利用克里金插值法得到平原区土质地表基质 0m 砂粒（图 4－35）与黏粒（图 4－36）含量的分布格局图。砂粒含量在 15%～55%之间，高值主要分布在河漫滩冲洪积地表基质区，低值主要分布在洼地冲积区；黏粒含量在 0.5%～5%之间，高值位于洼地冲洪积区东部，其余分区内含量相差不大。其中，砂粒高值沿中易水河、北拒马河北段近乎对称分布，且越接近河道含量越高，在北河镇附近为最高值分布区，含量在 45%～55%之间，在工作区北东部、铺头村附近为最低值分布区，含量在 15%～25%之间；黏粒含量普遍在 0.5%～5.0%之间，仅在西里村以西的局部地区黏粒含量升至 5.0%～8.1%之间，略高于其他地区。在构型层面，壤砂二元区的砂粒含量整体高于壤土单元区。

（2）2m 质地分布特征：利用克里金插值法得到平原区土质地表基质 2m 砂粒（图 4－37）与黏粒（图 4－38）含量的分布格局图。砂粒含量在 15%～55%之间，高值主要分布在河漫滩冲洪积地表基质区，低值主要分布在洼地冲洪积区东部、平坦的冲洪积平原南部；黏粒含量在 0～9.1%之间，高值主要分布于洼地冲洪积区，其余分区内含量相差不大。其中，砂粒高值位于百楼村附近、中易水河两岸，含量在 45%～55%之间，低值位于姚村乡、小朱庄镇附近，含量在 25%～35%之间，其余地区含量稳定，均在 35%～45%之间；黏粒高值位于张伯庄村附近，含量在 5%～9.1%之间，其余地区含量均小于 5%。结合区内构型，砂粒含量偏高区域基本落于壤砂二元结构内，砂粒含量偏低区域全部落于壤土单元构型内，黏粒含量在不同构型间没有明显差异。

（3）5m 质地分布特征：利用克里金插值法得到平原区土质地表基质 5m 砂粒（图 4－39）与黏粒（图 4－40）含量的分布格局图，砂粒含量在 8.2%～94.3%之间，高值主要分布在河漫滩冲洪积地表基质区、洼地冲积区的南部，低值主要分布在平坦的冲洪积平原地表基质区；黏粒含量在 0～10.0%之间，高值主要分布在平坦的冲洪积平原地表基质区和洼地冲洪积区的东部。其中，砂粒高值位于杨村乡、北田乡附近，含量在 75%～94.3%之间，低值位于高陌乡、小朱庄镇附近，含量在 8.2%～25%之间，总体呈现靠近河流含量越高，远离河流含量偏低的趋势；黏粒高值在姚村乡、北南蔡乡附近，含量在 5%～10%之间，其余地区含量相差不大，均小于 5%。结合区内构型，砂粒含量偏高区域基本落于壤砂二元构型内，砂粒含量偏低区域全部落于壤土单元构型内，黏粒含量在不同构型间没有明显差异。

2. 化学性质特征

（1）pH 分布特征：表层地表基质的 pH 范围为 4.68～8.96，均值为 7.87，整体表现为东部和南部高西北部低的特点。大部分区域呈现为碱性，酸性区域主要分布于中易水河及北易水河之间的东高里村—北大牛村一带和拒马河两侧。调查区内随深度的增加 pH 逐渐升高，深层与浅层具有继承性，随深度的增加 pH 变化范围减小，且分布更均匀。综合来看，pH 的总体分布规律与成土母质和农业耕作活动关系密切（图 4－41～图 4－43）。

（2）重金属元素分布特征：平坦的平原冲洪积单元表层地表基质中 8 种重金属元素中多数含量与河北平原地区表层元素含量背景值相近，表层地表基质 Hg 元素含量要高于河北平原地区，高值区主要集中于中易水河北侧及下游村镇密集区。Pd、Hg 元素含量在表层富集明显，Hg 元素 2m 处含量远低于表层，5m 与 2m 处含量相当，表层及城镇周边受人类活动影响明显，Pd、Zn、Cu 元素随深度增加含量下降不明显，高值区深层与表层具有一定的继承性，其分布主要受背景所控制。As、Cr、Ni 随深度增加其含量先升高后降低，在 2m 处含量最高（图 4－44～图 4－46）。表层富集型包括了大部分重金属元素，这些元素大多易受人类活动影响，同时常年耕作使表层基质质地黏细、有机质含量高，土壤孔隙度下降、容重上升，导致这些元素在表层出现富集。

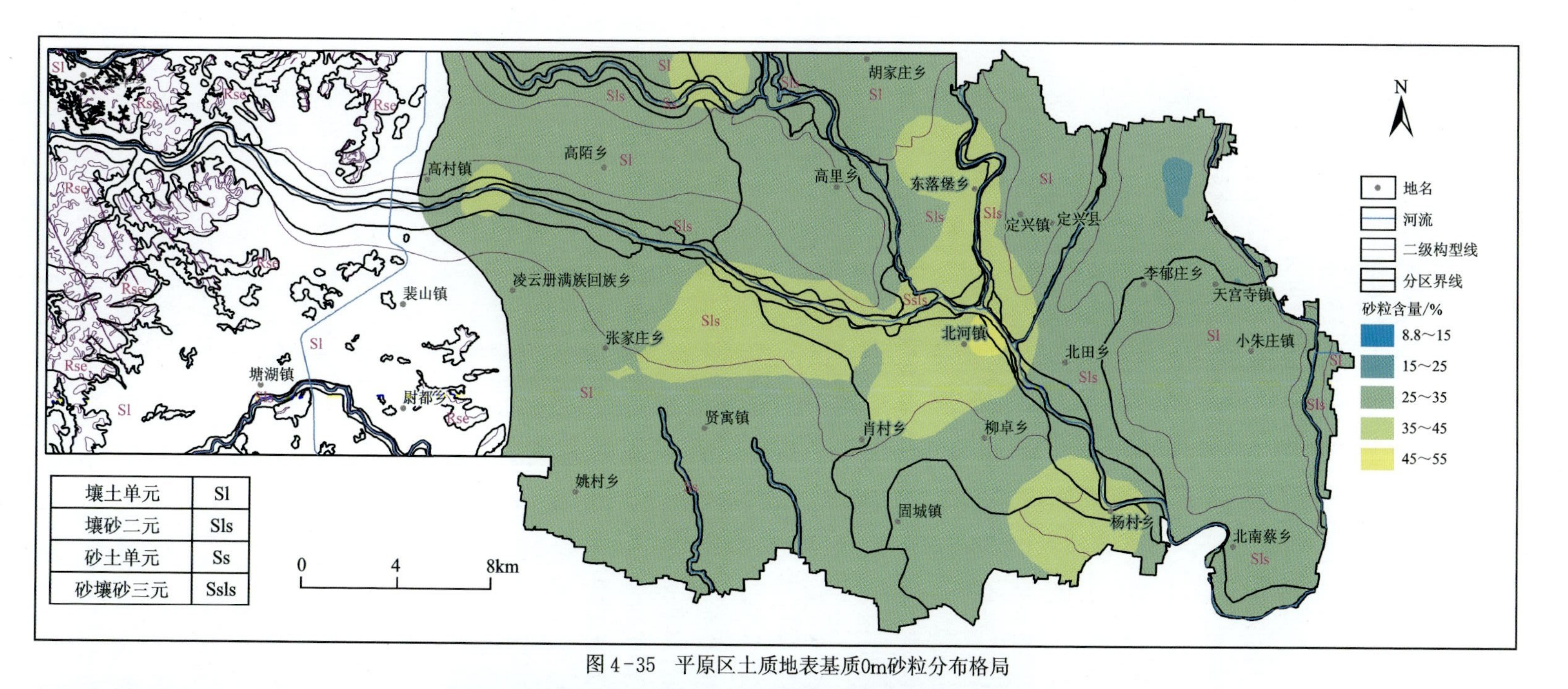

图4-35 平原区土质地表基质0m砂粒分布格局

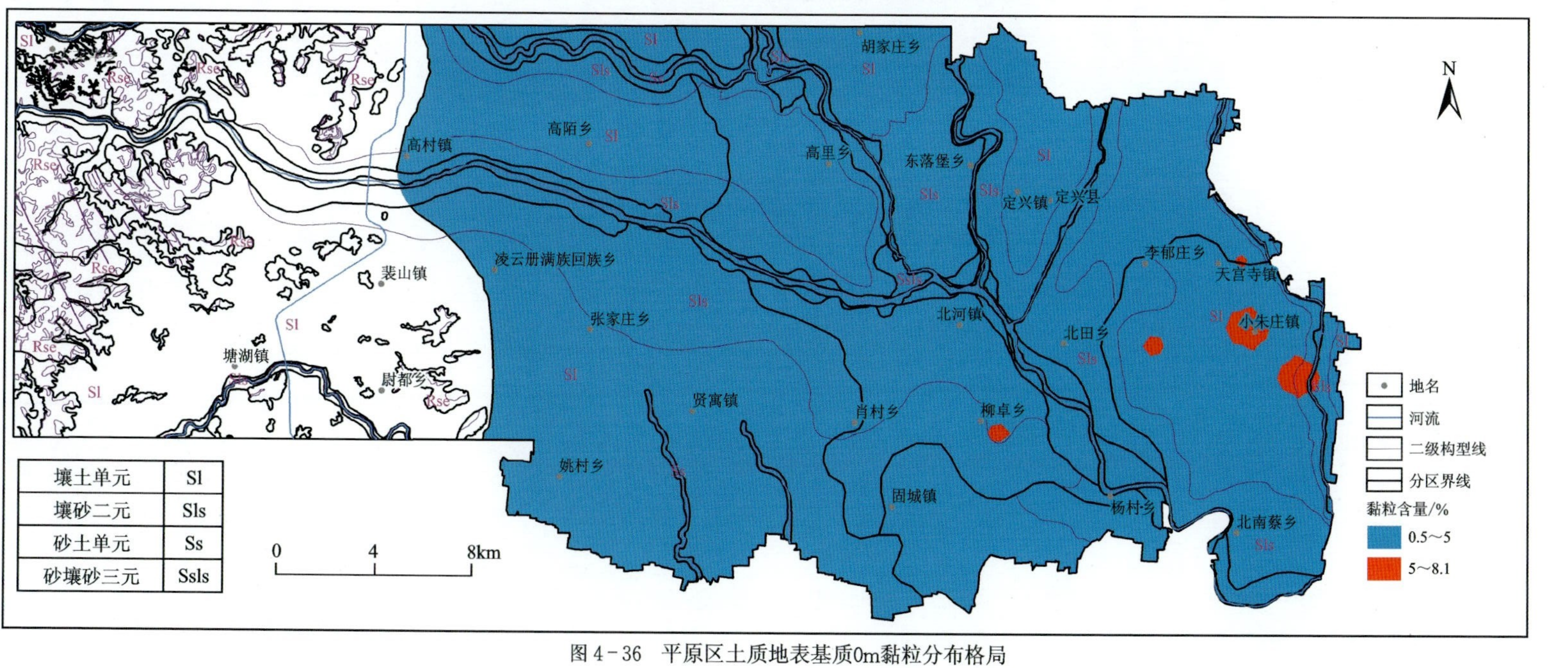

图4-36 平原区土质地表基质0m黏粒分布格局

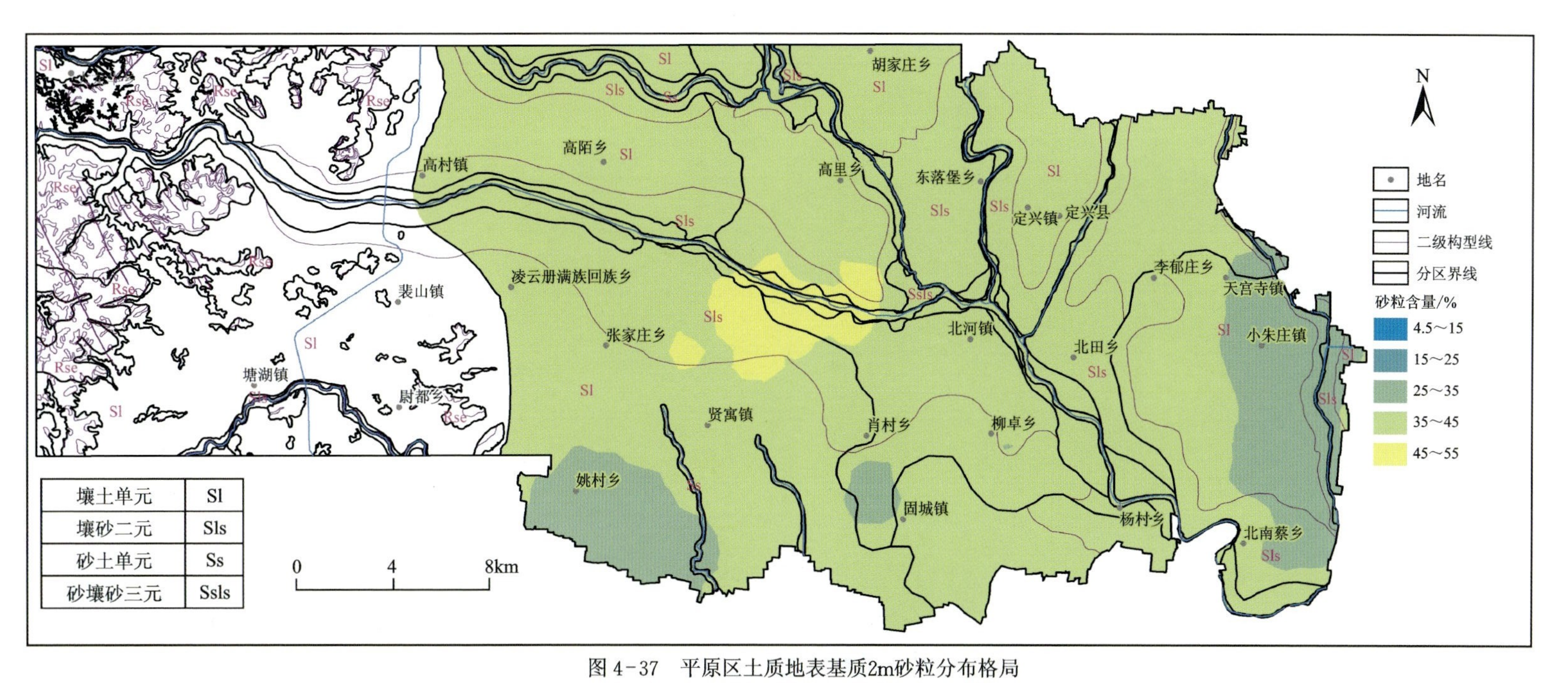

图4-37 平原区土质地表基质2m砂粒分布格局

图4-38 平原区土质地表基质2m黏粒分布格局

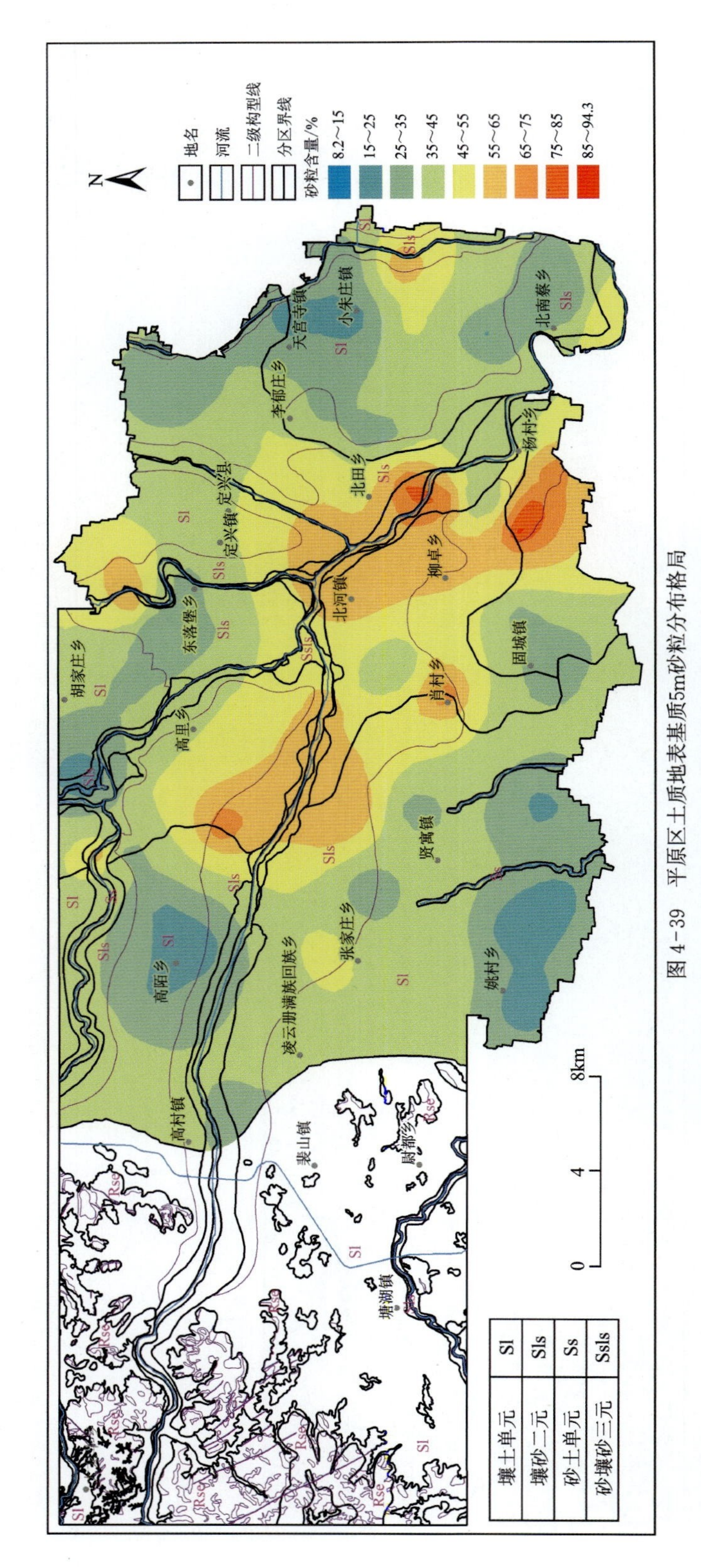

图4-39　平原区土质地表基质5m砂粒分布格局

图4-40　平原区土质地表基质5m黏粒分布格局

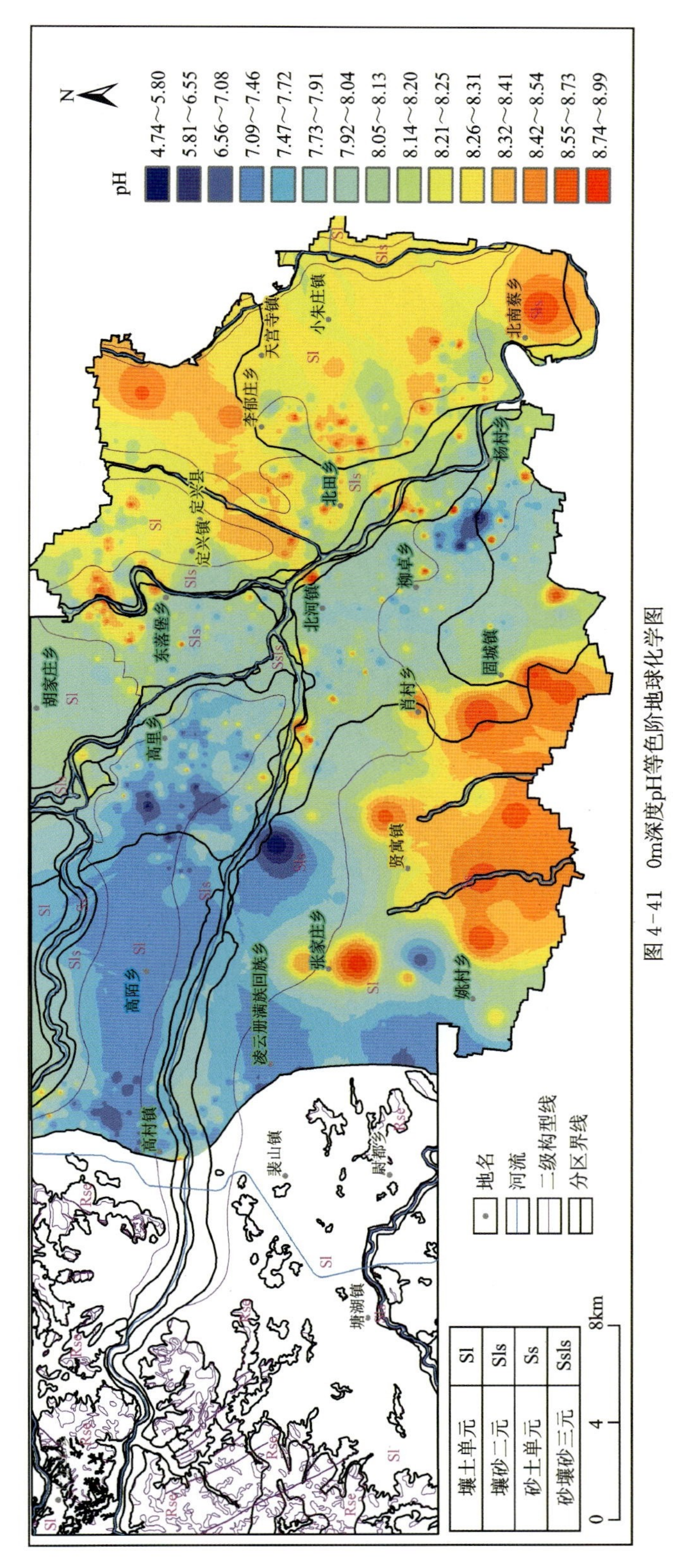

图 4-41　0m深度pH等色阶地球化学图

图 4-42　2m深度pH等色阶地球化学图

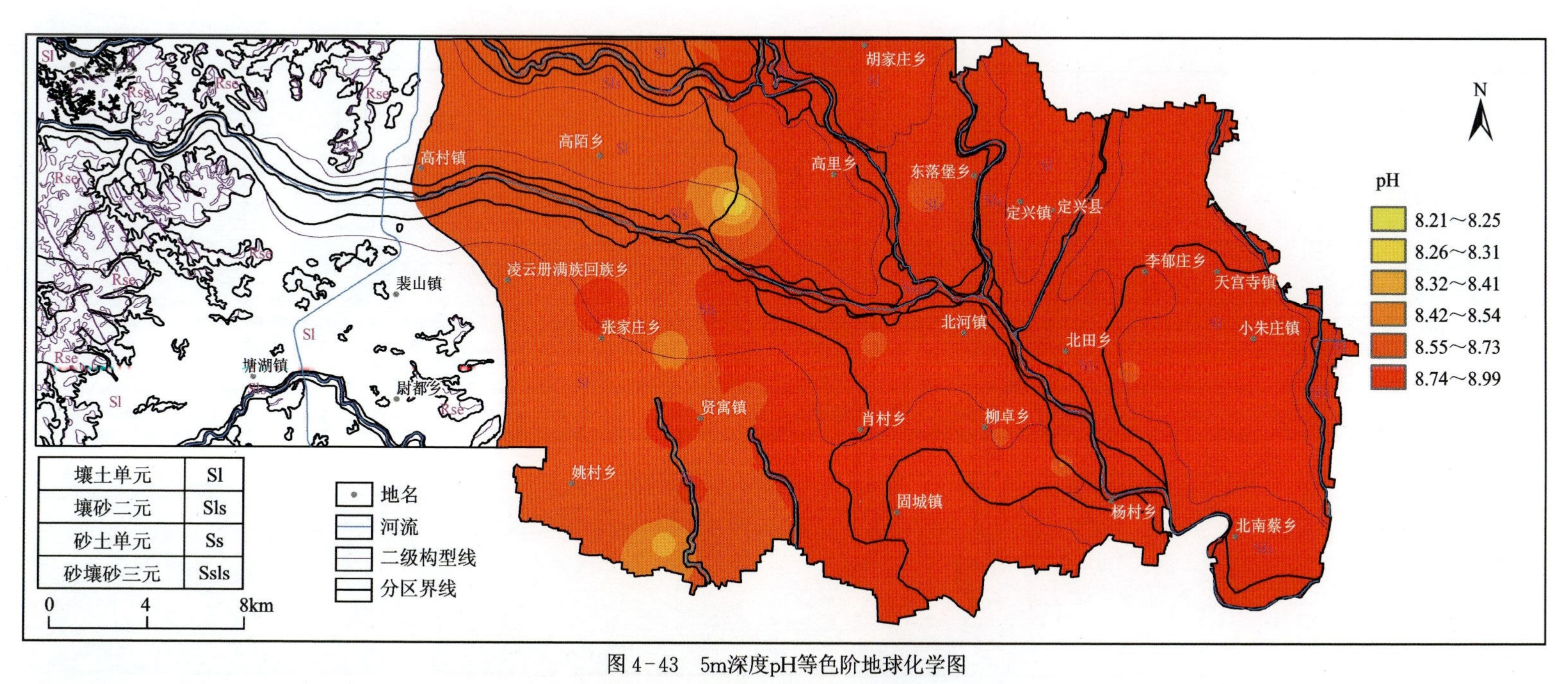

图 4-43　5m深度pH等色阶地球化学图

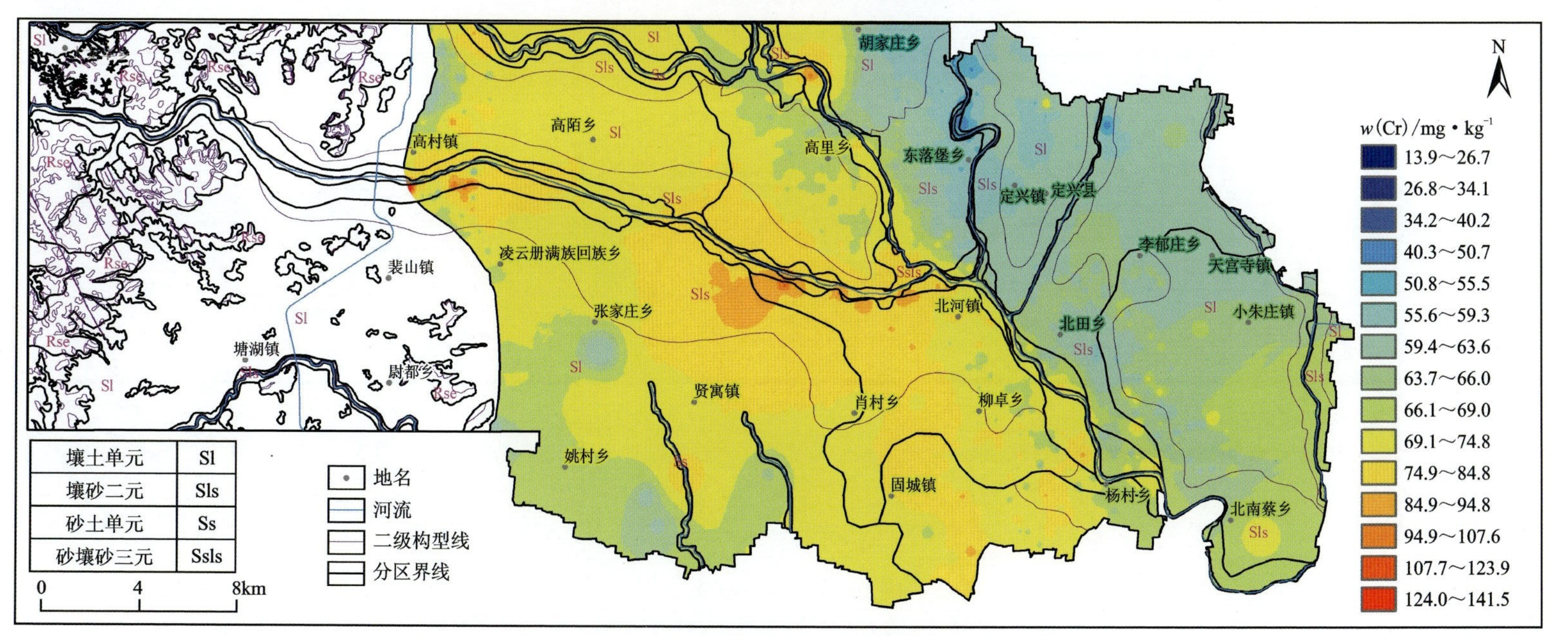

图 4-44　0m深度Cr元素等色阶地球化学图

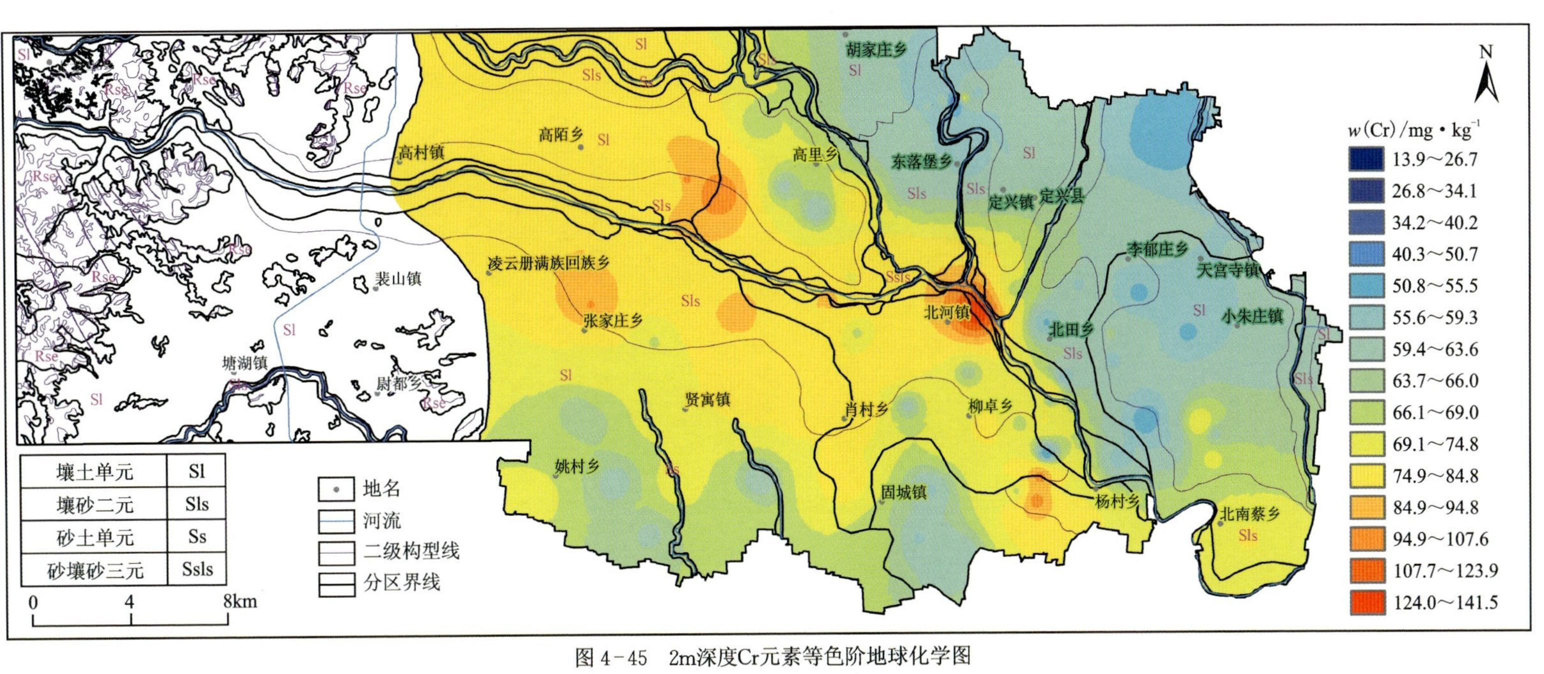

图4-45　2m深度Cr元素等色阶地球化学图

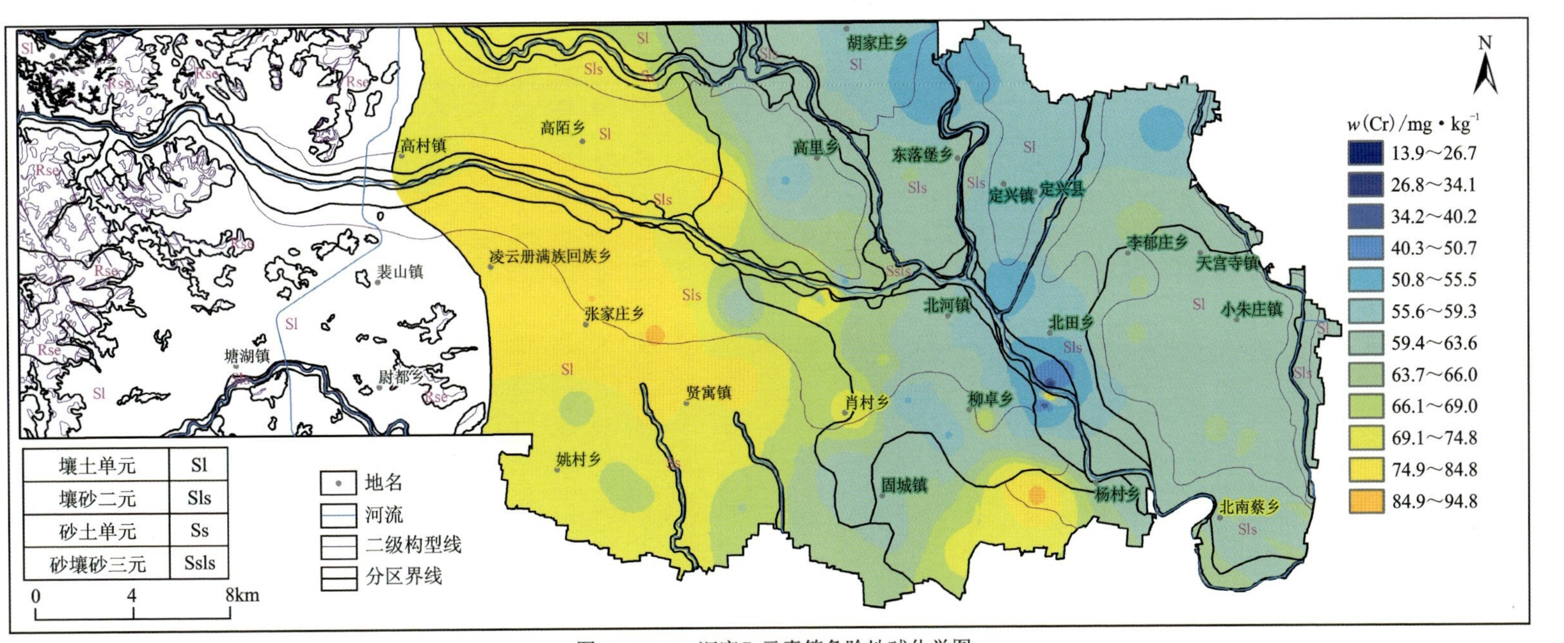

图4-46　5m深度Cr元素等色阶地球化学图

(3)养分元素分布特征:各养分元素中N、P、有机质元素在表层地表基质中含量明显高于2m、5m处,随深度增加含量下降明显(图4-47～图4-49)。表层高值区主要集中在易水河-拒马河流域的农耕区,说明表层地表基质中的养分元素受农业耕种的影响很大。K_2O含量在不同深度地表基质层中的含量相当,表层略高于深层,说明K_2O含量与成土母质关系密切(图4-50～图4-52)。与河北平原不同深度的养分元素含量对比,表层N含量相当,2m处N元素含量要明显低于河北平原均值,说明工作区母质中N元素含量贫乏。

(4)常量元素分布特征:CaO含量在表层和深层地表基质中的含量均表现为低于河北平原的背景值,说明Ca元素在平面范围内随水流向下迁移,在垂向上不同深度地表基质层内Na_2O、CaO、MgO这类碱金属元素在深层富集,其中CaO最为明显,通过观察区内地表基质垂向剖面,在该深度范围可见大量钙质结核。这说明该类元素在水平方向上向下游迁移明显,在垂向地表基质层中向下迁移明显。

(四)利用现状及变化情况

1.土地利用现状

基于GIS平台对2019年高分影像进行人机交互解译的基础上,经过一定比例的野外核查,得到保定地区2020年土地利用现状遥感解译图(图4-53)。并对各土地利用现状分类情况进行统计分析,结果见表4-10。

由图表可知,保定地区耕地占全区总面积的40.03%,其中大部分为水浇地,占耕地面积的86%,面积为7 646.20km^2,说明保定地区主要产业为农业,其中大部分分布于保定地区的东部和南部地区的平原地带,保定地区西北部为多山区,海拔由东向西逐渐升高,部分丘陵的缓坡处被开垦为耕地,耕作状态为梯田;其次面积占比较大的为裸岩石砾地、草地和林地,分别占保定地区总面积的16.26%、15.00%和11.93%,面积分别为3 610.26km^2、3 330.74km^2和2 649.15km^2,这3类主要分布于西北的多山地区,其中由于影像选取的季节原因,三者相比裸岩石砾地占比较大;全区水体占比较少,仅占总面积的2.13%,主要分布于几大水库,如西大洋水库、龙门水库、王快水库和垒子水库等,有一小部分分布于东部白洋淀地区,保定水资源并不丰富,境内有多条南水北调工程水渠南北走向纵穿全境,在实地调查中,大部分河流临近干涸;保定全区占比较少的3种土地类型分别为空闲用地、水工建筑用地和铁路用地,面积相加不足0.1%,其中空闲用地仅有0.07km^2,占全境总面积不足0.01%,其中大部分被临时停车使用,水工建筑用地主要分布于各大水库旁,多为水库坝体,少部分为河道治理修复的河道加固河壁,可见保定地区在逐渐重视水资源的保护,对河道的修复治理已经提上了日程。

2.2000—2020年保定地区"三生空间"用地状况

2000—2020年保定地区"三生空间"用地分布状况见图4-54和表4-11。2000年保定地区生产生态用地占据多数,对应的土地利用类型主要为耕地,占全区总面积的49.24%;其次为生态用地,对应的土地利用类型主要为林地、草地和湿地等,面积为8 840.17km^2,林地主要集中于太行山水土保持-生物多样性维护生态保护红线区域,占全区总面积的39.85%,生活生产用地面积为2 275.80km^2,面积最小的"三生用地"类型为生态生产用地,对应的土地利用类型主要为河流水面、坑塘水面等。2010年,保定地区的生产生态面积为10 983.59km^2,占全区面积达49.51%,生态用地面积减少为8 821.63km^2,占39.76%,生活生产用地面积为2 237.03km^2,生态生产用地面积为143.03km^2。2020年保定地区生产生态用地较2010年相比,减少了756.86km^2,降至10 226.73km^2;生态用地面积同样有所缩减,降至8 561.25km^2,占总面积的38.59%;生活生产用地面积为3 084.76km^2,占总面积的13.9%;生态生产用地面积增加为312.50km^2,占总面积的1.41%。

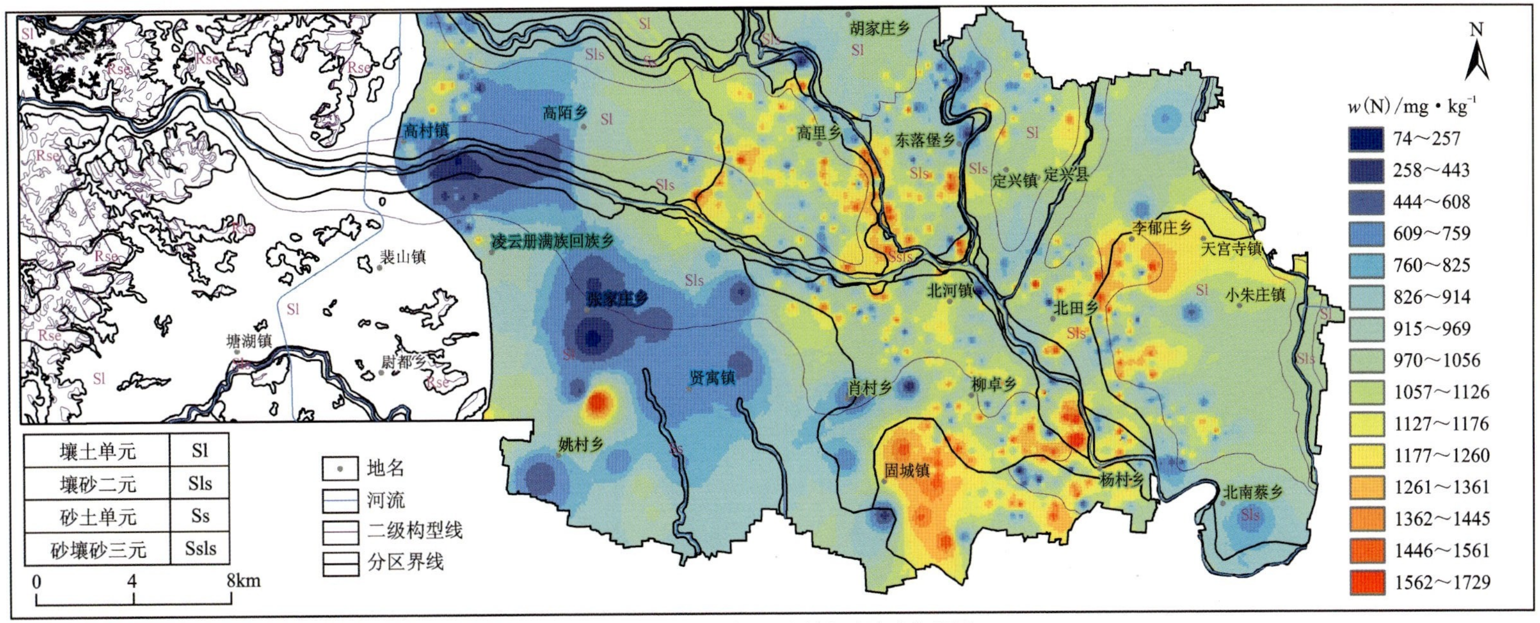

图 4-47 0m深度N元素等色阶地球化学图

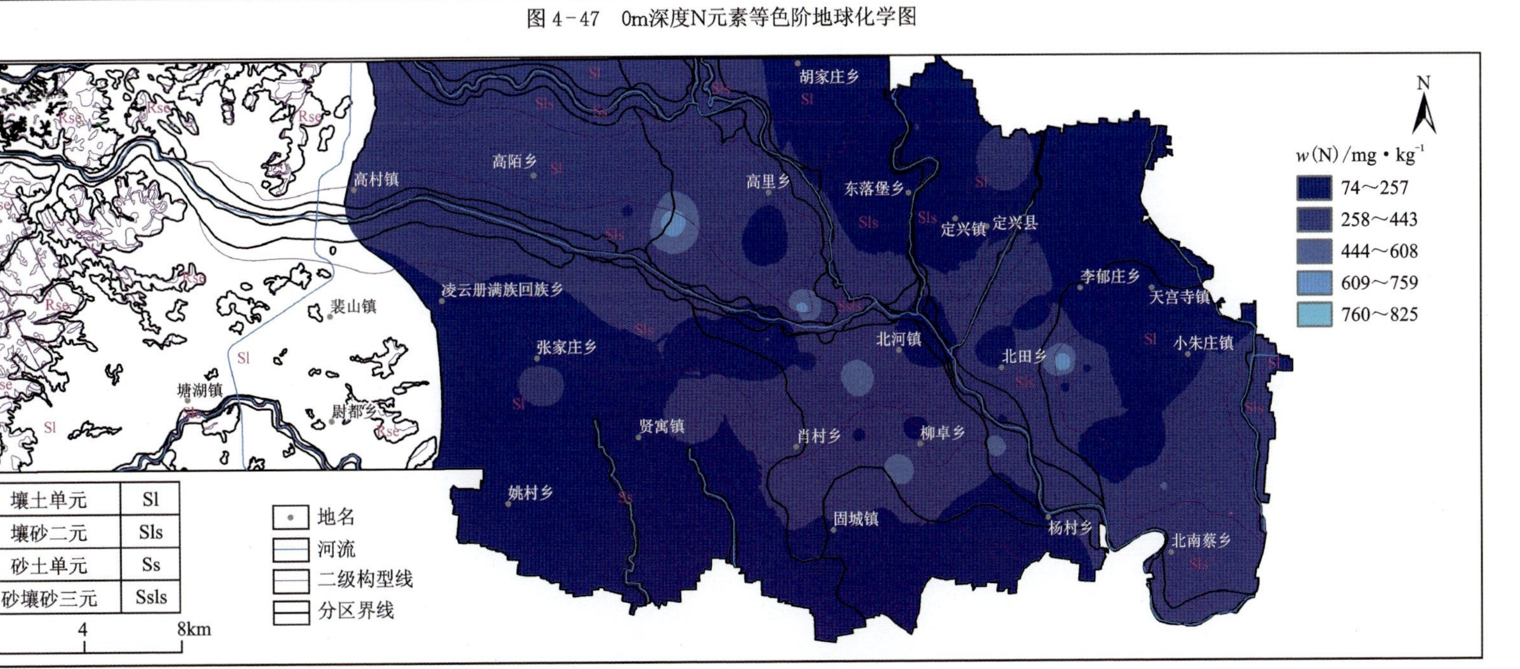

图 4-48 2m深度N元素等色阶地球化学图

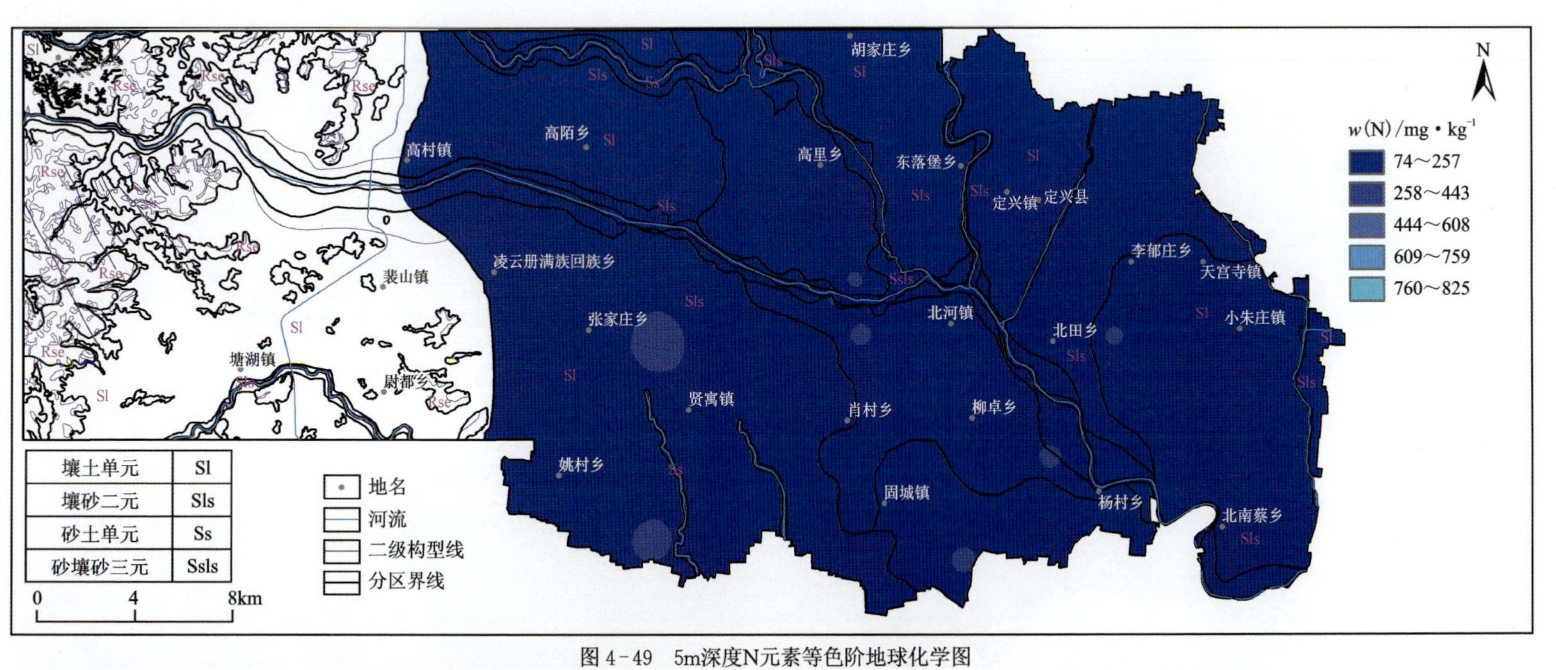

图 4-49　5m深度N元素等色阶地球化学图

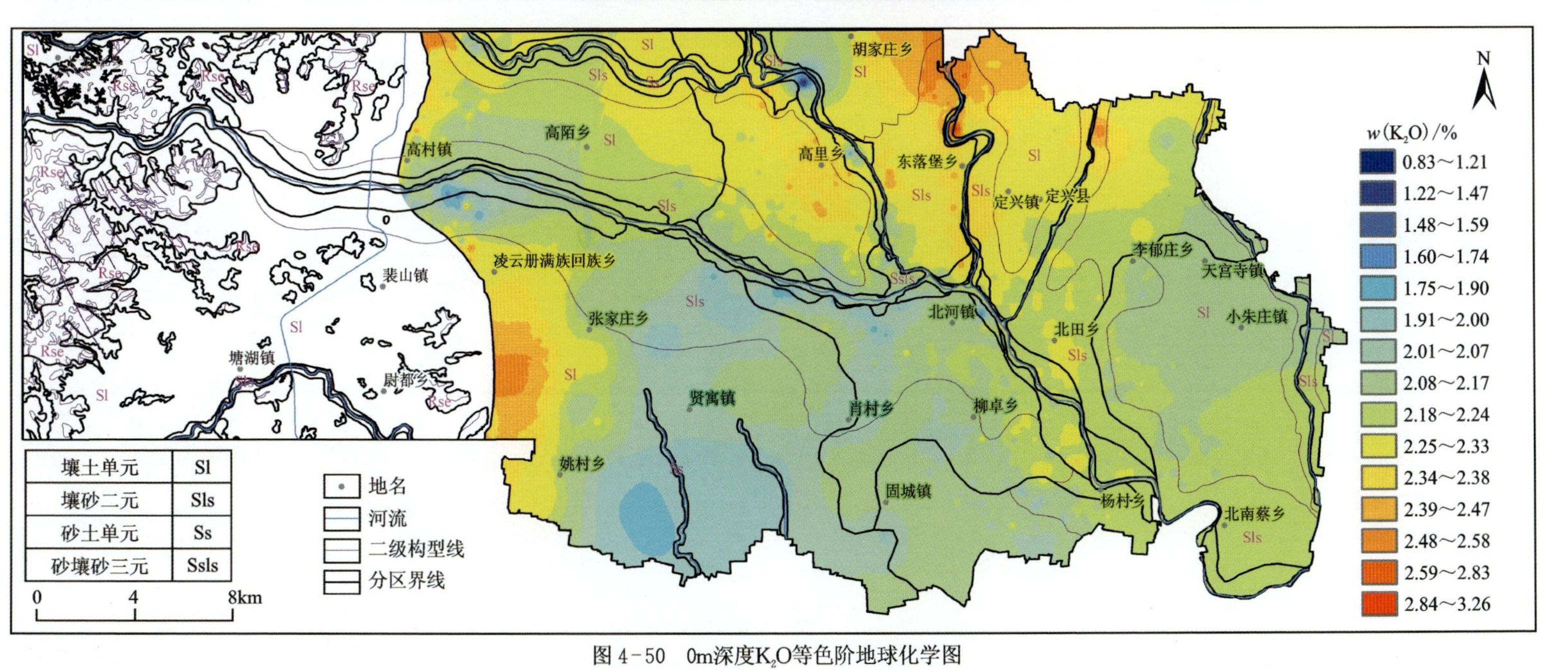

图 4-50　0m深度K_2O等色阶地球化学图

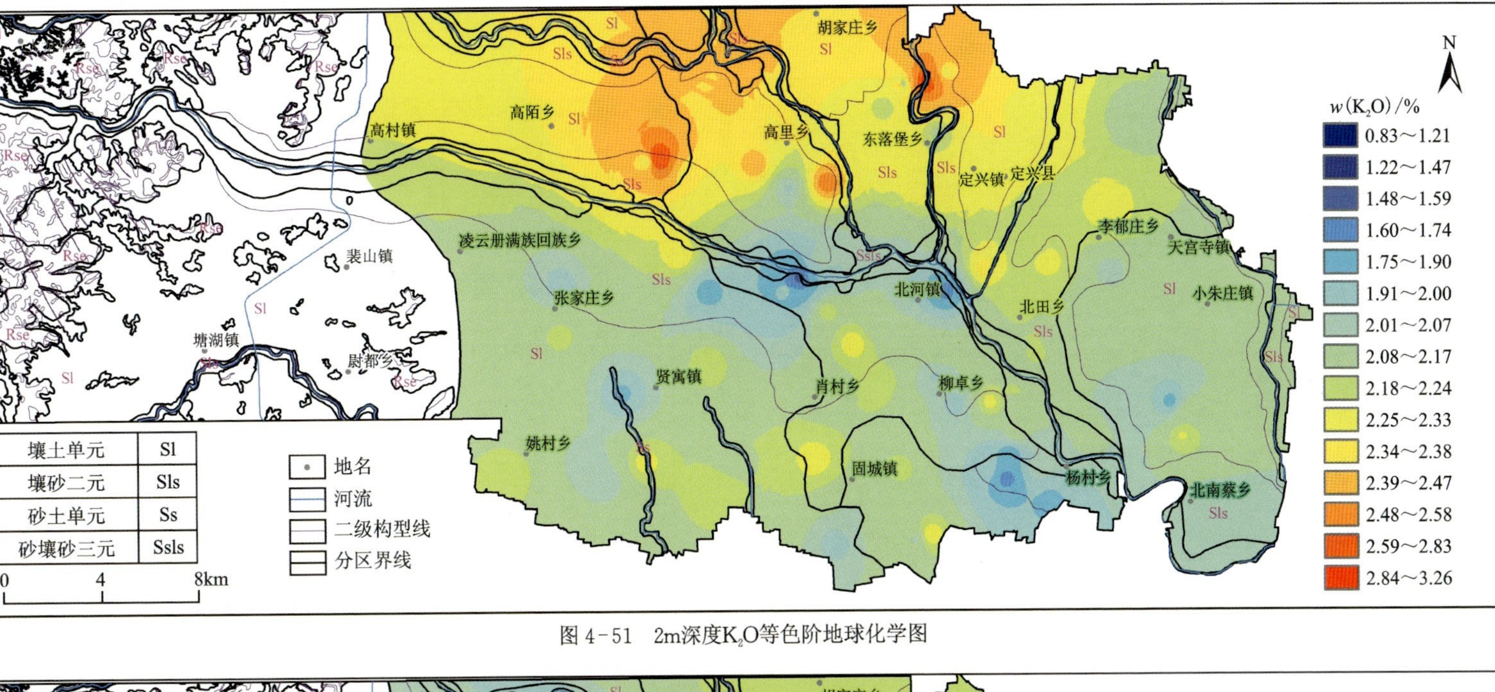

图 4-51 2m深度K_2O等色阶地球化学图

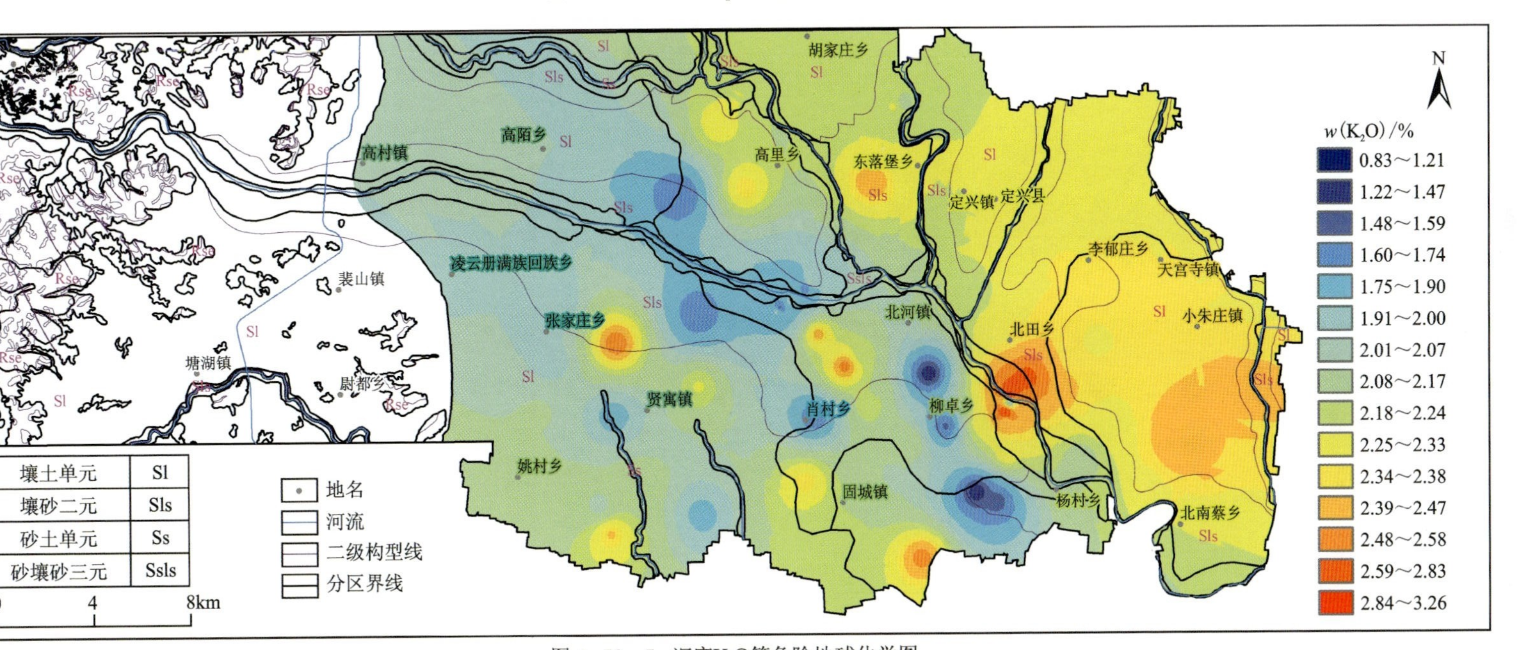

图 4-52 5m深度K_2O等色阶地球化学图

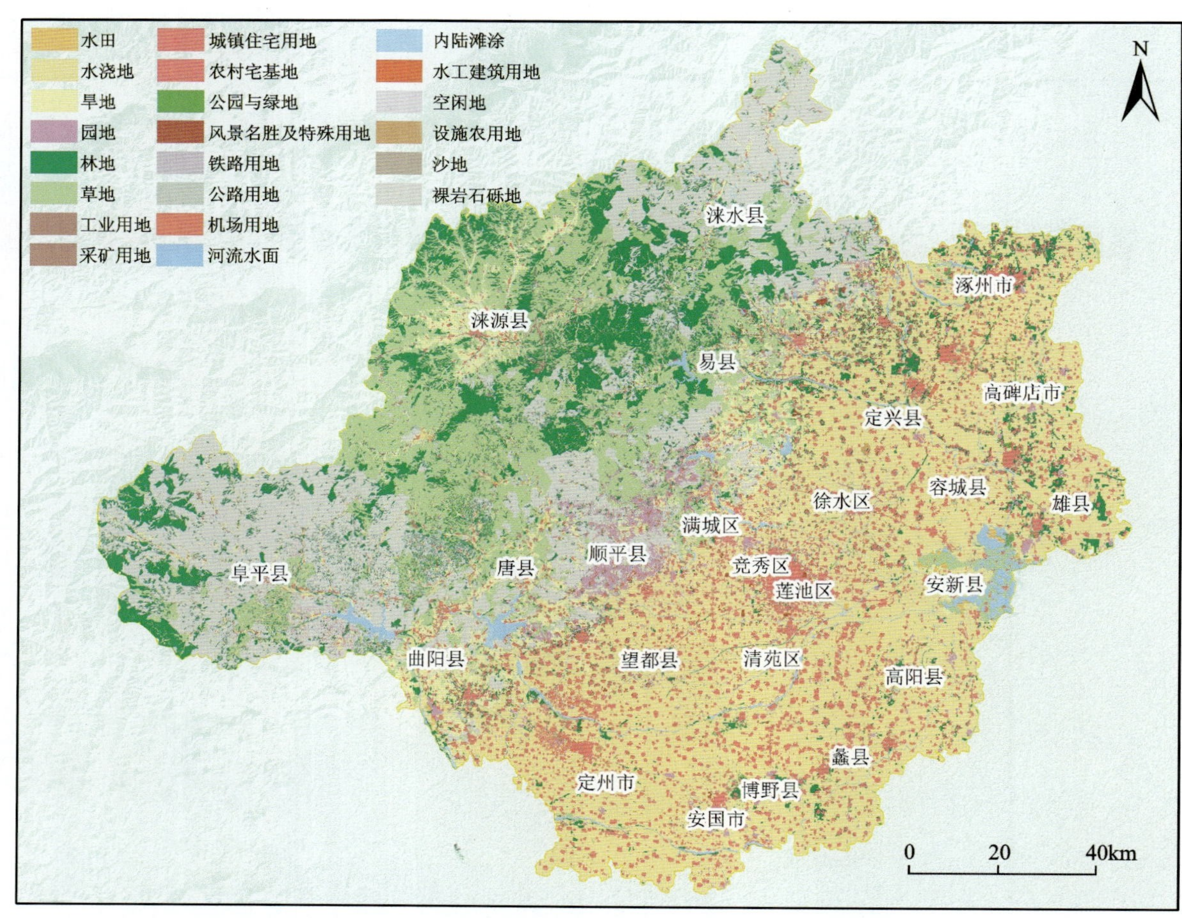

图 4-53 保定地区土地利用现状遥感解译图(2020 年)

表 4-10 保定地区土地利用现状分类统计表

土地利用分类	面积/km²	占比/%	土地利用分类	面积/km²	占比/%
水田	35.59	0.16	园地	428.78	1.93
水浇地	7 646.20	34.43	公园与绿地	25.52	0.11
旱地	1 207.82	5.44	风景名胜及特殊用地	39.99	0.18
设施农用地	37.74	0.17	林地	2 649.15	11.93
工业用地	38.79	0.17	草地	3 330.74	15.00
机场用地	11.87	0.05	沙地	12.40	0.06
水工建筑用地	5.63	0.03	裸岩石砾地	3 610.26	16.26
高层建筑	288.15	1.30	采矿用地	120.85	0.54
平房建筑	2 040.52	9.19	空闲用地	0.07	0.00
公路用地	66.05	0.30	内陆滩涂	129.76	0.58
铁路用地	8.03	0.04	水体	472.52	2.13

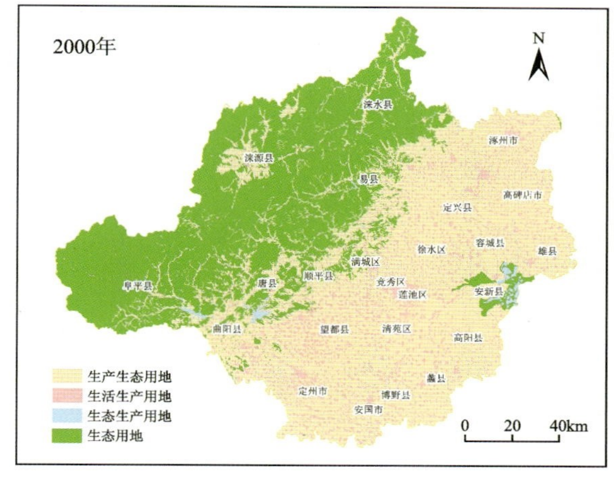

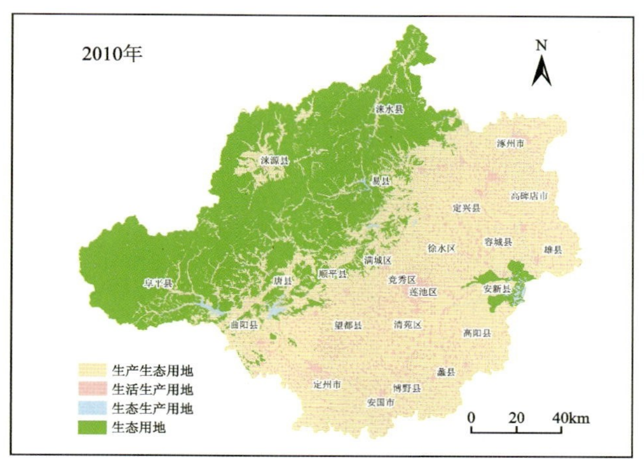

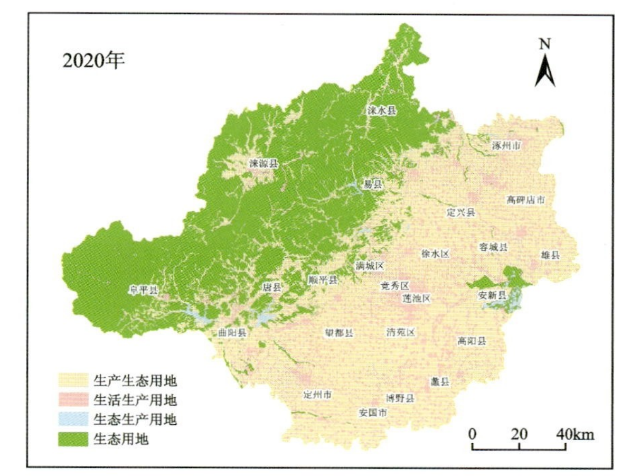

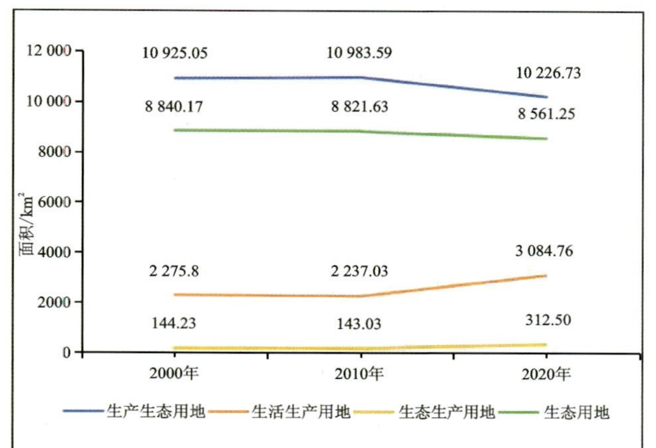

图 4－54　2000—2020 年保定地区“三生空间”用地分布

表 4－11　保定地区“三生空间”各类用地占地面积

类型	2000 年		2010 年		2020 年	
	面积/km²	占比/%	面积/km²	占比/%	面积/km²	占比/%
生产生态用地	10 925.05	49.24	10 983.59	49.51	10 226.73	46.10
生活生产用地	2 275.80	10.26	2 237.03	10.08	3 084.76	13.90
生态生产用地	144.23	0.65	143.03	0.64	312.50	1.41
生态用地	8 840.17	39.85	8 821.63	39.77	8 561.25	38.59

2000—2020 年，保定地区的三生空间转化情况见图 4－55、图 4－56。由图可知，生产生态用地与生态用地互有转化，且转换量相当，生态生产用地有相当一部分转化为生活生产用地，当地经济模式第一产业相对减少，第二、第三产业逐步繁荣，反映了保定地区城镇化趋势；生态用地和生态生产用地总量并没有发生改变，可见当地有关部门对生态环境的持续开发保护力度富有成效。

据表 4－12 可知，2000 年 984.85km² 生产生态用地转化为生活生产用地，表明了经济和社会快速发展形势下，多数耕地、园地等被开发为建设用地，如图 4－57 所示，同时有 136.75km² 生产生态用地转化为生态用地。定州市在 20 年间，城市规模扩大了近 1 倍，城镇用地侵占周边的耕地和园地、林地等，造成“景观工程”过度化。2000—2020 年，生活生产用地有 252.70km² 转化为生产生态用地；生态生产用地有 23.18％转化为生态用地，该现象集中表现在白洋淀区域，32.79km² 水域转化为湿地沼泽或滩涂。

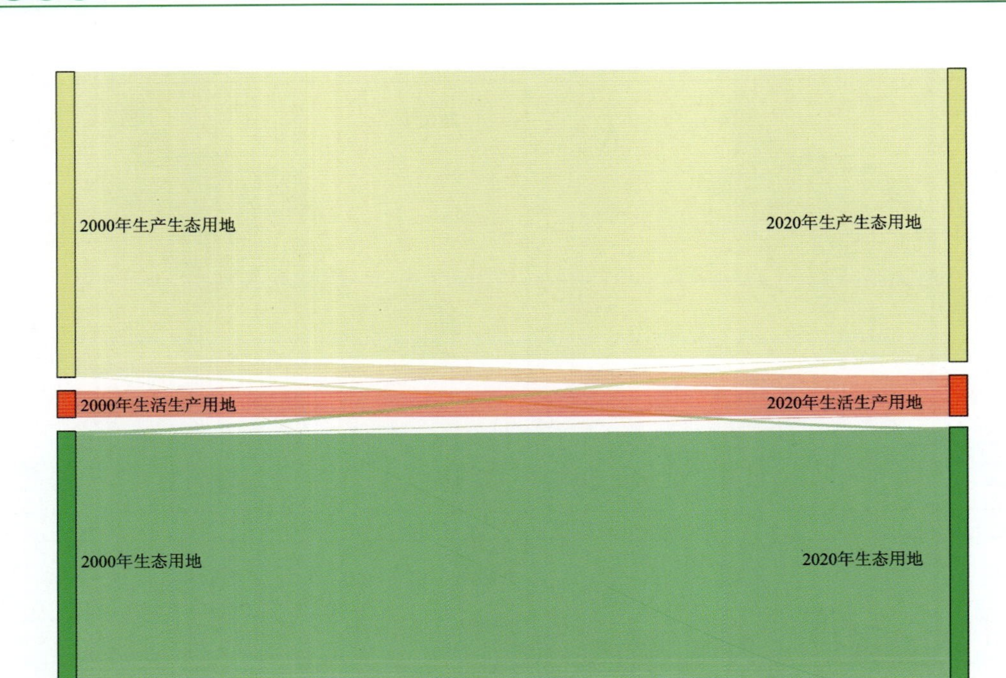

图 4-55　2000—2020 年保定地区“三生空间”用地转化桑基图

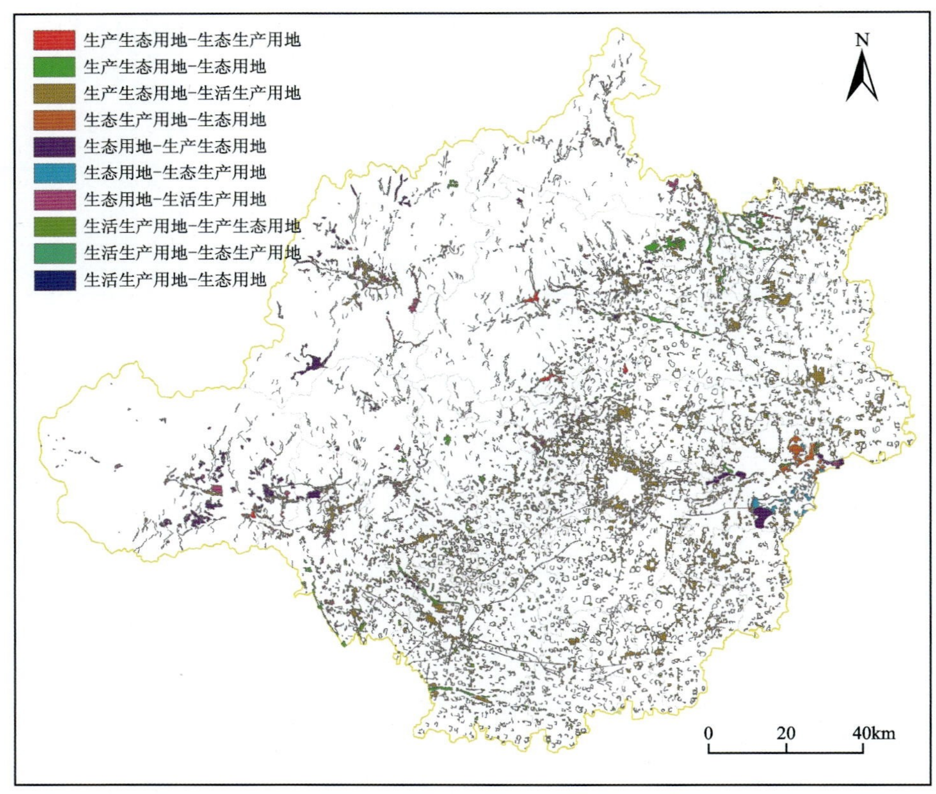

图 4-56　2000—2020 年保定地区“三生空间”用地转化图

2000—2020 年，181.45km^2 生态用地转化为生产生态用地，该类转变分布在两个区域：其一主要分布于保定西南部曲阳县、阜平县内，林地转化为耕地，如图 4-58 所示；其二主要表现为白洋淀湿地南部安新县内，湿地类型被有效开发利用为耕地，如图 4-59 所示。

表 4-12　2000—2020 年保定地区"三生空间"用地面积转移矩阵　　单位:km²

类型		2020 年				
		生产生态用地	生活生产用地	生态生产用地	生态用地	总计
2000 年	生产生态用地	9 856.74	984.85	48.92	136.75	11 027.26
	生活生产用地	252.70	1 968.44	0.47	8.78	2 230.39
	生态生产用地	0	0	108.65	32.79	141.44
	生态用地	181.45	104.81	23.84	8 530.26	8 840.36
	总计	10 290.89	3 058.10	181.88	8 708.58	22 239.45

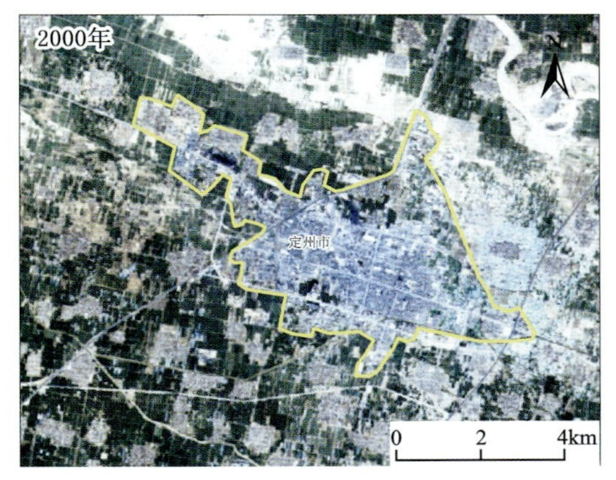

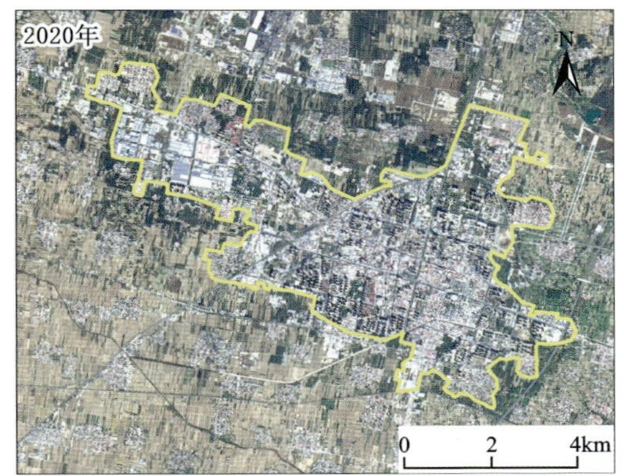

图 4-57　2000—2020 年生产生态用地向生活生产用地转化(定州市)

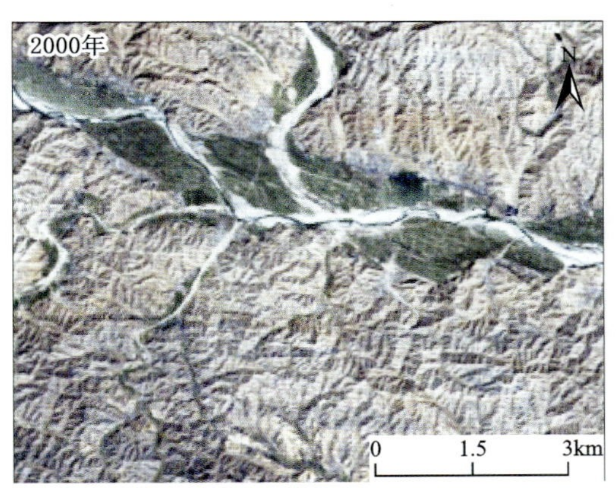

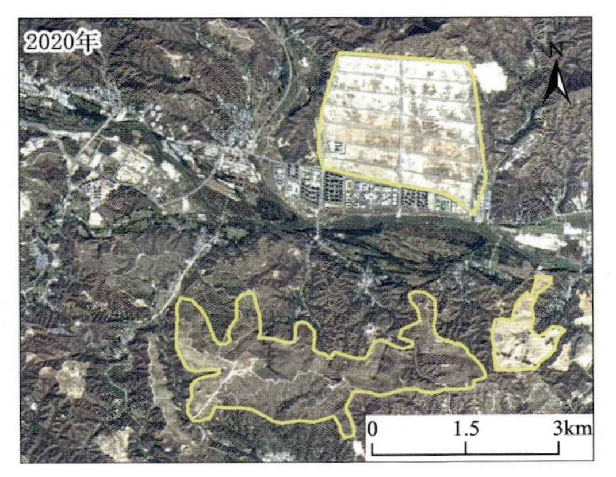

图 4-58　2000—2020 年生态用地向生产生态用地转化(阜平县)

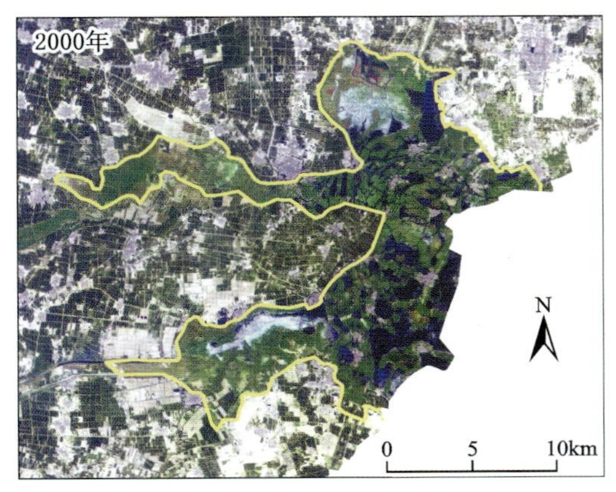

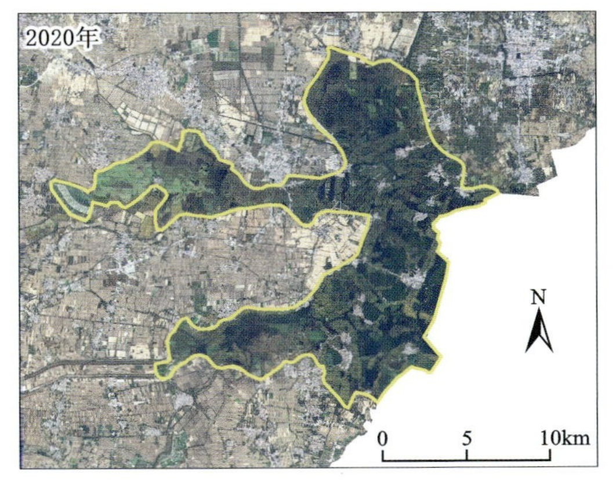

图 4-59　2000—2020 年生态用地向生态生产用地转化(白洋淀)

第四节 黄河流域巴彦淖尔地区地表基质

调查区包括五原县与乌拉特前旗共两个旗县，行政区划隶属巴彦淖尔市，位于内蒙古自治区西部，巴彦淖尔市东南部，黄河北岸，河套平原东端。地理坐标为东经107°35′—109°54′，北纬40°46′—41°16′，东与包头毗邻，西与临河区相连，北与乌拉特中旗接壤，南至黄河，总面积9985km²(图4-60)。

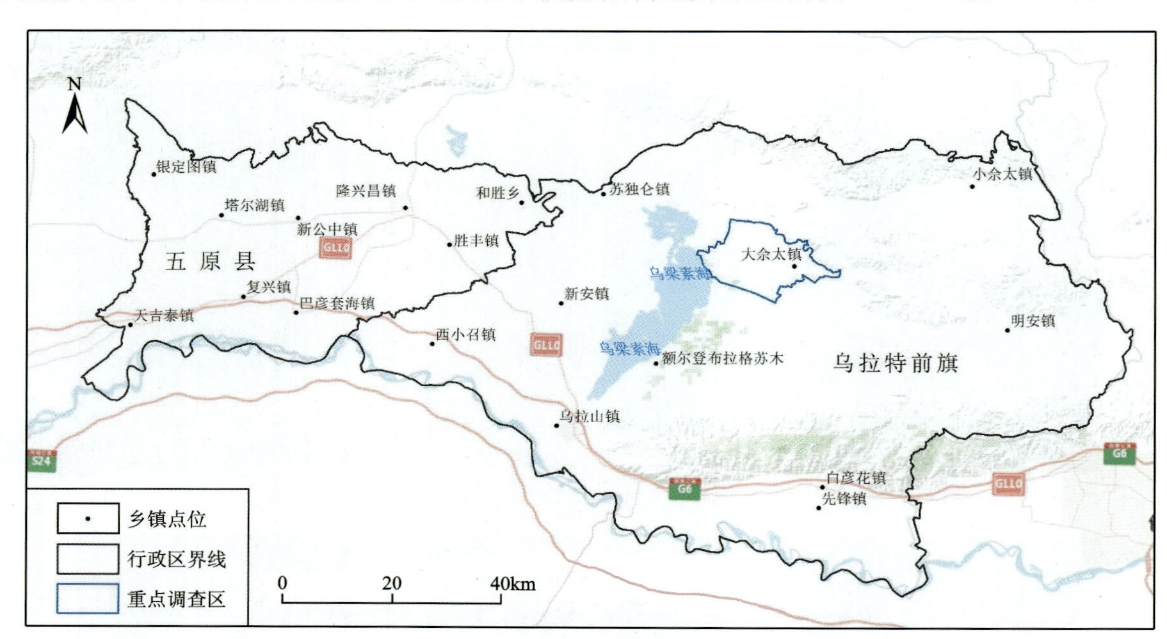

图4-60 五原县-乌拉特前旗交通位置图

一、自然地理概况

(一)气候条件

调查区属于中温带大陆性气候，五原县具有光能丰富、日照充足、干燥多风、降雨量少的特点。太阳年均辐射总量153.44cal/cm²，仅次于西藏、青海；2012年日照时数3263h，平均气温6.1℃，积温3 362.5℃；无霜期为117～136天，相对较短，可避免农作物贪青恋长、推迟成熟减产的弊端，可使农作物长势集中，丰产丰收。年均降雨量170mm，大多集中在夏秋两季，同时雨热同季，对农作物生长十分有利。

乌拉特前旗日照充足，积温较多，昼夜温差大，雨水集中，雨热同期。历年年均日照时数为3202h，年均气温为3.5～7.2℃，无霜期100～145天，年降水量在200～250mm之间，主要集中在6—9月份，占全年降水量的78.9%；年蒸发量1900～2300mm。最热的地方是白彦花中滩，最冷的地方是小佘太，南北相差4℃左右，最高极端气温38.8℃，最低极端气温−36.5℃。乌拉特前旗是自然灾害容易发生地区之一，多数为干旱、大风、霜冻、干热风、冰雹、雨灾等。

（二）水文条件

巴彦淖尔市以阴山山脉为分水岭，形成两个水系。阴山山脉以南为黄河水系（图4－61），阴山以北为内陆河水系。山地属产流区，北部高平原和河套平原属不产流区。本次调查区属巴彦淖尔地区黄河水系。汇入黄河水系的支流有狼山、乌拉山的山沟等177条，总集水面积为1.6万km^2，多为季节性短小山洪沟，有清水的山沟只有52条，均为间接汇入。内陆河水系分布于阴山北的高原上，共有河沟34条，流域面积3.1万km^2，也为季节性河流，有清水的仅有10条，且流量很小。

五原县境内的黄河流经天吉泰镇、复兴镇、套海镇。黄河北与之并行的是总干渠（二黄河），它由磴口、临河向东进入五原，又进入前旗而汇入三湖河，县内各干渠均由此渠引水灌溉。与黄河有关的是乌加河（旧时亦称五角河、五加河），它原是黄河的主流，是北河。1840年黄河改道后主流成为现在的南河，在改道的过程中使整个河套平原成为土质肥沃的冲积平原。乌加河现在是黄河的支流，由临河区的份子地进入五原，由建丰农场出界，泄入乌拉特前旗的三湖河。

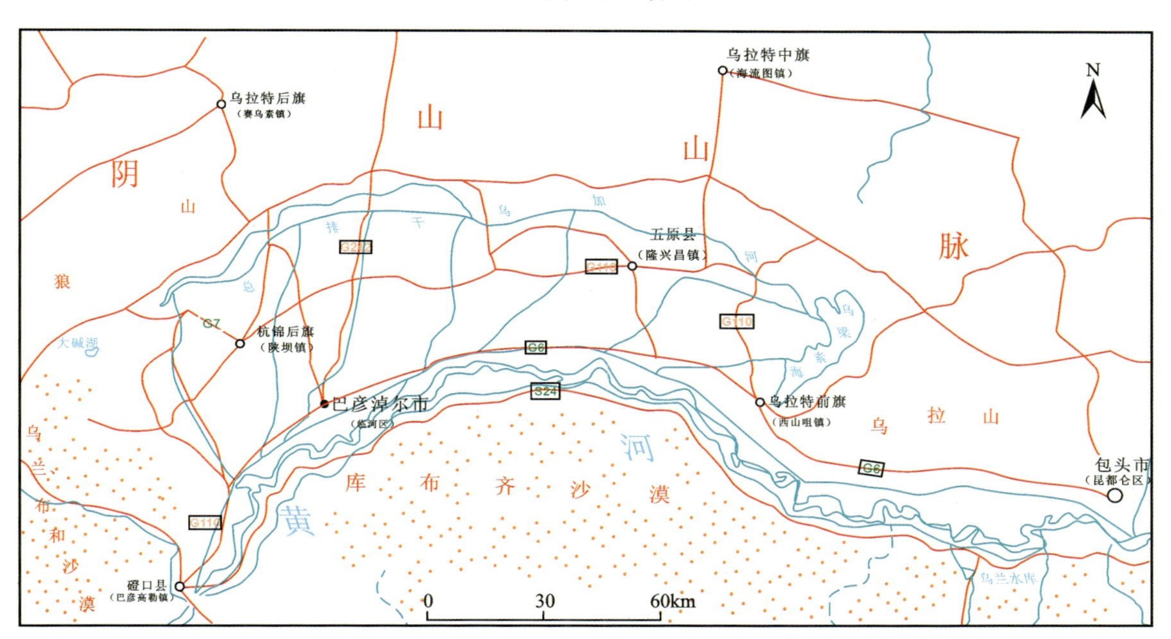

图4－61 黄河流域巴彦淖尔地区道路水系分布图

（三）土壤类型

据20世纪80年代第二次全国土壤普查结果，巴彦淖尔市共有14个土类、32个亚类、94个土属、348个土种。地带性土壤有山地灰褐土、栗钙土、棕钙土、棕漠土、灰漠土，非地带性土壤主要有灌淤土、盐土、风沙土、粗骨土、石质土等。

年度调查区（五原县—乌拉特前旗）土壤类型包括栗钙土、灌淤土、盐土、风沙土、粗骨土、灰褐土、潮土、石质土等。其中岩石区（基岩区）地表覆盖的土壤以灰褐土、栗钙土及粗骨土为主。山地灰褐土集中分布在乌拉特前旗南侧的乌拉山，面积为663km^2，占土壤总面积的1.03％，有机质丰富，土层深厚，淋溶作用较强。栗钙土主要分布在东南部，乌梁素海以东的明安川一带。腐殖质过程较弱，层厚15～45cm，有机质含量在1.5％～2.5％之间。粗骨土属于初育性土壤类型，分布于境内海拔1300～2300m的山地，土层很薄，植被稀疏矮小，面积为3056km^2。

土质区以灌淤土、盐土以及风沙土为主，其中灌淤土为河套灌区的主要耕作土壤，面积为$5041km^2$。耕层含盐量小于1%，有机质含量为1.08%。盐土面积为4 598.3km^2，占土壤总面积的7.13%，一般含盐量大于1%，主要分布在河套平原黄灌区。黄灌区盐土面积约$4307km^2$，占黄灌区面积的40%，是灌区荒地的主要土壤，占灌区荒地面积的91.8%。

风沙土面积为7 104.5km^2，占土壤总面积的11.02%，主要分布在乌兰布和沙漠、苏吉沙漠及后套平原的零星沙地。地貌表现为流沙、半固定、固定沙丘和平坦沙地。

（四）地形地貌

调查区以乌梁素海为界，划分为西部的黄灌区和东部的山旱区，海拔在938～2336m之间(图4-62)。五原县地处河套平原腹部，县境为黄河冲积平原，由黄河冲积和山前洪积共同作用而成，为第四系松散地层所覆盖，沉积了较厚的湖相地层。黄河在南部沿县旗界自西向东流经全境。地貌类型主要为平原，占调查区总面积的91.80%，另有高地、沙丘、海子(湖泊)、洼地等零星分布。

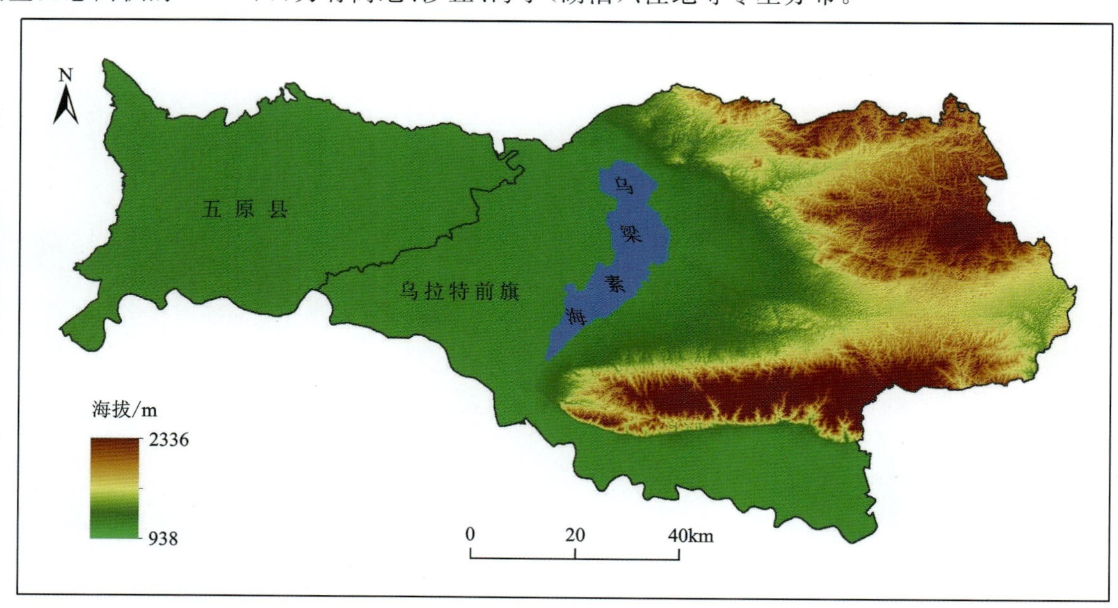

图4-62　五原县—乌拉特前旗地势图

乌拉特前旗地貌可概括为“三山两川一面海，千里平原两道滩”。“三山”即乌拉山、查石太山、白音察汉山，占地面积为$2303km^2$，占全旗总面积的30.8%，最高山为乌拉山。“两川”即明安川、小佘太川，占地面积为$889km^2$，占全旗总面积的11.3%。“一面海”即乌梁素海，水域面积44万亩，是全国八大淡水湖之一。“千里平原两道滩”即套内平原、蓿亥滩和中滩，占地面积$1811km^2$，占全旗总面积的24.2%。

二、地表基质特征

（一）平面分布

五原县—乌拉特前旗地表基质类型丰富(表4-13,图4-63)，地表基质的分布、演化规律在不同地

形地貌上有着较大的差异，下面就5类基质分别介绍。

表4-13 五原县—乌拉特前旗地表基质类型统计表

地表基质类型		面积/km²	占比/%
岩石	变质岩	1 356.043	13.57
	岩浆岩	636.609 7	6.37
	沉积岩	347.501 7	3.48
砾质		198.725 8	1.99
土质	粗骨土	164.362 6	1.64
	砂土	2 809.479	28.11
	壤土	3 589.882	35.92
淤泥		489.306 2	4.90
其他(人工堆积物)		402.229	4.02

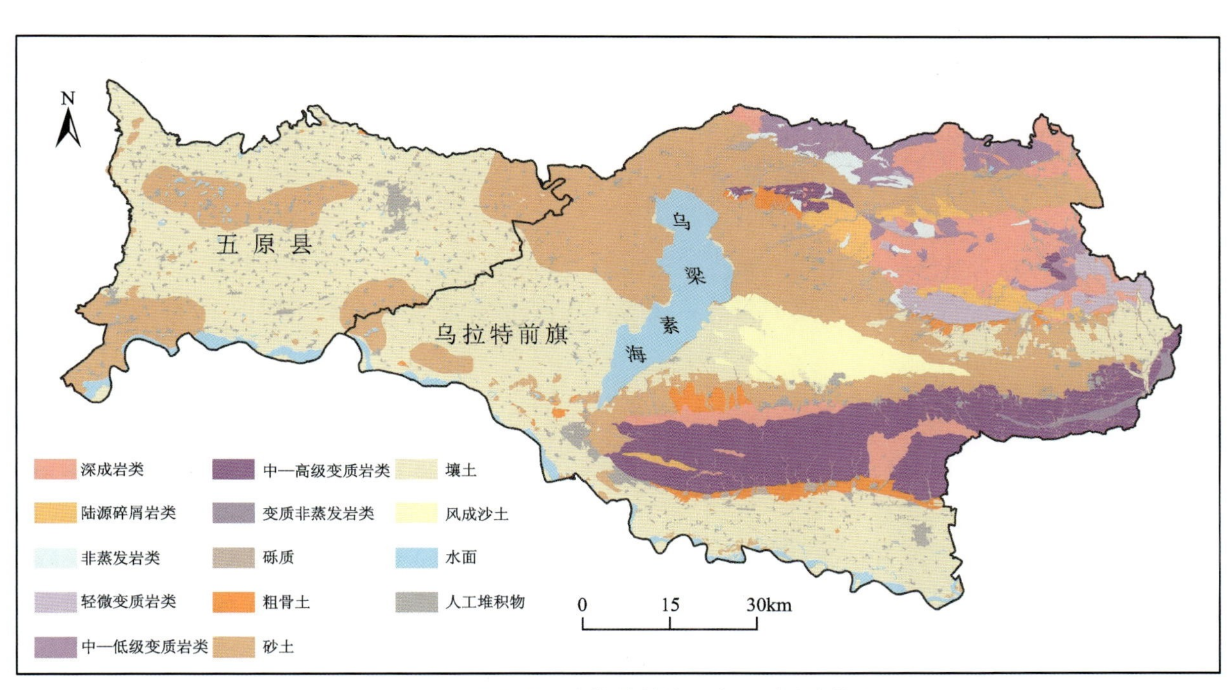

图4-63 五原县—乌拉特前旗地表基质分布简图

1. 岩石

岩石以变质岩、深成岩、陆源碎屑岩及泥质岩为主。变质岩分布面积相对较大，其中以中高级变质岩分布居多。在乌拉特前旗西北部的色尔腾山区以元古宇什那干群和渣尔泰群为主，岩性有硅质岩、灰岩、大理岩、片岩、石英岩等。东部的乌拉山地区主要为太古宇乌拉山群，岩性有变砾岩、大理岩、斜长片麻岩等。乌拉山深成岩以花岗岩为主，其次为石英闪长岩。色儿腾山分布的深成岩包括花岗岩、斜长花岗岩、闪长岩等。陆源碎屑岩主要有砾岩、砂岩、粉砂岩、灰岩等。泥质岩主要有泥岩、页岩、板岩等。

2. 砾质

砾质主要分布在沟谷和洪积扇内，分布面积较小，以中砾和细砾为主。中、细砾分布在洪积扇扇中和冲积河谷内，少量巨砾和粗砾分布于沟谷和扇顶。

3. 土质

土质调查区土质以砂土和壤土为主。砂土主要包括两种类型：一是冲洪积平原砂土，砂粒含量由山前向平原区呈减少趋势；二是风成砂土，呈沙丘状，主要分布于乌梁素海东侧，生长少量低矮草本植物或灌木植物。壤土主要分布于河套灌区和乌拉山南麓的黄河沿岸，呈现不同程度的盐碱化，土壤不同程度板结。

4. 淤泥

淤泥主要分布在乌梁素海和黄河河道内，总体占比较小。

5. 其他(人工堆积物)

关于人工堆积物，是指由人工堆积(如矿渣、堆填土等)或硬化(如建构筑物)等形成的特殊地表物质，属人工改造自然或利用自然的结果，不是自然产物，也非天然作用形成，因此在分类方案中未放入地表基质类型中。但根据调查结果，该类型在地表覆盖物中占比较大，同时人为改造对地表基质也有较大影响，包括大型建筑、道路等，为准确反映出地表实际特征，本次调查将其列为单独一项(其他)进行统计。

(二)空间结构

根据 1∶5 万地表基质层调查成果，重点解剖大佘太地区地表基质的空间分布特征。大佘太地区地表基质成因类型主要可以划分为残坡积岩石山地区、冲洪积粗骨土-砂土倾斜平原区、冲湖积砂土-黏土盆地区(图 4-64)。

1. 残坡积岩石山地区

该区地表基质的空间结构表现为主体是半—强风化的岩石，上覆砾质和土质构成，主要分布在山地区(图 4-65a)。岩石主要为砂岩、砾岩、灰岩、板岩、片麻岩、花岗岩、石英岩等，其中以陆源碎屑岩居多。陆源碎屑岩抗风化能力较差，形成厚度不等的风化壳和松散堆积物，并逐渐发育为砾质、土质等。坡顶一般为基岩及其残积物出露，土质厚度一般小于 20cm，坡中、坡底以坡积物为主，覆盖物逐渐变厚，最厚可达 2m。地表基质上覆植被稀疏，植被类型主要为山杨、山榆、酸枣、针茅、旋复花、芨芨草等。由冲洪积物形成的砾质分布在山间冲沟，主要为角砾—碎石状中砾、圆砾状细砾。

2. 冲洪积粗骨土-砂土倾斜平原区

该区地表基质主要分布于山前冲积洪积扇形倾斜平原，呈东西向条带状分布于查石太山前，地形由北向南倾斜，其北部为锥裙和扇裙带，地形坡度大，是倾斜平原的主体。其南部为扇前平原，包括扇裙前缘洼地和扇间地带(图 4-65b)。该区地表基质主要由土质构成，由于近山前受洪水影响，其中多含有砾石(粗骨质砂土)，山前冲沟砾石体积含量超过 75%(砾质)。地表基质上覆植被稀疏，主要为骆驼蓬、猫头刺、针茅、阿尔太狗娃花等。山区向倾斜平原方向，砾石含量逐渐降低，砂粒、黏粒含量逐渐增加，主要发育砂土、壤质砂土、砂质壤土等，表层土质由砂土向壤质砂土渐变。从土地利用类型来看，其他草地砾石含量较多，主体为砂土，少量为粗骨质。耕地多为砂土、壤质砂土，黏粒含量增多。

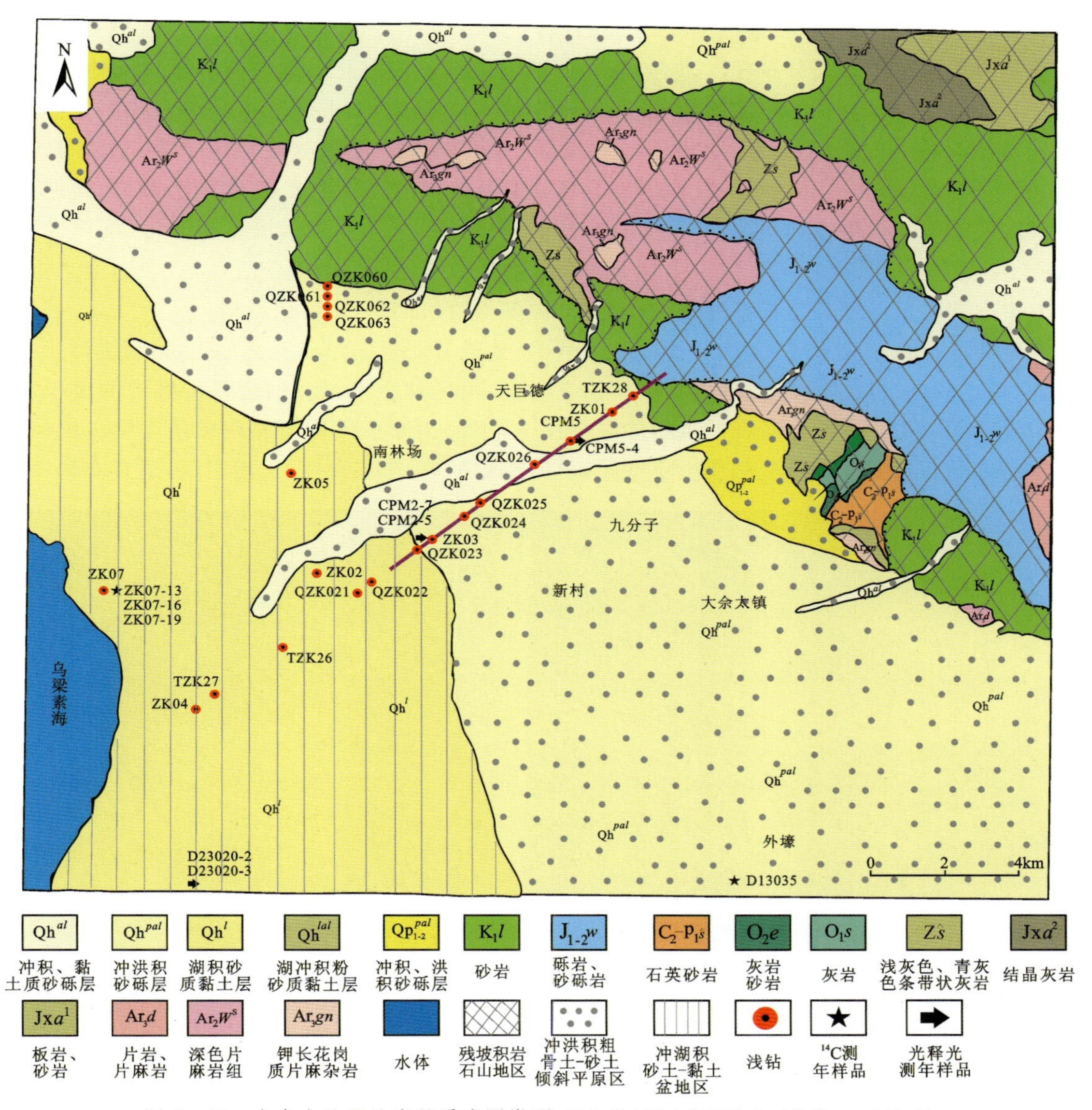

图 4-64 大佘太地区地表基质成因类型(据内蒙古国土资源勘查开发院,2018 修改)

图 4-65 大佘太地区山地(a)与倾斜平原(b)地貌特征

3. 冲湖积砂土-黏土盆地区

冲积湖积平原在大佘太分布较广，地势基本平坦，由东向西、由北向南稍有降低。土地利用类型多为耕地，主要种植农作物为玉米，耕作层厚度在10～30cm之间，大量耕地使农业灌溉用水较多，但年降水量较少，约215mm，导致近年地下水水位埋藏变深。地表基质上覆植被主要为玉米、葵花、猪毛菜、狗尾草、牛枝子、针茅、小画眉等。研究区西南靠近乌梁素海地区生长盐生植被，主要为红柳、爬地芦苇等。

该区地表基质主要由土质构成，其平面分布由山前倾斜平原向乌梁素海呈现砂土、壤质砂土、砂质壤土、壤土及黏质壤土过渡特征。砂土主要分布在北部近山前地区以及南部近沙地区域，壤土主要分布在大佘太中南部以及西部近乌梁素海地带，土质结构多为块状结构，团粒状结构。

大佘太地区存在至少3期冲(洪)积扇(图4-66)，地表基质垂向结构变化显著，表现为砂土、壤土互层，且厚度变化较大。区内原生土壤类型以栗钙土为主，山区覆土发育在白垩系砂砾岩的坡积、残积物上。山前旱区栗钙土发育在全新统冲洪积砂砾石层上，下部为冲积砂质与湖积黏质土层。由山前至乌梁素海方向砂砾石层变薄，壤质、黏质土层变厚，总体地势平坦，土层深厚，土壤肥沃，适宜农耕。

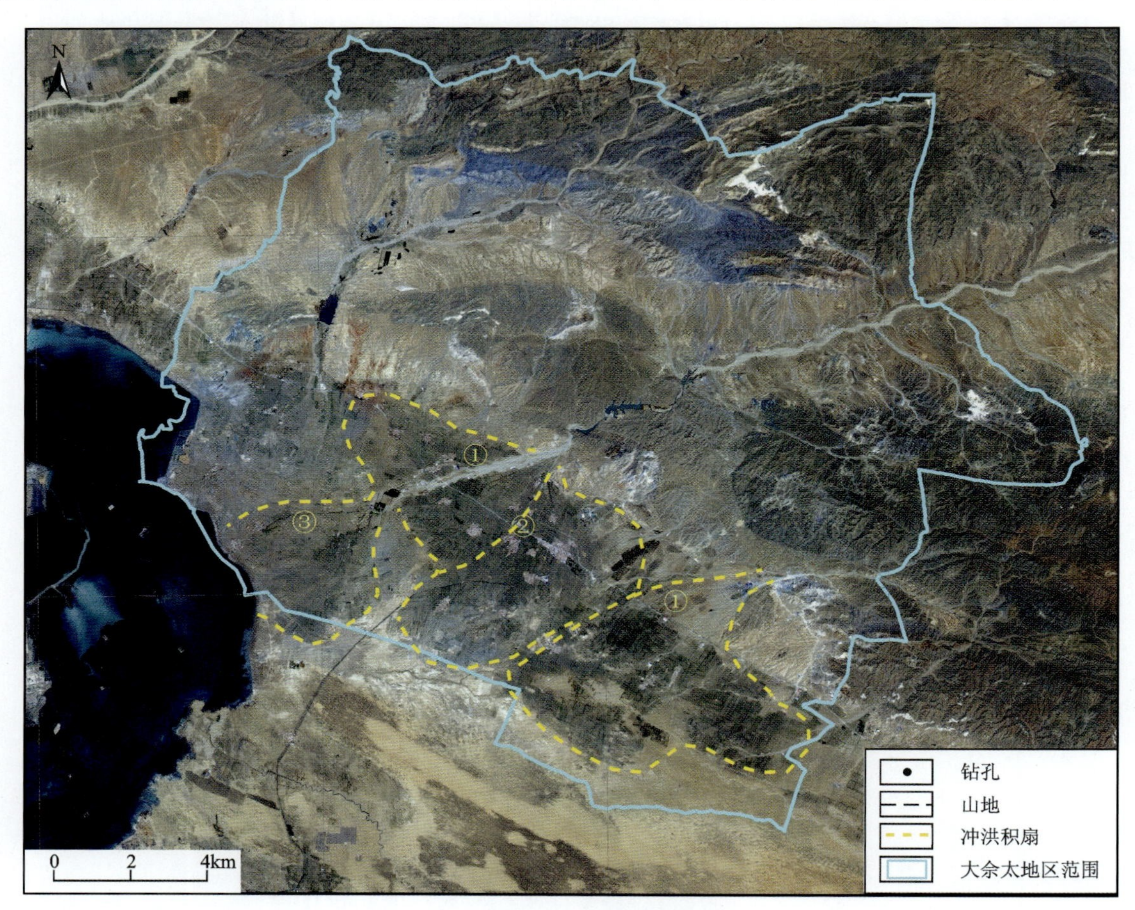

图4-66 大佘太地区冲洪积扇示意图

大佘太重点耕地区地下1m土质以砂土、壤土为主，其中砂土主要沿研究区中部乌森图勒河及周边区域分布，壤土主要分布于南林场及忠厚堂村至拐把子一带(图4-67)。地下2m土质以砂土为主，在工作区中部、东部大面积分布；壤土面积减少，呈东西向条带状分布，东部减少的区域变为砂土和粗骨土；黏土在西部少量增加，呈点状分布(图4-68)。

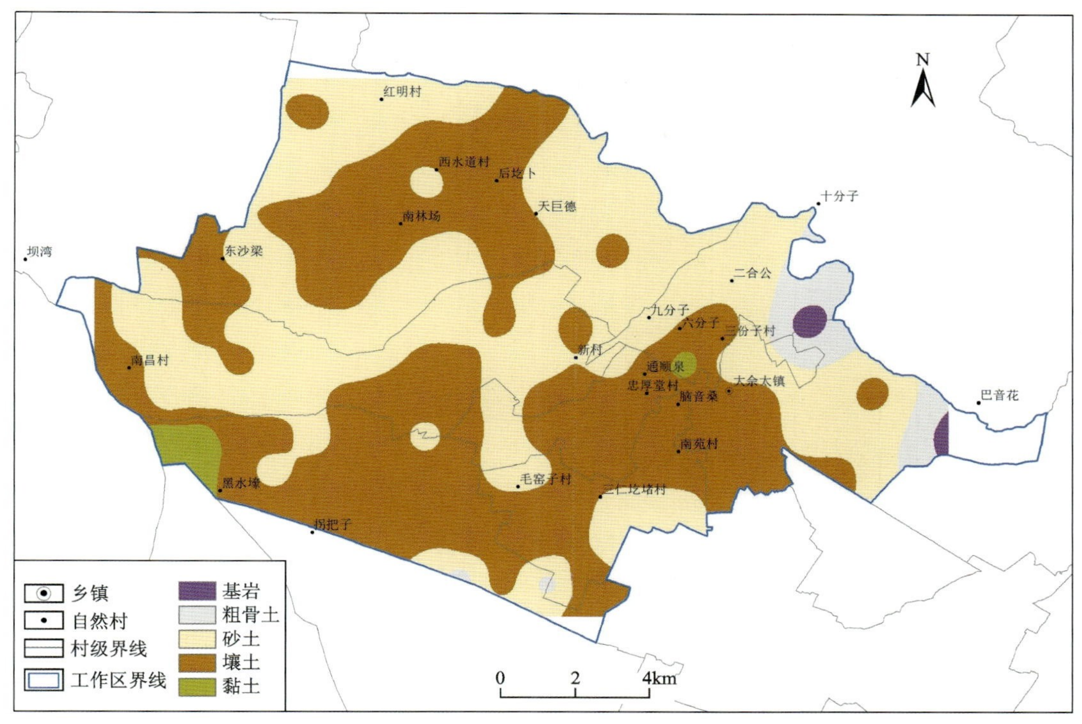

图 4-67　大佘太重点耕地区地下 1m 地表基质分布图

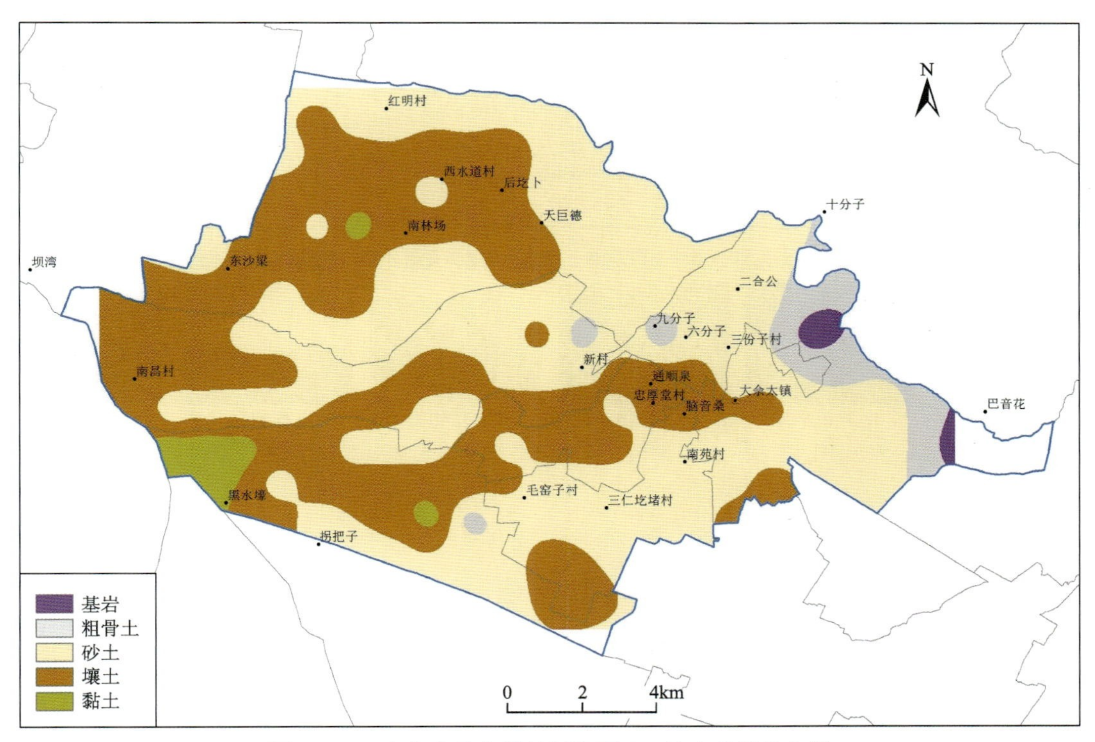

图 4-68　大佘太重点耕地区地下 2m 地表基质分布图

大佘太地区红明村西侧冲洪积扇北部岩石区为灰色砾岩与砖红色砂岩，上覆土层较薄。倾斜平原总体以红褐色砂土为主，粒度伴随不同期次的洪水动力条件而变化。由北向南，表层土质砂粒、砾石含量逐渐减少，黏粒增多，由中粗砂土向黏质砂土转变，粗骨土及砂土层厚度减小(图 4-69、图 4-70)。

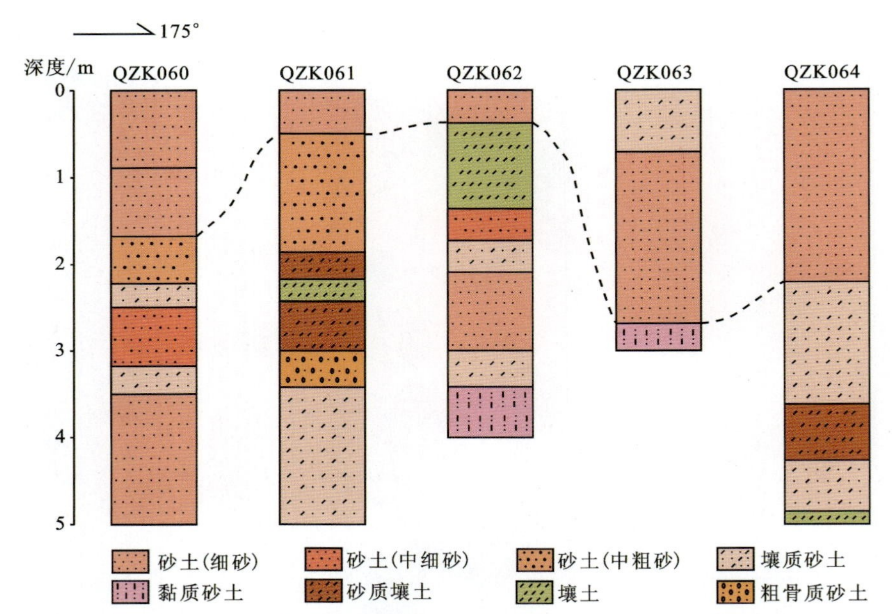

图 4-69 红明村山前到平原地表基质 0～5m 浅钻剖面图

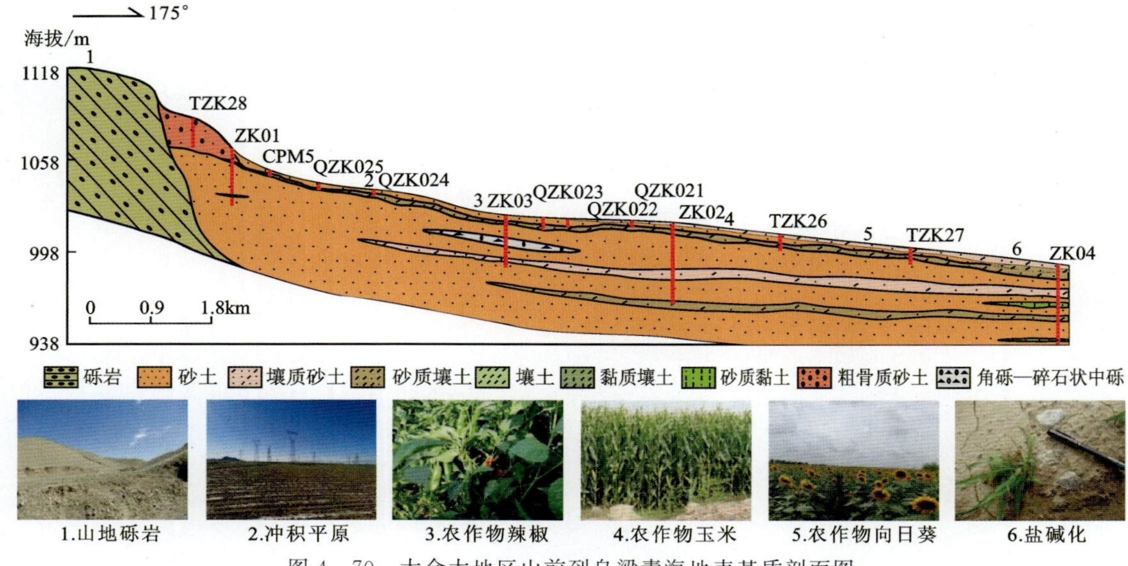

图 4-70 大佘太地区山前到乌梁素海地表基质剖面图

(三)理化性质

1. 表层质地特征

以乌拉特前旗大佘太地区为例，按照《地表基质分类方案(试行)》中三级分类标准，分析测试结果得到，调查区土质二级分类以砂土为主(图 4-71)，粗骨土沿乌森图勒河河道和山前少量分布，壤土主要分布于乌梁素海南昌村和调查区南侧(冲积扇缘)。土质三级类型包括 5 种，总体上从东北部的山区至西南部的乌梁素海，粒度逐渐变细，分别为砂质粗骨土、砂土、壤质砂土、砂质壤土、壤土(图 4-72)，其中沿调查区中部河道分布砂质粗骨土与砂土。调查区以壤质砂土和砂质壤土为主，土壤透气性好，尤其是砂质壤土，土层较深厚，土壤松软，肥沃但保水保肥力差。

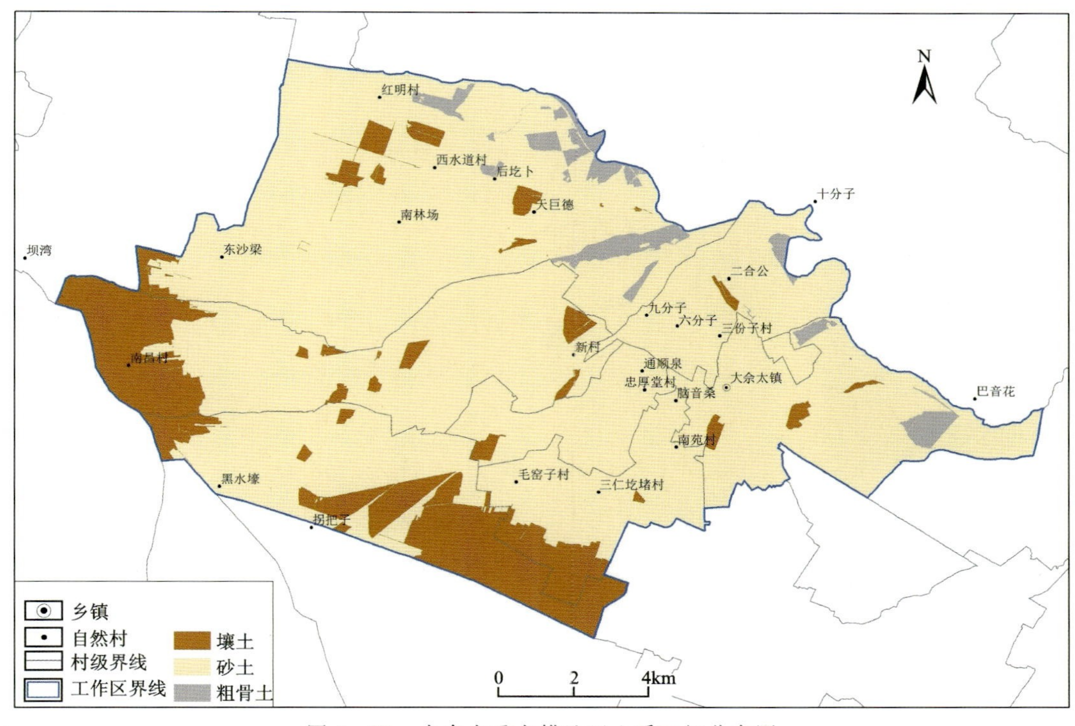

图 4-71 大佘太重点耕地区土质二级分布图

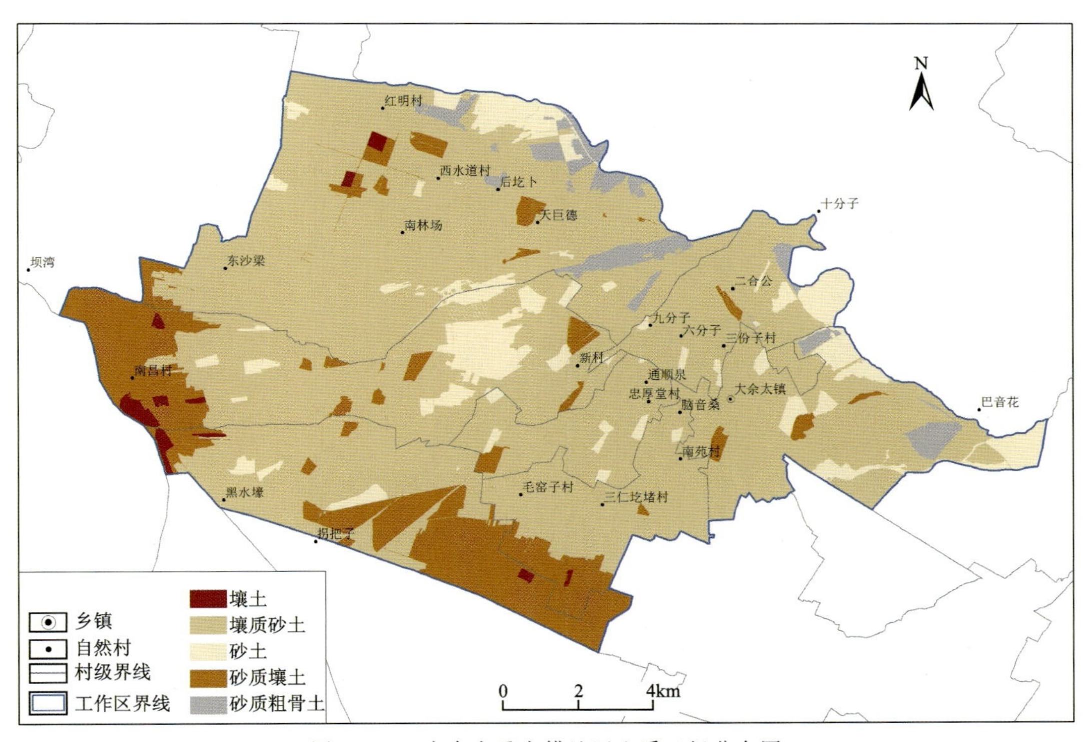

图 4-72 大佘太重点耕地区土质三级分布图

2. 表层土质地球化学性质

调查区表层土壤养分以三等(中等)为主(图 4-73),分布面积为 111.61km^2,占调查区总面积的 52.25%,在调查区内广泛分布;其次为四等(较缺乏),分布面积为 64.45km^2,占调查区总面积的 30.17%,主要分布在红明村和佘太村,整体上以靠近山脚下地块为主;二等(较丰富)土壤分布面积为

37.23km²，占调查区总面积的17.43%，主要分布在大佘太牧场，靠近乌梁素海附近区域；一等（丰富）土壤分布极少，仅分布0.33km²，占调查区总面积的0.15%，在大佘太牧场和南苑村南部地区零星分布。调查区内无五等（缺乏）土壤分布。

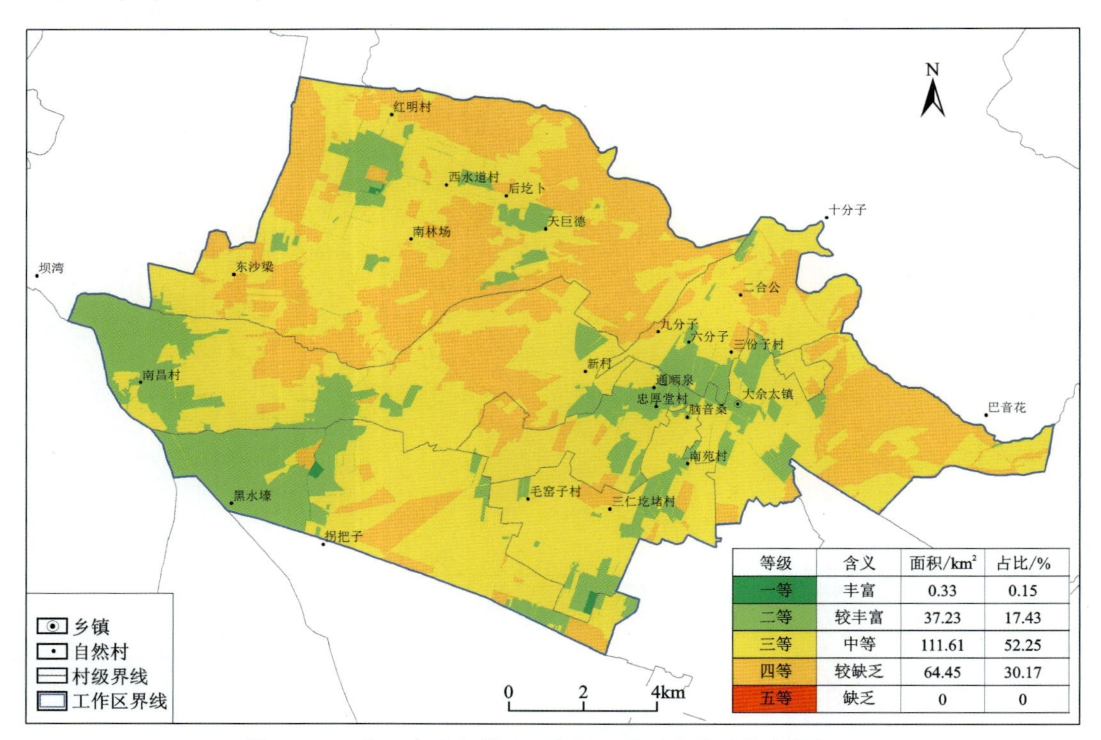

图4-73 大佘太重点耕地区表层土壤元素养分综合等级图

调查区以强碱性土为主（图4-74），还存在部分碱性土。其中碱性地块面积为21.46km²，占调查区的10.05%，强碱性地块面积为192.16km²，占调查区的89.95%。

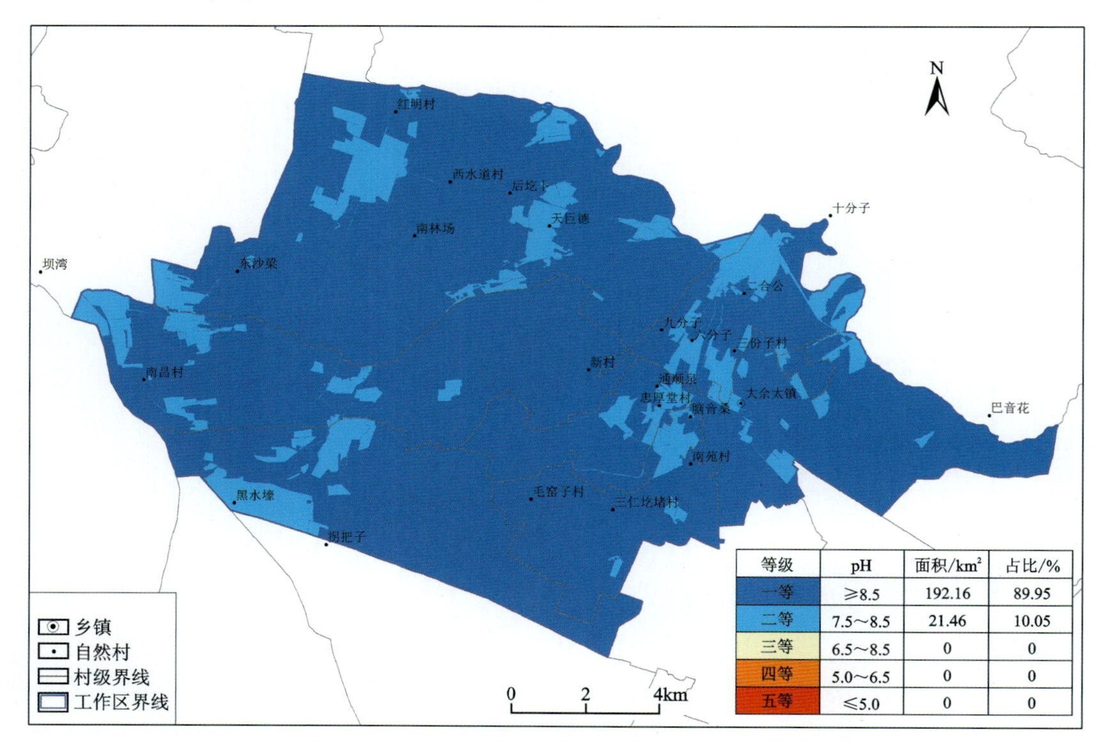

图4-74 大佘太重点耕地区表层土壤pH地球化学等级图

调查区土壤环境地球化学综合等级均处在清洁区(图 4 - 75),均为清洁土壤,为当地农业发展提供了基础。

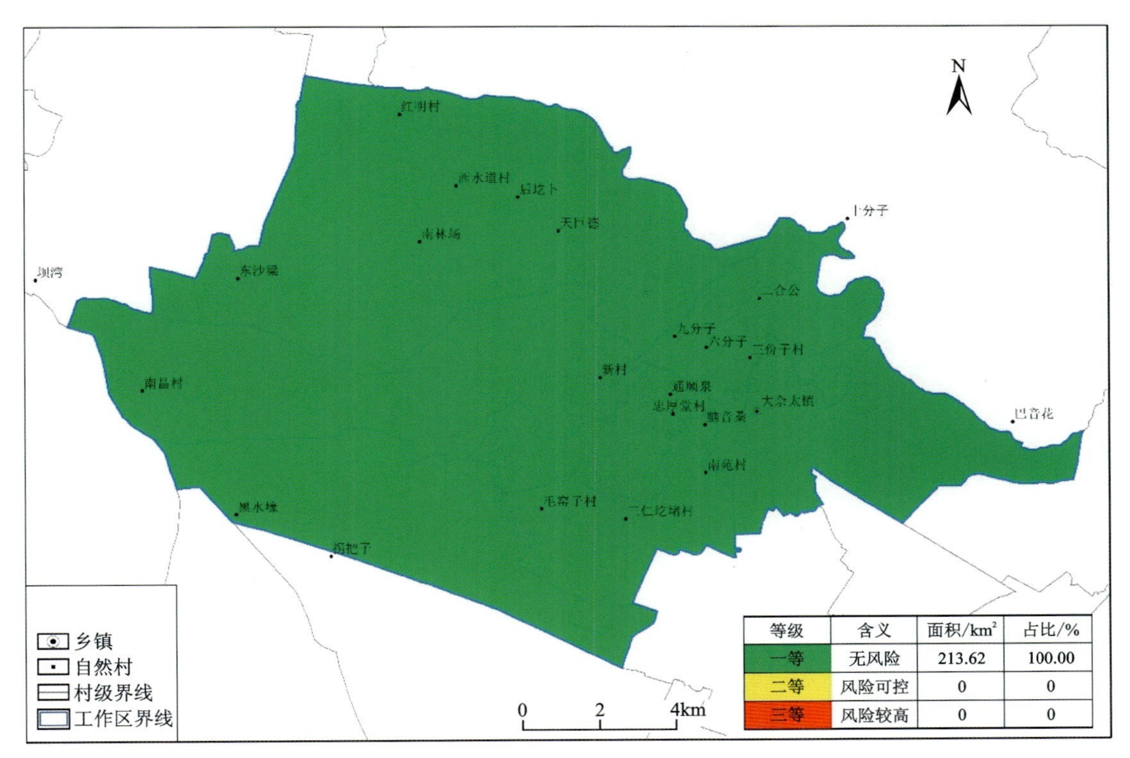

图 4 - 75　大佘太重点耕地区表层土壤环境综合评价等级图

根据《土地质量地球化学评价规范》(DZ/T 0295—2016)和《土壤环境质量　农用地土壤污染风险管控标准(试行)》(GB 15618—2018)规定,综合考虑土壤养分和土壤环境指标,划定了土壤质量地球化学综合等级,综合等级划分规则见表 4 - 14。

表 4 - 14　土壤质量地球化学综合等级表达图示与含义

土壤质量地球化学综合等级		土壤环境地球化学综合等级		
		一等:无风险	二等:风险可控	三等:风险较高
土壤养分地球化学综合等级	一等:丰富	一等	三等	五等
	二等:较丰富	一等	三等	五等
	三等:中等	二等	三等	五等
	四等:较缺乏	三等	三等	五等
	五等:缺乏	四等	四等	五等

结果显示,调查区土壤质量地球化学综合评价等级以二等(良好)为主,地块面积为 111.61km²,占调查区总面积的 52.25%;其次分别为三等(中等)、一等(优质),地块面积分别为 64.45km² 和 37.56km²,分别占调查区总面积的 30.17%和 17.58%;调查区内无差等、劣等土壤,表明调查区土壤质量整体较好(图 4 - 76)。

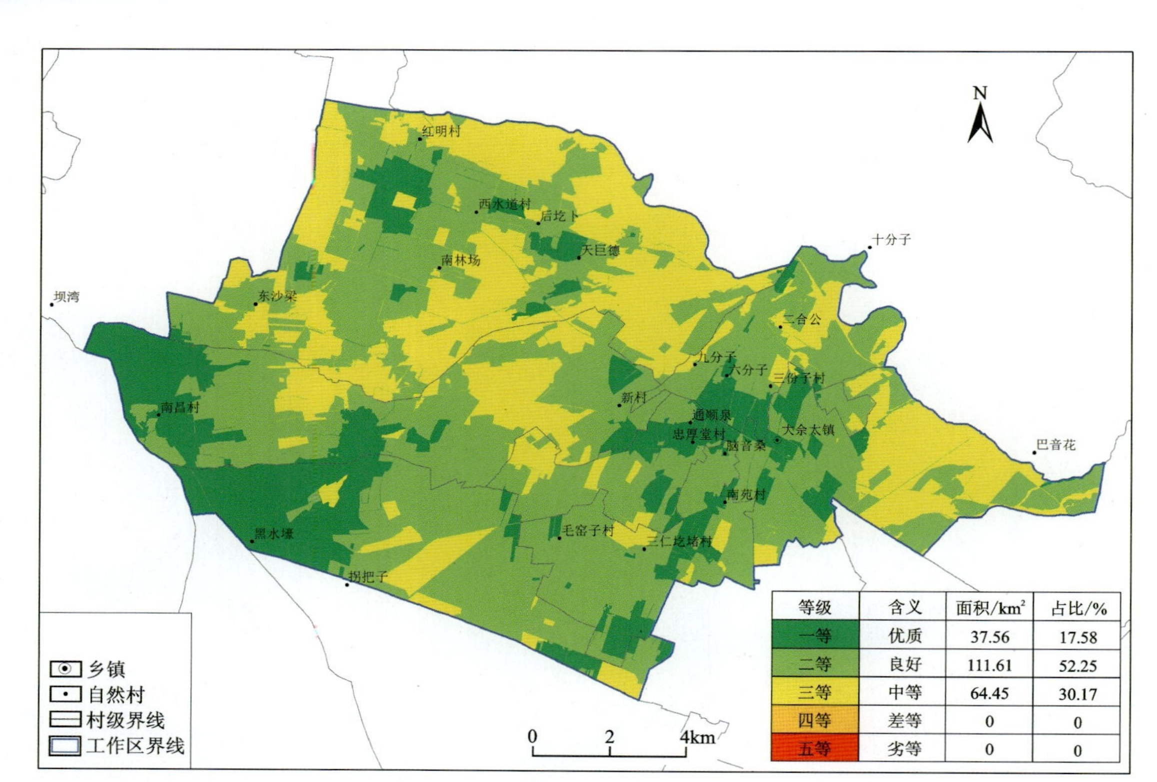

等级	含义	面积/km²	占比/%
一等	优质	37.56	17.58
二等	良好	111.61	52.25
三等	中等	64.45	30.17
四等	差等	0	0
五等	劣等	0	0

图 4－76　大佘太重点耕地区土壤质量地球化学等级评价图

第五节　长三角宁波地区陆海过渡地区地表基质

工作区为宁波市全域，其位于浙江省东北部，杭州湾以南，居全国大陆海岸线的中段、宁绍平原的东端、长江三角洲南翼，即东经 120°55′—122°16′，北纬 28°51′—30°33′。宁波市下辖 6 个区（镇海区、江北区、海曙区、奉化区、鄞州区和北仑区）、2 个县（象山县和宁海县），代管 2 个县级市（余姚市和慈溪市）。市境陆域总面积 9816km²，其中市区面积 3730km²。宁波市北、东、南三面临海，海域辽阔，海域面积 8 355.8km²，东有舟山群岛为天然屏障，北濒杭州湾，西接绍兴市的嵊州市、新昌县、上虞区；南临三门湾，并与台州市的三门县、天台县相连（图 4－77）。

一、自然地理概况

（一）气候条件

宁波市属亚热带季风气候，四季分明，春秋季稍短，夏冬季略长。冬季受西伯利亚冷高压控制，西北风冷而干燥；夏季在西太平洋副热带高压笼罩下，东南风暖热湿润；春秋季为季风转变期，多低温阴雨。年均气温 16.9℃，1 月最冷，平均气温 5.4℃；7 月最热，平均气温 28.3℃。宁波市具有气温适中、酷暑时间短、严寒天数少的特点，全年无霜期 241～270 天。年均总日照时数 1780h，日照百分率 40%；地域分布北

图 4-77　工作区范围

多南少，相差 130h 左右。年总降水量 1457mm，雨日 155 天。3—5 月多锋面或锋面气旋活动，常是春雨连绵，雨量、雨日分别占全年的 25.1%和 29.7%；6 月中旬中至 7 月上旬末为梅雨季，持续阴雨，间有大雨，雨量约占全年的 15%；7—9 月为台汛期，常有台风、东风系统或初秋冷暖空气交绥影响而形成的强降雨，尤其是 9 月因冷空气与台风结合，成为一年中大到暴雨最多的月份，雨量约占全年的 12.9%。

（二）水文条件

境内水网密布，河流有余姚江、奉化江、甬江。余姚江发源于上虞区梁湖；奉化江发源于奉化区溪口镇四明山区。余姚江、奉化江在市区“三江口”汇合成甬江，流向东北，经招宝山入东海。沿海和象山港、三门湾区域有众多独流入海的溪流和独立成系的小河网区。余姚江、甬江形成杭甬运河宁波段，与京杭大运河衔接（图 4－78）。

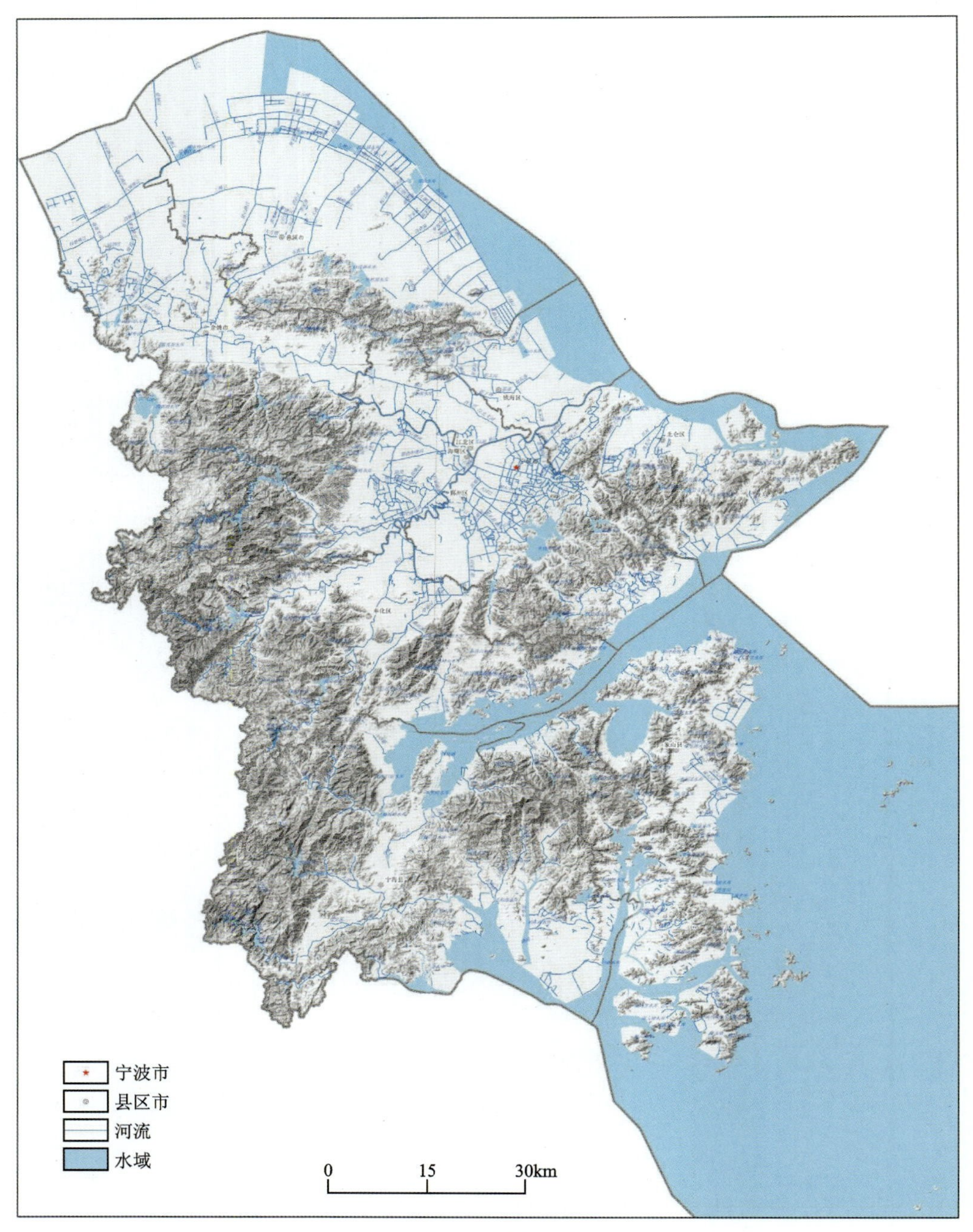

图 4－78　工作区水系图

（三）土壤类型

宁波市土壤主要包括红壤、黄壤、粗骨土、紫色土、潮土、水稻土、滨海盐土 7 种类型，此外还包括小面积的石质土和山地草甸土。平原地区主要为水稻土，次为潮土、滨海盐土。丘陵山区主要为红壤、粗骨土，次为黄壤、紫色土。

(四)地形地貌

宁波市地势呈西南高、东北低。地貌分为山地、丘陵、台地、谷(盆)地和平原(图 4－79)。南部为绵延起伏的四明山脉和天台山脉。四明山又名句余山，是天台山脉的支脉，横跨本区余姚、鄞州、奉化 3 个区(市)，并与嵊州、新昌、天台三县连接。天台山主干山脉在天台县，在宁波境内为余脉，有四大分支从宁海县西北、西南入境，经象山港延至镇海、鄞州东部诸山。全市山地面积占陆域总面积的 24.9%。东北部和中部属宁绍冲积平原，包括三北平原(余姚市、慈溪市和镇海区北部)、三江平原(又称宁波平原，即余姚江、奉化江、甬江流域)、大碶平原(北仑区)，由钱塘江、余姚江、奉化江、甬江等河冲积而成，占陆域总面积的 40.3%。丘陵分布于平原和山地的接触地带，一般较平缓，有的以残丘的形式分布于平原上，占陆域总面积的 25.2%。其余为台地和谷(盆)地，各占总面积陆域的 1.5%和 8.1%。

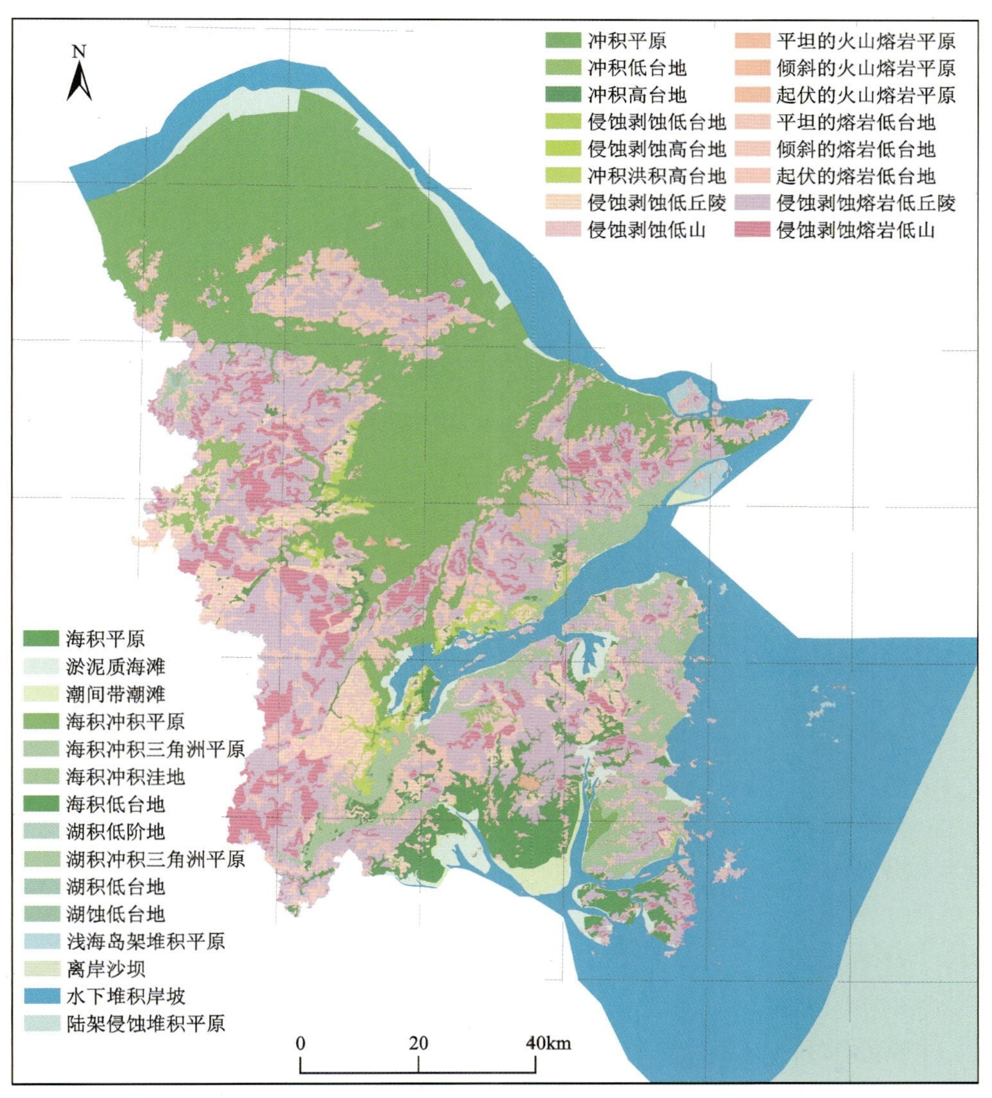

图 4－79　研究区地形地貌

宁波有漫长的海岸线，港湾曲折，岛屿星罗棋布。海岸线总长 1678km，约占全省海岸线总长度的 24%；有大小岛屿 611 个，岛屿陆域面积为 277km^2。

二、地表基质特征

基于中国沉积大地构造图中构造地层区划分区，宁波地区地表基质一级分区可分为陈蔡沉降带地表基质区和东南沿海沉降带地表基质区两大类；二级分区按照地形地貌可分为低山地表基质区、丘陵地表基质区、山间谷地地表基质区、平原地表基质区、海滩地表基质区、水下堆积岸坡地表基质区 6 类；三级分区按照成因类型可划分为冲洪积地表基质区、冲海积地表基质区、冲积地表基质区、坡洪积地表基质区、残坡积地表基质区、海积地表基质区、湖沼积地表基质区 7 类（图 4－80）。

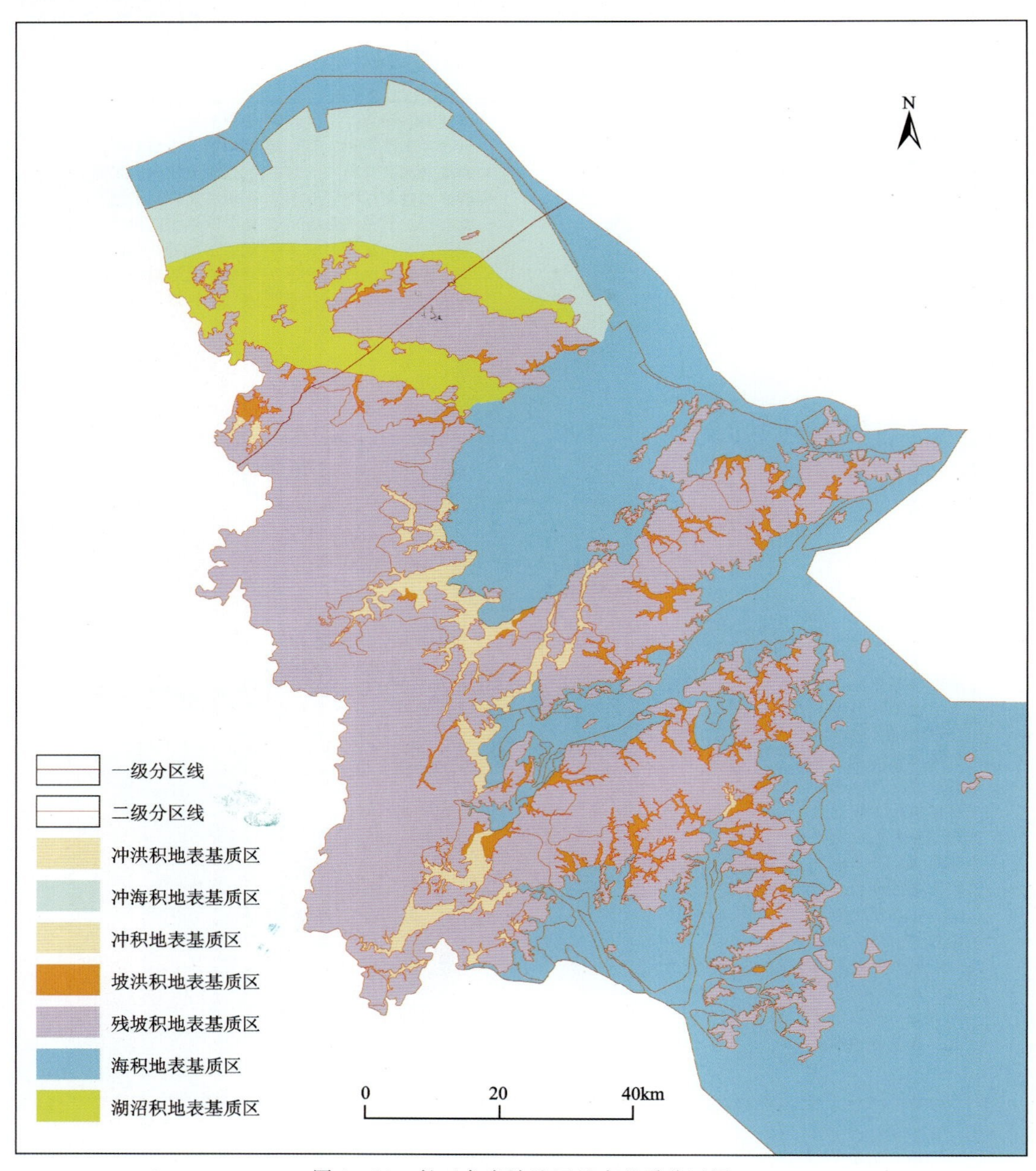

图 4－80　长三角宁波地区地表基质分区图

(一)平面分布

在已有区域地质、土壤调查、第三次全国国土调查和海岸带调查等资料改化形成的地表基质草图基础上,通过调查基本查明区内地表基质的类型、分布、面积等情况。区内地表基质一级类主要有土质和泥质。土质二级分类有粗骨土、砂土、壤土和黏土,三级分类又可分为砂质粗骨土、壤质粗骨土、砂土、壤质砂土、砂质壤土、壤土、黏质壤土和壤质黏土。泥质的三级分类主要是淤泥。具体的分布和面积见表 4-15。

表 4-15 宁波地区地表基质平面分布特征一览表

单位:km²

地表基质类型(一级)	地表基质类型(二级)	地表基质类型(三级)	分布区域	面积
砾质	—	—	主要分布于浅海区	26.20
土质	砂土	砂土	大面积分布于宁海县、奉化区、余姚区,局部分布于海曙区、象山县、鄞州区、北仑区、慈溪市、镇海区及江北区	1 896.17
	壤土	壤质砂土	大面积分布于宁海县、象山县、奉化区、余姚市,局部分布于鄞州区、北仑区、慈溪市、海曙区、江北区、镇海区及宁海县	3 382.14
	黏土	砂质壤土	少量分布于宁海县	28.51
		壤土	大面积分布于慈溪市、余姚市、象山县、宁海县、鄞州区及奉化区,局部分布于北仑区、海曙区、镇海区、江北区及宁海县	3 922.34
		黏质壤土	少量分布于宁海县	7.45
		壤质黏土	少量分布于鄞州区及北仑区	108.29
泥质	淤泥	—	大量分布于浅海区,少量分布于河流湖泊及沿海滩涂区内	6 143.6

(二)空间结构

通过开展野外调查和已有资料的整理,工作区地表类型共有 96 类,低山丘陵区地表基质以砂土-流纹岩、砂土-流纹质凝灰熔岩、砂土-流纹质熔结凝灰岩、砂质壤土-流纹质凝灰熔岩、砂质壤土-流纹质熔结凝灰岩 5 类为主;台地区冲洪积地表基质以壤土-砂质壤土、壤土-壤质粗骨土、壤土-砂质壤土-壤质粗骨土、壤土、壤土-砂质壤土-壤土、壤土-壤质黏土、壤土-壤质黏土-黏质壤土 7 类为主;平原区(冲湖积、冲海积、海积)地表基质以壤土-壤质黏土、壤土-砂质壤土、壤土、壤土-壤质黏土-砂质壤土 4 类为主;潮滩区和水下岸坡区地表基质以淤泥为主。同一地表基质单元内基质形成演化环境相似,物质组成相近。不同地表基质单元具有不同的空间结构和景观特征,支持着不同的植被生态。

1.低山丘陵区地表基质垂向结构特征

低山丘陵区上坡和陡坡处土质较薄,以砂土为主,碎石含量较高,土地利用类型以灌木林地为主。下坡和缓坡区土质厚度增大,以砂壤土和壤土为主,黏土含量增加,少量碎石,土地利用类型以园地和林地为主。总的来说，上覆层土质从坡顶至坡脚质地变细，厚度变大，其中酸性岩类地表基质单元土质厚度为 30～50cm 不等，基性岩类和陆源碎屑岩类地表基质单元土质厚度为 30～100cm 不等（图 4－81～图 4－84）。

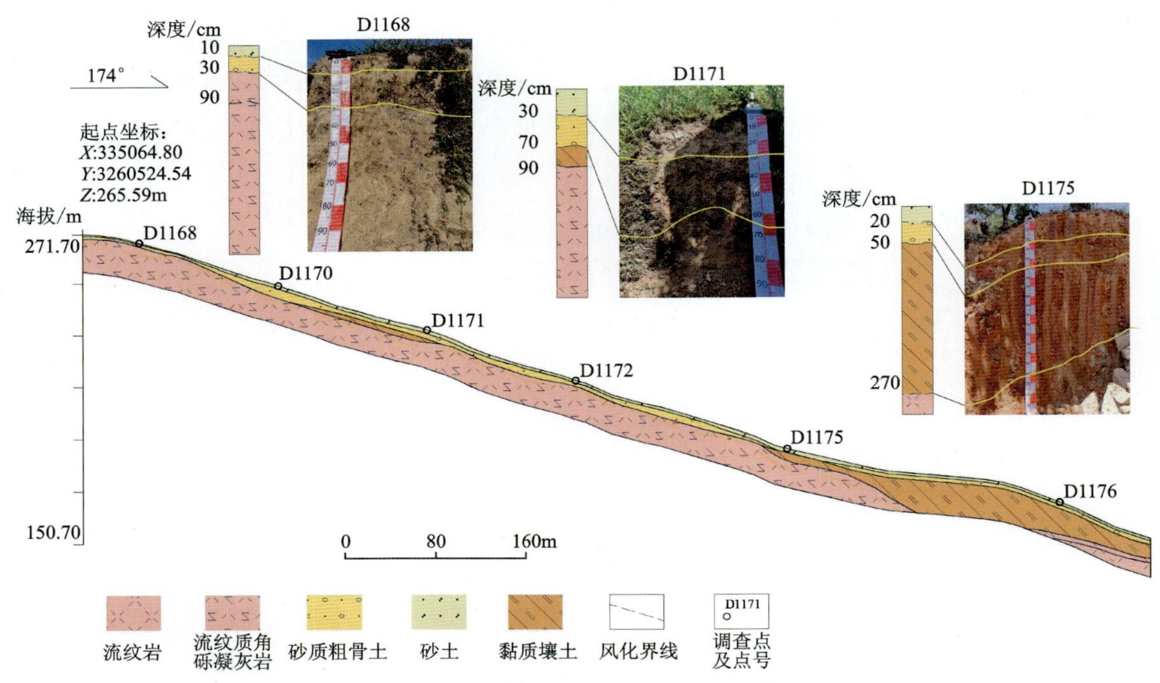

图 4－81　低山丘陵区酸性火山岩类地表基质垂向结构特征

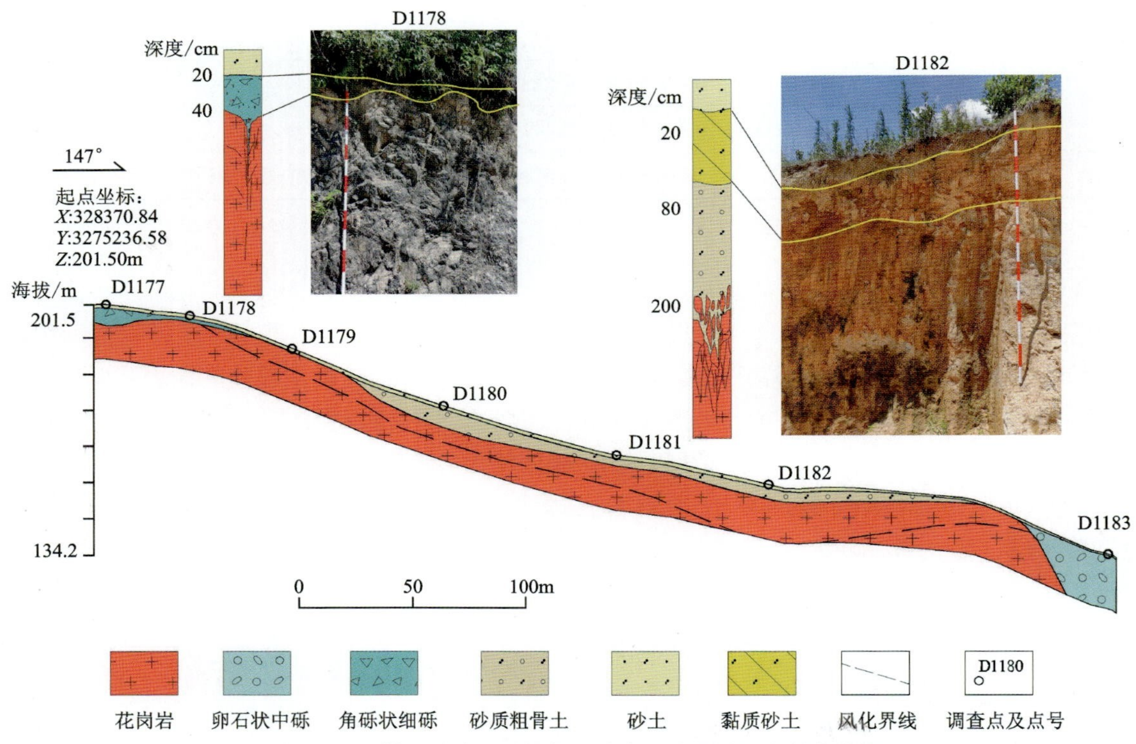

图 4－82　低山丘陵区酸性侵入岩类地表基质垂向结构特征

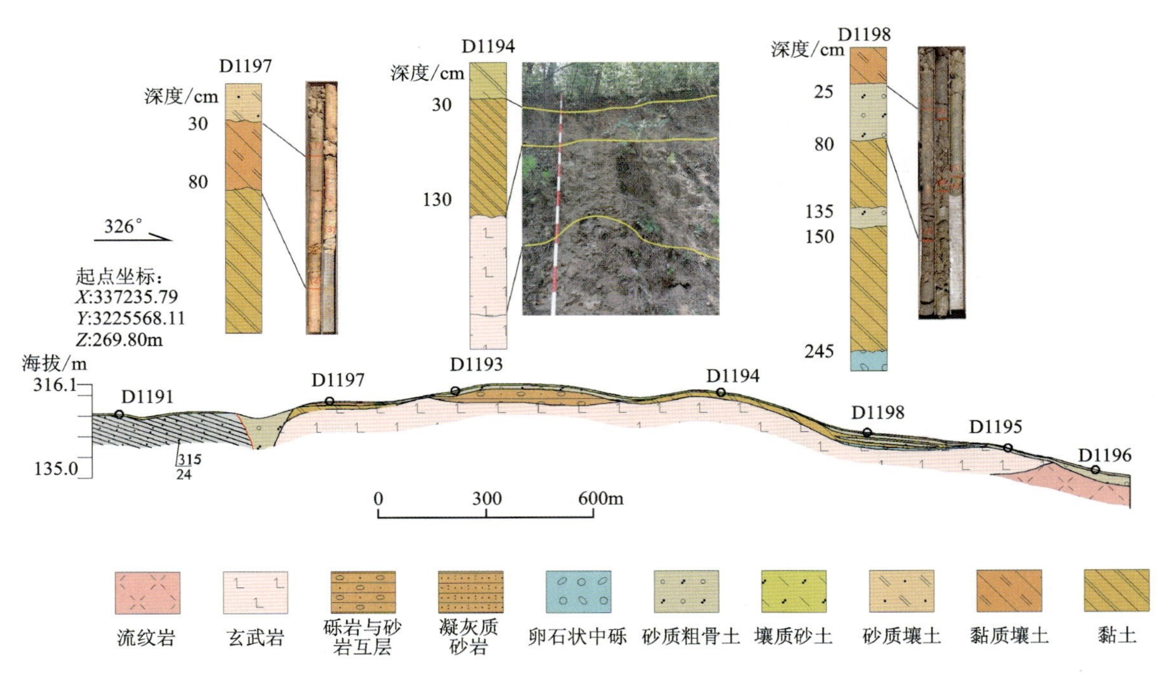

图 4-83 低山丘陵区基性火山岩类地表基质垂向结构特征

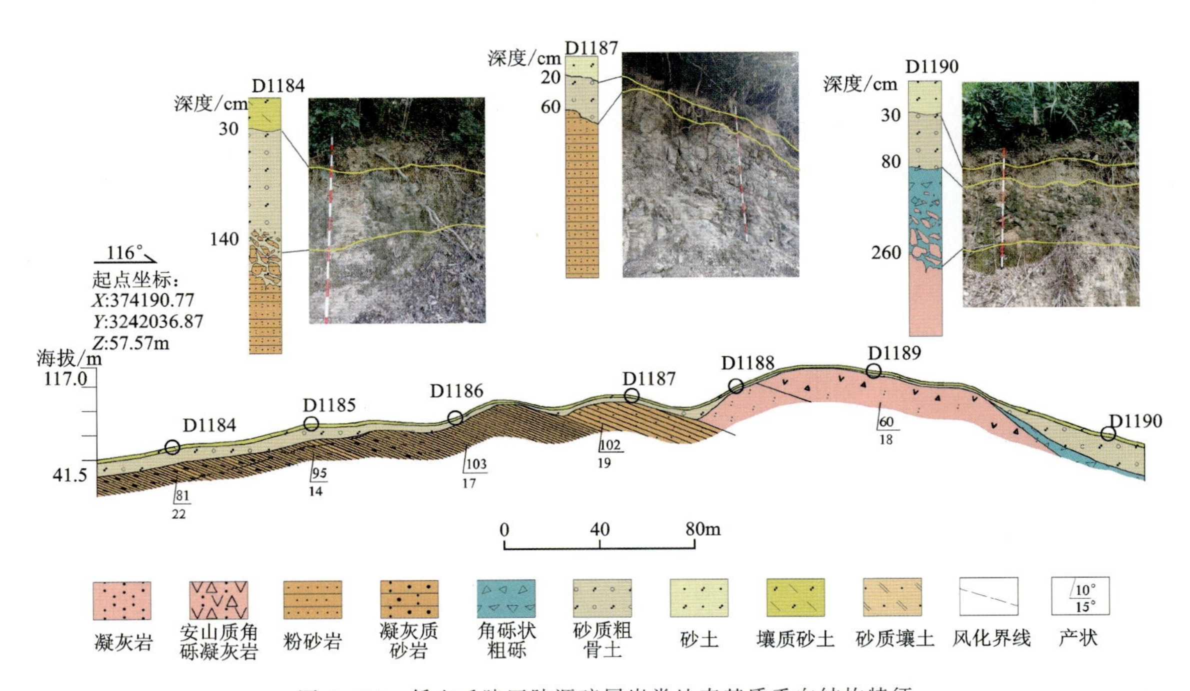

图 4-84 低山丘陵区陆源碎屑岩类地表基质垂向结构特征

通过随机森林(Random Forest)和神经网络(Naural Network)的方法构建模型，利用低山丘陵区435个调查点数据进行模型训练，地质环境因子主要采用了地形(高程、坡度、坡向、平面曲率、剖面曲率、地形湿度)、地质(岩石类型)、植被(NDVI)，对工作区内低山丘陵区土质厚度进行了预测，从结果评分看随机森林模型优于神经网络模型。

2. 台地区冲洪积地表基质垂向结构特征

沿山前到平原方向，基质粒度逐渐变细，表层土质厚度逐渐变大。山前以砂质壤土（壤土）-壤质粗骨土-角砾—碎石状中砾为主，砂质壤土（壤土）厚度为0.13～2m，壤质粗骨土厚度不小于0.3m，土地利用类型以园地和建设用地为主，少量的水浇地；山前平原以壤土-砂质壤土为主，壤土厚度为0.2～3m，砂质壤土厚度为0.31～3.50m，土地利用类型以水田、水浇地和建设用地为主。部分靠近冲湖积区可见以壤土-壤质黏土-砂质壤土为主，土质厚度不小于2m，土地利用类型以水田、水浇地和建设用地为主。

3. 平原区冲湖积地表基质垂向结构特征

冲湖积型地表基质垂向结构以壤土-壤质黏土为主（图4-85），整体土质厚度较大，一般大于10m，表层壤土厚度为0～1.0m，疏松，顶部含植物根系及少量腐殖质，可见少量蚂蚁、蚯蚓等生物，局部含少量黄褐色铁锰氧化物斑点及条纹，局部表面含少量砂砾石；1.0m以下为壤质黏土，向下含水量逐渐增加，局部靠近湖泊水库及河流附近点位，可见一层灰黑色泥炭层，有机质含量较高，埋藏深度在0.5～2.0m左右，泥炭层厚度一般为0.3～1.0m，主要在慈溪市南部山前平原、牟山湖水库东部、余姚江中段北侧、九龙湖水库南侧等地分布，零星分布于奉化区—镇海区，总体呈北西西方向，平面上呈长条状、片状。冲湖积区向海域靠近区域，下层可见灰白色贝壳碎片。土地利用类型主要为耕地及建设用地。

4. 平原区冲海积地表基质垂向结构特征

冲海积地表基质垂向结构主要有两种类型：靠近海岸线位置以壤土-砂质壤土为主（图4-86），壤土厚度一般为1.1～2.0m，湿，紧实，含植物根系，含黄褐色、灰黑色铁锰质氧化物团块，局部粉砂含量较高，可见云母碎片；下部砂质壤土，湿—饱和，紧实，刀切面粗糙，手捻有明显粉砂感，手轻拍可析出水。沿远离海岸线方向逐渐过渡为以壤土-壤质黏土为主，壤土厚度一般为0～2.20m，湿—很湿，稍硬，呈硬塑—可塑—软塑状态，含植物根系，含大量灰黑色铁锰质氧化物团块及铁锰结核、红棕色根锈，局部层面夹灰白色粉砂；下部壤质黏土，很湿—饱和，极软，黏性很强，呈软塑—流塑状态，糊状结构。土质整体厚度较大，一般大于10m，远离海岸线方向质地逐渐变细。土地利用类型以水田、水浇地、坑塘和建筑用地为主。

5. 平原区海积地表基质垂向结构特征

海积地表基质垂向结构以壤土-壤质黏土为主（图4-87），壤土厚度一般为0～1.65m，湿—很湿，稍硬，呈硬塑—软塑状态，块状结构，含植物根系，可见大量根管状孔隙，含大量灰黑色铁锰质氧化物团块及铁锰结核、红棕色根锈，局部可见贝壳碎屑，局部层面夹灰白色粉砂；下部壤质黏土，饱和，极软，黏性很强，呈软塑—流塑状态，糊状结构，局部可见有白色贝壳碎屑，下界一般大于10m，局部出现黏质壤土，湿，很硬，呈硬塑—可塑状态，含较多黄棕色铁锰氧化质斑点，可见圆形钙质结核，局部出现夹灰色或蓝灰色条纹和斑块。土地利用类型以水田、水浇地、坑塘和建筑用地为主。部分区域可见以壤土-砂质壤土-壤质黏土为主结构，表层壤土厚度一般为0～1.10m，湿，紧实，含植物根系，可见大量根管状孔隙，含大量灰黑色铁锰质氧化物团块，局部层面夹薄层粉砂，可见云母碎片；1.10m以下为砂质壤土，湿—饱和，紧实，刀切面粗糙，手捻有粉砂感，手轻拍可析出水，夹大量薄层粉砂或粉砂团块，层厚0.5～3mm，局部有机质含量较高呈黑色块斑。部分钻孔向下穿过砂质壤土为壤质黏土层，饱和，极软，黏性很强，呈软塑—流塑状态，糊状结构，局部可见有白色贝壳碎屑。

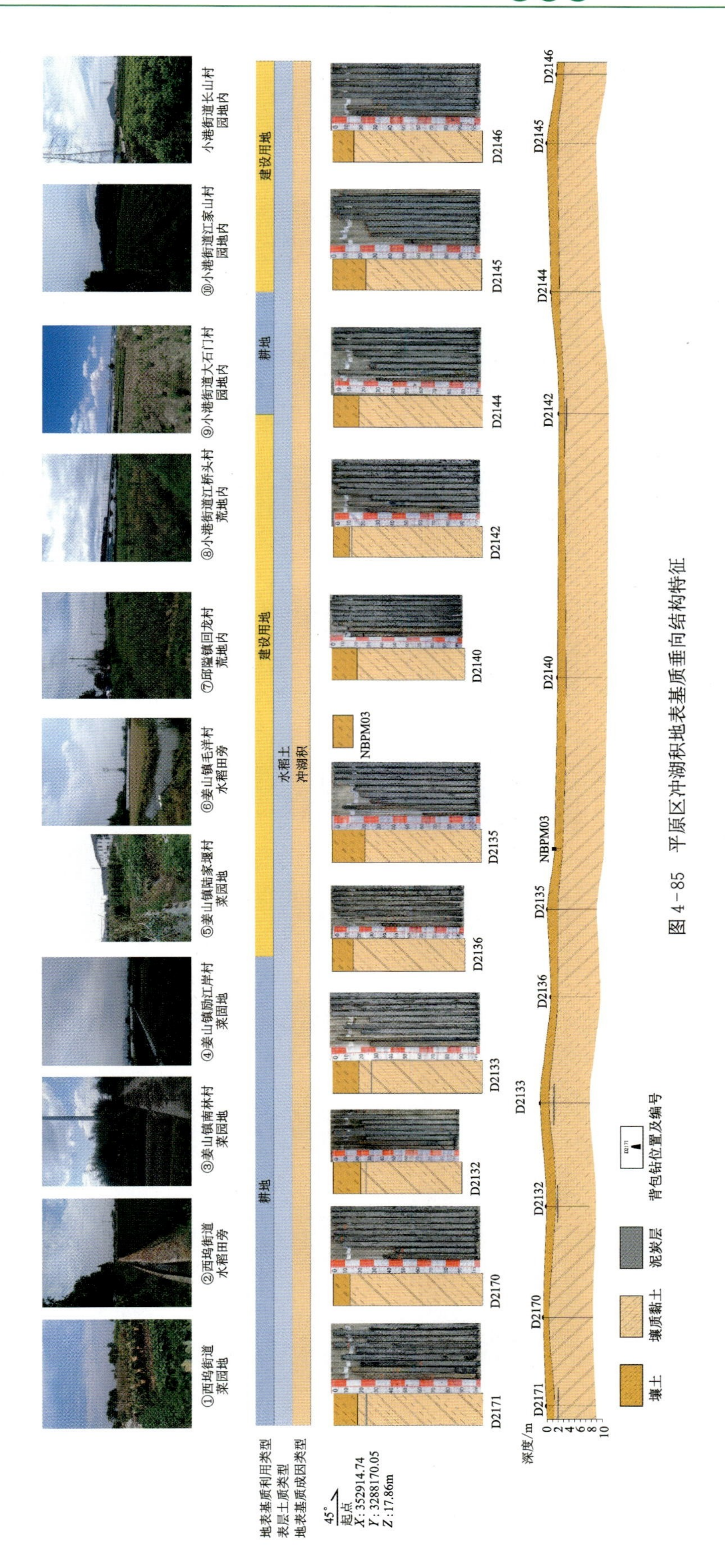

图4-85 平原区冲湖积地表基质垂向结构特征

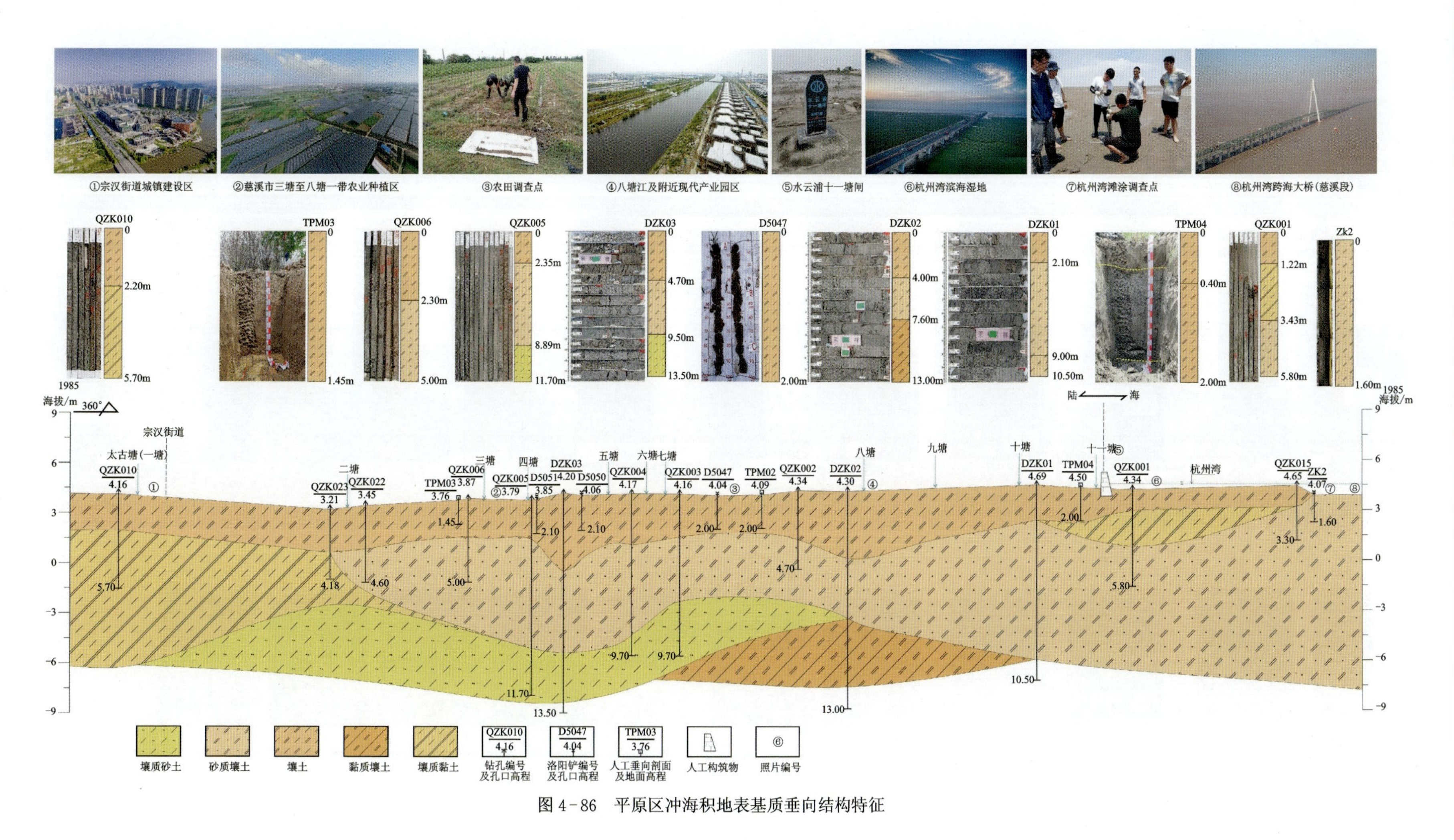

图 4-86 平原区冲海积地表基质垂向结构特征

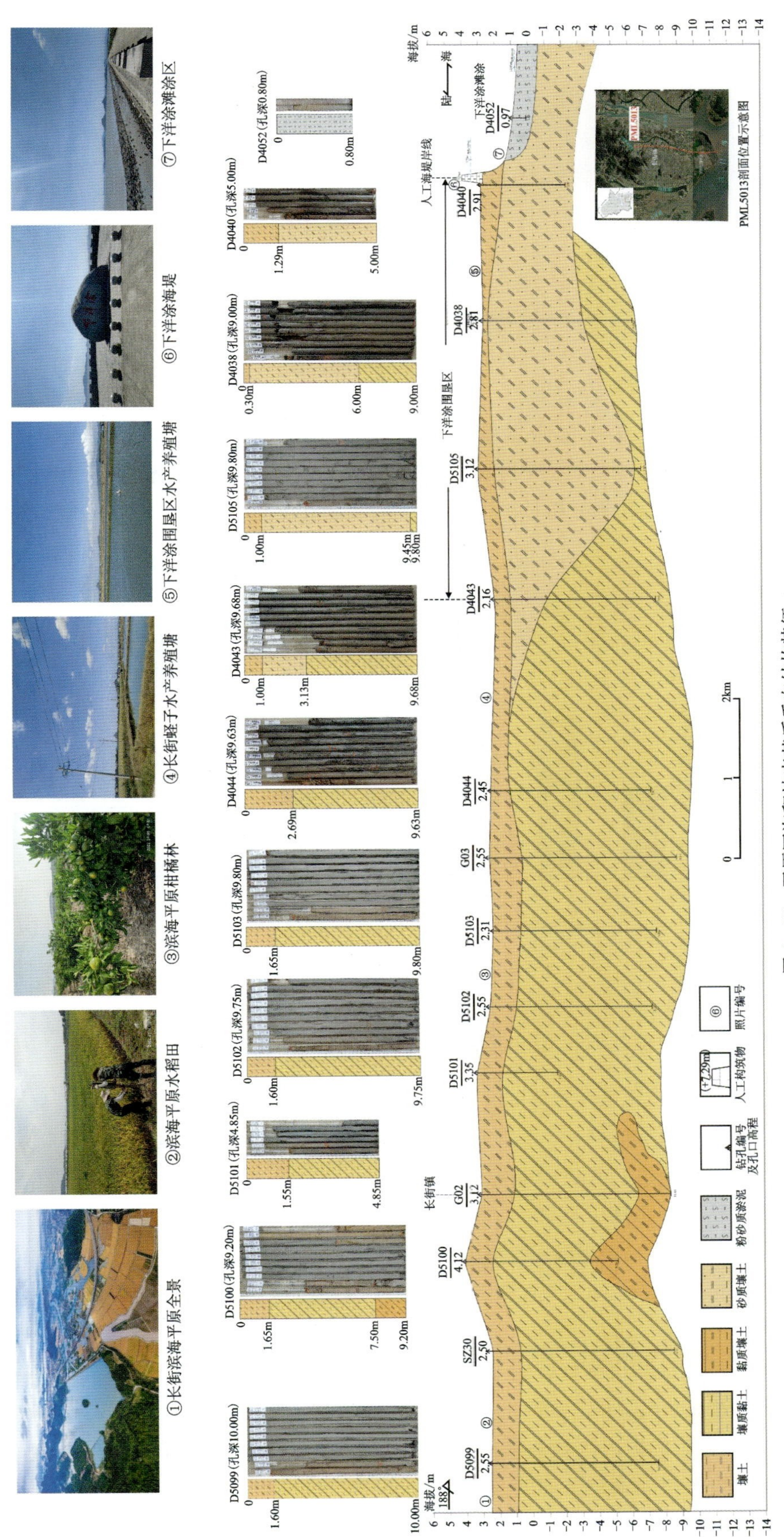

图4-87 平原区海积地表基质垂向结构特征

6. 潮滩区和水下岸坡区地表基质垂向结构特征

根据收集的海域地质资料及潮滩区采取的柱状样(1m 以浅),潮滩区和水下岸坡区地表基质以淤泥为主,软塑—流塑状态,多见贝壳,偶可见砾石。生长植被区域淤泥青黑色,腐臭味,含有大量植物根系,可见碳质分布;无植被生长区淤泥棕黄色,无味。潮滩区的植被以芦苇、互花米草和海三棱藨草为主。

(三)理化性质

1. 宁波市平原区容重特征

宁波市平原区表层地表基质容重采样点 530 个,平原区面积约 4 693.15km²(非建设区面积 2 905.47km²),平均采样密度为 0.12 个/km²(0.18 个/km²)。容重平均值为 1.355g/cm³,范围介于 0.620~1.729g/cm³之间,变异系数为 12.10%,属中等强度变异(图 4-88、图 4-89)。

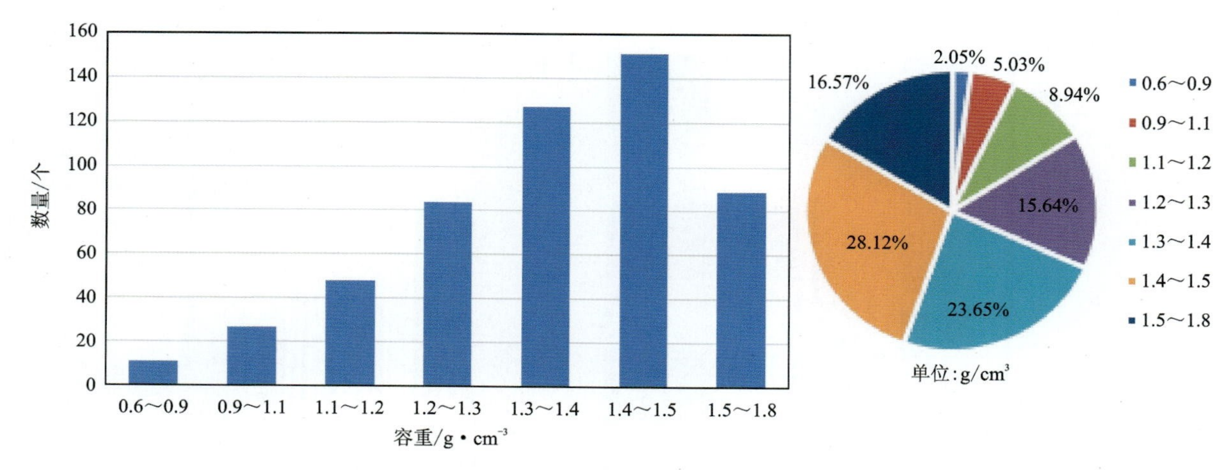

图 4-88 宁波平原区采样点容重分级直方图和占比图

2. 不同深度地表基质地球化学元素含量特征

地表基质在经物理、化学以及生物的直接或者间接自然作用下,其中物质发生特定的迁移、转化和富集,形成一定的特殊地球化学特征。为研究不同地表基质类型的地球化学特点,本次对宁波市各类地表基质单元的取样钻和剖面进行元素及指标含量的统计与对比。

元素分布特征主要受控于两方面:一是宁波地区不同的成土母质,特别是海源、陆源母质的共存使得卤族元素(Cl、Br、I)以及在海相中较富集的元素(CaO 等)出现明显的分异特征;二是除自然源以外的人类活动影响较大的元素,如 Hg、Cd 等,这类元素在表层较富集且分异性较大,随着深度增加其含量和分异性均降低。

表层元素分布与深层元素分布有较明显的联系,多数元素总体上呈现靠近山区含量高且向海扇形分布的规律特点。在慈溪、宁海平原区和近岸海域受海积和海陆交互沉积的影响出现卤素的富集,易于随水迁移的 CaO 也在此处富集。区域西部靠近山区出现较高的 SiO_2、K_2O 等分布,基本反映了以中酸性火成岩为成土母质的土壤元素的分布特点。

表层土质的元素分布特征继承了深层的元素分布规律(如受人为活动影响较小的 Al_2O_3 其在表层

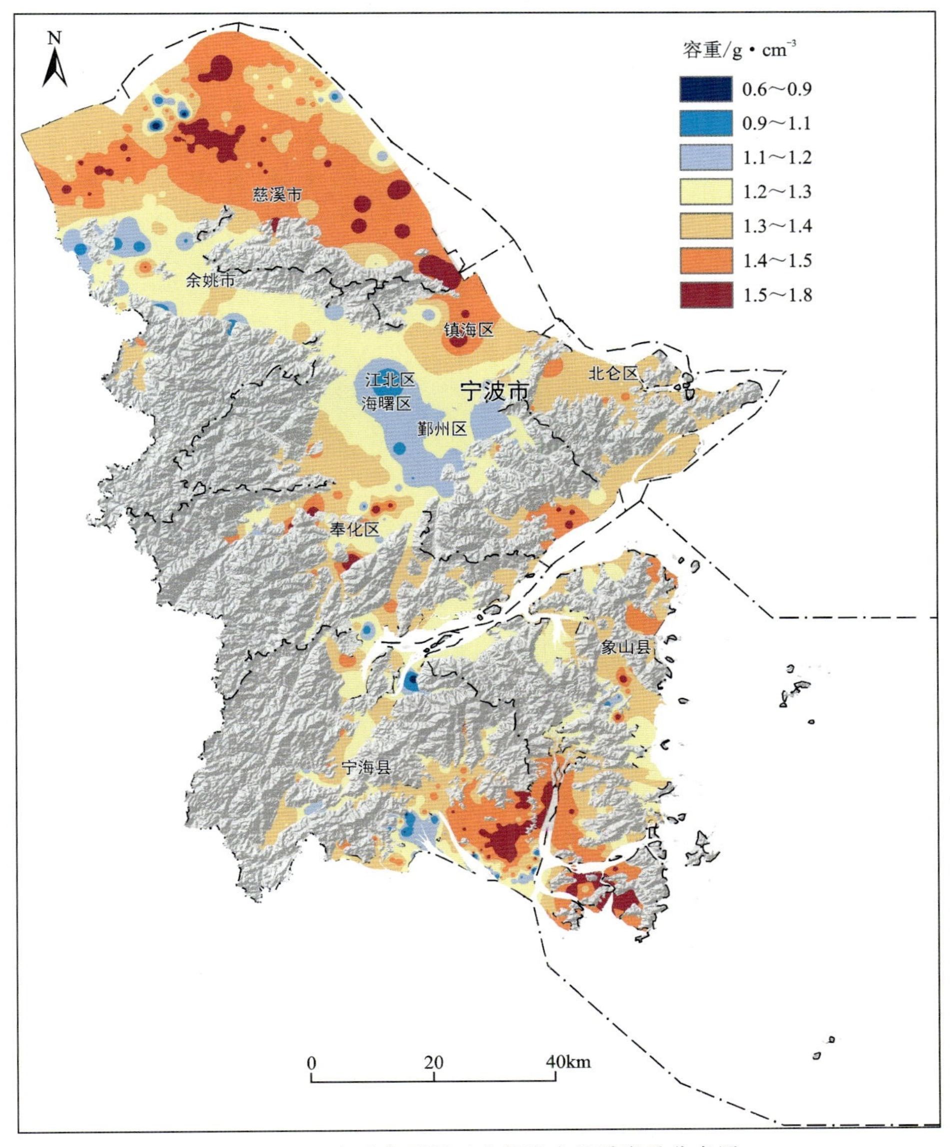

图 4-89 宁波市平原区表层地表基质容重分布图

和深层分布特征基本一致)，并且明显地增强了元素局部富集的信息和特点。根据表深层元素分布数据对比，Hg、Cd、Cu、N、P、Se、Si、I 等元素在表层环境中有明显的增加和富集，特别是 Hg。

(1)Al_2O_3 等一些主要受成土母质控制的元素分布特征：Al_2O_3 在不同深度地表基质中的分布特征基本一致(图 4-90)。Al 属受人为活动影响较小的元素，其含量主要源于成土母质。由于不同成因类型的第四纪沉积物以及不同水系流域的冲积物中元素分布特征不同，如冲湖积物中大多数元素含量普遍高于其他母质，冲海积和海相沉积物中则正好相反。除 Al_2O_3 外，许多元素均表现出了在不同母质中的分异性特征，不同深度地表基质中具有非常相似的地球化学分布模式。因此，成土母质是影响元素分布的主要控制因素。

(2)Ca 等一些主要受海相沉积影响的元素分布特征：Ca、K、Na 和 Sr 代表了海相沉积物元素组合，这些元素能够进行长距离迁移，在丘陵区、冲湖积平原、滨海平原三大地貌类型的过渡中含量逐渐增高。这些元素在不同深度地表基质中分布特征基本一致(图 4-91)。

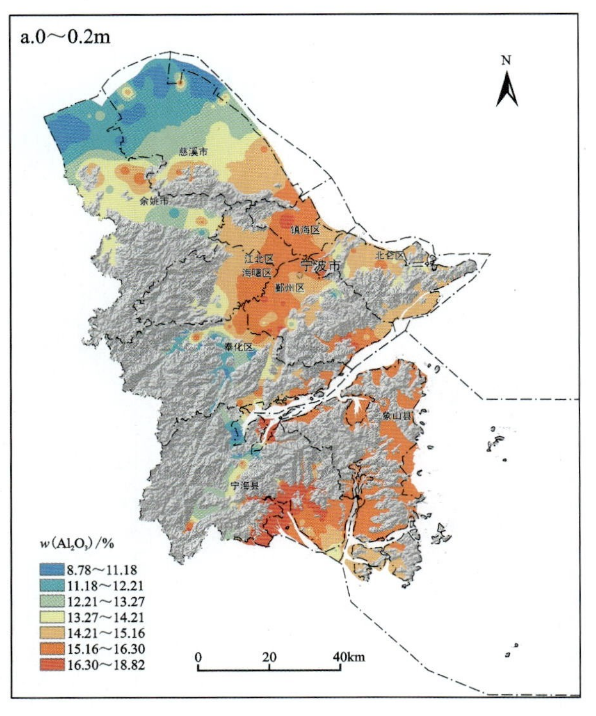

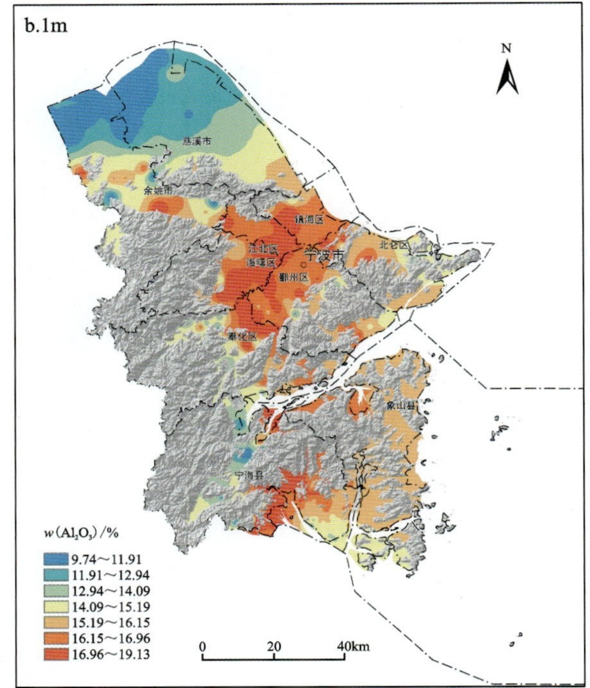

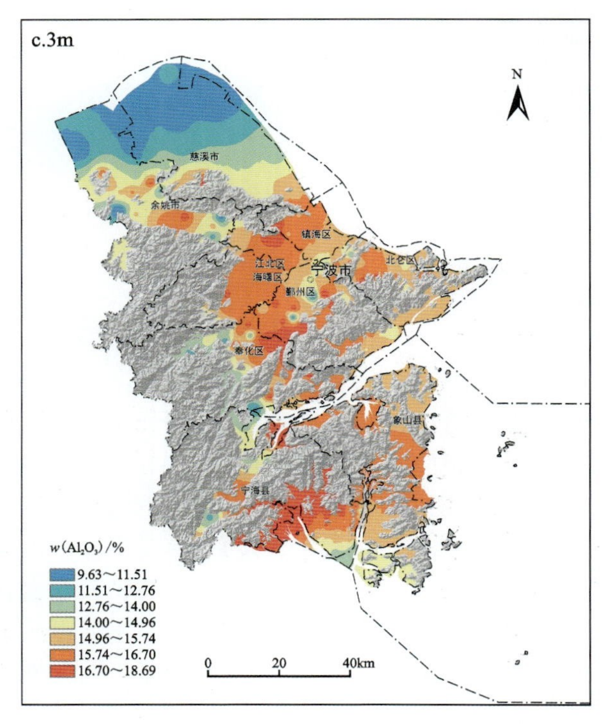

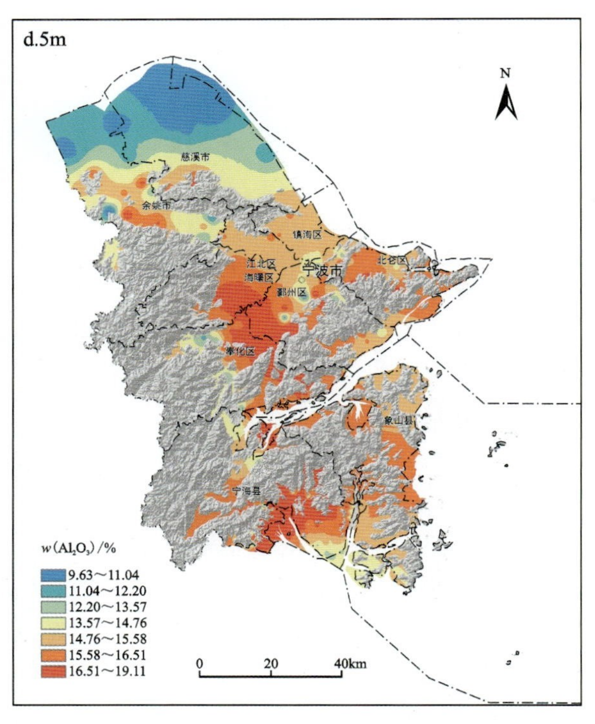

图 4-90 宁波市不同深度 Al_2O_3 等色阶地球化学图

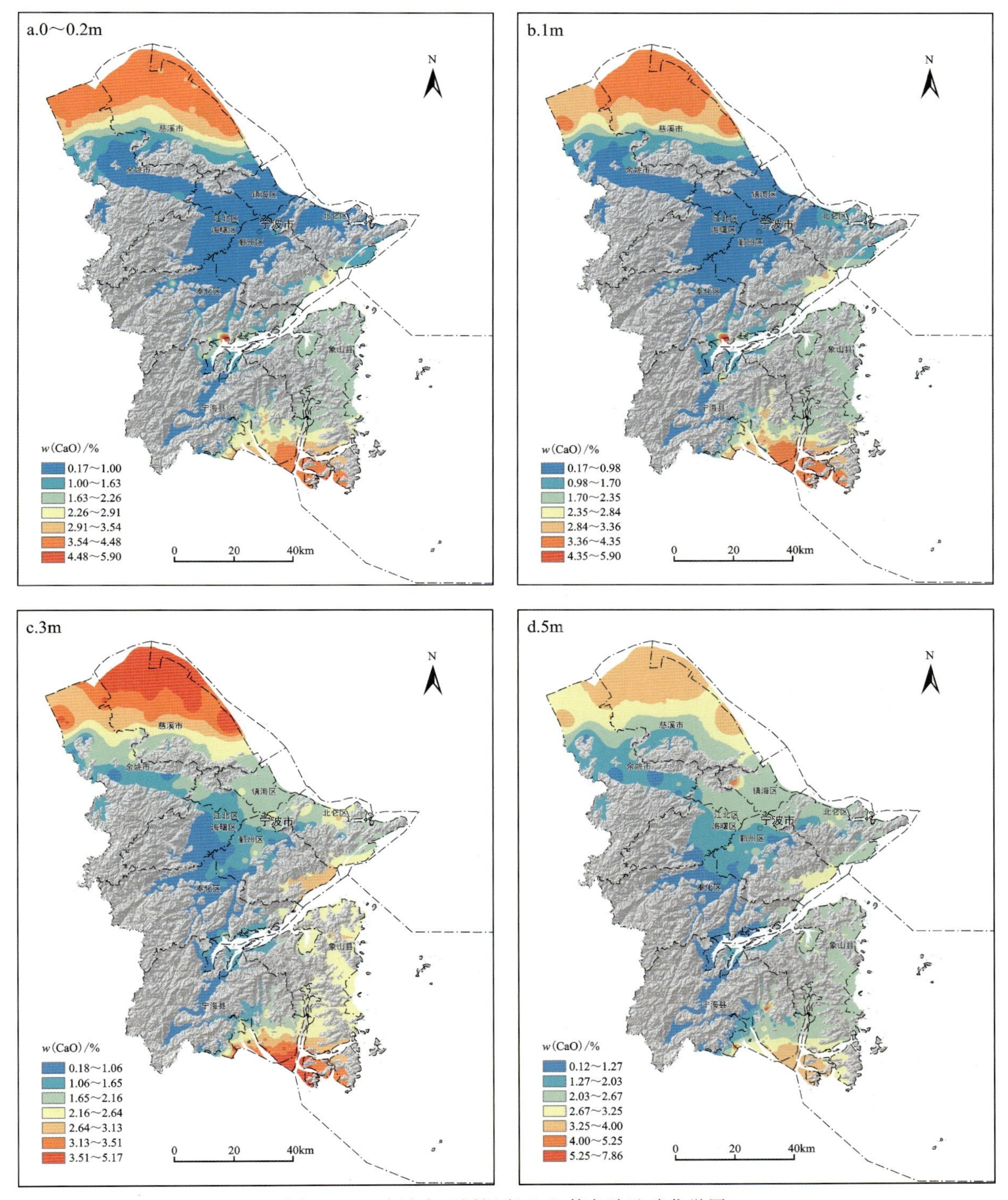

图 4-91　宁波市不同深度 CaO 等色阶地球化学图

(3)Hg 等一些显著受人类活动影响的元素分布特征：对比不同深度地表基质中 Hg 分布可见，在宁波、慈溪、余姚等区域浅层地表基质中存在较强的 Hg 地球化学异常，表明这些区域是 Hg 的地质高背景区，但深层地表基质中 Hg 含量显著低于表层(图 4-92)。由此推断，这些区域表层土壤 Hg 的富集除了与地质高背景有关外，还可能与人为活动污染叠加作用有关，类似分布特征的还有 Cd、Cu、N 等元素。

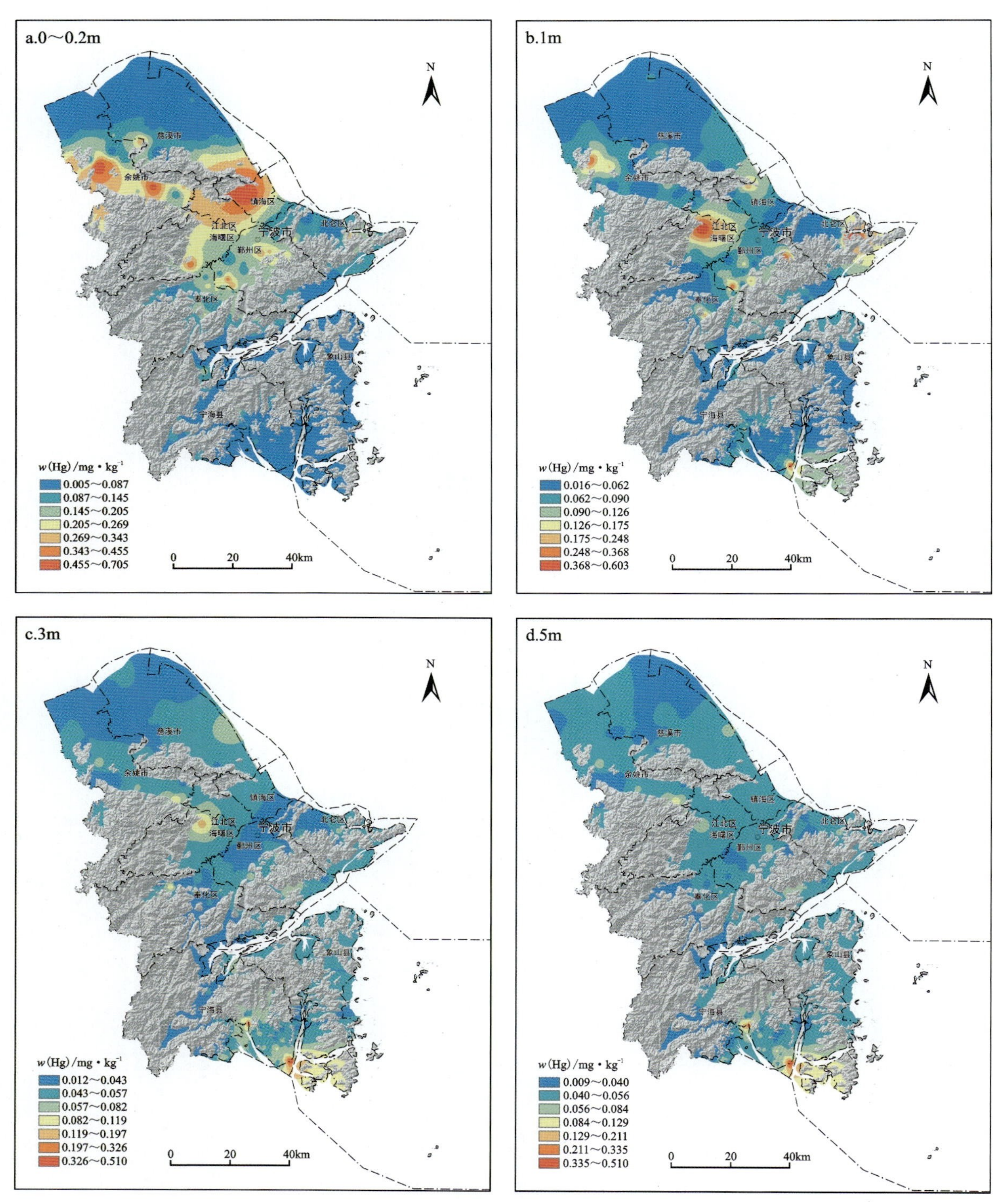

图 4-92　宁波市不同深度 Hg 等色阶地球化学图

3. 不同深度地表基质地球化学元素组合特征

为探索工作区不同深度地表基质地球化学特征的母岩继承性和受人为活动的影响特征，对工作区不同深度基质地球化学元素指标进行因子分析，分析不同深度基质的元素组合特征信息。

(1)0～20cm 元素地球化学组合特征：从表 4-16 可知，0～20cm 地表基质元素前 4 个主因子成分的特征根累计贡献率为 66.08%，基本反映了 0～20cm 地表基质的地球化学元素组合信息。4 个主成

分因子元素指标组合为：①F1. Co－Ni－Ga－Be－Ge－Sc－Rb－Cr－Li－V－B－As－I－Al_2O_3－Fe_2O_3－MgO－|Zr|－|SiO_2|；②F2. Y－La－Ce－Th－Nb；③F3. Hg－Se－N－C－Corg；④F4. Rb－K_2O－Ba。

从以上元素组合特征可以看出，F1 因子以 Ni、Co、Cr、V、Fe_2O_3 等为代表的亲铁亲铜元素组合，在区域 0～20cm 地表基质层中具有很好的相关性及与成土母质的继承性，以及与 Zr、SiO_2 的空间分布呈负相关关系；F2 因子以亲石元素为主；F3 体现了有机质对微量元素及金属元素表生富集过程中具有控制作用；F4 因子中 K_2O、Ba 关系密切反映了区内酸性岩风化物特征，在山口呈扇形高值区。

表 4－16　0～20cm 地表基质元素含量主成分分析特征

成分	初始特征值			提取载荷平方和			旋转载荷平方和		
	总计	方差百分比	累积贡献率/%	总计	方差百分比	累积贡献率/%	总计	方差百分比	累积贡献率/%
1	15.56	31.12	31.12	15.56	31.12	31.12	14.83	29.66	29.66
2	9.79	19.59	50.71	9.79	19.59	50.71	5.06	10.11	39.77
3	4.04	8.08	58.79	4.04	8.08	58.79	4.13	8.26	48.03
4	3.65	7.29	66.08	3.65	7.29	66.08	3.71	7.42	55.45
5	2.32	4.65	70.72	2.32	4.65	70.72	3.55	7.10	62.54
6	1.75	3.51	74.23	1.75	3.51	74.23	3.14	6.28	68.83
7	1.54	3.09	77.32	1.54	3.09	77.32	2.96	5.92	74.75
8	1.44	2.88	80.20	1.44	2.88	80.20	1.90	3.80	78.55
9	1.26	2.52	82.73	1.26	2.52	82.73	1.69	3.37	81.92
10	1.08	2.16	84.89	1.08	2.16	84.89	1.48	2.97	84.89

（2）1m 处元素地球化学组合特征：从表 4－17 可知，1m 处地表基质地球化学元素指标前 4 个主因子成分的特征根累计贡献率为66.72%，基本反映了 1m 深度处地表基质的地球化学元素组合信息。4 个主成分因子元素指标组合为：①F1. Cu－Co－Ni－Ga－Be－Ge－Sc－Cr－Li－V－B－F－Al_2O_3－Fe_2O_3－MgO－|Zr|－|SiO_2|；②F2. La－Ce－Th－U－W－|Na_2O|－|CaO|；③F3. Pb－Cd－Bi－Zn；④F4. Rb－K_2O－Tl－Ba。

表 4－17　1m 处地表基质元素含量主成分分析特征

成分	初始特征值			提取载荷平方和			旋转载荷平方和		
	总计	方差百分比	累积贡献率/%	总计	方差百分比	累积贡献率/%	总计	方差百分比	累积贡献率/%
1	15.62	31.23	31.23	15.62	31.23	31.23	14.60	29.21	29.21
2	9.10	18.20	49.43	9.10	18.20	49.43	6.82	13.63	42.84
3	5.13	10.25	59.68	5.13	10.25	59.68	4.61	9.22	52.06
4	3.52	7.03	66.72	3.52	7.03	66.72	3.91	7.83	59.89
5	2.41	4.82	71.53	2.41	4.82	71.53	3.70	7.41	67.29
6	2.16	4.31	75.84	2.16	4.31	75.84	2.72	5.44	72.74
7	1.61	3.23	79.07	1.61	3.23	79.07	2.50	5.00	77.74
8	1.39	2.78	81.84	1.39	2.78	81.84	1.92	3.83	81.57
9	1.10	2.20	84.04	1.10	2.20	84.04	1.24	2.47	84.04

从以上元素组合特征看出，F1因子以Cu、Ni、Co、Cr、V、Fe_2O_3、MgO等为代表的亲铁、亲铜元素组合，在区域1m处地表基质层中具很好的相关性及与成土母质的继承性，以及与Zr、SiO_2的空间分布呈负相关；F2因子以亲石元素为主，反映成土母质的继承性，而Na、Ca淋失则与这些元素呈负相关关系；F3体现了1m处地表基质重金属的富集特征；F4因子中K_2O、Ba关系密切反映了区内酸性岩风化物特征。

（3）3m处元素地球化学组合特征：从表4-18可知，3m处地表基质地球化学元素指标前3个主因子成分的特征根累计贡献率为66.72%，基本反映了3m深度处地表基质的地球化学元素组合信息。3个主成分因子元素指标组合为：①F1. Ni-Sc-Cr-V-Co-Li-F-Ga-B-Ge-Bi-Zn-Al_2O_3-Fe_2O_3-MgO-|Zr|-|SiO_2|；②F2. Ge-La-Y-Th-Ti；③F3. Rb-K_2O-Tl-Ba。

表4-18 3m处地表基质元素含量主成分分析特征

成分	初始特征值			提取载荷平方和			旋转载荷平方和		
	总计	方差百分比	累积贡献率/%	总计	方差百分比	累积贡献率/%	总计	方差百分比	累积贡献率/%
1	18.72	37.44	37.44	18.72	37.44	37.44	15.81	31.62	31.62
2	10.36	20.73	58.17	10.36	20.73	58.17	7.17	14.34	45.96
3	4.82	9.64	67.81	4.82	9.64	67.81	5.74	11.49	57.45
4	3.28	6.56	74.37	3.28	6.56	74.37	5.21	10.41	67.86
5	2.33	4.66	79.03	2.33	4.66	79.03	3.01	6.02	73.88
6	1.81	3.61	82.64	1.81	3.61	82.64	2.93	5.86	79.74
7	1.42	2.84	85.48	1.42	2.84	85.48	2.87	5.74	85.48

从以上元素组合特征可以看出F1因子以Ni、Co、Cr、V、Fe_2O_3、MgO等为代表的亲铁、亲铜元素组合，反映了工作区3m处成土母质的特性，与Zr、SiO_2的空间分布呈负相关关系；F2体现了3m处地表基质亲石元素的组合特征；F3因子反映了区内酸性岩风化物特征以及Ca离子的淋失。

（4）5m处元素地球化学组合特征：从表4-19可知，5m地表基质地球化学元素指标前2个主因子成分的特征根累计贡献率为61.05%，基本反映了1m深度处地表基质的地球化学元素组合信息。2个主成分因子元素指标组合为：①F1. Zn-Sc-Ga-Ni-V-Li-Co-Be-Cr-Cu-Rb-Bi-Ge-Mn-Al_2O_3-Fe_2O_3-K_2O-MgO-|Zr|-|SiO_2|；②F2. Ce-La-Y-Ti-Th。

从以上元素组合特征可以看出F1因子以Cu、Ni、Co、Cr、V、Fe_2O_3、MgO等为代表的亲铁、亲铜元素组合，反映了工作区5m处地表基质中微量元素的富集贫化受Al_2O_3含量控制，与Zr、SiO_2的空间分布呈负相关关系；F2主要为亲石元素，体现了一些稀有稀散元素组合及相关关系特征。

表4-19 5m处地表基质元素含量主成分分析特征

成分	初始特征值			提取载荷平方和			旋转载荷平方和		
	总计	方差百分比	累积贡献率/%	总计	方差百分比	累积贡献率/%	总计	方差百分比	累积贡献率/%
1	22.38	44.76	44.76	22.38	44.76	44.76	20.50	41.01	41.01
2	8.15	16.29	61.05	8.15	16.29	61.05	4.04	8.07	49.08
3	3.43	6.87	67.92	3.43	6.87	67.92	3.96	7.91	56.99
4	2.26	4.53	72.44	2.26	4.53	72.44	3.45	6.91	63.90
5	2.16	4.32	76.76	2.16	4.32	76.76	3.28	6.57	70.46
6	1.21	2.42	79.19	1.21	2.42	79.19	3.11	6.23	76.69
7	1.16	2.32	81.51	1.16	2.32	81.51	2.41	4.82	81.51

（四）利用现状及变化情况

1. 地表基质利用现状与变化情况

根据2020年遥感影像解译成果，宁波市地表基质利用类型分为城乡建设用地、林地、水域、水田、水浇地、自然保留地（图4－93），面积分别为2 314.4km²、3 900.51km²、540.98km²、1 446.10km²、1 119.55km²、494.72km²，占市域面积的比例分别为23.58%、39.74%、5.51%、14.73%、11.40%、5.04%。

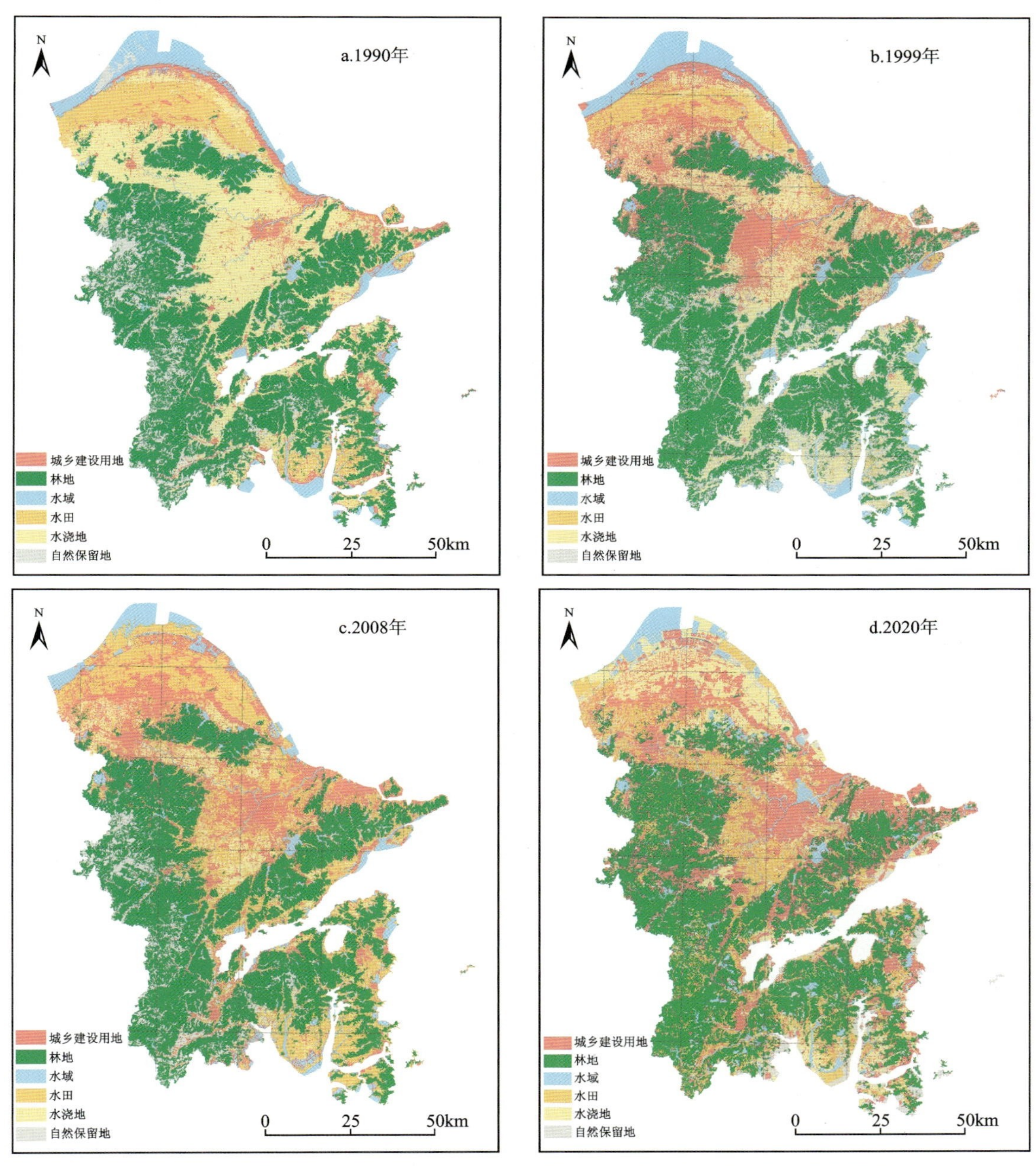

图4－93　宁波市1990年、1999年、2008年、2020年地表基质利用遥感解译图

根据多期(1990 年、1999 年、2008 年、2010 年、2020 年)遥感影像解译成果,1990—2020 年,宁波市由于城市建设发展的原因,城市建设用地持续增长。总体来说,1990 年至 2008 年林地基本不变,2008 年至 2020 年林地减少;水域一直处于减少状态,主要是因为自然营力和围垦活动的影响,宁波海岸线一直是海推移的状态,且此次解译边界以 2020 年宁波市边界为准,故存在部分海域被作为水域处理;水田和水浇地变化比较大,主要是轮作转化的原因,但 1990 年至 1999 年总数减少,主要转化为城乡建设用地,1999 年至 2008 年增长主要是自然保留地的开发,2008 年至 2020 年减少主要因为城乡建设发展。

2. 海岸线的变迁规律

根据近 40 年海岸线变迁的遥感解译数据(图 4-94、图 4-95),不难发现海岸线长度整体呈现增加的趋势。在海岸线类型方面,自然岸线在岸线总长度中所占的比例逐年减小,人工岸线占比则愈来愈大。研究区的海岸线长度由 1984 年的 68.834km 增长到 2020 年的 78.397km,整体增长了 13.89%。2000 年以前,岸线长度呈现曲折变化、缓慢增长,是由于人工岸线逐步替代自然岸线;2000 年至今,岸线长度整体呈现快速增长,在海岸线类型上的表现是人工岸线的增长幅度也更大,同时也标志着人类围垦活动进入中高速发展时期。

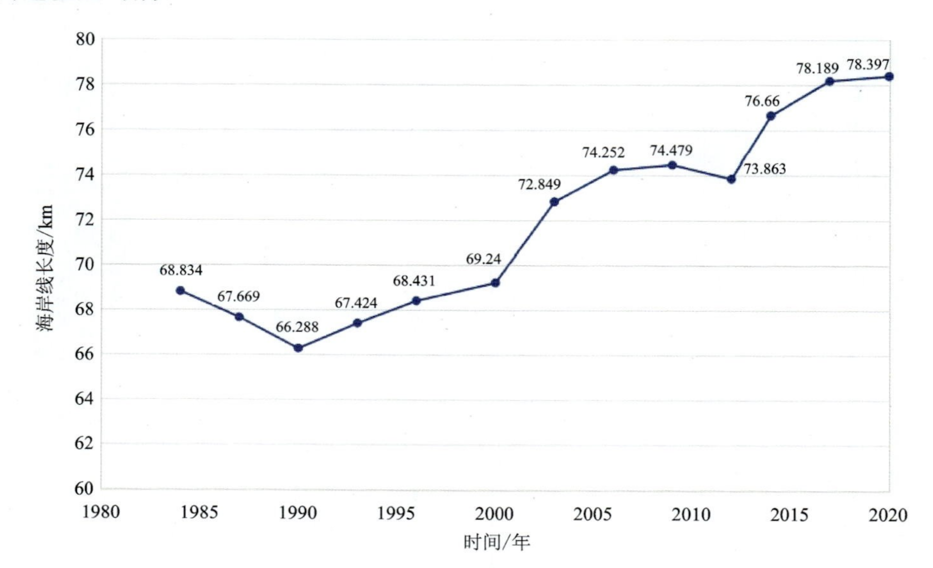

图 4-94 1984—2020 年宁波市海岸线长度变化情况

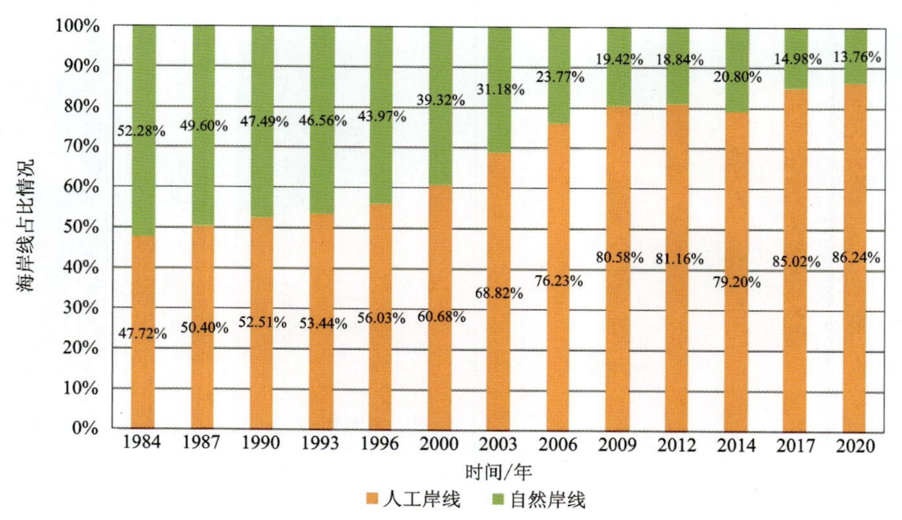

图 4-95 1984—2020 年宁波市自然岸线与人工岸线分布情况

其中,2000—2003年间海岸线长度增长速度最快,高达5.35%,同时期岸线类型的转化程度也最大,有8.14%的人工岸线取代了自然岸线;至2003年后海岸线长度和人工岸线进入快速扩张时期,这一特征在海岸线的变迁遥感解译图上也得以体现,表明了人类围垦活动的增强使得海岸线不断向海一侧迁移,人工化程度不断增强。

对海岸线的推移情况进行计算,结果表明(表4-20),自1984年以来,海岸线平均每年向海的移动距离大于32m,近20年来海岸线平均每年向海推进达288m;1984—2000年间,海岸线推移速度较慢,海岸线变迁主要是自然营力作用和部分围垦活动的影响;2000—2014年间,海岸线推移速度飞快上升,高达1000m/a,海岸线变迁的原因主要是人类大面积的围垦、填海造陆活动和自然营力作用的影响;2014年之后,海岸线迁移速度有所下降,直至2017年又恢复到接近自然营力作用下的增长速度。

表4-20 研究区海岸线推移情况

时间段	岸线向海推进距离/m	年均岸线推进距离/m·a^{-1}	岸线间面积变化/km^2	岸线间年均面积变化/$km^2·a^{-1}$
1984—1987年	97.89	32.63	4.812	1.604
1987—1990年	114.99	38.33	5.438	1.813
1990—1993年	138.75	46.25	6.013	2.004
1993—1996年	170.70	56.90	8.132	2.711
1996—2000年	219.04	54.76	11.452	2.863
2000—2003年	1 210.40	403.47	48.156	16.052
2003—2006年	862.20	287.40	35.425	11.808
2006—2009年	1 046.58	348.86	44.128	14.709
2009—2012年	1 328.98	442.99	51.637	17.212
2012—2014年	666.67	333.35	24.073	12.036
2014—2017年	480.14	160.05	17.158	5.719
2017—2020年	170.658	56.886	8.372	2.791

第六节 地表基质调查应用服务展望

地表基质层是地球表层各类自然资源的本底和支撑,地表基质调查的成果可直接应用于与地表土地资源管理使用相关的实践活动,同时也可解决与地表基质、土地使用相关的资源、环境及生态保护成果方面的问题。系统查清地表基质层时空分布和本底属性特征并综合其他资料,可以为土地利用适宜性评价、耕地保护和碎片化治理、土地资源生态修复等提供基础参考数据。本节主要结合已有试点调查,对地表基质调查服务土地利用适宜性评价、黑土地资源保护、耕地碎片化治理,以及盐碱化、酸化、沙化土地的修复治理等,提出基于地表基质调查的参考建议。

一、服务土地利用适宜性评价

土地适宜性评价主要是指评定土地对于某种用途是否适宜以及适宜的程度,它是制定土地利用政策、进行土地利用决策、科学编制土地利用规划的基本依据，是一项工作量较大、实用性很强的工作。通过土地适宜性评价，可以解决宜林则林、宜耕则耕、宜牧则牧、宜建筑者则用于建筑的问题。地表基质的利用类型包括土地利用类型，不同区域地表基质与自然因素作用共同形成了不同类型的土地资源。因此，基于地表基质的“三维空间”结构、属性调查，查清地表基质层时空分布、空间结构、本底属性、景观属性等特征，并综合考虑地质、地理、地形、气候、水资源等多要素指标，研究不同类型地表基质形成、演化机制，开展地表基质空间分布规律以及对地表自然资源的支撑孕育、演替互馈、耦合关系研究，为土地利用适宜性评价提供基础数据。

（一）土地利用适宜性评价现状

目前，我国开展的土地利用适用性评价多利用前人开展的专项调查工作资料和遥感影像数据，评价工作主要是基于某一特定地区的特殊需求而开展的局部适宜性评价。在生态文明视角下，基于山水林田湖草沙冰系统治理理念的全面评价还没有开展，主要的问题与不足有以下几个方面。

一是以专项调查为主，统一调查不够。以往的调查工作多关注某一领域的对象和内容，标准、指标等均不一致，难以系统有效对比。

二是以浅表调查为主，深层次调查不够。土壤普查、农业地质、土地质量、水土流失（侵蚀沟道）等调查深度多集中在1m以浅，1m以深没有系统开展调查工作。

三是以局部评价为主，系统评价不够。特定地区、特殊地类（如耕地、盐碱地等）或特定的生态系统开展局部评价，依据地球系统科学理论，全域覆盖林、田、草、湿、沙等自然资源本底现状的系统评价不够。

四是以属性数据为主，本底性状调查不够。各类专项调查多获取了利用现状、景观属性、理化性质等方面的数据，但地球表层空间一定范围内的物质组成、空间结构、叠置关系等不够明确。评价采用的内容、方法、要素、指标等多是地表覆盖层和土壤表层一些能够容易获取的理化性质指标。在垂向空间上一定范围指标较少。

（二）基于地表基质的土地利用适宜性评价模型

1.评价指标的选取依据

基于地表基质的土地利用适宜性评价研究必须统筹考虑地表基质层的空间和本底属性特征，根据地表基质层立体空间的不同服务功能特征，系统选取综合评价指标。

浅层地表基质层（0～2m），为生产层，也可叫地表土壤层，多数植物根系能够生长，动物和微生物活动频繁，为地表基质层内的较活跃层位。受“自然作用”和“人类活动”共同影响，其易受人类活动和自然条件影响而发生变化。

中层地表基质层（2～20m），也叫生态层，为地表基质层内的相对稳定层，是地表土壤的成土母质层。受“地质作用”和“自然作用”共同影响，部分特殊植物根系能够生长；受地下水的运移而产生物质交换，人类活动干扰相对较小。

深层地表基质层（20～50m），也叫支撑层，为地表基质层内稳定层位。主要受“地质作用”影响和控制，为基础层或支撑层位，包括地下水饱和带，很少有植物根系，地表基质层结构和理化性质比较稳定。

2.基于地表基质的土地利用适宜性评价指标

基于地表基质的土地利用适宜性评价指标除利用常用指标，如地理环境、地貌类型、地质成因、地形因素等指标外，还增加了地表基质类型、质地、有效土层厚度和元素含量、成土母质类型和厚度、5m 以浅地表基质层结构等指标(表 4 - 21)。

表 4 - 21　基于地表基质的土地利用适宜性评价指标表

指标	描述或取值
地理环境	气候带、年积温、降雨量、蒸发量
地貌类型	高山、丘陵、平原、湖泊、湿地、阶地、河床、河漫滩
地质成因	残积、坡积、冲积、洪积、湖积、沼积、风积、冰川沉积
地形因素	海拔、坡度、阴坡/阳坡
地表基质类型	岩石、砾质、砂质、土质、泥质
地表基质质地	黏粒、砂粒、粗颗粒物质含量
有效土层厚度	＜20cm、20～50cm、50～100cm、＞100cm
有效土层元素含量	参照土地质量调查标准
成土母质类型	岩石、砾质、粗骨土、砂土、壤土、黏土
成土母质厚度	＜20cm、20～50cm、50～100cm、＞100cm
5m 以浅地表基质层结构(自下往上)	壤/黏土质层(单层厚度大于 5m)
	砂土质层(单层厚度大于 5m)
	砂土＋壤/黏土、壤/黏土＋砂土
	“砾质、砂土、壤黏土”互层
	岩石＋土质(厚度＜50cm)
	岩石＋砾质/砂土
	单一岩石基质(上覆土质层厚度＜20cm)

基于地表基质的土地利用适宜性评价更加注重地表基质层，即表层岩土系统的空间结构和本底属性特征对林、草、作物等的支撑孕育作用，从而对其适宜性做出更加实际的评价。

(三)基于地表基质的土利用适宜性评价利用建议

由于基于地表基质的土地利用适宜性评价模型还在探索阶段，结合目前正在开展的黑土地地表基质调查工作，对黑土地资源保护利用适宜性定性评价进行探讨，以供读者参考。

以宝清地区为例，该区处于中纬度欧亚大陆东岸，属湿润半湿润大陆性季风气候，年均气温为 2.4℃，无霜期为 143 天；年均降雨量为 551.5mm，年均蒸发量为 857.7mm，潜水面深度为 5.8m(平均 6.4m)，自然地理和气候条件特别适宜耕种。调查区东、西、南三面被完达山脉环抱，平原区地势由西南向东北逐渐倾斜，海拔多在 60～100m 之间。结合黑土地地表基质调查成果和地形地貌特征，将宝清地区划分为低山丘陵区(黑土资源利用类型主要为林地、草地，其次为耕地)、山前过渡区(黑土资源利用类型主要为林地，其次为耕地、草地)、水域发育区(黑土资源利用类型主要为湖泊、湿地、河流)、河流阶地区(黑土资源利用类型主要为草地、耕地)、冲洪积平原区(黑土资源利用类型主要为耕地)等黑土资源利用区域。这些区域的黑土地地表基质特征如表层黑土资源(厚度、有机质含量)、成土母质特征(类型、厚度、质地、潜水面、有效含水量等)等差异比较明显，黑土资源利用方式也不尽相同。表层黑土厚度从厚到薄依次是平原区、水域发育区(主要指湿地)、河流阶地区、山前过渡区、低山丘陵区；而表层黑土有机质含量从高到低大致是低山丘陵区、水域发育区(主要为湿地)、山前过渡区、平原区和河流阶地区。

从地表基质空间结构特征分析,宝清地区91%的耕地在平原区,成土母质为黏土,有效土层厚度超过2m以上且稳定分布,为耕地适宜区,要作为基本农田和高标准农田规划区,同时要采取休耕、轮作等方式,合理进行利用和开发,不断提升黑土资源潜力。河流两岸阶地和山前过渡区域部分耕地,成土母质多为砂土质或砂质,局部为砾质,有效土层薄、变化快、不稳定,且地表极易遭受水力、重力作用侵蚀,总体应作为生态区科学合理规划,以林地和草地为主进行规划,局部可开发为耕地,加强水土保持。低山丘陵区耕地成土母质为粗骨土或砂质土,有效土层厚度不足30cm,为林地或草地适宜区,应作为水源涵养区退耕还林还草进行重点保护,禁止黑土资源开发利用为耕地或其他生产用地。

二、服务东北黑土地资源保护利用

2021年7月,习近平总书记在吉林省梨树县考察期间提出"一定要采取有效措施,保护好黑土地这一'耕地中的大熊猫'",总书记的指示深刻揭示了加强黑土地保护的极端重要性和现实紧迫性。我国黑土地总面积109万km^2,是世界四大黑土带之一,其中典型黑土地耕地面积约185 333km^2,东北黑土地是我国最重要的商品粮基地,粮食产量及调出量分别占全国总量的1/4和1/3,是国家粮食生产的"稳定器"和"压舱石",为保障国家粮食安全做出了巨大的贡献。

(一)黑土地保护利用现状

我国黑土地开垦较晚,仅有百年历史,然而由于高强度经营,黑土地发生了明显退化,土壤生产力下降,已严重威胁了黑土地农业的可持续发展及国家粮食战略安全。黑土地现状表现在以下3个方面。

1. 黑土层肥力"变瘦"

海伦市农田监测数据显示,东北黑土地仍存在变"瘦"的情况,近60年黑土耕作层有机质含量下降了1/3,部分地区甚至达到50%。1980—2011年,东北黑土地是我国土壤有机碳唯一表现为下降趋势的地区。黑龙江省宝清县黑土地表层(0~20cm)有机质含量由第二次全国土壤普查(1980年)时期的5.96%下降至2021年的4.763%,年均减少0.032%,海伦市表层黑土层有机质含量由第二次全国土壤普查(1980年)时期的5.68%下降至2021年的5.003%,年均减少0.017%。

2. 黑土层厚度"变薄"

黑土显著不同于其他土壤,其显著特征之一就是分层明显,是较容易形成紧实层的土壤类型。不合理的耕作方式显著加剧土壤压实,使得土壤耕作层逐渐变薄。第一次全国土壤普查认为黑土层厚度一般为30~50cm,有的厚达1m,而且厚度较大部位多出现在坡的下部。开垦之后,黑土层厚度的总体趋势是变薄。以吉林省梨树县为例,第二次全国土壤普查(1980年)时期黑土层厚度为45.04cm,2021年黑土层厚度平均为36.12cm(梨树县黑土地地表基质调查),可见随着开垦黑土层厚度逐年下降,变薄的主要原因有土壤自然压实、机械压实和土壤侵蚀等。

3. 黑土层质地"变硬"

与自然黑土相比,开垦20年、40年、80年的耕地0~30cm土层土壤容重分布增加7.59%、34.18%、59.49%;与自然恢复20年以上的黑土相比,在0~20cm土层,吉林省梨树县农田黑土容重增加6.96%(中国科学院,2021)。土壤表层颗粒由粗颗粒向细颗粒转变,进一步使土壤孔隙度降低,容重增大,土壤更紧实。以吉林省梨树县为例，区内耕地表层黑土层厚度小于20cm的平均容重为1.43g/cm^3，厚度大于20cm的平均容重为1.38g/cm^3；与第二次全国土壤普查(1980年)相比，平均容重增加了0.08g/cm^3，表明耕地表层黑土层有明显变硬趋势。

(二)基于地表基质的黑土地保护利用方法与路径

1. 地表基质服务自然资源管理

地表基质是支撑和孕育各类自然资源的基础物质，同时其本身也属于自然资源。表层土质是重要的土壤资源，而土壤中的黑土地则是稀有、珍贵、不可再生的土地资源，是耕地中的"大熊猫"。通过地表基质调查，查明黑土地表层黑土资源数量、质量、结构、生态等本底，特别是利用钻探手段查明50m以浅范围内黑土资源概况，建设黑土地地表基质数据库，摸清黑土资源现状和变化情况，进行长期定位监测，掌握黑土退化状况和退化原因机理，提出修复治理和保护利用建议，直接服务黑土地资源管护。

2. 地表基质服务国土空间规划

地表基质层作为自然资源的支撑孕育层，其结构、组成、数量等指标直接影响地表、地下水的水源涵养、水质水量，还与气候环境等指标一起决定了覆盖层的种类、分布、功能与服务。地表基质调查无缝覆盖岩石、砾质、土质、泥质等地球表层空间，特别是10m以浅地表基质层空间结构(如地表土壤层、成土母质以及有效土层厚度等)和历史利用状况，查明理化性质，碳、水、生物等重要物质的地球化学循环过程，了解其对气候变化和人类活动的响应与反馈，对按照"水定论""宜则论"科学规划调整地表基质利用方式和山水林田湖草沙冰等自然资源合理布局等提供基础数据支撑。同时，地表基质调查数据可支撑"双评价"，为科学划定"三区三线"和精准编制国土空间规划提供基础数据。

3. 地表基质服务耕地保护

实施国家粮食主产区地表基质调查，从数量、质量、结构、生态、碳汇等多维度调查评价土质基质状况，特别是利用钻探等手段对土质基质的空间结构、理化性质以及地下水质、水量、生物特征等进行调查，可以支撑耕地碎片化治理，为划定特色农业区、高标准农田建设区和免耕休耕区提供理论依据与数据支撑。通过调查不同种类土质基质养分元素、有益微量元素含量等特征，结合土质基质层空间结构，可以精准圈定有益元素富集区块，服务现代特色农业；也可提供可供改良利用的后备耕地资源区块，支撑基本农田建设和耕地保护利用。

(三)地表基质调查实践与成效

相较于传统的土地质量地球化学调查、耕地地力调查等工作，地表基质调查工作平面上是国土范围内全覆盖，空间上可达50m深度，能够更加全面、客观、真实地展示基质的本底，更好地服务黑土地的保护利用。

以吉林省梨树县为例，通过黑土地地表基质调查，查明梨树县黑土地表层黑土厚度，将其划分为＜20cm、20～50cm、＞50cm三个不同等级，同时将获取的有机质、氮、磷、钾、碱解氮、速效磷、速效钾等养分元素进行分级，以GIS和RS技术为支撑，定量评价梨树县黑土地地表基质表层土壤侵蚀状况，对梨树县土壤侵蚀强度进行分级，结合梨树县地形地貌特征及土地利用状况，对梨树县国土空间布局进行建议优化。

梨树县东南为低山丘陵区，土壤类型以暗棕壤、棕壤为主，土层较薄，多在20cm左右，土壤侵蚀严重，但仍存在着相当数量的坡耕地，导致土壤进一步侵蚀，土层变薄，建议退耕还林还草，土层较厚的坡脚以还林为主，土层较薄小于 20cm 建议恢复灌木及草本植物（图 4－96a）。东辽河环绕梨树县自东向西流过，其上游河流两侧沿岸多开垦为耕地，中游蔡家镇、孤家子镇一带沉积较多上游剥蚀而来的黑土层，故而形成多层黑土，因此某种程度上来说，河流沿岸的多层黑土并不是值得称道的事，建议沿河两岸开辟宽约 50m 的生态走廊，构建辽河源生态走廊，保持辽河源头水土。梨树县西部沈洋镇、刘家馆子镇、林海镇发育普遍沙化现象，但局部防护林缺乏，导致良田被风沙淹没，春季地表裸露（图 4－96b），逢大风天气黄沙漫漫，建议规划好防风固沙区。

图 4－96　梨树县地表基质调查工作图

a. 梨树县东南低山区土层现状；b. 梨树县西部林海镇沙地上的玉米幼苗；c. 蔡家镇两层黑土

三、服务土地利用细碎化治理

以耕地为例，耕地细碎化是一种土地利用现象，是指受人为或自然条件的影响，土地难以成片、集中、规模经营，土地利用呈插花、分散、无序的状态（孙雁等，2010）。对耕地细碎化问题的研究始于对耕地细碎化合理性地探讨，研究结果表明，耕地细碎化现象的存在具有积极和消极两方面的影响。比如耕地细碎化可以进行多元化种植，调整种植结构，降低农业生产风险，从而达到增加农民收入的目的。但是，更多的研究认为，耕地细碎化是一种不合理的现象。耕地破碎增加了垄界、道路的土地使用面积，造成了土地浪费，不仅仅影响规模化农业生产，制约农业规模经营和可持续发展，造成生产成本极大浪费，

而且也影响着耕地的数量、质量和生态。因此，解决耕地细碎化问题、保护集中连片的耕地可提高耕地的利用率，实实在在地保护耕地数量。

（一）我国耕地细碎化的现状

耕地细碎化问题由来已久，在世界各国普遍存在，尤其是在中东欧、印度、中国等地区和国家较为严重(Sklenicka,2016)。我国的地理国情和农业生产历史、社会现状、实施政策以及人为因素是造成耕地细碎化的重要原因(李建林等,2006)，也是经济发展过程中的正常现象。我国耕地不但存在数量减少，优质耕地被建设占用，新补充耕地质量低且生态环境脆弱等问题，而且也存在着因被城乡建设蚕食，被各种铁路、公路和管线切割，耕地破碎化程度加重的问题。有数据表明，中国 2003 年末户均地块数 5.722块，其中规模不足 0.033hm²的有 2.858 块，规模在 0.033～0.067hm²的有 1.194 块，在 0.067～0.133hm²的有 0.813 块，在 0.133～0.2hm²的有 0.342 块，规模在 0.333hm²以上的仅有 0.233 块。可见，中国耕地细碎化程度已经达到惊人的地步，直接造成中国耕地面积的极大损失。据调查，中国耕地田坎面积高达 1 246 667 万 hm²，占净耕地面积的 10%；沟渠面积为 486 667 万 hm²，是净耕地面积的 4%；田间道路约666.667万 hm²，是净耕地面积的 5%，这些指标均为世界上农业集约化水平中等国家的 2 倍以上。总之，中国因细碎化而浪费的耕地高达净耕地面积的 19%左右，占农地有效面积的 3%～10%，造成土地生产率降低 15.3%(Wan and Chen,2013)。

（二）基于地表基质的耕地细碎化治理方法路径与建议

经济发展和社会进步都要求遏止耕地破碎化发展的势头，推进耕地规模化经营。但耕地细碎化治理不能简单地进行拼凑或整合，需要对耕地的本底特征，即地表基质空间结构和本底属性进行调查评价后，科学合理进行整合治理，为破解乡村耕地细碎化、城乡空间布局无序化、工业用地利用低效化、生态质量退化等多维度问题提供支撑。

长三角宁波地区地表基质层调查项目在服务耕地细碎化治理方面进行了尝试与实践。浙江省自然资源厅近年在全省全面开展永久基本农田集中连片整治工作，破解耕地细碎化问题，推动小田变大田。主要内容有：一是开展耕地“非农化”“非粮化”整治，采取工程措施恢复耕地功能；二是通过修建(或新建)农田水利设施和机耕生产道路、整合归并耕地、实施旱地改水田等提升耕地质量；三是对未利用地等实施土地整治，开发为耕地，用于占补平衡；四是复垦零星建设用地，提高耕地集中连片度；五是采用生态化工程措施，通过建设生态渠、生态坎、生态田园等，加快治理污染土壤。整治过程面临的问题是如何破解地表利用类型多种多样，而关键在于土壤层厚度和质量的问题，也就是地表基质层的空间结构和本底属性、理化性质等问题。因此，宁波地区地表基质层调查项目在工作中，重点关注前湾新区耕地细碎化问题，利用地表基质层调查优势，服务该区域耕地集中整治。

1. 前湾新区的地理地貌特征

前湾新区位于杭州湾南岸，地势南高北低，呈丘陵、滨海平原、滩涂三级台阶状朝杭州湾展开，东部低丘，海拔 100m 左右。滨海平原区地势平坦开阔，海拔一般 2～7.5m，区内湖塘众多，河网密布。滨海平原地貌单元从海到陆层次分明、特征明显，又可分 3 个亚区，分别为冲海积平原、冲湖积平原、海积平原(图 4－97)，构成了面积广阔地势平坦的慈北平原区。潮滩滩面平缓，滩坡 1‰～3‰不等。海岸线北凸呈舌状向海延伸，长约 66km。

通过遥感解译的地表基质利用类型图看出(图 4－98)，该区域主要的地表基质利用类型为城镇建设用地和耕地，但城镇建设比较杂乱、零散坐落，不断蚕食耕地面积，与公路、管道建设一起将耕地隔离开来，促使耕地在景观层面上趋于分散化、零碎化，农业生产经营趋于多样化、小型化。且野外调查中发现，部分耕地中存在荒废和停耕、非粮化现象。

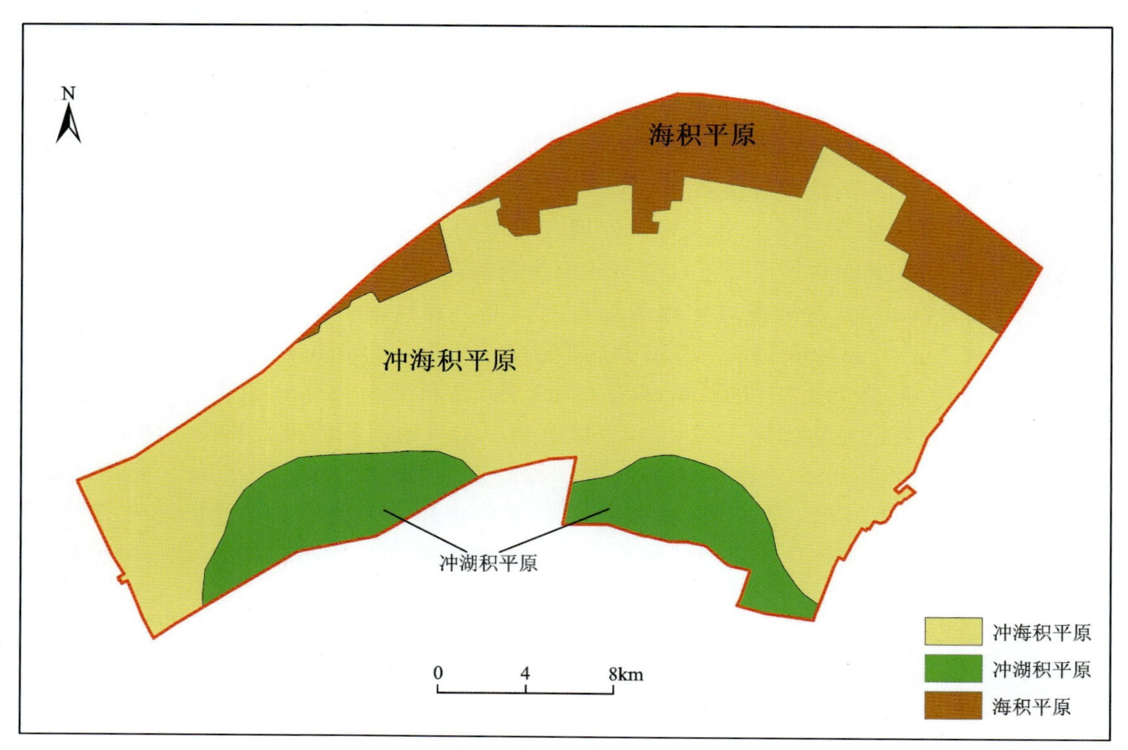

图 4-97　前湾新区地貌类型简图(据毛汉川等，2016)

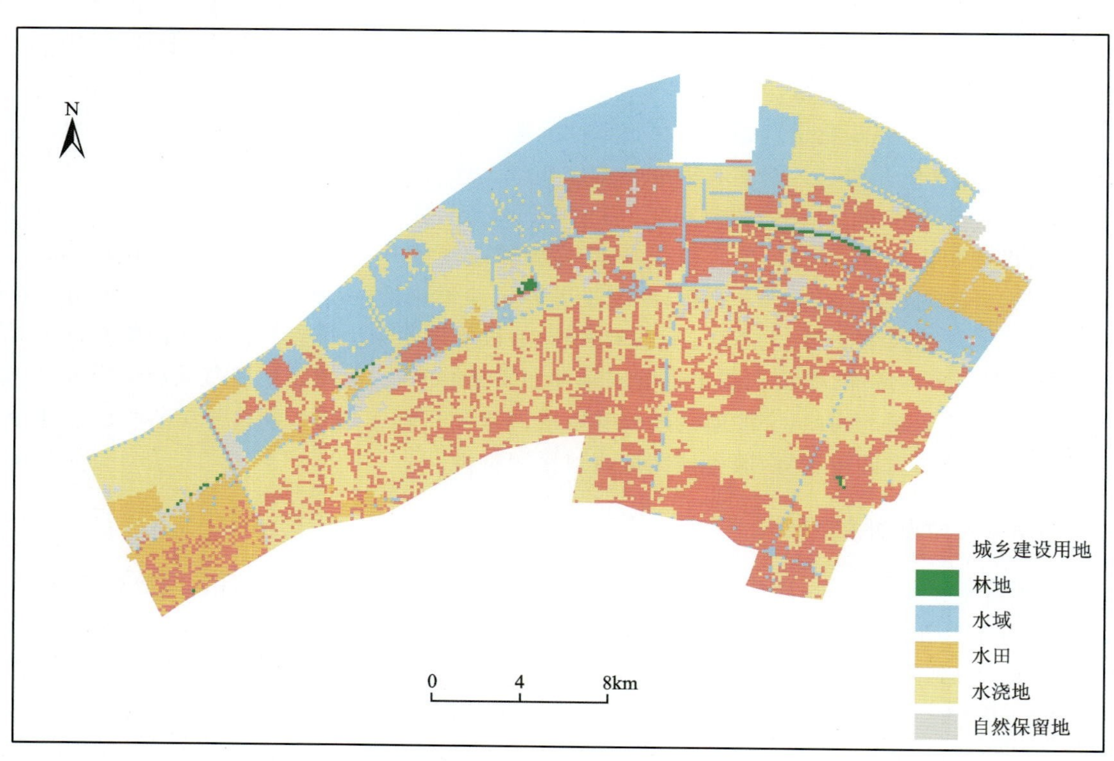

图 4-98　前湾新区地表基质利用图

2. 前湾新区地质背景特征

该区域属华南地层大区，前第四纪地层涉及陈蔡群、南华系、震旦系、寒武系、奥陶系、志留系、泥盆系、石炭系、二叠系、三叠系、侏罗系、白垩系、古近系、新近系，以白垩系地层为主。区内因大部分为第四系覆盖，基底岩系分布出露极少，仅于南部龙头山一带零星出露早白垩世大爽组火山碎屑岩。基岩埋深南部较浅，埋深0～100m，往北西逐渐加深，杭州湾新区基岩埋深达到140m。

该区域第四系地层在南东高，北西低的基础上沉积，沉积层序受第四纪古气候的冷暖交替和海平面升降影响，陆相、海相及海陆交互堆积作用，地层分布及厚度存在较大差异。以首次海泛波及本区为标志可分为两个发展阶段，早期全为陆相的湖泊与河流沉积，称为“河湖”发展阶段；晚期则以滨海沉积为主，称为“海进海退”发展阶段。总体古地貌格局呈北东向，南西高，北东低，海水从北东向逆钱塘江而上，逐渐侵漫了该区。第四纪沉积受古地貌格局及海侵范围影响，沉积厚度南部较薄，东北部较厚。

该区域地下水按赋存空隙介质、水理性质、水力特征、埋藏条件及所处的地貌位置等，可分为基岩裂隙水、孔隙潜水、孔隙承压水3类。

基岩裂隙水零星分布在调查区的残丘，受大气降水补给，地貌上表现为汇水面积小的孤丘、残丘，水量极贫乏，不具供水意义。

潜水埋深较浅，一般在0.5～3m之间，受大气降水、地表水补给和蒸发排泄的影响较大，水质呈季节变化，为淡水或微咸水，微咸水分布的面积占23.5%。

承压水埋深较深，一般在40m以下，大部分水质为咸水或微咸水，局部分布有封存的淡水体，其水质逐年变化较小。

3. 前湾新区地表基质层特征

该区域整体地势西南高，东北低。在平面上，岩石基质主要分布在东部低丘地区，以火山熔岩-碎屑岩类为主；土质主要分布广大平原地区，包括砂土、壤质砂土、壤土；泥质主要分布在湖泊、水库、河流和海域底部(图4-99)。在垂向上，土质层覆盖厚度在70m左右，0.20～10m以壤土、砂质壤土为主。

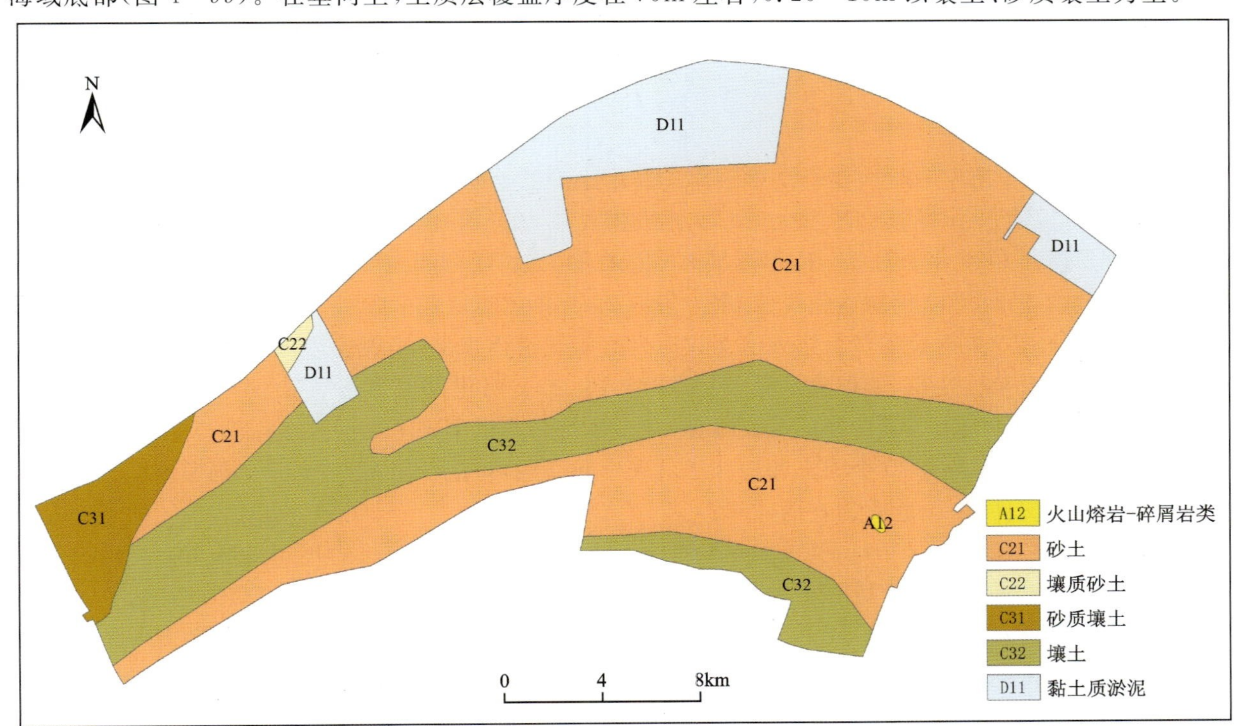

图4-99 前湾新区地表基质图

选取N、P、K三项指标对前湾新区进行土质养分地球化学综合等级进行评价，该区域养分地球化学综合等级以中等为主，全区占比73.62%；西南部的养分含量较高，为较丰富地区，此外中北部偏西的慈溪市农垦场附近和东部的六塘南村等地养分综合等级也为二级，是养分较丰富地区，养分地球化学综合等级为二级地区，全区占比10.25%；全区无养分含量一级丰富区；西部夹塘知青农场、泗北村、万圣村和中北部富民村、宁波市榕伟纺纱有限公司等地区养分含量较为缺乏养分综合等级为四级，全区占比16.13%。区内无养分含量缺乏地区。

4. 前湾新区耕地集中整治的建议

通过调查和分析评价，建议该区域以国土空间开发适宜性评价为基础，与生态保护红线和永久基本农田保护红线相协调，科学划定城镇开发边界，促进城镇空间集约高效、紧凑布局，可将中南部148km^{2}范围作为基本农田区进行规划建设，发挥永久基本农田在景观构造中的基础性作用，塑造江南水乡特色的农业大地景观。

四、服务“双碳”目标

地表基质层(岩石、砾质、砂质、土质、泥质)5类三级基础物质作为地球的“皮肤”，不仅涉及表层全域国土空间，还是“地上基质平面分布特征+地下基质三维立体空间结构和本底属性”等地球系统物质组成部分。中国碳达峰、碳中和(以下简称“双碳”)战略行动是一项涵盖全域国土空间、长期持续实施的巨大系统工程(于贵瑞等，2022)。在面向国家“双碳”战略行动中，地表基质调查作为构建统一自然资源调查监测体系重要的组成部分，是孕育和支撑各类自然资源的基础物质，同时也是地球表层系统“双碳”效应的主要载体。地表基质在地球表层系统碳循环过程、碳储量及通量的多要素-多过程-多界面-多尺度协同监测体系中发挥重要作用。因此，系统调查全域国土空间地表基质，定量刻画地球表层系统，有利于精准评估中国区域岩石、砾质、砂质、土质、泥质5类三级基础物质“双碳”效应和生态系统碳汇功能及增汇潜力，是认识与理解全域国土空间甚至全球碳循环过程和机制的重要手段(蔡兆男等，2021)。

(一)“双碳”研究现状

2015年的《巴黎协定》提出，要将全球平均气温相比于工业革命前水平的升幅控制在2℃以内，并努力控制在1.5℃以下。国际社会呼吁全球CO_2排放需要在2025年前实现碳达峰，2050年前实现碳中和的气候治理目标。2020年9月22日，习近平总书记在第75届联合国大会一般性辩论上首次宣布“中国二氧化碳排放力争于2030年前达到峰值，努力争取2060年前实现碳中和”。2021年3月15日，习近平总书记在主持召开中央财经委员会第九次会议时发表重要讲话指出“实现碳达峰、碳中和是一场广泛而深刻的经济社会系统性变革，要把碳达峰、碳中和纳入生态文明建设整体布局”。截至2022年5月，已有128个国家和地区提出了碳中和的气候目标，其中苏丹和苏里南等7个国家宣称已经实现了碳中和，加拿大、丹麦、欧盟、瑞典等20个国家和地区已就碳中和立法，包括中国在内的67个国家将实现碳中和目标纳入了政策文件(中国地质调查局，2022)。

“全球碳计划”(Global Carbon Project)数据显示，2011—2020年全球的年均人为CO_2排放量约为389亿t，其中能源消费和土地利用变化的碳排放分别占全球碳排放总量的89%和11%；且其中48%的人为CO_2排放滞留在大气中，其余29%和26%分别被陆地和海洋生态系统吸收固定(Friedlingstein et al.，2022)。中国是全球“双碳”目标是减排量最大、时间最短的国家。目前，中国人为年均碳排放量约为100亿t CO_2，预计到2030年碳达峰时期可能为100亿～110亿t CO_2，2060年前使直接人为排放量减低到每年 30 亿 t CO_2 左右的水平达到碳中和(Xu et al.,2020)。因此,我国实现"双碳"目标面临严峻挑战,主要是基于科技创新的能源领域、产业结构、经济发展与碳排放的脱钩(于贵瑞等,2022)。面对中国的"双碳"目标任务,需要从技术变革与经济社会发展转型、减碳治污与环境治理、生态保碳与绿化增汇、国土空间利用与综合治理、有机/无机碳汇与非 CO_2 温室气体协同管理的 5 个方面进行统筹(于贵瑞等,2022)。

(二)地表基质层调查与"双碳"目标

一直以来,"减排、增汇、保碳、封存"(以下简称"减、增、保、封")是被广泛认可的实现"双碳"目标的有效途径。当前,在以能源供应与消耗为主的"双碳"技术还没有取得重大性突破及大规模应用时,地表基质层及其孕育、支撑生态系统的碳汇功能在维持经济发展与国家安全的基础性人为碳排量空间方面将发挥重要作用。研究表明,陆地生态系统碳汇是地球主要碳汇之一,占人类向大气排放的二氧化碳总量的 20%~30%(Law and Harmon.,2011;Lu et al.,2018)。过去 40 年,我国实施了一系列重大生态工程,陆地生态系统碳汇强度逐渐增加(Tang et al.,2018)。据估算,当前我国陆地生态系统总碳储量约为 3653 亿 t CO_2,固碳速率(CO_2)为 10 亿~15 亿 t/a,每年陆地生态系统可抵消约 1/10 的碳排放(Wang et al.,2022)。特别指出,地表基质层的浅层土壤有机碳库储量约是大气碳库的 2 倍,是陆地植被碳库的 3 倍。因此,地表基质调查成为自然资源调查监测体系重要组成部分,对摸清我国森林、草原、耕地、高寒、荒漠、沙漠及盐碱地等自然生态系统基础物质组成及其碳汇能力评估具有重要参考意义。

地表基质调查立足摸清全域国土空间基本国情,长远布局国土空间利用,重点调查 5 类三级基础物质(岩石、砾质、砂质、土质、泥质)的结构、质地、容重、孔隙度、持水量等物理性质,有益、有害、有毒元素成分和有机质含量、生物和地下水质特征,pH、含盐量、阳离子交换量(CEC)等化学性质。不同的地表基质类型支撑孕育的自然资源不同,承载的生态环境属性和"双碳效应"完全不同。地表基质调查可以结合"三调"和地表覆盖监测成果等进行对比分析,有助于延伸研究地表基质"碳库"问题、更科学地评估地球的碳固持现状与潜力。在自然资源调查监测体系中,将地表基质调查纳入 8 类自然资源专项调查范畴,并指出要"查清岩石、砾石、沙、土壤等地表基质类型、理化性质及地质景观属性等"。在对有关调查历史数据进行标准化整合基础上,将获得的地表基质共性信息与特性信息进行空间叠加、有机融合,形成具有统一空间基础和数据格式的黑土地地表基质数据库,直观反映地表基质的立体空间分布及变化特征,实现综合管理。最后,基于地表基质基本属性、利用现状、地表覆盖、系统环境和各类自然资源管理信息,开展不同国土空间土地利用变化、保护修复、生态功能评估、固碳潜力等综合研究。

五、服务生态保护修复

把保护生态环境和生态系统当成自身生存和发展的重要部分,人类开始改革工业文明下的经济制度、社会制度,改变人们的生产方式和消费方式(杨启乐,2014)。21 世纪是一个人类真正需要进行生态反思的世纪,人类生存与发展之基失稳,亟待从生态保护理念出发,探索生态技术解决方案。

(一)我国生态环境的基本状况

我国生态系统复杂多样,受气候、地理条件和人为活动等因素影响,生态系统退化严重,这些已成为制约我国经济社会可持续发展的主要问题。为此,我国不断加大生态保护修复力度,开展了一系列生态保护修复工程,如天然林保护工程、退耕还林还草工程和三江源生态恢复工程等,这些工程的实施对生态保护与修复起到了一定促进作用(欧阳志云,2017)。但传统的水土流失、石漠化、沙漠化和生态系统质量差等问题依然严重,城镇化与资源开发导致的流域生态退化、城市生态功能退化和人居环境恶化等问题仍在加剧。

1. 水土流失

我国是世界上水土流失最严重的国家之一。根据遥感调查结果,全国现有土壤侵蚀面积达到357万km^2,占国土面积的37.2%。水土流失不仅广泛发生在农村,而且发生在城镇和工矿区,几乎每个流域、每个省份都有。从我国东、中、西三大区域分布来看,东部地区水土流失面积为9.1万km^2,占比2.6%;中部地区为51.15万km^2,占比14.3%;西部地区为296.65万km^2,占比83.1%(赵其国,2016)。其中,极重度水土流失主要发生在黄土高原和四川、云南局部地区。

2. 土地沙化

我国是世界上沙漠化受害最深的国家之一,沙化土地面积大,以极重度及重度沙化等级为主。2010年,全国沙化土地面积为182.35万km^2,占全国国土总面积的19.0%。其中,沙漠/戈壁面积占沙化土地面积的51.8%,极重度沙化面积占沙化土地面积的16.6%,重度沙化面积占沙化土地面积的22.5%,中度沙化面积占沙化土地面积的7.6%。沙化土地面积最多省份是新疆、内蒙古和西藏,3个省(自治区)的沙化土地面积占全国沙化土地总面积的82.0%。近年来,全国沙化土地面积整体减少,但仍有部分地区沙化程度加重。沙化土地面积减少11.61万km^2,减幅为6.0%。其中,极重度沙化区呈减少趋势,轻度沙化面积增加;沙化程度减轻的地区主要分布在内蒙古东北部、黄土高原西北部和新疆北部等。

3. 土壤盐碱化

我国盐渍土面积约34.4万km^2,耕地盐碱化7.6km^2,近1/5的耕地发生盐碱化(周和平,2007)。西北、华北、东北地区及沿海是我国盐渍土的主要集中分布地区,其中西部六省区(陕、甘、宁、青、蒙、新)盐渍土面积占全国的69.03%(杨劲松,2008)。盐碱土是在一定环境条件下形成和发育的,其中又以气候、地形、地质、水文和水文地质及生物因素的影响最为突出。另外,伴随着人类对土地的开发利用,人类的活动也必然对土壤盐碱化产生巨大的影响。土壤盐碱化特别是土壤次生盐碱化,就是人类开发利用土地资源不当引起水文及水文地质恶化,导致土壤形成过程向不利于人类的方向发展,尤其是发展灌溉事业以来(牛东玲和王启基,2002)。

(二)生态保护修复理论和技术国内外研究进展

付战勇等(2019)系统梳理了生态保护与生态修复国外研究进展,总结了生态保护与修复理论与技术。目前,生态保护技术方面主要包括自然保护地技术、生态功能群重建技术及生态网络构建技术,生态修复技术方面主要包括土壤修复技术、植物修复技术、景观修复技术及再野生化技术。同时,回顾国外生态保护与生态修复的理论与实践,对照我国在山水林田湖草沙冰的生态保护与生态修复项目,提出应关注以下4个方面问题。

(1)生态保护与生态修复尚缺乏系统全面的生态理论指导。人类发展依托自然,依托对生态的真正认知。目前,人类生态知识有所欠缺,认识有所偏颇,已有知识和认知尚不足以支撑对自然的保护,生态保护普遍缺乏对保护对象系统、全面与综合的认识。

(2)学习和对照国际上对生态保护与生态修复研究的"生态保护为主、生态修复为辅"态势及"生态修复服务于生态保护总目标"的原则,逐渐调整我国"生态保护"与"生态修复"割裂与分离的局面,兼顾生态系统的完整性、稳定性、连续性和可持续性,实现"宜保则保、宜修则修""保修结合、相辅相成"。

(3)对生态保护与生态修复工程缺乏“前期科学规划—过程监测—修复效果后评估”全过程管理机制。修复项目普遍缺乏科学数据,无法开展生态保护与生态修复工程科学定量评价。

(4)生态保护与生态修复技术应用与工程应充分鼓励政府、企业、研究单位及其他利益攸关方的广泛参与,以保证生态保护与修复工程的经济社会性和生态可持续性。

从科学需求角度,土壤中盐分运移、积聚及其变化过程,盐渍土的发生演变与新型盐渍化评估技术方法,土壤水盐调控,盐渍土资源的利用与管理,土壤盐渍化的防控,盐渍化的环境效应等,都是国内外盐渍土研究的重点问题。

(三)地表基质调查在支撑生态保护修复工作中的应用

在生态系统保护修复方面,相关部门各自为战,规划缺乏统一性、系统性和整体性,导致我国生态保护修复总体效果并不尽理想,生态问题仍然严重。在此背景下,基于整体生态系统观,国务院出台的《关于加快推进生态文明建设的意见》中提出“山水林田湖(沙冰)是一个生命共同体,由一个部门负责领土范围内所有国土空间用途管制职责,对山水林田湖进行统一保护、统一修复”的全新生态保护理念。2018 年的《深化党和国家机构改革方案》明确将土地、矿产、海洋、森林、草原、湿地、水资源调查职责整合到新组建的自然资源部。

针对国土空间生态修复及自然资源空间格局优化部署需要,基于地表基质调查观测以及前人获取的大量基础数据,从支撑孕育各类自然资源的本底物质-地表基质的属性结构特征出发,开展地表基质理化性质时空变异与数值模拟研究,探索地表基质理化性质与环境变化、土地利用之间响应关系,为增强生态系统的弹性、可持续性及抗干扰能力提供理论支撑。主要研究内容包括:①地表基质理化性质时空变异性与数值模拟研究;②地表基质的理化性质如何响应环境变化与土地利用;③如何利用地表基质调查研究成果来增强生态系统弹性。

第五章　结束语

第一节　工作设想

进入新的发展阶段，党和国家将生态文明建设提到了前所未有的高度。党的十八大把“生态文明建设”纳入中国特色社会主义“五位一体”总体布局，要求树立尊重自然、顺应自然、保护自然的生态文明理念。党的十九大将生态文明建设提升到“中华民族永续发展千年大计”的高度，提出建设生态文明和美丽中国的战略目标和重点任务，将其作为新时代中国特色社会主义建设的基本方略之一。“绿水青山就是金山银山”“山水林田湖草沙冰是生命共同体”的理念，坚持节约资源和保护环境的基本国策，要求像对待生命一样对待生态环境，美好生活离不开良好的生态环境。自然资源是生态环境的客观实体，是美好生活的物质基础。新时代对自然资源管理提出了新的要求。调查监测山水林田湖草沙冰等各类自然资源的数量、布局及权属“本底”（地表基质层），是自然资源管理的基本要求和依据，也是保障自然资源合理利用的前提和基础。要持续构建新时代自然资源和本底调查监测体系，开展长期、连续、系统的自然资源调查监测，获取各类自然资源之间、自然资源与其本底之间、自然资源与生态环境之间的关键数据，对自然资源开展多尺度、多层次、多时点、连续的分析研究，不断创新“山水林田湖草沙冰命运共同体”的自然资源理论，研发自然资源调查新技术、新方法、新装备，解决重大自然资源科学和科学决策问题，就成为当前和今后一段时期重要的工作内容。

自然资源地表基质调查以习近平生态文明思想为指导，认真贯彻落实自然资源部《自然资源调查监测体系构建总体方案》，以自然资源科学和地球系统科学（ESS）理论为基础，以服务自然资源管理利用和国土空间规划为目标，按照“连续、稳定、转换、创新”的要求，实施全国“自然资源地表基质调查工程”，充分利用已有的区调、土调、环调和地理信息等数据，借助 GIS 平台和先进的技术手段，结合多时相遥感解译、监测和野外调查，在充分了解掌握任务区基础地质、工程地质、环境地质条件和各类自然资源分布特征的基础上，对自然资源地表基质进行系统补充调查，通过资料改化和二次开发利用，结合野外调查，初步查明任务区自然资源地表基质的物质组成和时空属性，即：物质组成即地表基质的主要类型、成分组成、物理化学性质等；时空属性即地表基质的分布范围、地质景观属性、空间分布特征、深部结构、成因机制、开发利用现状及演化趋势等；建设自然资源地表基质调查数据库，编制各类地表基质基础图件、成果图件以及综合应用图件，为自然资源综合管理、国土空间规划和用途管制、生态保护修复、防灾减灾和生态文明建设提供准确可靠的科学支撑。

1. 进一步完善自然资源地表基质概念模型和科学内涵，解决地表基质概念不完善、意义不明确的问题

作为一个新提出的概念，地表基质层是自然资源分层分类模型的一个重要层位，是地球表层孕育和

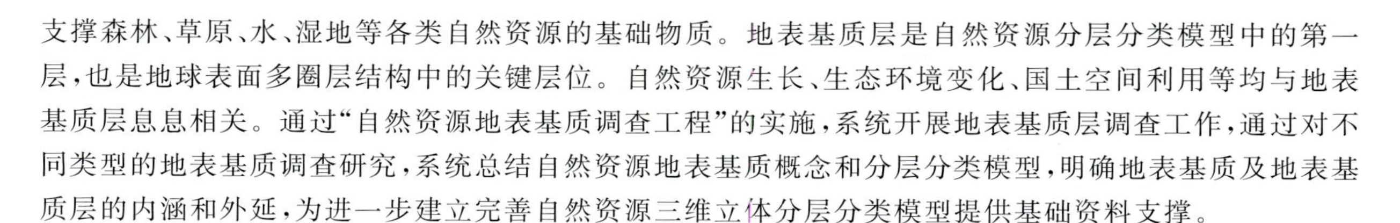

支撑森林、草原、水、湿地等各类自然资源的基础物质。地表基质层是自然资源分层分类模型中的第一层，也是地球表面多圈层结构中的关键层位。自然资源生长、生态环境变化、国土空间利用等均与地表基质层息息相关。通过“自然资源地表基质调查工程”的实施，系统开展地表基质层调查工作，通过对不同类型的地表基质调查研究，系统总结自然资源地表基质概念和分层分类模型，明确地表基质及地表基质层的内涵和外延，为进一步建立完善自然资源三维立体分层分类模型提供基础资料支撑。

2.探索构建自然资源地表基质调查规范标准和技术方法体系，解决地表基质调查没有统一的规范标准、技术方法体系和成果表达要求的问题

不同类型的地表基质在以往基础地质调查、专项地质调查及国土调查中有不同程度地涉及，但地表基质作为一种新的分层分类模型提出后，还没有统一的地表基质调查的技术标准、方法体系、质量要求等，同时关于地表基质调查的制度规定、管理要求等也不统一、不健全。通过“自然资源地表基质调查工程”的实施，探索建立一套适用于自然资源地表基质调查的技术规范、方法体系、成果标准、质量要求等，可以有效指导区域范围内的地表基质调查，建设统一的地表基质数据库，进而对系统推开全国范围内的自然资源地表基质调查具有重大的指导意义。

3.构建自然资源地表基质信息数据平台，开展地表基质评价监测，解决地表基质信息数据不统一、评价监测不系统和不完善的问题

现有自然资源地表基质数据多是以往不同类型的地质调查工作所获取的碎片化的内容，数据标准格式不统一、内容不全面、资料不集中等问题造成自然资源地表基质信息数据不能统一规划、统一利用、统一评价、统一监测等，制约了自然资源管理利用效率。通过实施“自然资源地表基质调查工程”，建成自然资源地表基质日常管理所需的“一张底版、一套数据和一个平台”，开展统一的自然资源调查监测数据分析评价，可以有效支撑自然资源部行使“两统一”职责，对自然资源地表基质进行统一规划、统一调查、统一评价和监测，对国土空间利用评价和用途管制具有很好的支撑作用。

4.支撑地球系统科学理论研究，探索完善自然资源学科体系建设内容

以地球系统科学理论为指导的地球关键带研究成为新的热点。自然资源地表基质层作为与地球关键带有密切关联的重要层位，是地球系统科学理论研究的重要内容。自然资源为人类提供生存、发展的物质与空间。随着社会发展和科学技术进步，越来越多的自然资源需要被开发和利用，同时也产生了自然资源超常规利用、生态环境恶化等一系列问题。实施“自然资源地表基质调查工程”，开展自然资源地表基质层调查研究，利用地球系统科学理论指导自然资源调查、评价和监测，进行自然资源的合理开发利用，显得尤为重要和紧迫。加强对自然资源分层分类的三维立体时空模型，地表基质层概念与科学内涵，地表基质层各要素、自然资源各圈层间的相互作用关系、成因联系及发展强化研究和深化等，能为不断丰富地球系统科学理论进行有益探索。

第二节 前景展望

开展基于地表基质的中国东北黑土资源调查评价，并在此基础上拓展理论和应用研究，对按照“宜林则林、宜草则草、宜耕则耕、宜荒则荒”的原则，科学合理利用开发包括黑土资源在内的土地资源，具有十分重大而深远的意义。

1. 地表基质调查理论框架的构建

以地球系统科学理论为指导，以服务生态文明和自然资源统一管理为目标，以地质学为基础，融合生态学、地理学、土壤学以及自然资源等综合学科，建立包含基础地质、地表基质、地理地貌、地表覆盖、功能服务等要素的地表基质层理论体系，指导地表基质调查工作全面推进实施，支撑自然资源调查监测体系的构建。进一步统一地表基质调查的术语定义、分类命名、调查内容、要素指标、技术手段和规范标准等，建立统一的地表基质调查技术体系，为全面推开全国地表基质调查评价奠定基础。

2. 重点地区地表基质调查

以服务东北黑土资源合理利用开发为目标的黑土地地表基质调查为牵引，启动实施我国粮食主产区、生态功能区、战略规划区等重点区域地表基质层调查，特别是加强20m深度范围地表基质层的空间结构和本底属性调查，为包括黑土资源在内的土地资源规划利用、生态保护修复提供数据支撑。形成重点地区地表基质一张底版、一套数据，建成地表基质数据信息平台并提供服务，全面支撑“山水林田湖草沙冰”适宜性评价。

3. 构建地表基质调查关键技术

主要包括多元异构数据集成处理和融合分析技术，多学科体系交叉和复杂地域性特色兼顾的地表基质分类，基于地表基质数据多元化服务与应用的指标体系构建与优化，基于专项-专业调查成果的地表基质信息提取、改化、挖掘技术，基于三调图斑、地理国情监测、地理地貌景观、地表基质类型与分布等多底图融合的地表基质调查工程部署与质量控制技术，面向地表基质类型的多源遥感图像处理与解译识别技术，集多要素属性指标于一体的便捷化、模块化、一站式野外调查技术，地表基质调查的陆海统筹技术，基于地球物理数据的地表基质空间-物质结构精细反演-识别技术，地表基质重要动态指标高效化长时化精确化集成监测-观测技术，基于地表基质解决管理问题和科学问题的分析评价模型构建技术，地表基质三维时空-物质结构模型及可视技术，现代高新技术在地表基质调查中的转化应用，基于地表基质调查的通用化、专题性、易读性、多样化系列成果产品表达技术等。

4. 基于地表基质的自然资源区域配置和生态-环境效应研究

综合地表基质服务资源管理、农业生态、生态修复、碳储碳汇、国土利用规划等不同需求，充分利用地表基质调查数据和已有成果资料，从多学科、多维度设置评价指标，构建基于地表基质的自然地理空间格局立体评价模型，运用科学的模拟计算手段，开展区域、流域、行政区等不同尺度的自然资源空间布局优化配置研究，为自然地理空间格局的科学合理调整和规划利用，支撑土地资源合理利用开发、系统治理和保护修复，服务经济社会与生态环境协调可持续发展提供依据。

5. 实施重要生态敏感地区地表基质定位监测研究

充分利用地表基质调查钻孔、剖面等野外调查网点和地表基质数据库平台，探索建立系统的地表基质，特别是耕地、林地、草地、湿地等重要生产和生态用地的监测网络，对地表基质生产指标、生态环境、利用状况等情况实施全天候、全覆盖监测，为优化自然地理空间布局、评价地表基质层健康状况等提供实时数据支撑。

参考文献

安培浚，张志强，王立伟，2016. 地球关键带的研究进展[J]. 地球科学进展，31(12)：1228－1234.

白超琨，侯红星，付宪军，等，2021. 综合物探方法在河北保定地区地表基质层试点调查中的应用[J]. 自然科学，9(4)：414－425.

蔡兆男，成里京，李婷婷，等，2021. 碳中和目标下的若干地球系统科学和技术问题分析[J]. 中国科学院院刊，36(5)：602－613.

曹伯勋，1995. 地貌及第四纪地质学[M]. 武汉：中国地质大学出版社.

付战勇，马一丁，罗明，等，2019. 生态保护与修复理论和技术国外研究进展[J]. 生态学报，39(23)：9008－9021.

葛良胜，夏锐，2020. 自然资源综合调查业务体系框架[J]. 自然资源学报，35(9)：2254－2269.

葛良胜，杨贵才，2020. 自然资源调查监测工作新领域：地表基质调查[J]. 中国国土资源经济，33(9)：4－11，67.

郭艳军，潘懋，王喆，等，2009. 基于钻孔数据和交叉折剖面约束的三维地层建模方法研究[J]. 地理与地理信息科学，25(2)：23－26.

郭颖，2018. 土壤元素光谱反演及空间分布研究[D]. 太原：山西农业大学.

侯红星，葛良胜，孙肖，等，2022. 地表基质在中国黑土地资源调查评价中的应用探讨：基于黑龙江宝清地区地表基质调查[J]. 自然资源学报，37(9)：2264－2276.

侯红星，张蜀冀，鲁敏，等，2021. 自然资源地表基质层调查技术方法新经验：以保定地区地表基质层调查为例[J]. 西北地质，5(3)：277－288.

李建林，陈瑜琦，江清霞，等，2006. 中国耕地破碎化的原因及其对策研究[J]. 农业经济(6)：21－23.

李文华，2016.《中国自然资源通典》介绍[J]. 自然资源学报，31(11)：1969－1970.

李小雁，马育军，2016. 地球关键带科学与水文土壤学研究进展[J]. 北京师范大学学报(自然科学版)，52(6)：731－737.

刘勋，李长春，李双权，等，2019. 高光谱遥感技术在土壤研究应用中的进展[J]. 安徽农业科学，47(8)：18－21，34.

毛汉川，林清龙，牛定辉，等，2016. 浙江 1：5 万慈溪市(H51E011005)、新浦镇(H51E011006)幅环境地质调查报告[R]. 杭州：浙江省地质调查院.

明镜，2012. 基于钻孔的三维地质模型快速构建及更新[J]. 地理与地理信息科学，28(5)：55－59，113.

内蒙古国土资源勘查开发院，2018. 内蒙古自治区巴彦淖尔市佘太等二幅 1：5 万区域矿产地质调查报告[R]. 呼和浩特：内蒙古国土资源勘查开发院.

聂小力，毛聪，王世界，等，2021. 高密度电法中的电极位置校正方法研究[J]. 物探化探计算技术，43(6)：753－758.

牛东玲，王启基，2002. 盐碱地治理研究进展[J]. 土壤通报，33(6)：449－455.

欧阳志云,2017. 我国生态系统面临的问题与对策[J]. 中国国情国力(3):6 - 10.

屈红刚,潘懋,明镜,等,2008. 基于交叉折剖面的高精度三维地质模型快速构建方法研究[J]. 北京大学学报(自然科学版),44(6):915 - 920.

沈镭,钟帅,胡纾寒,2020. 新时代中国自然资源研究的机遇与挑战[J]. 自然资源学报,35(8):1773 - 1788.

施俊法,2020. 21 世纪前 20 年世界地质工作重大事件、重大成果与未来 30 年中国地质工作发展的思考[J]. 地质通报,39(12):2044 - 2057.

孙雁,刘友兆,2010. 基于细碎化的土地资源可持续利用评价:以江西分宜县为例[J]. 自然资源学报,25(5):802 - 810.

涂晔昕,费腾,2016. 从植被高光谱遥感到土壤重金属污染诊断的研究进展[J]. 湖北农业科学,55(6):1361 - 1368.

王根厚,王训练,余心起,2017. 综合地质学[M]. 2 版. 北京:地质出版社.

王金凤,2019. 气候变化和人类活动影响下的北大河流域径流变化分析[J]. 干旱区资源与环境,33(3):86 - 91.

王军,顿耀龙,2015. 土地利用变化对生态系统服务的影响研究综述[J]. 长江流域资源与环境,24(5):798 - 808.

王润生,2008. 遥感地质技术发展的战略思考[J]. 国土资源遥感(1):1 - 12,42.

王雁亮,侯红星,王伟,等,2021. 遥感技术在地表基质调查中的应用[J]. 自然科学,9(6):880 - 891.

王勇,薛胜,潘懋,等,2003. 基于剖面拓扑的三维矢量数据自动生成算法研究[J]. 计算机工程与应用,39(5):1 - 2,75.

吴克宁,赵瑞,2019. 土壤质地分类及其在我国应用探讨[J]. 土壤学报,56(1):227 - 241.

吴志春,郭福生,姜勇彪,等,2016. 基于地质剖面构建三维地质模型的方法研究[J]. 地质与勘探,52(2):363 - 375.

薛林福,李文庆,张伟,等,2014. 分块区域三维地质建模方法[J]. 吉林大学学报(地球科学版),44(6):2051 - 2058.

颜超,2010. 浅谈我国水土流失及防治对策[J]. 法制与经济(下旬刊)(7):118 - 119.

杨劲松,2008. 中国盐渍土研究的发展历程与展望[J]. 土壤学报(5):837 - 845.

杨启乐,2014. 当代中国生态文明建设中政府生态环境治理研究[D]. 上海:华东师范大学.

殷志强,秦小光,张蜀冀,等,2020. 地表基质分类及调查初步研究[J]. 水文地质工程地质,47(6):8 - 14.

于贵瑞,郝天象,朱剑兴,2022. 中国碳达峰、碳中和行动方略之探讨[J]. 中国科学院院刊,37(4):423 - 434.

张富元,李安春,林振宏,等,2006. 深海沉积物分类与命名[J]. 海洋与湖沼,37(6):517 - 523.

张甘霖,王秋兵,张凤荣,等,2013. 中国土壤系统分类土族和土系划分标准[J]. 土壤学报,50(4):826 - 834.

赵其国,黄国勤,马艳芹,2016. 中国生态环境状况与生态文明建设[J]. 生态学报,36(19):6328 -6335.

浙江省水文地质工程地质大队,2018. 宁波都市圈(北部)1 : 5 万环境地质调查成果报告[R]. 宁波:浙江省水文地质工程地质大队.

郑春雅,许中旗,马长明,等,2018. 冀西北坝上地区杨树防护林退化的影响因素[J]. 林业资源管理(1):9 - 15,147.

中国地质调查局,2022.地质调查支撑服务国家碳达峰碳中和总体设计(2022—2035年)[R].北京:中国地质调查局.

中国科学院,2021.东北黑土地白皮书(2020)[R].北京:中国科学院.

中华人民共和国国土资源部,2002.国土资源管理实用手册[M].北京:中国大地出版社.

周和平,张立新,禹锋,等,2007.我国盐碱地改良技术综述及展望[J].现代农业科技(11):159-161,164.

朱首峰,盛君,2016.第四系覆盖区地质调查中的物探方法研究[J].江苏科技信息(3):70-75.

自然资源部,2020a.自然资源部办公厅印发《地表基质分类方案(试行)》的通知[R/OL](2020-12-23)[2023-12-01]. https://www.gov.cn/zhengce/zhengceku/2020-12/23/content_5572445.htm.

自然资源部,2020b.自然资源部办公厅印发《自然资源调查监测体系构建总体方案》的通知[R/OL](2020-01-17)[2023-12-01]. https://www.gov.cn/zhengce/zhengceku/2020-01/18/content_5470398.htm.

邹长新,王燕,王文林,等,2018.山水林田湖草系统原理与生态保护修复研究[J].生态与农村环境学报,34(11):961-967.

AKISKA S, SAYILI B S, DEMIRELA G, 2013. Three - dimensional subsurface modeling of mineralization: a case study from the Handeresi (Canakkale, NW Turkey) Pb - Zn - Cu deposit[J]. The Scientific and Technological Research Council of Turkey, 22(4): 574 - 587.

CHOROVER J, KRETZSCHMAR R, GARCIA - PICHEL F, et al., 2007. Soil biogeochemical processes within the critical zone[J]. Elements(5): 321 - 331.

FRIEDLINGSTEIN P, JONES M W, O'SULLIVAN M, et al., 2021. Global carbon budget 2021 [J]. Earth System Science Data Discussions, 38614(4): 1917 - 2005.

LAW B E, HARMON M E, 2011. Forest sector carbon management, measurement and verification, and discussion of policy related to climate change[J]. Carbon Management, 2(1): 73 - 84.

LIN H, 2010. Earth's Critical Zone and hydropedology: concepts, characteri stics and advances[J]. Hydrology and Earth System Sciences, 6(1): 3417 - 3481.

LU F, HU H F, SUN W J, et al., 2018. Effects of national ecological restoration projects on carbon sequestration in China from 2001 to 2010[J]. Proceedings of the National Academy of Sciences of the United States of America, 115 (16): 4039 - 4044.

MIAO R, SONG J, FENG M, 2017. A feature selection approach towards progressive vector transmission over the Internet[J]. Computers & Geosciences, 106: 150 - 163.

NATIONAL RESEARCH COUNCIL, 2001. Basic research opportunities in earth science[M]. Washington DC: National Academy Press.

SKLENICKA P, 2016. Classification of farmland ownership fragmentation as a cause of land degradation: a review on typology, consequences, and remedies [J]. Land Use Policy, 57(7): 694 -701.

TANG X L, ZHAO X, BAI Y F, et al., 2018. Carbon pools in China's terrestrial ecosystems: new estimates based on an intensive field survey[J]. Proceedings of the National Academy of Sciences of the United States of America, 115 (16) : 4021 - 4026.

THOMAS H J, ASHLEY G M, BARTON M D, et al., 2001. Committee on Basic research opportunities in the earth sciences[M]. Washington D C: National Academy Press.

WAN G H, CHEN E J, 2013. Effects of land fragmentation and returns to scale in the Chinese farming sector[J]. Applied Economics(3): 183 - 194.

WANG G, LI R, CARRANZA E J M, et al., 2015. 3D geological modeling for prediction of subsurface Mo targets in the Luanchuan district, China[J]. Ore Geology Reviews, 71: 592 - 610.

WANG Y L, WANG X H, WANG K, et al., 2022. The size of the land carbon sink in China[J]. Nature, 603(7901): 7 - 9.

WHITEAKER T L, JONES N, STRASSBERG G, et al., 2012. GIS - based data model and tools for creating and managing two - dimensional cross sections [J]. Computers & Geosciences, 39: 42 - 49.

XU G, SCHWARZ P, YANG H, 2020. Adjusting energy consumption structure to achieve China's CO_2 emissions peak[J]. Renewable and Sustainable Energy Reviews, 122: 109737.